Nicolai Scherle
Kulturelle Geographien der Vielfalt

Sozial- und Kulturgeographie Band 9

Nicolai Scherle (Prof. Dr. rer. nat.), geb. 1970, ist Prodekan für International Management for Service Industries an der Unternehmerhochschule BiTS in Iserlohn. Seine Forschungsschwerpunkte umfassen primär die Bereiche Kulturgeographische Regionalforschung (Wirtschafts- und Tourismusgeographie), Entrepreneurship sowie Interkulturelle Kommunikation und Diversität.

Nicolai Scherle

Kulturelle Geographien der Vielfalt

Von der Macht der Differenzen zu einer Logik der Diversität

[transcript]

Habilitationsschrift an der Mathematisch-Geographischen Fakultät der Katholischen Universität Eichstätt-Ingolstadt unter dem Titel »Kulturelle Geographien der Vielfalt im Konnex von Eigenem und Fremdem, organisationaler Heterogenität und normativer Konzepte einer globalen Bürgergesellschaft«.

Bibliografische Information der Deutschen Nationalbibliothek
Die Deutsche Nationalbibliothek verzeichnet diese Publikation in der Deutschen Nationalbibliografie; detaillierte bibliografische Daten sind im Internet über http://dnb.d-nb.de abrufbar.

transcript Verlag | Hermannstraße 26 | D-33602 Bielefeld | live@transcript-verlag.de

Umschlaggestaltung: Kordula Röckenhaus, Bielefeld
Umschlagabbildung: djvstock / Fotolia.com
Printed in Germany
Print-ISBN 978-3-8376-3146-3
PDF-ISBN 978-3-8394-3146-7

Gedruckt auf alterungsbeständigem Papier mit chlorfrei gebleichtem Zellstoff.
Besuchen Sie uns im Internet: *http://www.transcript-verlag.de*
Bitte fordern Sie unser Gesamtverzeichnis und andere Broschüren an unter: *info@transcript-verlag.de*

Inhalt

Abbildungs- und Tabellenverzeichnis

Vorwort

> „Das Letzte, was man findet, wenn man ein Werk schafft, ist die Erkenntnis, was man an seinen Anfang zu stellen hat."
> Blaise Pascal

> „Der Mann denkt beim Anfang schon an das Ende. Die Frau erinnert sich am Ende noch an den Anfang."
> Micheline Presle

Sonntagmorgen in einer deutschen Großstadt, der räumliche und der zeitliche Rahmen könnten kaum angenehmer sein: ein malerischer, im 18. Jahrhundert angelegter Park, ein fast mediterran anmutender See, an dessen nördlichem Ufer sich ein uriger Biergarten anschmiegt, und am südlichen Horizont zeichnet sich die von Touristen wie von Einheimischen gleichermaßen gepriesene Skyline ab, die an diesem sonnigen Sommertag ein besonders photogenes Motiv abgibt. An einem ruhigen Fleckchen unweit des Sees rolle ich meine Bastmatte auf und leere meinen Rucksack aus, dessen Inhalt vor allem aus einer zünftigen Brotzeit und ausreichend Lesestoff besteht, der mich die kommenden Stunden begleiten soll: ein Roman, dessen kosmopolitischer Protagonist sich bereits seit etlichen Wochen auf Weltreise befindet und der zwischenzeitlich – auf der Suche nach persönlichem Lebensglück – in einem indischen Aschram gelandet ist, eine renommierte, vorwiegend von Linksliberalen ab Mitte Fünfzig geschätzte Wochenzeitung, in deren aktueller Ausgabe kontrovers über religiös motivierte Beschneidungen diskutiert wird, sowie ein sozialwissenschaftlicher Fachartikel, der sich mit Gender beschäftigt. Nachdem ich es mir in diesem Idyll – das zugegebenermaßen, ich vermute Dank *Social Media*, längst kein Geheimtipp mehr ist – bequem gemacht habe, steige ich nach etlichen Tagen Lesepause in die belletristische Lektüre ein.

Sukzessive füllt sich im Laufe des Tages die von altem Baumbestand gesäumte Wiese mit Parkbesuchern. Wenige Meter neben mir richtet sich ein Pärchen für ein Picknick ein: Ihr bayerischer Dialekt ist kaum zu überhören, er spricht Deutsch mit französischem Akzent. Ungeachtet meiner intensiven Lektüre bekomme ich – in erster Linie der geringen räumlichen Distanz geschuldet – immer wieder Gesprächsfetzen mit; unter anderem, dass dem jungen Mann ein attraktiver Posten in Paris angeboten wurde. „Und wie soll's dann mit unserer Beziehung weitergehen?", fragt sie. Mobilität ist Trumpf, Begeisterung, denke ich, klingt auf alle Fälle anders – typische Globalisierungskinder? Zwischenzeitlich haben sich zwei – aus meiner Perspektive – ältere Herrschaften auf eine nahe gelegene Parkbank gesetzt: Was bewegt die beiden? Reicht ihre Rente, sofern sie denn schon im Ruhestand sind? Hat vielleicht sogar einer der beiden wegen Altersdiskriminierung geklagt? Einschlägige Meldungen liest man ja in letzter Zeit immer wieder, ebenso wie die Nachricht, dass inzwischen in den meisten südeuropäischen Staaten die Jugendarbeitslosigkeit bei über 25 Prozent liegt. Gedankenversunken und mittlerweile in die Gender-Lektüre – in der es primär um die Vor- und Nachteile von Quotenregelungen für Frauen in Führungspositionen geht – vertieft rückt unaufhaltsam die Mittagszeit heran. Ein lesbisches Pärchen zieht Händchen haltend vorbei und wie selbstverständlich gipfelt ihr gegenseitiger Liebesbeweis in einem innigen Kuss. Gelebte Vielfalt, wie sie sein sollte, schießt es mir durch den Kopf, doch wären die beiden auch so unbefangen, befänden sie sich jetzt in Luckenwalde, Quickborn oder Traunstein?

Perspektivenwechsel: Wie würde die jetzige Situation von einem katholischen Geistlichen oder von unserer muslimischen Doktorandin wahrgenommen? Sind es nicht vor allem Stereotype, die unser Bild von jenen Dimensionen menschlicher Vielfalt prägen, die uns fremd – oder zumindest weniger vertraut – erscheinen? Wie tolerant ist letztendlich unsere Gesellschaft angesichts einer kaum noch zu überblickenden Vielfalt an Identitäten und Lebensstilen? Ganz abgesehen davon, dass Menschen in der Regel ihre Identität nicht nur aus einer Eigenschaft konstruieren, sondern aus mehreren, die darüber hinaus kontextabhängig gelebt respektive eingesetzt werden. Begreifen wir sozio-kulturelle Vielfalt als Chance oder empfinden wir sie eher – nicht zuletzt aufgrund ihrer erhöhten Komplexität – als Belastung? Wie manifestiert sich diese Vielfalt hinsichtlich der Machtverteilung in Unternehmen, die seit einigen Jahren verstärkt auf Corporate Social Responsibility und Diversity Management setzen, nichtsdestotrotz nach wie vor viel zu wenige Frauen oder Menschen mit Behinderung in Führungspositionen aufweisen? Fragen über Fragen in einem bewusst verdichteten Bild, die keine einfachen Antworten zulassen und primär für die ungemeine Mannigfaltigkeit menschlicher Diversität sensibilisieren sollen, die in unterschiedlichen Kontexten im Fokus der vorliegenden Arbeit steht.

Vorworte wecken im Idealfall nicht nur Interesse für die relevante Thematik, sondern sie bieten auch explizit die Möglichkeit, innezuhalten und jenen Menschen zu danken, die einen während des Arbeitsprozesses begleitet haben. So vielfältig sich die Thematik präsentiert, so vielfältig sind auch die Persönlichkeiten, denen ich an dieser Stelle danken möchte:

Prof. Dr. Hans Hopfinger, Lehrstuhlinhaber für Kulturgeographie an der Katholischen Universität Eichstätt-Ingolstadt, teilte mit mir über eine Dekade seine große Leidenschaft für interkulturelle und diversitätsorientierte Themen. Dabei bildeten seine inhaltlichen und methodischen Impulse eine schier unerschöpfliche Inspirationsquelle für meine wissenschaftliche Sozialisation, die ich auch zukünftig nicht missen möchte. Seine enorme Empathie für Individualisten, die sich in einem noch immer deutlich auf Konformität ausgerichteten Hochschulsystem unabhängige und vor allem kritische Meinungen leisten, hat in den letzten Jahren ein ausgesprochen kreatives Arbeitsumfeld geschaffen, das geradezu paradigmatisch ‚gelebte Vielfalt' widerspiegelt. Von einem zutiefst humanistischen Weltbild geleitet, zählte für ihn letztendlich nicht nur der Kollege, sondern vor allem der Mensch.

Ein herzliches Dankeschön gilt auch den Vertretern meines Fachmentorats, das sich – in alphabetischer Reihenfolge – aus Prof. Dr. André Habisch, Professur für Christliche Sozialethik und Gesellschaftspolitik (Katholische Universität Eichstätt-Ingolstadt), Prof. Dr. Ingrid Hemmer, Professur für Didaktik der Geographie (Katholische Universität Eichstätt-Ingolstadt), sowie Prof. Dr. Jürgen Schmude, Lehrstuhl für Wirtschaftsgeographie und Tourismusforschung (Ludwig-Maximilians-Universität München) zusammensetzte. Über das eher formaljuristische Mentorat hinaus verbinden mich mit meinen Mentoren nicht nur gemeinsame fachliche Interessen, sondern jeweils auch ein ganz persönlicher Aspekt, den ich ganz kurz ansprechen möchte: Prof. Dr. André Habisch hat mir wie kaum ein Zweiter vermittelt, dass eine Konzentration auf rein ökonomische Kontexte im überkommenen Sinne zu einer geistigen Verengung führt, mit der sich Führungskräfte letztendlich disqualifizieren. Prof. Dr. Ingrid Hemmer fungiert nicht nur als eine unermüdliche Kämpferin für die Einheit des Fachs Geographie, sondern sie sensibilisiert mich immer wieder aufs Neue, wie wichtig eine qualitativ hochwertige Hochschullehre für unseren akademischen Nachwuchs ist. Mit Prof. Dr. Jürgen Schmude verbindet mich insbesondere seine ausgesprochen holistische Sichtweise auf die Zukunftsbranche Tourismus, in der sich wie durch ein Brennglas die komplexen Implikationen einer zunehmend globalisierten Welt widerspiegeln. Die unter seiner Ägide veranstalteten *Tegernseer Tourismus Tage* zählten jahrelang zu jenen exklusiven Konferenzen, die man nicht nur in Anbetracht ihres überzeugenden Konzepts aufsuchte, sondern vor allem auch aufgrund ihrer einmaligen Atmosphäre.

Ein herzliches Dankeschön gilt auch dem externen Gutachter meiner Habilitationsschrift, Prof. Dr. Vincent Houben vom Institut für Asien- und Afrikawissenschaften der Humboldt-Universität zu Berlin. Als Spiritus Rector zahlreicher grenzüberschreitender Forschungsprojekte ist der aus den Niederlanden stammende Historiker bestens mit interkulturellen und diversitätsrelevanten Themenkomplexen vertraut und hat in diesem Zusammenhang immer wieder erfolgreich Brücken zwischen seiner Disziplin, den Wirtschaftswissenschaften und vor allem der Raumwissenschaft Geographie geschlagen.

Während meiner Zeit als Habilitand im Fachbereich Geographie der Katholischen Universität Eichstätt-Ingolstadt sowie am *Department of Earth Sciences* der *University of Memphis* hatte ich das Glück, immer wieder von Kollegen umgeben zu sein, die mit großer fachlicher und menschlicher Anteilnahme meinen Qualifikationsprozess begleiteten. Stellvertretend für viele Andere seien an dieser Stelle Prof. Dr. Hsiang-te Kung, Gründungsdirektor des *Confucius Institute* in Memphis, sowie Dr. Markus Pillmayer, ehemaliger wissenschaftlicher Mitarbeiter am Lehrstuhl für Kulturgeographie, genannt. Erstgenannter ermöglichte einen ausgesprochen hilfreichen Einblick in US-amerikanische Diversity-Strukturen, deren konzeptionelles Selbstverständnis – zumindest im öffentlichen Dienst – nach wie vor deutlich von den sogenannten *Affirmative Action Programs* geprägt wird. Zweitgenannter setzte das von Prof. Dr. Hans Hopfinger und mir eingeworbene DFG-Projekt *Internationalisierung der Tourismuswirtschaft im Nahen Osten als Prozessphänomen* um, wobei sich in diesem Kontext eine ungemein fruchtbare wissenschaftliche Zusammenarbeit ergab, die sich in zahlreichen gemeinsamen Vorträgen und Publikationen widerspiegelt.

Zahlreiche weitere Kollegen, die in den letzten Jahren vielfach zu Freunden geworden sind, dürfen im Rahmen dieser Danksagung nicht fehlen. So unterschiedlich ihre Charaktere auch sein mögen, so vielschichtig sind ihre Bezüge zu mir und meiner Arbeit. Als einigende Klammer fungiert vor allem, dass sie mich stets aufs Neue menschlich wie fachlich bereichern: Prof. Dr. Thomas Apitzsch, Prof. Dr. Christine Boven, Prof. Dr. Christian Chlupsa, Prof. Dr. Tim Coles, Prof. Dr. Michael Denninghoff, Prof. Dr. Uwe Eisermann, Prof. Dr. Andreas Kagermeier, Prof. Dr. Gabriele Obermaier, Prof. Dr. Nancy Obermeyer, Prof. Dr. Dirk Reiser, Dr. Volker Rundshagen, Prof. Dr. Martina Stangel-Meseke, Prof. Dr. Jan Werner sowie Prof. Dr. Steffen Wippel.

Bei Danksagungen läuft man gerade als Vertreter der *scientific community* immer wieder Gefahr, Kollegen zu übergehen, die dem wissenschaftsunterstützenden Personal angehören und die im Rahmen der vorliegenden Arbeit eine nicht zu unterschätzende Rolle gespielt haben. Zunächst seien Theresia Neubauer und Sandra Sigl erwähnt, die seit etlichen Jahren mit großer Umsicht das Sekretariat des Eichstätter Lehrstuhls für Kulturgeographie leiten und mich in unzähligen Situationen – fachlicher wie menschlicher Natur – unterstützt haben. Alexandra Kaiser zeichnete sich in höchster Professionalität für das ansprechende Layout der vorliegenden Publikation verantwortlich. Reinhard Geißler bestach nicht nur durch seinen ungemein trockenen wie treffenden fränkischen Humor, sondern er entlastete mich auch ausgesprochen engagiert und kompetent bei sämtlichen logistischen und technischen Herausforderungen, die sich im Laufe meines Habilitationsprozesses stellen sollten. Zu guter Letzt möchte ich Bernhard Matschulla, Leiter des Informationszentrums der Eichstätter Universitätsbibliothek, danken, der mir nahezu jedes noch so schwierig aufzutreibende Buch innerhalb kürzester Zeit beschaffte. Alle erwähnten Kolleginnen und Kollegen spiegeln geradezu paradigmatisch die große Serviceorientierung des wissenschaftsunterstützenden Personals an der Katholischen Universität Eichstätt-Ingolstadt wider.

Ein herzliches Dankeschön gilt auch dem Team des Forschungsdekanats der Unternehmerhochschule BiTS in Iserlohn um Prof. Dr. Ralf Lanwehr, das die Veröffentlichung meiner Habilitation mit einem großzügigen Druckkostenzuschuss unterstützte. Darüber hinaus möchte ich mich für die hervorragende Betreuung des Publikationsprozesses durch die Mitarbeiterinnen des transcript Verlags bedanken, allen voran bei Annika Linnemann und Kathrin Popp, die einem stets das wunderbare Gefühl vermittelten, dass für sie ein Buch nicht nur ein Wirtschafts-, sondern vor allem ein Kulturgut ist, das Ideen befördert. Nicht zuletzt möchte ich Manfred Ruckdäschel danken, der als passionierter Germanist noch so manch wertvollen Hinweis zu sprachlichen Feinheiten beisteuerte.

Wie bei allen größeren Arbeiten bleibt leider vor allem für jene Menschen, die einem besonders am Herzen liegen, nur sehr wenig Zeit. Dafür, dass sie mir als Freunde trotzdem gewogen blieben und letztendlich immer für mich da waren, möchte ich mich sehr herzlich bei Maria Angleitner, Claudius Bachmann, Petra Berger, Ingrid und Robert Bolding, Dr. Almut Dunnington, Harald Filipetz, Monika Graf, Sven Hedicke, Dr. Ralph Lessmeister, Monika und Manfred Nagl, Mareike Notarp, Veronika und Udo Pabst, Marcus Reszat sowie Volker Schlehe bedanken.

Abschließend möchte ich ganz herzlich meiner Frau Sonja Scherle-Schobel sowie meiner Familie – stellvertretend seien an dieser Stelle Alexandra, Felix, Grete, Maximilian und Dr. Tassilo Scherle genannt – danken, ohne deren Verständnis, Anteilnahme und vor allem Geduld die vorliegende Arbeit sicherlich nicht zustande gekommen wäre. „Felix", so unlängst mein Bruder mit freundlich-mahnendem Unterton in einem Telephonat, „würde sich sehr freuen, wenn Du mal wieder vorbeischaust. Du machst Dich ziemlich rar!" Wie Recht er doch hat! Und vielleicht kann ich auch meinen Neffen, der in der Habilitationsphase das Licht der Welt erblickte, für Diversity begeistern?

Ich widme diese Arbeit meinem leider viel zu früh verstorbenen Vater, der sich nach seiner Dissertation für die Musik und gegen die wissenschaftliche Laufbahn entschied. Wie er zu meiner Entscheidung gestanden hätte, die einen anderen Ausgang nahm, werde ich bedauerlicherweise nicht mehr in Erfahrung bringen können.

Iserlohn, im Frühjahr 2016 Nicolai Scherle

I Einleitung oder die Macht der Differenzen im Kontext kultureller Geographien der Vielfalt

> „From the earliest traceable cosmical changes down to the latest results of civilization, we shall find that the transformation of the homogeneous into the heterogeneous is that in which progress consists."
> Herbert Spencer

„Klassifizieren", so Bauman (1992, S. 13f.) in seinem viel beachteten Werk *Moderne und Ambivalenz: Das Ende der Eindeutigkeit*, „bedeutet trennen, absondern. Es bedeutet zunächst zu postulieren, daß die Welt aus diskreten und unterschiedenen Elementen besteht; dann, zu postulieren, daß jede Einheit eine Gruppe von ähnlichen oder benachbarten Einheiten hat, zu denen sie gehört und mit denen – gemeinsam – sie bestimmten anderen Einheiten entgegengesetzt ist; und dann bedeutet es, das Postulierte dadurch zu verwirklichen, daß verschiedene Handlungsstrukturen mit verschiedenen Klassen von Einheiten verknüpft werden [...]. Mit anderen Worten, klassifizieren heißt, der Welt eine *Struktur* zu geben [...]." Wohl noch nie in der Geschichte der Menschheit gab es ein größeres Bedürfnis nach Struktur respektive Ordnung wie in der heutigen Zeit, die mit einer in dieser Intensität bis dato nicht gekannten sozio-kulturellen Ausdifferenzierung gesellschaftlicher Strukturen einhergeht. Die dadurch hervorgerufene Pluralisierung von Lebensstilen führt nicht nur zu einer sukzessiven Auflösung – vermeintlich – einheitlicher symbolischer Sinnwelten zugunsten einer Vervielfältigung sozio-kultureller Orientierungen, sondern auch zu einer verstärkten Suche nach Vertrautem in immer komplexer anmutenden Lebenskontexten (vgl. Abels 2009). Menschliche Vielfalt manifestiert sich in unzähligen Varianten: Geschlecht oder Alter, sexuelle Orientierung oder Religion, Behinderung oder Ethnizität, um nur jene Diversitätsdimensionen zu nennen, die sowohl integrativer Bestandteil der EU-Antidiskriminierungsrichtlinie sind als auch einen zentralen Part in der vorliegenden Arbeit einnehmen. Konstitutives Merkmal aller Diversitätsdimensionen markiert die Differenz, wobei die Frage, ob etwas als anders oder fremd angesehen wird, zum großen Teil davon abhängt, was der Zuschreibende als Eigenes empfindet bzw. versteht. Dabei handelt es sich grundsätzlich um eine Einschätzung, die wir von unserem eigenen Standort vornehmen. Sie setzt voraus, dass sich Menschen nicht nur selbst wahrnehmen und zum Beobachtungsobjekt machen können, sondern dass sie auch in der Lage sind, sich auf diesem Weg über sich mit der Welt ins Verhältnis zu setzen (vgl. Hierdeis 2009).

Die Geschichte hat uns immer wieder gezeigt, dass ein konstruktiver Umgang mit Differenzen alles andere als selbstverständlich ist. Gerade deshalb darf man sich nicht wundern, wenn eine verstärkte Wertschätzung menschlicher Vielfalt kritische Fragen evoziert. So schreibt Purtschert (2007, S. 89): „Wie ist es also zu deuten, wenn Großkonzerne vermehrt Frauen und MigrantInnen in die Belegschaft aufnehmen und Schwulen und Lesben einen Arbeitsplatz bieten wollen, an dem ihre Lebensweise Anerkennung erfährt? Ist Diversity Management der Schlüssel zu einer gerechteren Welt? Ist es eine Antwort der Wirtschaft auf die Forderungen von linken Bewegungen? Oder ist es der Versuch, unter dem Deckmantel der Gerechtigkeit Imagepflege zu betreiben?" Und wie kann es sein, dass der Umgang mit Differenz und Alterität – der seit jeher zwischen Gelingen und Fehlschlag oszilliert und ein ausgesprochen ambivalentes Unterfangen darstellt (vgl. Wulf 1999) – zunehmend als bereichernde, wenn auch nicht immer einfache Herausforderung wertgeschätzt wird? Geht man wie im Rahmen der vorliegenden Arbeit davon aus, dass menschliche Vielfalt mit systemimmanenten Machtunterschieden einhergeht, so mag man darüber hinaus die Frage aufwerfen, warum gerade in unternehmerischen Kontexten verstärkt ein organisationales *empowerment* von Minoritäten zulasten privilegierter Majoritäten stattfindet? Handelt es sich um ein normatives Anliegen, das in engem Konnex mit unternehmerischer Verantwortung steht, oder eher um nüchternen Pragmatismus? Fragen über Fragen, die aufgrund ihrer Komplexität keine kategorischen Antworten zulassen, sondern vielmehr eine intensive ‚diskursive Suchbewegung' in den Sozialwissenschaften ausgelöst haben.

So vielfältig die Fragen, die sich angesichts einer verstärkten Inwertsetzung menschlicher Vielfalt ergeben, so weitgehend unumstritten ist das Faktum, dass sich spätestens seit den 1990er Jahren die unternehmerischen Herausforderungen geradezu potenziert haben (vgl. Grayson & Hodges 2004; Moon, Crane & Matten 2008; Hanappi-Egger 2012b). Dabei lassen sich die immer komplexeren Transformationsprozesse, mit denen Unternehmen respektive ihre Akteure konfrontiert werden, häufig nur noch dadurch einigermaßen in den Griff bekommen, indem man sich – wie Habisch, Wildner & Wenzel (2008, S. 6) – auf einige besonders signifikante Aspekte beschränkt: „Fundamentale Veränderungen der gesellschaftlichen und wirtschaftlichen

Rahmenbedingungen haben in den letzten zehn Jahren dazu geführt, dass neue Motive für gesellschaftliches Engagement von Unternehmen in den Vordergrund rücken. Die fortschreitende Liberalisierung des Welthandels, die bahnbrechenden Entwicklungen der Kommunikationstechnologie sowie die Krise der öffentlichen Haushalte bewirken tiefgreifende Veränderungen. In verschiedenen Bereichen verändern diese Megatrends die Anforderungen an Unternehmen und deren Management nachhaltig und stellen ganz wesentliche Herausforderungen dar."

Konzeptualisiert man Organisationen – im Sinne von Aretz (2006) – als soziale Systeme, die in einer analytischen Hierarchie zwischen einfachen Interaktionssystemen einerseits und den großen gesellschaftlichen Funktionssystemen andererseits positioniert sind und mit diesen in einem immanenten Interdependenzverhältnis stehen, so lassen sich Transformationen vor allem in vier zentralen gesellschaftlichen Umweltsystemen von Unternehmen beobachten: in ökonomischen Veränderungen, die primär vor dem Hintergrund laufender Globalisierungsprozesse diskutiert werden, im demographischen Wandel, der sich unter anderem in einer zunehmend heterogenen respektive fragmentierten Gesellschaft widerspiegelt, in politisch-rechtlichen sowie in kulturellen Veränderungen. Das einzig Beständige ist letztendlich der kontinuierliche Wandel, der die Unternehmen – nach Ansicht von Thrift (2002, S. 201ff.) – nicht nur einem permanenten ‚Alarmzustand' aussetzt, sondern auch eine veränderte Organisationskultur impliziert, die mit neuen und immer komplexeren Herausforderungen an ihre – leitenden – Mitarbeiter einhergeht: „[S]omething new is happening to Western capitalism [...]. That something new is preparation for a time that Walter Benjamin once forecast, the time when the emergency becomes the rule. For, so the stories go, firms now live in a permanent stage of emergency, always bordering on the edge of chaos. So firms must no longer be so concerned to exercise bureaucratic control. Indeed, through a variety of devices – cultivating knowledge workers, valuing teams, organization through projects, better use of information technology, flattened hierarchies – they will generate just enough organizational stability to change in an orderly fashion and sufficient hair-trigger responsiveness to adapt to the expectedly unexpected. [...] Such a turn towards the rule of emergency demands new disciplines and skills of managers. ‚Organization man' is gone. In his stead, new subject positions must be invented. Managers must become ‚change agents', able, through the cultivation of new disciplines and skills, to become the fastest and best. [...] So managers must learn to manage in what is framed as a faster and more uncertain world, one in which all advantage is temporary."

Der Umgang mit Differenz, der auch im Erkenntnisfokus der vorliegenden Arbeit steht, ist eine der hervorstechendsten Herausforderungen zu Beginn des dritten Jahrtausends. Dies impliziert nicht nur eine Auseinandersetzung mit Konstruktionen, Grenzziehungen und Komplexitätsreduktionen im

Spannungsfeld von Eigenem und Fremdem, sondern auch eine eingehende Beschäftigung mit Diversität, die keinesfalls – wie nach wie vor allzu häufig in unternehmerischen Kontexten praktiziert – auf Ethnizität beschränkt werden sollte. Gerade offene Unternehmungen, die sich einem ‚heterogenen Ideal' verschrieben haben, öffnen sich möglichst allen denkbaren Formen gelebter Identität; wohl wissend, dass die Grenzen zwischen Vertrautheit und Fremdheit deutlich kontextabhängiger und arbiträrer verlaufen, als es zunächst den Anschein hat, und Gesellschaften als normativ integrierende Einheiten eher durch Differenzen denn durch Identitäten geprägt sind (vgl. Nassehi 1995). Insbesondere in der heutigen Zeit begegnet einem Diversität als weitgehend omnipräsenter sozialer Tatbestand, wobei es gelebte Praxis darstellt, dass Menschen anhand sozio-kultureller Kategorien in unterschiedliche Identitätsgruppen eingeteilt werden. Das Resultat sind divergierende Weltbilder, andere Sozialpraktiken und Lebensformen; letzten Endes kulturelle Unterschiede im weitesten Sinne, die im Idealfall nicht auf Gegensatzpaare à la ‚Eigenes und Fremdes' oder ‚Wir und die Anderen' reduziert, sondern vielmehr als kollektive Zusammensetzungen akzeptiert werden, deren sich ständig erneuernde Mischung von Eigenschaften, Verhaltensweisen und Talenten eine nicht zu unterschätzende Ressource verkörpert, die noch immer allzu häufig verkümmert.

Thomas (2001), einer der weltweit profiliertesten Experten für Diversitätskompetenz, hat in diesem Zusammenhang das eingängige Bild von einer Giraffe und einem Elefanten geprägt, die beide darüber sinnieren, wie eine auf die Bedürfnisse der Mehrheit ausgerichtete Konstruktion – im konkreten Fall ein preisgekröntes Giraffenhaus – beiden Spezies gerecht werden kann. Entscheidend sind letztendlich, verkürzt dargestellt, nachhaltige Umbaumaßnahmen, die – jenseits der Kategorien ‚normal' und ‚anders' – die Individualität der relevanten Akteure achten und somit die Basis für eine Kultur der Differenz legen, die dezidiert auf Chancengleichheit setzt. Purtschert (2007, S. 90) charakterisiert im unternehmerischen Kontext eine Kultur der Differenz und das mit ihr einhergehende Zusammenspiel von Gleichheit und Differenz wie folgt: „Als Voraussetzung für eine Kultur der Differenz gilt somit die Chancengleichheit. Diese kann aber nur hergestellt werden, wenn die theoretische Gleichbehandlung aller Angestellten nicht durch jene Differenzen beeinträchtigt wird, die an gesellschaftliche Ungleichheiten gekoppelt sind, etwa Geschlecht, Alter, Behinderung, ethnische Herkunft, Religion, Weltanschauung oder sexuelle Identität. Wir befinden uns an dieser Stelle inmitten des komplizierten Zusammenspiels von Gleichheit und Differenz. Differenzen sollen möglich sein, wo sie Ausdruck von Individualität sind. Und sie sollen da, wo sie auf tradierte Ungleichheiten zurückgehen und diese reproduzieren, der Gleichheit weichen." Vielfalt, so dürfte spätestens jetzt deutlich geworden sein, kann nicht nur als wertvolle Ressource fungieren, sondern sie wird häufig auch normativ aufgeladen; ein Umstand, der insbesondere im Konnex jener Konzepte zum Tragen kommt, die eine Überwindung traditioneller Dichotomien intendieren.

Unter dem in der deutschsprachigen Geographie vor allem von Boeckler und Berndt (2005) geprägten Label ‚Kulturelle Geographien der Ökonomie' und in enger Bezugnahme auf den sogenannten *cultural turn* sind in den letzten Jahren verstärkt kulturelle Aspekte in wirtschaftsgeographische Themenkomplexe integriert worden. In diesem Zusammenhang geht es weder um eine bloße Hinwendung zu Kultur noch um eine abschließende Bestimmung von Kultur, sondern vielmehr um eine kulturtheoretisch ausgerichtete geographische Beschäftigung mit der gesellschaftlichen Konstruktion des Ökonomischen, wobei diese als ein nicht abschließbarer, relationaler Prozess der machtgeladenen Aushandlung differenzbegründeter Bedeutungen konzeptualisiert wird (vgl. Boeckler & Berndt 2005; Berndt & Glückler 2006b; Berndt & Boeckler 2007). Vertreter ‚Kultureller Geographien der Ökonomie' versuchen nicht nur, den klassischen Dualismus von Ökonomie und Kultur zu überwinden, sondern sie verstehen den entsprechenden Ansatz – im Sinne von Barnes (2006, S. 26) – als weitgehend offenes Forschungsprogramm, das zum transdisziplinären Dialog einlädt: „Ich möchte [...] für eine pluralistische, für alle Positionen offene Disziplin plädieren, eine Disziplin, die die damit verbundenen Gelegenheiten zur Innovation genießt und die vom Arbeiten über einzelne Ansätze hinweg profitiert, anstatt fruchtbaren Meinungsaustausch zu blockieren und inhaltliche Diskussionen zu verhindern."

Im Kontext einer Konzeptionierung des Verhältnisses von Ökonomie und Kultur konnte sich in den letzten Jahren weitgehend ein bedeutungs- und symbolorientiert aufgeladener Kulturbegriff durchsetzen (vgl. Pütz 2004; Berndt & Pütz 2007b). Kultur verkörpert in diesem Zusammenhang vor allem den unser Wahrnehmen, Deuten und Handeln umgebenden Sinnhorizont, der nicht nur in unseren zunehmend komplexen Lebensäußerungen omnipräsent ist, sondern der darüber hinaus den von uns geteilten, immer wieder produzierten Ordnungskontext repräsentiert, der das Geordnete und Sinnhafte vom bloß Zufälligen und Sinnlosen separiert (vgl. Soeffner 2000; Dreher & Stegmaier 2007). Kultur impliziert letztendlich ein offenes und dynamisches Sinn- bzw. Orientierungssystem, in dem die Beziehungen innerhalb einer Gruppe sowie deren Außenbeziehungen strukturiert sind (vgl. Yousefi & Braun 2011). Dem *cultural turn* ist nicht nur eine verstärkte Auseinandersetzung mit dem Kulturbegriff zu verdanken, sondern vor allem auch ein erweitertes Agenda Setting bezüglich sozialer Markierungen. So konstatieren Leyshon und Lee (2003, S. 5f.): „The cultural turn's demotion of the category of class to a level that is no longer privileged above other social markers such as ethnicity, gender or sexuality has been criticized for bringing about a relegation of economic matters within critical debates at a time of deepening uneven development and income equality across a broad range of geographical scales […]. However, in contrast, we wish to argue that far from being a dilettante distraction from ‚serious' political economy that many on the left fear, the cultural turn has been responsible for opening up new and effective forms of critique that have produced new strategies for undermining the power and authority of capitalism and its agents."

Durchaus vergleichbar mit der primär von Spengler (1923) geprägten Dichotomie Kultur versus Zivilisation, die Ende der 1960er Jahre von Marcuse (1968, S. 150) anhand diametraler Begriffspaare wie ‚materielle Arbeit' versus ‚geistige Arbeit', ‚Reich der Notwendigkeit' versus ‚Reich der Freiheit' oder ‚operationelles Denken' versus ‚nicht-operationelles Denken' konkretisiert wurde, standen sich Kultur und Ökonomie in der (wirtschafts-)geographischen Forschung lange Zeit als weitgehend abgeschottete Monaden gegenüber. James, Martin und Sunley (2008, S. 3) schreiben in diesem Zusammenhang unter dezidierter Bezugnahme auf die konzeptuellen Transformationen, die die Disziplin in den letzten Jahren durchlaufen hat: „The rise of cultural economic geography over the last two decades is one of the most significant, exciting and contentious developments in the subdiscipline's recent history. Received wisdom has long held ‚culture' and ‚economy' as self-determining entities; each with its own discrete set of institutions, rationalities and conditions of existence; indeed each defined by what the other is not: ‚economy' as irreducibly instrumental, materialistic, vulgar, tangible and devoid of morality; ‚culture' as non-instrumental, intrinsic, aesthetic, normative and intangible […]." Einschlägige Dichotomien bedeuteten einerseits eine bedauerliche konzeptionelle und methodische Verengung disziplinärer Zugänge, andererseits implizierten sie, dass die ungemeine Komplexität menschlicher Vielfalt – gerade in Hinblick auf ihre zunehmend unübersichtlichen sozio-kulturellen Markierungen – nur bedingt erschlossen werden konnte. Erst die forcierte Integration fluider und hybrider ‚Konzepte des Ökonomischen' führte zu einer bis dato nicht gekannten Forschungsvielfalt, die von post-strukturalistischen über feministische bis hin zu neo-marxistischen Ansätzen reicht (vgl. Bradley & Fenton 1999; Barnes 2001; Peck 2005).

Nicht nur die Trennung von Kultur und Ökonomie erweist sich aus der Retrospektive als wenig zielführend, sondern auch die lange Zeit kaum vorhandene Verzahnung von Kultur- und Wirtschaftsgeographie; ein Umstand, den Warf (2012, S. 1) wie folgt kommentiert: „In retrospect, the long-standing separation of economic and cultural geography seems ludicrous, even analytically disastrous. Two major parts of a discipline renowned for the diversity of its theoretical views and the heterogeneity of topics that it studies have suffered for decades in relative isolation, as if the economy and culture had little to do with one another. Fortunately, what have long been distinct sub-disciplines, each with its own body of theory, vocabulary, methodology, and topics of inquiry, recently have increasingly merged, an intersection fostered by their mutual interest in issues of social relations, power, and location." Eine Separierung, die aus heutiger Perspektive geradezu anachronistisch erscheint, denn, so Barnes (2012, S. 19) in einem kulturhistorischen Rückblick auf die anglo-amerikanische Wirtschaftsgeographie, „Economic geography as a discipline doesn't just do culture [...]. It is culture, produced by culture. Culture goes all the way down, seeping into economic geography's very pores. [...] The current constitution of economic geography is as pluralist as it ever has been, with difference, otherness, and fragmentation breaking out all over." Will man menschliche Vielfalt, die heutzutage die meisten Gesellschaften auszeichnet, auch nur ansatzweise nachvollziehen, so stellt die Berücksichtigung von Kultur eine Conditio sine qua non dar, die sich nicht länger mit einer dogmatischen Separierung von Kultur- und Wirtschaftsgeographie vereinbaren lässt. ‚Kulturelle Geographien der Ökonomie' können nicht nur eine Brücke zwischen den lange Zeit getrennt betrachteten Faktoren Kultur und Ökonomie bauen, sondern sie erscheinen als weitgehend offener Ansatz geradezu prädestiniert, einen synergetischen transdisziplinären Dialog zu begleiten und fruchtbar unterschiedliche sozialwissenschaftliche Konzepte in Wert zu setzen (vgl. Sayer 1999; Thrift 2000; Boeckler & Berndt 2005).

Menschliche Vielfalt respektive der Umgang mit menschlicher Heterogenität geht in der Regel mit Differenzerfahrungen einher, die im komplexen Spannungsfeld von Vertrautem und Fremdem oszillieren (vgl. Bilstein, Ecarius & Keiner 2011; Bartmann 2012; Stenger 2012). Die vorliegende Arbeit fokussiert genau diese menschliche Vielfalt – und zwar aus unterschiedlichen konzeptionellen Perspektiven, in verschiedenen historischen Kontexten und nicht zuletzt aus einem Blickwinkel, der dezidiert Theorie und Praxis verbinden möchte; wohl wissend, dass gerade ethnische Vielfalt noch immer viel zu häufig mit einer Diagnose einhergeht, in der davon ausgegangen wird, dass sich Minderheiten an den Strukturen respektive Leitlinien der Majorität zu orientieren haben (vgl. Terkessidis 2010). Bei alledem wird Vielfalt – die keinesfalls auf Ethnizität beschränkt werden sollte – nicht nur aus einer weitgehend holistischen Perspektive beleuchtet, sondern sie wird gleichfalls als positive Diagnose rezipiert, deren Potential nach wie vor unterschätzt wird. Da es sich bei der relevanten Thematik um ein klassisches Querschnittsthema handelt, werden auch zahlreiche konzeptionelle Überlegungen aus anderen kultur- bzw. sozialwissenschaftlichen Disziplinen, die die Geographie in den letzten Jahren fruchtbar begleitet haben, aufgegriffen und reflektiert. Exemplarisch sei in diesem Zusammenhang auf Anthropologie, Philosophie, Psychologie und nicht zuletzt Soziologie verwiesen.

Dass Wertschätzung von Vielfalt keineswegs eine Selbstverständlichkeit darstellt, zieht sich wie ein roter Faden durch die bisherige Menschheitsgeschichte. Dieses Faktum ist zu einem großen Teil darauf zurückzuführen, dass

Vielfalt – gerade dann, wenn sie uns in Hinblick auf bestimmte Diversitätsdimensionen nicht vertraut erscheint – mit erhöhten Anforderungen einhergeht, da sie differenzbedingt eine gesteigerte Komplexität hervorruft. Dieser Aspekt erschließt sich geradezu paradigmatisch im Kontext der Kategorien Eigenes und Fremdes, die als relationale Ordnungsbegriffe in ein ausgesprochen vielschichtiges Geflecht aus Konstruktionen, Grenzziehungen und Komplexitätsreduktionen eingebunden sind. Kapitel II greift entsprechende Thematik aus verschiedenen Blickwinkeln auf, wobei zunächst im Rahmen von Kapitel II.1 eine eingehende Auseinandersetzung mit den beiden Schlüsselbegriffen Eigenes und Fremdes erfolgt, die einerseits ohne Differenz nicht konzeptualisiert werden können, andererseits aber auch – kontextabhängig – aufs Engste miteinander verflochten sind. Eine der signifikantesten Eigenschaften von Fremde ist ihre Ambivalenz, die sich besonders eindringlich aus historisch-genetischer Perspektive nachvollziehen lässt und seit jeher zwischen den Polen Faszination und Ablehnung oszilliert. Der, die oder das ‚Außergewöhnliche' evoziert gerade in interkulturellen Kontexten ausgesprochen divergierende Erfahrungsmodi, Reaktionen und Praktiken, die in Kapitel II.2 zu einer anregenden kulturgeschichtlichen Reise durch die Jahrhunderte einladen. Aufgezeigt anhand ausgewählter historischer Ereignisse und verschiedener Quellen erschließt sich ein ungemein facettenreiches, mitunter paradox anmutendes Spektrum anthropogener Wahrnehmungs-, Konstruktions- und Handlungsmuster vom Fremden. Diese können – um nur einige wenige Beispiele zu nennen – von Bekämpfung über Idealisierung bis hin zur Vermarktung reichen. Letztendlich lassen sich Eigenes und Fremdes nur dann adäquat konzeptualisieren, wenn man – wie in Kapitel II.3 – deren systemimmanente Dialektik reflektiert, die auf der Suche des Menschen nach Orientierung und Identität mit Grenzziehungen einhergeht, die realer, symbolischer und imaginärer Natur sein können. Vor dem Hintergrund eines komplexen Ein- und Ausgrenzungsprozesses stellt sich in Kapitel II.4 die Frage hinsichtlich Differenzkonstruktionen, da die Praxis des Unterscheidens in enger Verbindung mit Phänomenen wie Othering und sozialen Kategorisierungen steht. In diesem Kontext wird angesichts kulturell sanktionierter Gewohnheiten und anhand ausgewählter literarischer Zitate, die sich primär auf die Diversitätsdimension Geschlecht beziehen, unter anderem die Ambivalenz stereotyper Systeme beleuchtet, wobei es auch dezidiert um Machtverhältnisse geht, die sich durch Grenzziehungen bzw. hierarchische Unterscheidungen ergeben. Kapitel II.5 beschäftigt sich mit theoretischen und praktischen Differenzansätzen im Spannungsfeld von Ökonomie und Raum. In diesem Zusammenhang erfolgt in erster Linie – vor dem Hintergrund einer forcierten Kulturalisierung von Ökonomie bzw. Ökonomisierung von Kultur – eine kritische Auseinandersetzung mit zentralen interkulturellen Studien, die ungeachtet ihrer häufig kritischen Rezeption vor allem deswegen bemerkenswert sind, da die Entfaltung ökonomischen Denkens geraume Zeit in einem weitgehend kulturfreien, systemindifferenten Raum stattfand und einem deutlich naturwissenschaftlich geprägten Selbstverständnis folgte.

Kapitel III rückt den Umgang mit organisationaler Heterogenität in den Erkenntnisfokus. Dabei geht es primär um das in betriebswirtschaftlichen Kontexten immer wichtigere Konzept Diversity Management, das im Vergleich zu klassischen interkulturellen Ansätzen nicht nur deutlich holistischer ist, sondern darüber hinaus stärker die Individualität von Personen und weniger ihre spezifische Gruppenzugehörigkeit betont. Wie im Rahmen von Kapitel III.1 aufgezeigt wird, impliziert eine entsprechende Sichtweise, Vielfalt als eine komplexe, sich ständig wandelnde Mischung von Eigenschaften, Verhaltensmustern und Talenten aufzufassen, wobei Diversity erst dann zur wertvollen organisationalen Ressource wird, wenn deren Wert erkannt und konsequent für alle Seiten in Wert gesetzt wird. Dies bedarf einer nachhaltigen Transformation vom ‚homogenen Ideal' zum ‚heterogenen Ideal', wie es sich idealtypisch im Konzept der offenen Unternehmung widerspiegelt, deren wichtigste Charakteristika ebenfalls in Kapitel III.1 aufgerollt werden. Darüber hinaus erfolgt eine problemzentrierte Betrachtung der sogenannten ‚Big 6'-Diversitätsdimensionen, die als konstitutiver Bestandteil der EU-Antidiskriminierungsrichtlinie einen konzisen Einblick in menschliche Vielfalt ermöglichen. Kapitel III.2 analysiert aus historisch-genetischer Perspektive den sozio-kulturellen bzw. gesellschaftspolitischen Emanzipationsprozess, der der sukzessiven Akzeptanz und strategischen Inwertsetzung von Diversität vorausging. In diesem Zusammenhang wird nicht nur der Frage nachgegangen, welche Einflussfaktoren die Verbreitung von Diversity Management begünstigt haben, sondern es wird auch evident, dass das aus dem angelsächsischen Raum stammende Managementkonzept deutlich im Spannungsfeld von nüchternem Pragmatismus und normativer Aufladung oszilliert. Die bemerkenswerte Vielschichtigkeit von Diversity Management erschließt sich in Kapitel III.3, in dem die verschiedenen Verständnisansätze dieses Managementkonzepts herausgearbeitet werden. Dabei wird zum einen die Frage aufgeworfen, welche Gemeinsamkeiten und Unterschiede die beiden eng miteinander verzahnten Managementkonzepte Diversity Management und Corporate Social Responsibility aufweisen, zum anderen werden die unterschiedlichen Diversitätsorientierungen von Organisationen vorgestellt. Um das konzeptionelle Selbstverständnis von Diversity Management in seiner gesamten Tragweite für heutige Unternehmens- bzw. Personalpolitiken durchdringen zu können, bedarf es einer kritischen Würdigung jener Faktoren und Kontexte, die dazu geführt haben, dass immer mehr Unternehmen einen strategischen Paradigmenwechsel im Umgang mit menschlicher Vielfalt einleiten. Kapitel III.4 macht deutlich, dass es sich um ein ausgesprochen multidimensionales Geflecht unterschiedlicher, durchaus interdependenter Faktoren handelt, das in enger Relation mit aktuellen sozio-kulturellen und ökonomischen Transformationsprozessen steht. In Kapitel III.5 wird abschließend der primär anwendungsorientierten Frage nachgegangen, wie sich der strategische Implementierungsprozess von Diversity Management gestaltet, der in seiner konkreten Umsetzung vor allem deshalb eine ungemein komplexe organisationale Herausforderung darstellt, da er häufig mit tief greifenden Machtverschiebungen zwischen Mehrheits- und Minderheitsgruppen einhergeht; ein Umstand, der immer wieder – sofern er nicht rechtzeitig erkannt und sensibel behoben wird – zu Spannungen zwischen den betroffenen Akteuren führt und deshalb einer Integration von Erkenntnissen aus dem Change- und Konfliktmanagement bedarf. Darüber hinaus erörtert das Kapitel zentrale Aspekte organisationalen Lernens, die gerade vor dem Hintergrund des sogenannten *Learning-and-Effectiveness*-Paradigmas eine nicht zu unterschätzende Rolle einnehmen, damit die relevanten Akteure eine hohe und vor allem nachhaltige Diversity-Reife entwickeln können.

Während die in den Kapiteln II und III analysierten Konzepte in erster Linie Ordnungen von Eigenem und Fremdem repräsentieren, rücken in Kapitel IV dezidiert jene Ansätze in den Erkenntnisfokus, die vor dem Hintergrund einer zunehmend globalen Bürgergesellschaft für eine Konzeptionierung von Vielfalt jenseits klassischer Dichotomien eintreten. Zu den traditionsreichsten Ansätzen zählt in diesem Zusammenhang Toleranz, ein in Kapitel IV.1 erörtertes Konzept reziproker Relation, das expressis verbis für ein Miteinander im Dissens eintritt. In diesem Kontext erfolgt einerseits eine Auseinandersetzung mit zentralen Toleranzkonzeptionen, andererseits werden immer wieder historische und literarische Bezüge hergestellt, um angemessen die unterschiedlichen Interpretationen von Toleranz berücksichtigen zu können. Darüber hinaus soll anhand einiger ausgewählter Reflexionen zur Toleranzkompetenz aufgezeigt werden, dass Toleranz nicht nur ein abstrakt-theoretisches Konstrukt darstellt, sondern durchaus eine handlungsorientierte Dimension aufweist. Kapitel IV.2 setzt sich unter der Überschrift ‚Globale Melangen: Hybridisierungs- und Kreolisierungskontexte' mit Konzepten auseinander, die vor allem in den *Postcolonial Studies* rezipiert werden. Ausgangspunkt ist die These einer zunehmenden Überlagerung verschiedener Kulturelemente, die uns verstärkt die Präsenz von heterotopischen Räumen, Bindestrich-Personen und Pastiche-Identitäten vor Augen führt und Unterscheidungen, die bis dato als unumstößlich galten, immer mehr in Frage stellt. Einen weiteren Schwerpunkt dieses Kapitels bildet das von Glissant entwickelte sogenannte *Tout-Monde*-Konzept, in dem geographische Räume zu Kommunikations- und Gesellschaftsmodellen transzendiert werden, wobei der komplizierte Spagat gelingt, einerseits die Dichotomie von ‚alten' und ‚neuen' Räumen zu überwinden, andererseits Alterität als Diverses bestehen zu lassen. Das wohl zeitloseste normative Konzept einer globalen Bürgergesellschaft, dessen Wurzeln bis weit in die Antike zurückreichen, stellt der Kosmopolitismus dar, der in den letzten Jahren eine bemerkenswerte Renaissance erlebt hat. Im Rahmen von Kapitel

IV.3 erfolgt nicht nur eine Auseinandersetzung mit den zentralen Maximen des Kosmopolitismus, vielmehr soll auch dezidiert dafür sensibilisiert werden, dass gerade normative Konzepte wie der Kosmopolitismus – dessen Repräsentanten immer wieder Anfeindungen und im schlimmsten Fall, wie insbesondere die Zeit des Nationalsozialismus aufzeigt, sogar Verfolgungen ausgesetzt waren – keineswegs unumstritten sind. Die zusätzliche Integration ausgewählter literarischer Zitate erschließt zum einen die eminent wichtige Bedeutung dieses Konzepts für die europäische Geistesgeschichte, zum anderen macht sie aber auch deutlich, dass kosmopolitisches Weltbürgertum immer wieder als utopische Figur entworfen wurde, die vielfach eine kompensatorische Funktion einnahm.

Vor dem Hintergrund eines berühmten Zitats des früheren US-amerikanischen Präsidenten John F. Kennedy, das sich als leidenschaftliches Plädoyer für eine diversitätsbejahende Welt interpretieren lässt, stellt das Nachwort in erster Linie den Versuch einer kritischen Synthese dar. In diesem Kontext wird noch einmal der Frage nachgegangen, inwieweit sich die in den letzten Jahren vermehrt artikulierten Bekenntnisse zu Diversität auch tatsächlich in unserer Gesellschaft widerspiegeln. Gerade angesichts einer zunehmenden gesellschaftlichen Ausdifferenzierung bedarf es der verstärkten Einsicht, dass wir lernen, mit Differenzen zu leben, wobei erst Kenntnis und vor allem Akzeptanz von Vielfalt zu Verständigung und im Idealfall zu Sympathie führen. Die dramatischen NSU-Morde, die unser Land erschüttern, und nicht zuletzt der unrühmliche Umgang des prozessführenden Münchner Gerichts mit der Akkreditierung ausländischer Journalisten sind untrügliche Zeichen dafür, dass unsere Gesellschaft hinsichtlich ‚gelebter Diversität' noch einen weiten Weg vor sich hat.

Die ungemeine Komplexität der im Rahmen der vorliegenden Arbeit erörterten, eng miteinander verzahnten Themenkomplexe erfordert immer wieder, inhaltliche Schwerpunkte zu setzen. Dieser Umstand kann mitunter aufgrund der dadurch implizierten Akzentuierungen zu durchaus schmerzlichen inhaltlichen Verdichtungen führen, er ermöglicht es aber auch, bestimmten Aspekten, etwa aufgrund ihrer derzeitigen Virulenz, besondere Aufmerksamkeit zu schenken. Ein Faktum ist auf alle Fälle sicher: Differenzen und die mit ihnen einhergehende menschliche Vielfalt sind in keiner Weise einfach und schon gar nicht bequem, vielmehr stellen sie eine ausgesprochen komplexe, wenn auch lohnenswerte Herausforderung dar. Die vorliegende Arbeit, die sich pragmatisch als ‚Kulturelle Geographien der Vielfalt' konzeptualisieren lässt, lädt dazu ein, sich dieser Herausforderung zu stellen – und zwar explizit, im Sinne von Page (2007, S. xxiii), als ermunternde Aufforderung: „We should look at difference as something that can improve performance, not as something that we have to be concerned about so that we don't get sued. We should encourage people to think differently."

II Von Konstruktionen, Grenzziehungen und Komplexitätsreduktionen im Spannungsfeld von Eigenem und Fremdem

1 Konzeptionelle Annäherungen an die Ordnungsdichotomie Eigenes und Fremdes

„All people are the same. It's only their habits that are so different."
Confucius

„Die Rede vom Fremden", so der Philosoph und Fremdheitsforscher Waldenfels (1997, S. 9f.), „verführt zur Hypokrisie. Man redet von ihm und tut gleichzeitig so, als wüßte man nicht, wovon man redet. Dieser schillernde Charakter erweist sich als Ingredienz der Sache selbst, sobald wir auf Erfahrungen des Fremden zurückgehen [...]. Sprache, Blick oder Zugriff der einen sind zumeist schneller als jene der anderen, wenn es darauf ankommt, der Erfahrung des Fremden standzuhalten; denn es gehört zur Eigenart des Fremden, daß es mit dem Eigenen nicht synchronisiert ist, und wenn, dann nur auf sehr unzulängliche Weise. [...] Doch wenn es eine Rätselhaftigkeit des Fremden gibt, dann besteht sie darin, daß das Fremde die Bedeutung jenes Wortes, dem es angeheftet oder aufgepfropft wird, affiziert und infiziert wie ein Virus. Die Konfrontation mit dem Fremden löst stets einen Rückschlag aus. Erfahrung, Sprache, Land, Leib, Vernunft und Ich, die als fremd auftreten können, hören auf, schlicht das zu sein, was sie bislang waren. Erfahrung des Fremden, die mehr bedeutet als einen Erfahrungszuwachs, schlägt um in ein Fremdwerden der Erfahrung und ein Sich-Fremdwerden dessen, der die Erfahrung macht. Fremdheit ist in diesem Sinne ansteckend wie Krankheit, Liebe, Haß oder Gelächter." Anknüpfend an die vorangestellten Reflexionen von Waldenfels soll in diesem Kapitel mit dem Sujet Eigenes und Fremdes für ein Forschungsfeld sensibilisiert werden, das ungeachtet – oder gerade aufgrund – zunehmend globaler Vernetzungstendenzen aktueller denn je ist, stellen sich doch verstärkt Fragen hinsichtlich eines in der Regel als herausfordernd empfundenen Umgangs mit Pluralität respektive Heterogenität (vgl. Bartmann 2012; Stichweh 2012; Wiater 2012).

Sobald man sich aus einem interdisziplinären Blickwinkel der relevanten Thematik annähert, stellt man fest, dass es diesbezüglich ausgesprochen divergierende Ansichten gibt und dass diese aus denkbar unterschiedlichen Perspektiven entwickelt wurden. Die einen benutzen eine anthropologische Perspektive und beziehen sich auf so etwas wie tief eingeschriebene Fremdheitsängste, andere nehmen eine eher historische oder ethnologische Betrachtungsweise ein und verweisen in diesem Zusammenhang auf die immer wieder zu konstatierende Abwehr oder – dazu kontrastierend – Einverleibung von Fremdheit. Psychologen machen auf das ‚Fremdeln' kleiner Kinder aufmerksam, während Soziologen und Pädagogen Fremdheit häufig vor dem Hintergrund zunehmend komplexer Herausforderungen heutiger Migrationsgesellschaften beleuchten. In jedem Fall erscheint Fremdheit als eine Thematik, die auf einer dem Anderen eigenen, intrinsischen Eigenschaft basiert und der in der Begegnung eine geradezu grundständige Bedeutung zukommt (vgl. Bukow 1999). Diese grundständige Bedeutung wirft zunächst einmal Fragen auf: Was bringt uns der, die, das Fremde? Glück oder Unglück, Angst oder Faszination, Integration oder Ablehnung? – Das ersehnte ganz andere? Kast (1994, S. 215f.) konstatiert in diesem Zusammenhang aus psychologischer Perspektive: „Fremd ist uns nicht einfach, was wir noch nicht kennen. Fremd ist uns, was wir nicht kennen und was uns doch in beunruhigender Weise etwas angeht. [...] Das Fremde hebt ab gegen das schon Bekannte, gegen das Bewußte, gegen das, was uns schon Heimat geworden ist. Das Fremde verführt uns, unsere gewohnten Grenzen zu überschreiten, uns auf den Weg zu machen. Und je mehr Freiheit wir haben, je mehr Möglichkeiten der Entscheidung wir im Alltag haben, je mehr Freiheit wir auch intrapsychisch haben, umso mehr Fremdem begegnen wir. Umso mehr werden wir fasziniert sein, oder uns ängstigen, oder die Faszination mit der Angst abwehren. Denn wenn ein Mensch mit dem Fremden in Beziehung tritt, hat sich seine oder ihre Identität bereits verändert. [...] Das Fremde löst in uns Faszination und Angst aus, Angst und Faszination."

Auf die unterschiedlichen – in der Regel ausgesprochen ambivalenten – Erfahrungsmodi des Fremden wird im Verlauf dieses Kapitels noch näher eingegangen, zunächst einmal gilt es jedoch, einige zentrale Ausführungen zur Konstitution des Fremden zu machen. Eine sozialwissenschaftliche Analyse des Fremden enthält – in Bezugnahme auf Ohle (1978) – als konstituierendes Axiom die Auffassung über die soziale Natur des Menschen, wobei sozial in diesem Kontext mit zwei Implikationen einhergeht: Erstens, dass das einzelne Individuum nur unter anderen Individuen existiert und es seine individuelle Identität nur über die Anderen entfalten kann. Zweitens, dass in jedem Individuum – durchaus in schwankendem Ausmaß – das existenzielle Bedürfnis besteht, mit anderen Individuen in einer als konkret empfundenen Welt zu interagieren. Selbst wenn sich der Einzelne im Umgang mit anderen Individuen zurückzieht, lebt er dennoch auf diese bezogen. „Erst andere Menschen", so Wulf (1999, S. 14) in diesem Zusammenhang, „ermöglichen ihm das Gefühl der eigenen Existenz. Der Grund hierfür liegt in unserer Fähigkeit, Empfindungen und Gefühle auf andere, uns fremde Menschen richten zu können. Ohne Berührung, Ansprache und Blick des Anderen, ohne seine Repräsentationen in uns können wir nicht leben. Der Andere dient uns als Spiegel, uns selbst zu sehen, zu entdecken und zu erforschen. Er ermöglicht es uns, Repräsentationen unseres Selbst im Inneren wahrzunehmen und dadurch Bewußtsein zu entwickeln." Aufgrund der systemimmanenten Abhängigkeit von anderen Menschen einschließlich ihrer jeweiligen Repräsentationen markiert menschliche Wirklichkeit per se soziale Wirklichkeit; ein Umstand, der sich paradigmatisch darin manifestiert, dass kleine Kinder der Zuwendung respektive Ansprache und Berührung des Anderen in Gestalt ihrer Eltern bedürfen, um in ihrer Existenz bestätigt zu werden und sich im Laufe ihrer weiteren Sozialisation entfalten zu können.

Wie bei fast allen Themenkomplexen von übergreifender kultur- bzw. sozialwissenschaftlicher Relevanz unterliegt die wissenschaftliche Auseinandersetzung mit dem Fremden ausgeprägten Schwankungen. Dabei ist nicht nur die oszillierende Rezeption der jeweiligen Konzepte und Modelle von Bedeutung, sondern die Kategorie des Fremden an sich beruht auf einem umfangreichen Vorverständnis, das den entsprechenden Terminus im Rahmen des wissenschaftlichen Diskurses ausgesprochen herausfordernd macht (vgl. Nothnagel 1989). Hinzu kommt, dass die einzelnen Disziplinen basierend auf ihren jeweiligen Ordnungsparametern – insbesondere ihren Paradigmen und Forschungsmethoden – fachspezifische Konstrukte vom Fremden kreieren. Während – um nur drei Beispiele zu nennen – Psychoanalytiker das Fremde als eigenes Unbewusstes erschaffen oder Ethnologen vor dem Hintergrund ihrer Feldarbeiten im Ausland das kulturell ‚Andersartige' in den Erkenntnismittelpunkt rücken, fokussieren Soziologen als Beobachter sozialer Verhältnisse und Probleme marginalisierte Personen in der eigenen Gesellschaft (vgl. Reuter 2002). Vor allem in der Soziologie hat in der ersten Hälfte des 20. Jahrhunderts die Reflexion über den Fremden erstmals die Form einer Wissenschaft angenommen und gleichzeitig die weitere Entwicklung des Fachs nachhaltig geprägt. „Die Verwissenschaftlichung der Beobachtung des Fremden", so Stichweh (2010, S. 9) in diesem Zusammenhang, „verbindet sich mit der Genese der Soziologie als wissenschaftlicher Disziplin, und sie ist ein Dokument des Zusammenhangs der Herausbildung dieser Disziplin mit dem Nationalstaat als einer dominanten sozialen Form, die auch Prozesse der Begriffsbildung in der Sozialtheorie in eine bestimmte Richtung lenkte. Der Fremde ist vor allem

Fremder im Verhältnis zur Nation, so daß andere Zugehörigkeiten und Ausschlüsse vergleichsweise zurücktreten." Die ungemeine anthropogene Vielfalt, die in der heutigen Zeit – gerade im Kontext aktueller Konzepte wie Diversity Management – mit dem einschlägigen Terminus assoziiert und im Idealfall fruchtbar in Wert gesetzt wird, war allerdings zu jener Zeit noch weitgehend ein Fremdwort.

Zu den Klassikern der Fremdheitsforschung, der nicht nur den zentralen Ausgangspunkt der soziologischen Fremdheitsforschung markiert, sondern darüber hinaus in zahlreichen anderen sozial- bzw. kulturwissenschaftlichen Disziplinen auf große Resonanz stößt, zählt der *Exkurs über den Fremden* des deutschen Soziologen Simmel. Ohne eine explizite Definition vom Fremden zu entwickeln, konzeptualisiert Simmel den Terminus als einen primär räumlich und kulturell bestimmten Distinktionsbegriff (vgl. Sundermeier 1996), der – zumindest auf impliziter Ebene – einen deutlichen Bezug zur Raumwissenschaft Geographie aufweist und dementsprechend die Anschlussfähigkeit der Disziplin im Konnex der Fremdheitsforschung unterstreicht. In diesem Kontext greift Simmel (1908/1983, S. 509) mit der Figur des Wandernden den auch im Rahmen aktueller Globalisierungsdiskurse intensiv diskutierten Mobilitätsaspekt auf, wobei der Wandernde zum Fremden wird, indem er sich – zumindest temporär – für einen festen Standort entscheidet: „Es ist hier also der Fremde nicht in dem bisher vielfach berührten Sinn gemeint, als der Wandernde, der heute kommt und morgen geht, sondern als der, der heute kommt und morgen bleibt – sozusagen der potenziell Wandernde, der, obgleich er nicht weitergezogen ist, die Gelöstheit des Kommens und Gehens nicht ganz überwunden hat. Er ist innerhalb eines bestimmten räumlichen Umkreises – oder eines, dessen Grenzbestimmtheit der räumlichen analog ist – fixiert, aber seine Position in diesem ist dadurch wesentlich bestimmt, daß er nicht von vornherein in ihn gehört, daß er Qualitäten, die aus ihm nicht stammen und stammen können, in ihn hineinträgt." Vor diesem Hintergrund verkörpert der Wandernde einen Zeitgenossen, der zwischen räumlicher Gelöstheit und zeitweiliger Fixierung im Raum ‚stehen bleibt' und sich durch sein Erscheinen innerhalb einer autochthonen Gruppe als Fremder qualifiziert. Von außen kommend, interagiert der Fremde mit einem Personenkreis, dem er sich anschließt, ohne jedoch den Status des Zugehörigen zu besitzen respektive in ihm aufzugehen (vgl. Stagl 1981; Reuter 2002). Ein zentrales Moment in diesem Kontext ist die durch den Bleibenden implizierte Einheit von Nähe und Ferne, setzt doch die Erfahrung von Fremdheit die Nähe des Fremden voraus. Erst seine physische Nähe dekuvriert seine sozio-kulturelle Distanz – oder anders ausgedrückt: Nur durch eine bestimmte Nähe kann der Andere zum Fremden werden (vgl. Stenger 1997), wobei Fremdheit – aus Perspektive von Simmel (1908/1983, S. 509) – mit einer durchaus positiv zu bewertenden Relation einhergeht: „Die Einheit von Nähe und Entferntheit, die jegliches

Verhältnis zwischen Menschen enthält, ist hier zu einer, am kürzesten so zu formulierenden Konstellation gelangt: die Distanz innerhalb des Verhältnisses bedeutet, daß der Nahe fern ist, das Fremdsein aber, daß der Ferne nah ist. Denn das Fremdsein ist natürlich eine ganz positive Beziehung, eine besondere Wechselwirkungsform; die Bewohner des Sirius sind uns nicht eigentlich fremd – dies wenigstens nicht in dem soziologisch in Betracht kommenden Sinne des Wortes –, sondern sie existieren überhaupt nicht für uns, sie stehen jenseits von Fern und Nah. Der Fremde ist ein Element der Gruppe selbst, [...] ein Element, dessen immanente Gliedstellung zugleich ein Außerhalb und Gegenüber einschließt."

Die gleichzeitige Immanenz und Transzendenz des Fremden beleuchtet Simmel in Bezug auf verschiedene Positionsbestimmungen, wobei Nassehi (1995) im Rahmen seiner soziologischen Reflexionen über den Fremden auf zwei besonders bemerkenswerte hinweist: Zum einen führt Simmel eine spezifische soziale Beweglichkeit des Fremden an, die primär darauf fußt, dass der Fremde aufgrund seines zunächst unbestimmten Charakters innerhalb der aufnehmenden Gruppe eine gewisse Freiheit in der Kontaktaufnahme mit den relevanten Akteuren besitzt. Da sich der Fremde gewissermaßen jenseits gruppeninterner Grenzen aufhält, kommuniziert er potentiell mit allen Akteuren. Vor diesem Hintergrund ist er relativ frei hinsichtlich seiner sozialen Interaktionen, gleichzeitig aber auch frei von der sozialen Unterstützung und Positionszuweisung, die für den Autochthonen charakteristisch sind. Zum anderen akzentuiert Simmel die Objektivität des Fremden, mit der primär dessen im Vergleich zum Autochthonen weitgehend unparteiische und unbefangene Beobachterposition gemeint ist. Simmels Ausführungen zum Fremden, die später vor allem von Vertretern der *Chicago School* – insbesondere von Park (1964) –, der Stadtsoziologie und nicht zuletzt der Stadtgeographie aufgegriffen und sukzessive weiterentwickelt wurden, beziehen sich vor allem auf den Typus des Händlers, der die Personalisierung des Geldes in Form von Mobilität repräsentiert und als Symbol der allgemeinen Relativität der Welt fungiert (vgl. Bielefeld 2001). Vor diesem Hintergrund verkörpert der Fremde in mancherlei Hinsicht den Idealtypus des modernen Lebensstils; nicht zuletzt indem er den sozialen Raum dynamisiert und – zumindest im Kontext physischer und symbolischer Grenzüberschreitungen – Attribute auf sich vereinigt, die mit dem Kosmopolitismuskonzept in Verbindung gebracht werden (vgl. Kapitel IV.3). Darüber hinaus evoziert der Simmel'sche Fremde im Idealfall produktive Irritationen, mindestens jedoch Anstöße zur Selbstreflexion in Hinblick auf den eigenkulturellen Standort und dessen normatives Selbstverständnis. „Er fördert", wie Sölter (1997, S. 30) in diesem Zusammenhang schreibt, „eine kritische Einstellung gegenüber dem Eigenen, denn er erschüttert den naiven Vertrauensvorschuß, den die eigenen kulturellen Traditionen genießen. Idealiter bewahrt er dadurch vor erstarrten Formen der Identität, vor Fixierung, die keine Lernprozesse mehr erlaubt. Zugleich behindert er die naheliegende Versuchung, die eigene Kultur im unreflektierten Ethnozentrismus als Mittelpunkt und Maßstab aller Dinge zu sehen. Der Fremde wird bei Simmel zum Garanten des perspektivischen Wechsels: er verweist auf die Relativität der kulturellen Interpretationssysteme, darauf, daß jede Weltsicht bereits kulturell imprägniert worden ist. Durch sein bloßes Dasein erschüttert der Fremde zumindest potentiell jene kognitiven Sicherheiten, auf denen das Alltagsleben basiert."

Ein weiterer Klassiker, der sich – in diesem Fall aus sozialpsychologischer Perspektive – mit dem Phänomen des Fremden auseinandersetzt, ist *Der Fremde* von Schütz. Analog zu Simmel kreiert Schütz eine Kontrastfigur, wobei er entsprechende Thematik nicht so sehr aus dem Blickwinkel der aufnehmenden Seite beleuchtet, sondern sich vor allem für die psychischen Prozesse interessiert, die der Fremde zu bewältigen hat, wenn dieser in eine fremdkulturelle Umwelt gerät (vgl. Nassehi 1995). Für Schütz verkörpert der Fremde einen Zeitgenossen, der durch die Konfrontation mit einer neuen, nicht vertrauten Umwelt in eine persönliche Krise gerät. Auch wenn sich Schütz im Rahmen seiner Reflexionen zum Fremden primär auf Immigranten bezieht und in diesem Zusammenhang vor allem Aspekte des interkulturellen Fremdverstehens – Reuter (2002, S. 104) spricht in diesem Kontext treffend von einer „Kollision kulturspezifischer Wissensordnungen" – aufrollt, zeigt er anhand konkreter Beispiele, dass Fremde ein Phänomen darstellt, das unseren Alltag in Situationen durchdringt, in denen wir es gar nicht vermuten würden. „Für diesen Zweck", so Schütz (1944/1972, S. 53), „soll der Begriff ‚Fremder' einen Erwachsenen unserer Zeit und Zivilisation bedeuten, der von der Gruppe, welcher er sich nähert, dauerhaft akzeptiert oder zumindest geduldet werden möchte. Das hervorragende Beispiel dieser sozialen Situation ist der Immigrant, und mit diesem Beispiel im Blick wurden die folgenden Analysen einfachheitshalber ausgearbeitet. Aber keineswegs ist ihre Gültigkeit auf diesen Spezialfall beschränkt. Wer sich in einem geschlossenen Club um Mitgliedschaft bewirbt, der zukünftige Bräutigam, der in die Familie seines Mädchens aufgenommen werden möchte, der Junge vom Land, der auf die Universität geht, der Städter, der sich in einer ländlichen Gegend niederläßt, der ‚Freiwillige', der in die Armee eintritt, eine Familie, wo der Vater arbeitslos war, und die jetzt in eine wirtschaftlich expandierende Stadt zieht, hier sind sie alle Fremde, [...] obwohl in diesen Fällen die typische ‚Krisis', welche der Immigrant durchmacht, leichter verläuft oder auch ganz ausbleibt."

Schütz interessiert sich besonders für die komplexen Phänomene, die sich im Kontext eines Annäherns an fremde Gruppen ergeben und spezifische Zwischenwelten schaffen, die Bhabha (1996) etliche Jahre später treffend als *Culture's In-Between* etikettiert hat. Auch wenn Schütz (1944/1972, S. 69) zu dem Ergebnis kommt, dass im Verlauf eines kontinuierlichen sozialen Anpassungsprozesses „die Angleichung des Neuankömmlings an die in-group, die ihm zuerst fremd und unvertraut erschien" grundsätzlich möglich ist, so sind seine Ausführungen doch weitgehend von einer Grundhaltung inkommensurabler Kulturen geprägt, die mehr oder weniger geschlossene Systeme bilden, zwischen denen es kaum Verbindungen gibt (vgl. Nassehi 1995). „Für Schütz bleibt", wie Bielefeld (2001, S. 30) vermerkt, „der sich nähernde Fremde in einer Pseudo-Welt befangen: Pseudo-Anonymität – denn man kennt ihn ja und er kennt die anderen; Pseudo-Intimität – denn man kann sich des Kennens nie wirklich sicher sein; Pseudo-Typizität – denn man muß immer wieder übersetzen und bemerkt in diesem Übersetzungsprozeß die Distanz. Die Erfahrung der Pseudo-Welt als Ergebnis der Annäherung macht den Fremden zum objektiven Beobachter. Ebendiese Position aber läßt die Mehrheit an seiner Loyalität zweifeln – und schließt die Beobachter aus, obwohl sie dazugehören wollen." Gerade das Scheitern einer nachhaltigen Integration in die *in-group* der Autochthonen führt in der Regel zu mangelnder Loyalität, deren ausgesprochen komplexe Ursachen und Implikationen Schütz (1944/1972, S. 68) – unter dezidierter Bezugnahme auf Vertreter der *Chicago School* – wie folgt skizziert: „Die zweifelhafte Loyalität des Fremden ist leider sehr viel mehr als ein Vorurteil seitens der fremden Gruppe. Dies ist besonders in den Fällen wahr, wo sich der Fremde als unwillig oder unfähig erweist, die neuen Zivilisationsmuster vollständig anstelle der der Heimatgruppe zu setzen. Dann bleibt der Fremde das, was Park und Stonequist treffend einen ‚marginal man' genannt haben, ein kultureller Bastard an der Grenze von zwei verschiedenen Mustern des Gruppenlebens, der nicht weiß, wohin er gehört."

Ungeachtet mancher konzeptionellen Unterschiede weisen die Arbeiten von Schütz und Simmel eine zentrale Gemeinsamkeit auf, nämlich das Eindringen des Fremden in eine weitgehend stabile und geschlossene Struktur, die eine deutlich raumbezogene Komponente aufweist. Dabei basieren beide Konzepte eher auf konkreten historischen Fällen als auf theoretischen Einsichten (vgl. Nassehi 1995); ein Umstand, der insbesondere bei Simmel zum Tragen kommt, der im Kontext seiner Betrachtungen eine ganz bestimmte Gruppe von Fremden im Fokus hat: emanzipierte und polyglotte Juden, die als mobile Händler bzw. Zwischenhändler entscheidend zur sozialen Dynamisierung des Raums beitragen und – zumindest aus interkultureller Perspektive – eine Schnittstellenposition zwischen den Kulturen einnehmen. Stichweh (2010, S. 16f.) konstatiert in Bezug auf die soziale Dynamisierung des Raums: „Der Händler als Zwischenhändler steht zwischen den Kulturen, und er steht auch zwischen den Preisen der vor und hinter ihm gelagerten Handelsstufe. [...] Die liquideste wirtschaftliche Ressource ist zweifellos das Geld, und das Argument zum Fremden als Händler verbindet sich mit der Kette von Folgerungen, die Simmel in der ‚Philosophie des Geldes' und dann erneut verdichtet im ‚Exkurs über den Fremden' vorgetragen hat. Die Liquidität des Geldes wird verknüpft mit der Beweglichkeit der Handlungsmöglichkeiten, die sich demjenigen eröffnen, der nicht durch stoffliche Ressourcen festgelegt ist, sondern über Geld verfügt und es kombinatorisch einzusetzen imstande ist. Und die Beweglichkeit des Geldbesitzers weist eine offensichtliche Verwandtschaft zu der Beweglichkeit menschlicher Intelligenz auf, weil sie gleichfalls indifferent gegenüber konkreten Gegenständen des Interesses ist, sich deshalb beliebigen Gegenständen zuwenden kann und zwischen diesen beliebigen Gegenständen Zusammenhänge entdeckt, die sich demjenigen entziehen, der einzelnen dieser sachlichen Wirklichkeiten durch starke innere Bindungen verpflichtet ist."

Vor dem Hintergrund eines ausgesprochen komplexen Spannungsverhältnisses zwischen nüchternen Wirtschaftsinteressen und pragmatischer Weltgewandtheit formiert sich bei der skizzierten Gruppe ein Lebensgefühl, das sich am besten mit dem normativ konnotierten Konzept des Kosmopolitismus umschreiben lässt; ein Konstrukt, das man einerseits mit aufgeklärtem Weltbürgertum assoziiert, das anderseits jedoch von autoritären Regimen immer wieder diskreditiert wurde und nach wie vor wird, indem man Kosmopoliten pauschalisierend als heimatlose, entwurzelte und unzuverlässige Zeitgenossen abstempelt (vgl. Beck 2004; Nederveen Pieterse 2005; Keupp 2008; siehe auch Kapitel IV.3). Bedauerlicherweise kreisen die meisten Diskussionen bezüglich Fremden vor allem um die Frage einer Inklusion bzw. Exklusion in das relevante Sozialsystem, die sich in der Regel auf das Kriterium der Mitgliedschaft stützt; ein Aspekt, der – wie Stichweh (2012, S. 80f.) in durchaus eindringlichen Worten aufzeigt – auch auf die beiden Ansätze von Simmel und Schütz zutrifft: „So extrem verschieden die klassischen Texte von Georg Simmel und Alfred Schütz in der Analyse des Fremden sind, ist doch *eine* Gemeinsamkeit auffällig. Simmel und Schütz, ohne es in diesen Worten zu sagen, gehen beide davon aus, dass ein Sozialsystem, das bestimmte Andere als Fremde klassifiziert, sich selbst als ein System beschreibt, das aus Mitgliedern besteht. Fremde sind dann zunächst einmal Nichtmitglieder, und die Anschlussfrage ist, ob dies zu ihrem Ausschluss oder vielleicht sogar zu ihrer Tötung oder alternativ zu Möglichkeiten führt, trotz ihrer Nichtmitgliedschaft einen Sonderstatus für sie vorzusehen." Die dadurch hervorgerufene Konsequenz liegt auf der Hand, nämlich den Fremden in erster Linie als Merkmalsträger, als – vermeintlich – typischen Vertreter seiner Kategorie zu sehen, und nicht als das konkrete Individuum, als das er sich selbst erlebt (vgl. Stagl 1981).

„Ist es möglich", so sinniert die Psychoanalytikerin Kristeva (1990, S. 11) in ihrem viel beachteten Buch *Fremde sind wir uns selbst*, „daß der ‚Fremde', der in den frühen Gesellschaften der ‚Feind' war, in den modernen Gesellschaften verschwindet? [...] Können wir innerlich, subjektiv mit den anderen, können wir *die anderen (er)leben*? Ohne Ächtung, aber auch ohne Nivellierung? Die Veränderung der Lage der Fremden, die sich gegenwärtig durchsetzt, nötigt uns, darüber nachzudenken, wie weit wir fähig sind, neue Formen der

Andersheit zu akzeptieren.“ Primär ausgehend von einer Phänomenologie lebensweltlicher Erfahrungen des Fremdseins und anknüpfend an zentrale psychoanalytische Erkenntnisse von Freud illustriert Kristeva anhand ausgewählter Beispiele aus der europäischen Kulturgeschichte, dass der Fremde in uns selbst steckt: als verborgene Seite unserer Identität, als Raum, der unsere Bleibe zerstört, und nicht zuletzt als Zeit, in der Einverständnis und Sympathie verschwinden. In Hinblick auf Freud sind es vor allem seine Ausführungen zum Phänomen des Unheimlichen, die das Werk von Kristeva nachhaltig beeinflussen (vgl. Braun 2009; Sander 2012). Im Fremden, so legt die Freud'sche Perspektive nahe, begegnen wir uns selbst, wobei der Fremde nicht nur als Projektionsfläche fungiert, sondern auch die ‚dunkle Seite‘ des Ich verkörpert: In der Figur des Fremden werden verborgene Ängste, Wünsche und Neigungen an die Bewusstseinsoberfläche transportiert und stellen die eigentliche Ursache des Unheimlichen dar, da die vom Fremden ausgehende Bedrohung lediglich eine Projektion der in uns immanenten Angst vor der Auseinandersetzung mit dem ureigensten Unbekannten anzeigt (vgl. Reuter 2002). Den Konnex zwischen dem Unheimlichen, das Angst erzeugt, und den verborgenen respektive verdrängten Wünschen erschließt Freud über eine Reflexion des Sprachgebrauchs. Dieser lässt den Terminus ‚heimlich‘ in seinen Gegensatz ‚unheimlich‘ übergehen, was bedeutet, dass letztendlich das Unheimliche auf das Vertraute zurückgeführt werden kann (vgl. Quindeau 1999). Vor dem Hintergrund des Projektionsmechanismus deckt Freud nicht nur die Dialektik von Eigenem und Fremdem auf, sondern er macht – wie Reuter (2002, S. 68) in diesem Zusammenhang konstatiert – auch deutlich, „daß die Kategorien des Eigenen und des Fremden keine klar voneinander abgrenzbaren Entitäten beschreiben, sondern jeweils die Grenze bzw. das entgegengesetzte Extrem *desselben Kontinuums* mit unendlich vielen Abstufungen markieren...“ Dabei wandelt sich mit dem Stand der Bewusstseinsentwicklung auch die Perspektivität auf Eigenes und Fremdes. So wie das Ich aus dem jeweils eigenen Blickwinkel eine andere Bedeutung und Position erhält, so auch das ‚Ich-hafte‘, Eigene – und damit gleichfalls das ‚Nicht-Ich-hafte‘, das Andere, das Fremde. Was eigen bzw. fremd genannt wird, ist nicht unwandelbar, geschweige denn stabil oder sicher, vielmehr formt es sich in der Ontogenese. Es transformiert sich in der Vita, sofern diese eine lebendige, wachsende Bewusstseinsentwicklung zulässt mit der entsprechenden Wandlung der Perspektivität und damit einhergehend der Bedeutung von Eigenem und Fremdem (vgl. Scharfetter 1994).

Für Kristeva gilt die im Verlauf der Menschheitsgeschichte immer wieder zu konstatierende Angst bzw. Ablehnung des Fremden als immanente menschliche Reaktion, die man sich stets vergegenwärtigen sollte. Je stärker man das Fremde in sich entdeckt, umso weniger wird einem das Fremde beim Anderen fremd oder gar bedrohlich erscheinen. Lehnen wir den Fremden hingegen ab oder bekämpfen wir ihn angesichts seiner uns verstörenden Unheimlichkeit, so mutieren wir selbst zu Opfern, da das Fremde – so die Kernaussage von Kristeva (1990, S. 208f.) – letztendlich in uns selbst inhärent ist: „In der faszinierenden Ablehnung, die der Fremde in uns hervorruft, steckt ein Moment jenes Unheimlichen, im Sinne der Entpersonalisierung, die Freud entdeckt hat und die zu unseren infantilen Wünschen und Ängsten gegenüber dem anderen zurückführt – dem anderen als Tod, als Frau, als unbeherrschbarer Trieb. Das Fremde ist in uns selbst. Und wenn wir den Fremden fliehen oder bekämpfen, kämpfen wir gegen unser Unbewußtes – dieses ‚Uneigene' unseres nicht mehr möglichen ‚Eigenen'." Vor diesem Hintergrund fordert uns die Psychoanalytikerin explizit auf, unsere kaum zu fassende Andersheit zu entdecken, denn wenn wir unsere eigene Fremdheit erkennen, werden wir weder unter ihr leiden noch sie genießen können. Wenn man so will, impliziert das in letzter Konsequenz eine Aufhebung des Fremden. „Das Fremde", so Kristeva (1990, S. 209) in diesem Zusammenhang, „ist in mir, also sind wir alle Fremde. Wenn ich Fremder bin, gibt es keine Fremden. Deshalb spricht Freud nicht von ihnen. Die Ethik der Psychoanalyse impliziert eine Politik: Es würde sich um einen Kosmopolitismus neuer Art handeln, der, quer zu den Regierungen, den Ökonomien und den Märkten, an einer Menschheit arbeitet, deren Solidarität in dem Bewußtsein ihres Unbewußten gründet – einem Unbewußten, das begehrend, zerstörerisch, ängstlich, leer, unmöglich ist."

Es versteht sich von selbst, dass Kristevas durchaus provokative Ansichten auf Kritik stoßen. Während Quindeau (1999, S. 175) – vor dem Hintergrund ihrer Aussage „Die Kategorie des Fremden verschwindet wie der Hase im Zauberhut." – in erster Linie moniert, dass sich Kristevas Konzeptionierung des Fremden als Unbewusstem am Ende in Tautologien auflöst, kritisiert Waldenfels (1997, S. 28) die sich selbst aufhebende „Verallgemeinerung der Fremdheit", die der Psychoanalytikerin jedoch verborgen bliebe. In seinem Buch *Grundmotive einer Phänomenologie des Fremden* kommt Waldenfels (2006, S. 124) zu dem Schluss: „Der Satz ‚Wir sind alle Fremde', den Julia Kristeva ausspricht [...], ist genauso richtig und nichtssagend wie der Satz ‚Alle Sprachen sind Fremdsprachen'. Abgesehen davon, daß diese Verallgemeinerung okkasioneller Fremdheiten die Fremdheit nicht aufhebt, verschleiert sie den Sachverhalt, daß eine Sprache durchaus fremder sein kann als die andere. Fremdheit ist keine allgemeine Funktion, die allen zukommt und reihum geht, sondern sie geht zurück auf eine Erfahrung, die [...] immer auch durch Unsicherheit, Bedrohtheit, Unverständnis geprägt ist, und ebendiese Faktoren sind ungleichmäßig verteilt, je nachdem, wer die sozialen und sprachlichen Spielregeln bestimmt, wer ‚das Sagen hat'." Bei aller berechtigten Kritik an Kristevas Gedankengebäude, geht es der Psychoanalytikerin vor allem darum, die Fremdheit des Fremden abzumildern, indem wir den Fremdheitscharakter des eigenen Ich begreifen und den Unterschied von Ich und Selbst – im Englischen *I and Me* – erkennen. Gerade die Erfahrung, sich selbst fremd zu sein sowie zwischen Bewusstsein und Handeln unterscheiden zu können, markiert einen zentralen Schritt, sich die komplexen Herausforderungen des Fremdverstehens zu vergegenwärtigen (vgl. Sundermeier 1996; Sander 2012).

Vor dem Hintergrund der bisher erfolgten konzeptionellen Annäherungen an Eigenes und Fremdes gilt es festzuhalten, dass das Fremde keinesfalls einen objektiven Tatbestand darstellt, sondern vielmehr eine Zuschreibung, wenn man so will, eine Etikettierung nicht oder nur unzureichend vertrauter Strukturen, die grundsätzlich subjektiv abläuft und in ihrem Ergebnis selten als eindeutig einzustufen ist. Letztendlich verkörpert das Fremde ein vergleichsweise abstraktes Konstrukt, das in Abgrenzung zum Eigenen entsteht und somit erst durch unsere Beteiligung kreiert wird. In der Regel wird dabei die Zuschreibungsinstanz als Ort des Eigenen ausgewiesen und tritt in der Praktik des Zuschreibens als privilegierter Ort der Wahrnehmung hervor, von dem aus den jeweiligen Strukturen bzw. Akteuren Bedeutung verliehen wird. Hahn (1994, S. 140f.) konstatiert in diesem Zusammenhang: „Die Prozesse, die dazu führen, einen anderen als Person oder als Träger eines bestimmten Merkmals wie z.B. Hautfarbe, Herkunft, Sprechweise, Gruppenzugehörigkeit, Berufsfunktion oder Krankheitssymptomen sozial verbindlich als Fremden zu etikettieren, sind denen vergleichbar, die etwa in der Kriminalsoziologie analysiert wurden, um zu beschreiben, wie jemand zum Verbrecher gestempelt wird. Immer aber handelt es sich bei solchen Etikettierungen um Operationen der Etikettierenden und nicht lediglich um Konstatierung von Gegebenheiten, die auch ohne solche Operationen vorhanden wären. Der Grund dafür liegt eben darin, daß die Etikettierungen mit Unterscheidungen arbeiten, deren Urheber sie selbst sind: ohne Moral keine Sünder, ohne Gesetze keine Verbrecher; ohne die Definition eines Unterschiedes zwischen ‚uns' und den ‚anderen' keine Fremden." Konstruktion respektive Zuschreibung bedeutet keineswegs eine Erfindung von etwas, was es ‚eigentlich' nicht gibt, sondern meint den Ausschluss von alternativen Sinnmöglichkeiten in der Bestimmung dessen, was der Fall ist, sozusagen eine Verdinglichung eines Verhältnisses, eine Fixierung und ‚Feststellung' prozessualen Geschehens. Konstruktion in diesem Sinne ist das Resultat einer anthropologischen Notwendigkeit der Deutung, der Interpretation sozio-kultureller Erfahrungen und Wirklichkeiten durch die Entscheidung für eine von mehreren Sinnmöglichkeiten (vgl. Stenger 1997). Dabei kann jede Entscheidung, einen Anderen als Fremden einzustufen, stets auch anders ausfallen. Es gibt in diesem Kontext keine Automatismen, sondern nur Bedeutungsinvestitionen (vgl. Hahn 1994).

Die Konstruktion von Fremdheit konstituiert sich in der Regel aus zwei Elementen: erstens aus der Feststellung eines Unterschieds und zweitens aus der Bewertung dieses Unterschieds. Dabei ist, wie Stenger (1997, S. 160) in diesem Zusammenhang ausführt, „bereits die Feststellung von ‚Gemeinsamkeit' oder ‚Gegensätzlichkeit' das Ergebnis einer *Entscheidung* (im Sinne einer

Auswahl, die auch anders hätte ausfallen können). Für die Konstruktion von Fremdheit oder Gemeinsamkeit ist also gleichermaßen zentral, ob eine Unterscheidung und daraus abgeleitet ein Unterschied gemacht und kommuniziert wird oder nicht. Fremdheit als Exklusionsverhältnis zu bestimmen, heißt, als Beobachter nach sprachlichen und nichtsprachlichen Zeichen einer Innen/Außen-Unterscheidung zu suchen. Was im Kontext solcher Unterscheidungsfiguren dem ‚Außen' zugerechnet wird, ist potentiell *fremd*. Das heißt, die Eigenschaft ‚fremd' wird einer Person, einer Gruppe, einem Gegenstand oder einem Sachverhalt immer dann zugeschrieben, wenn das jeweilige Objekt der Zuschreibung als ‚außerhalb' der eigenen Sphäre existierend wahrgenommen wird. Der, die oder das Fremde sind also im Bezug auf einen stets variablen Kontext des ‚Eigenen' […] *nicht zugehörig*."

Einschlägige Fremdheitskonstrukte sind keinesfalls autonome Kreationen eines Individuums, sondern unterliegen vielmehr einer nachhaltigen gesellschaftlichen Prägung, ohne dass man die ‚Richtigkeit' der Norm permanent reflektieren würde. Dabei verlieren die durch die Gesellschaft vorgegebenen Deutungsmuster zur Wirklichkeitskonstruktion im Laufe unseres Sozialisationsprozesses sukzessive ihren Konstruktcharakter und gewinnen somit an Selbstverständlichkeit und – vermeintlicher – Normalität. Zu diesen an sich schon ungemein abstrakten Reflexionen kommt hinzu, dass in der heutigen Zeit unsere Lebenskontexte in immer geringerem Maße zwischen einem ‚Innen' und ‚Außen' getrennt sind und sich folglich mehr und mehr Überschneidungsbereiche herausbilden (vgl. Schäffter 1991). Die in dieser Intensität bislang nicht gekannte räumliche und zeitliche Nähe von Eigenem und Fremdem generiert nicht nur ein mitunter ausgesprochen virulentes Spannungsverhältnis, sondern motiviert im Idealfall auch, über menschliches Handeln sowie über lebensweltliche Orientierungen nachzudenken (vgl. Escher 1999; Meyer 1999); und sei es nur über das Faktum, dass Fremdheit ein zutiefst relationales Phänomen darstellt, das einer Beziehung bedarf und dezidiert vom jeweiligen Standpunkt abhängt (vgl. Albrecht 1997; Hammerschmidt 1997; Reuter 2002). Gerade vor diesem Hintergrund gilt noch immer die Aussage von Münkler und Ladwig (1997, S. 14): „Was mir fremd ist, muß dir noch lange nicht fremd sein, und daß ich hier ein Fremder bin, heißt noch lange nicht, daß ich es anderswo auch wäre."

Traditionell werden Eigenes und Fremdes primär in Dichotomien – etwa ‚Mann und Frau', ‚jung und alt' oder ‚Wir und die Anderen' – gedacht (vgl. Wierlacher 2000). Analog zu Freunden und Feinden stehen beide in Opposition zueinander. Dabei sind Erstere, was Letztere nicht sind – und umgekehrt. Wie die meisten Dichotomien, die unser Leben strukturieren, handelt es sich um eine Abwandlung des Gegensatzes von ‚Innen' und ‚Außen'. In diesem Zusammenhang fungiert das ‚Außen' als Verneinung des Positiven der Innenseite, und das ‚Außen' ist, was das ‚Innen' nicht ist (vgl. Bauman 1991). Vor diesem Hintergrund werden Eigenes und Fremdes zu Kategorien, die Freund und Feind, Gutes und Schlechtes, Schönes und Hässliches, kurzum Gegensätze an sich säuberlich trennen und somit in letzter Konsequenz als unverträglich erscheinen lassen; ein Faktum, das sich – wie Erdheim (1996, S. 180) aufzeigt – besonders gut an der kulturgeprägten Inwertsetzung des Körpers ablesen lässt: „Es gibt kaum einen Körperteil, der von der Kultur nicht benutzt worden wäre, um eine ästhetische Differenz zu markieren: Von der Verkrüppelung der Füße, über die Bearbeitung der Geschlechtsorgane, die Ziernarben an Brust und Rücken, von abgeschliffenen Zähnen, Lippen-, Nasen- und Ohrenpflöcken zu den künstlichen Schädeldeformationen – die eigene Verunstaltung galt als Vorbild des Schönen und Begehrenswerten und die fremde als Inbegriff des Häßlichen und Perversen. Eine Vereinigung scheint ausgeschlossen."

Auch wenn Differenz ein konstitutives Merkmal der Fremderfahrung darstellt, bedeutet dies keineswegs, dass Eigenes und Fremdes einander gegenübertreten wie Monaden, die in sich geschlossen sind. Vielmehr sind Eigenes und Fremdes, wie Waldenfels (2000, S. 250) aus einer philosophischen Perspektive darlegt, miteinander verflochten: „Eigenes, das mit dem Fremden gleichursprünglich auftritt und aus der Absonderung von Fremdem entsteht, gehört einem Zwischenbereich an, der sich stets mehr oder weniger und auf verschiedene Weise ausdifferenziert. Am Anfang steht nicht die Einheit einer eigenen Lebensform, auch keine Pluralität von Lebensformen und Kulturen, in denen die Einheit sich lediglich vervielfältigt, sondern am Anfang steht die *Differenz*. Nicht nur das Attribut ‚fremd', sondern auch das Attribut ‚eigen' hat einen relationalen Charakter. Wer wäre ich und was wäre mir zu Eigen, wenn sich meine Eigenheit nicht von anderem absetzen würde? Der vielberufene Solipsismus krankt daran, dass ein *solus ipse* kein Selbst wäre, weil es sich gegen nichts und gegen niemanden abgrenzen würde. [...] Die ‚Urscheidung' von Eigenem und Fremdem, die sich bei Husserl ebenfalls findet, allem ‚transzendentalen Solipsismus' zum Trotz, setzt als Prozess der Differenzierung eine gewisse Indifferenz voraus. Sie setzt voraus, dass Eigenes und Fremdes bei aller Absonderung mehr oder weniger ineinander verflochten und verwickelt sind."

Dieser Differenzierungsprozess geht in der Regel mit Unbekanntheit, Unbestimmtheit und – wie bereits im Rahmen der psychoanalytischen Reflexionen von Kristeva angeführt – Unheimlichkeit einher. Was zunächst vergleichsweise heikel, mitunter sogar bedrohlich klingen mag, ist de facto ein ausgesprochen ambivalentes Phänomen, das zwischen den Polen Faszination und Schrecken oszilliert: Einerseits geht vom Fremden – das heißt von fremden Personen, die nicht ‚dazugehören', genauso wie von nicht vertrauten Lebenswelten, etwa ‚exotischen' Ländern und Religionen – eine nicht zu unterschätzende Verlockung aus, die eigene Ordnung auf sie auszudehnen. Andererseits weist das Fremde zugleich etwas ‚anziehend Abschreckendes' auf, wird doch die vertraute Ordnung zur Disposition gestellt und somit dem Risiko eines Zusammenbruchs ausgesetzt (vgl. Janz 2001). Aus einer mentalitätshistorischen Perspektive bemerkt Turk (1993, S. 185) hinsichtlich dieser Ambivalenz: „Es ist klar, daß durch dieses ‚Dispositiv' [Turk übernimmt den Terminus von Foucault; Anm. d. Verf.] nicht nur die Mentalität der Seefahrer, Eroberer und Entdecker, sondern auch eine damit verwandte Mentalität der Erfinder, Häretiker und Dichter hervorgerufen werden konnte. Vor allem aber läßt sich aus der skizzierten Ambivalenz die feindselige Umdeutung des Fremden zum Bedrohlichen herleiten, die im lateinischen ‚hostis' noch anschaulich zutage liegt und die bis heute die politische Semantik in vielfachen Abschattierungen dominiert."

Wie heikel eine Auseinandersetzung mit kultureller Fremdheit sein kann, mussten in den letzten Jahren insbesondere die Disziplinen Ethnologie und Anthropologie erfahren, die geradezu paradigmatisch „Fremdheit als methodisches Prinzip" (Kohl 2000, S. 95) verkörpern. Dabei offenbart sich ihr prekärer Status vor allem in dem komplexen Unterfangen, andere Diskurse im eigenen Diskurs zum Sprechen zu bringen und die Differenz in der Sprache der Identität einzufangen – bei gleichzeitigem Anspruch auf universale Geltung. In diesem Kontext fungiert Ethnizität in erster Linie als kulturelles Vergleichs- und Differenzkriterium, das Eigenes und Fremdes in weitgehend getrennt-kulturellen Wirklichkeiten denkt, ohne einen echten – geschweige denn symmetrischen – Dialog einzuleiten, handelt es sich doch vorwiegend um ein Reden über und für Andere (vgl. Berg & Fuchs 1993; Reuter 2002). Vor diesem Hintergrund wird Fremdheit gleichsam verfügbar, da sie sich relativ leicht in eigene Lebensentwürfe, Sinngebungen und Wirklichkeitskonstruktionen einbauen lässt (vgl. Köstlin 1988); selbstverständlich immer mit der Maßgabe von Wissenschaftlichkeit. Duala-M'bedy (1977, S. 201), Gründungsdirektor des *Kaiserswerther Instituts für Xenologie*, kommt in diesem Zusammenhang vor allem in Hinblick auf die Anthropologie zu einem vernichtenden Urteil: „Trotz allen Anspruchs auf Wissenschaftlichkeit hat die Anthropologie nichts vom Charakter einer orgiastischen Feier des ‚primitiven' Menschen verloren. Sie ließ sich in einen Prozeß ein, der sich humanisierend gab, jedoch die koloniale Integration förderte. Ihre Aktivitäten sahen, wie diejenigen der anthropologisch-ethnologischen Gesellschaften, nach denen eines karitativen Verbandes zur Rettung von gefährdeten und im Aussterben begriffenen Elementen der Erde aus, rüstete sich jedoch technologisch aus, um, ebenso wie die angewandte Völkerkunde, zugunsten der Kolonialisation zu wirken." Aus Perspektive des Xenologen sind dabei selbst vermeintlich unverfängliche Termini wie Akkulturation oder sozialer Wandel Folge einer Haltung, die Anspruch auf fremde Existenz erhebt und zu kognitiven Maßnahmen greift, die den Prozess der Verzerrung des Fremden zu einer Art Metabolismus steigern. Angesichts einer – gerade im Vergleich zu kritischen Reflexionen in der anwendungsorientierten

Museumspädagogik (etwa Hoefer 1999; Mey 1999; Paatsch 1999) – als unzureichend empfundenen anthropologischen Selbstkritik kommt Duala-M'bedy (1977, S. 248) zu einem für die Disziplin wenig schmeichelhaften Schluss: „Bei der anthropologischen Selbstkritik handelt es sich in Wirklichkeit um apologetische Aussagen der existentiellen Rhetorik. Diese Selbstkritik brachte nicht die erwartete Selbstaufgabe, die die einzige Lösung für eine nicht nach Wahrheit strebende Wissenschaft ist. Die wenigen Vertreter der Anthropologie, die einen kritischen Blick auf ihre Institution gewagt haben, versuchten jedoch, diese mit neuen Argumenten zu legitimieren und retteten sich samt der xenologischen conditio in einen sogenannten Erneuerungsprozeß hinüber."

Eingedenk einer kaum mehr zu übersehenden ‚Vermarktung des Fremden' (vgl. Wolter 2005) und nicht zuletzt angesichts immer benutzerfreundlicherer technischer Innovationen, die uns mühelos das Fremde ins Haus holen und einen – wie Görner (1997, S. 13) pointiert formuliert – „hygienischen Umgang mit dem Fremden" ermöglichen, dessen Selbstverständnis nur allzu oft auf bloße Unterhaltung reduziert wird, gewinnt ein reflektierter Umgang mit Fremdheit zunehmend an Bedeutung. Ein entsprechender Umgang reicht, wie Schäffter (1991, S. 13) im Rahmen seiner Reflexionen zum Fremderleben darlegt, „über eine isolierte Selbstklärung des eigenen Fremderlebens hinaus – so wichtig dies zunächst als erster Schritt auch sein mag. Offenheit für das Anderssein des Gegenübers muß darüber hinaus in Rechnung stellen, daß man es auch mit unbekannten Reaktionsformen im Umgang mit Fremdheit zu tun bekommen kann. Bei Verständigungsversuchen über die Bedeutung möglichen ‚Nicht-Verstehens' stellt es eine wichtige Klärung dar, wenn erkennbar wird, aus welchen Grenzsetzungen heraus eine kulturelle, nationale, soziale oder personale Identität ihre spezifische ‚Eigenheit' ableitet und gegen Andersartiges kontrastiert." Vor diesem Hintergrund hat Schäffter (1991, S. 14) seine Erfahrungsmodi des Fremderlebens entwickelt, die sich explizit auf die sozialen Bruchlinien beziehen, die in der gesellschaftlichen Umwelt als Differenzen vorgefunden werden:

- *Das Fremde als das Auswärtige*, das Ausländische, das heißt als etwas, das sich jenseits einer räumlich bestimmbaren Trennungslinie befindet. Raumbezogene Deutungsmuster des Fremden unterscheiden hierbei zwischen ‚Zugänglichkeit' und ‚Unzugänglichem'. Es geht in diesem Fall um die lokale Erreichbarkeit von bislang Abgetrenntem. Diese Perspektive enthält gleichzeitig eine starke Betonung des ‚Inneren' als Heimat oder Einheitssphäre.
- *Das Fremde als Fremdartiges*, zum Teil auch im Sinne von Anomalität, von Ungehörigem oder Unpassendem steht in Kontrast zum Eigenartigen und Normalen, das heißt zu Eigenheiten, die zum Eigenwesen eines Sinnbezirks gehören.

- *Das Fremde als das noch Unbekannte* bezieht sich auf Möglichkeiten des Kennenlernens und des sich Vertrautmachens von Erfahrungsbereichen, die prinzipiell erreichbar sind.
- *Das Fremde als das letztlich Unerkennbare* ist das für den Sinnbezirk transzendente Außen, bei dem Möglichkeiten des Kennenlernens prinzipiell ausgeschlossen sind.
- *Das Fremde als das Unheimliche* zieht seine Bedeutung aus dem Gegensatz zur Geborgenheit des Vertrauten. Hier geht es um die beklemmende Erfahrung, dass auch Eigenes und Vertrautes zu Fremdartigem umschlagen kann. Die Grenze zwischen Innen und Außen verschwimmt, wenn das ‚Heimische' unheimlich wird.

Unabhängig von Schäffters begrifflich-semantischen Reflexionen gilt es, sich zu vergegenwärtigen, dass es Fremde bzw. Fremdes immer schon ‚unter uns' gegeben hat. Letztendlich hat sich nur die Intensität verändert. Die Realität der heutigen Weltgesellschaft, vor allem die zunehmende Ausdifferenzierung und Fragmentierung gesellschaftlicher Strukturen führen zu einer verstärkten Normalität des Fremden, weshalb die einschlägige Thematik einer neuen, zumindest modifizierten Deutung bedarf: Der fremde Andere erscheint immer seltener als außergewöhnliche, sondern als alltägliche Erscheinung, die Fremderfahrung im eigenen Kontext hat sich in den letzten Jahren weitgehend zur Normalität entwickelt. Dabei lässt sich die Nachbarschaft des vielfältig Fremden nicht mehr aus der Selbstsicherheit überlegener Distanz dominieren, das Fremde artikuliert sich vielmehr selbst, fügt sich nicht länger stellvertretender Rede und will in unserer polyphonen Welt verstärkt gehört werden (vgl. Hunfeld 1996). Die Präsenz des Fremden macht in der heutigen Zeit das Nahe fern und umgekehrt das Ferne nah; ein Phänomen, dessen Implikationen Schissler (2006, S. 51) trefflich auf den Punkt bringt: „Aus diesem Grunde erfordert die Auseinandersetzung mit dem ‚anderen' eine doppelte Erkenntnisanstrengung, eine, die sich zunächst auf das Fremde bezieht und sich sodann auf das bislang als unproblematisch erachtete Eigene richtet. Das Fremde muss man sich aneignen, es kennen lernen [...]. Das Eigene, das durch die Begegnung mit dem Fremden seine für problemlos erachtete Gültigkeit verliert, wird seinerseits fremd. Die Unbefangenheit, die dem Eigenen ohne die Präsenz des Fremden zu Eigen ist, geht verloren. Die Konturen der Welt, der fremden wie der eigenen, verwischen sich und unser Bild der Welt wird notwendig komplexer." Zum Abschluss dieses Kapitels sollte man sich eine essenzielle Einsicht stets vor Augen halten: Das Fremde in Relation zum Eigenen ist ein Grenzphänomen par excellence, das seit jeher mehr Fragen aufwirft als Antworten liefert. Dabei lässt sich Fremdes weder wie eine bestimmte Frage beantworten noch wie eine mathematische Gleichung lösen. Welche Relevanz Fremdheit einnimmt, hängt letztendlich davon ab, wie die Ordnung beschaffen ist, in der unser Leben, unsere Erfahrung, unser Tun und unser Schaffen Gestalt annimmt (vgl. Waldenfels 1995/2006). Wer sich diesem Grenzphänomen verschließt, verschließt sich einer zentralen Essenz menschlichen Daseins.

2 Der, die, das – ambivalente – Fremde aus historisch-genetischer Perspektive

> „Der Amerikaner, der den Columbus zuerst entdeckte, machte eine böse Erfahrung."
> Georg Christoph Lichtenberg

Die Auseinandersetzung mit der Fremde bzw. mit dem Fremden zieht sich wie ein roter Faden durch die gesamte Geschichte der Menschheit, wobei die europäischen Formen, in denen im Laufe der Zeit die – vermeintliche – Fremdheit der Welt entdeckt und erfahren wurde, längst ihre arglose Selbstverständlichkeit verloren haben. Im Kontext der europäischen Geistesgeschichte folgte der Umgang mit Fremde weitgehend uniformen Mustern, nämlich über räumliche Expansion, mittels geistiger Vereinnahmung und Subsumtion in das eigene Weltbild und nicht zuletzt durch Unterordnung anderer Erfahrungswelten und Traditionen unter die Perspektivität einer eurozentrischen Geschichtsschreibung (vgl. Schäffter 1991). Von sehr wenigen Ausnahmen abgesehen, fühlten sich Europäer gerade in Bezug auf die ‚Neue Welt' fast allen Autochthonen, auf die sie im Verlauf ihrer Eroberungszüge treffen sollten, überlegen. Dabei zeichnete sich das europäische Selbstverständnis durch ein kaum zu überbietendes Vertrauen in die eigene Zentralität aus, durch eine Organisation, die weitgehend auf Befehl und Unterwerfung basierte, durch eine Bereitschaft, sowohl gegen Fremde als auch – sofern nötig – gegen eigene Landsleute gewaltsam vorzugehen, sowie nicht zuletzt durch eine religiöse Ideologie, der es um eine möglichst flächendeckende Verbreitung des christlichen Glaubens ging. Ausgestattet mit den komplexen Insignien beweglicher Herrschaftsstrukturen wie schnellen Schiffen, ausgefeilten Navigationsinstrumenten, martialischen Rüstungen sowie hochwirksamen Waffen war das Selbstbewusstsein der meisten europäischen Invasoren derart maßlos, dass sie wie selbstverständlich davon ausgingen, nicht vertraute Menschen würden, vorzugsweise von einer Minute auf die nächste, von ihrem eigenen Glauben ablassen und sich den postulierten Wahrheiten des europäischen Glaubens verschreiben (vgl. Greenblatt 1994).

Das vorliegende Kapitel lädt anhand ausgewählter Beispiele, die sich primär auf Literatur, Reisen und die sogenannten Völkerschauen beziehen, zu einer Zeitreise hinsichtlich der Wahrnehmung bzw. Konstruktion des Fremden ein. In diesem Kontext wird davon ausgegangen, dass gerade aus historischer Perspektive die Erfahrung des Fremden eine existenzielle Erfahrung darstellt, der sich niemand entziehen kann. Gleichwohl wird – wie Gottowik (1997) im Rahmen seiner Reflexionen zum Fremden als historisch kontingente Konstruktion aufzeigt – die Unterscheidung zwischen Eigenem und Fremdem immer wieder neu und anders getroffen: Vor diesem Hintergrund ist weder die Fremde ein fest umrissener Raum, dessen Grenzen konstant feststünden, noch der Fremde eine Person, die sich anhand benennbarer Attribute zu erkennen gäbe. Vielmehr erscheint das Fremde jeder Gesellschaft in ihrem eigenen Licht, wobei Fremderfahrung in der Regel als ein ausgesprochen ambivalentes Phänomen rezipiert wird, das zwischen den spannungsgeladenen Polen Angst und Faszination oszilliert (vgl. Reuter 2002; Rozbicki & Ndege 2012; Stenger 2012). Diese Ambivalenz manifestiert sich treffend im nachfolgenden Zitat von Hunfeld (1996, S. 2): „Das Fremde war nie das Normale. Immer war es das Abweichende von der eigenen Norm. Der Fremde war traditionell eine singuläre und außergewöhnliche Erscheinung, in der Regel fern; er wurde stilisiert (der Exotische), übersteigert (der Idealisierte), herabgesetzt (der Minderwertige), benutzt (der Ausgebeutete), bekämpft (der Feindliche), unterworfen (der Kolonisierte). Aus der Perspektive des je Eigenen wurden ihm seine Merkmale zugeschrieben, seine Existenz verdankte er seiner Entdeckung, seinen Namen erhielt er von dem, der ihn aus der Sicht des eigenen Weltbildes und Selbstverständnisses wahrnahm. Er kam selten zur Sprache, weil andere aus der eigen definierten Überlegenheit zivilisatorischen, technischen und kulturellen Fortschritts für ihn redeten. Die selbstverständliche Dominanz des Eigenen erlaubte entsprechende Zuschreibungen, die Relationalität von Normalität und Fremdheit war einseitig geregelt und festgelegt."

Es ist vor allem diese Ambivalenz, die das geschichtsevolutionistische Denken immer wieder geprägt hat und die sich geradezu paradigmatisch im Terminus des ‚Primitiven' widerspiegelt: Der ‚Primitive' kann in diesem Zusammenhang – im Sinne eines Komplementärmythos – sowohl in der Gestalt des ‚Bösen Wilden' als auch des ‚Edlen Wilden' auftreten. Darüber hinaus ist diesem Mythos – zumindest auf impliziter Ebene – die Dichotomie Natur versus Kultur immanent; und je nach Anschauungsweise kann mit dem Fremden als einem ‚vormenschlichen Wesen' verhandelt werden oder aber kulturkritisch als wünschenswerte, ‚ursprünglichere Alternative' zum eigenen Daseinsmodus (vgl. Ortu 1999). Begriffe wie Unterentwicklung oder Entwicklungshilfe, aber auch das weit verbreitete Erbe Rousseaus vom ‚Zurück zur Natur' zeugen davon, dass auch in der heutigen Zeit beide Kategorien des Fremden im kollektiven Bewusstsein persistent sind.

Zu den aus historischer Perspektive am längsten zurückreichenden und auch heute noch bekanntesten Ordnungen des Fremden zählt die Dichotomie Barbar versus Zivilisierter. Kommen wir zunächst zum Terminus Barbar, der im alten Griechenland spätestens nach dem Krieg gegen die Perser zum alltäglichen Sprachgebrauch gehörte. In diesem Kontext fungierte der Begriff vorrangig als Einteilungskategorie, die aus dem Blickwinkel der damaligen Zeitgenossen vor allem dazu diente, die in jener Epoche bekannten Kulturen in zwei ungleiche Teile einzuteilen: einerseits ‚Wir' als Griechen, andererseits die Barbaren, das heißt die Anderen, die Fremden. Um festzustellen, zu welcher Gruppe jemand gehörte, legte man als Bewertungsmaßstab die Beherrschung der griechischen Sprache an. Barbaren waren diejenigen, die ihrer nicht mächtig waren oder sie nur unzureichend sprachen, und dementsprechend zählte man sie zu den Unzivilisierten (vgl. Todorov 2010). Dabei etikettiert der Begriff das Gegenüber der kulturellen Begegnung mit seiner Andersartigkeit, ohne dass derjenige, der ihn verwendet, sich die Mühe einer näheren Begründung machen müsste, ist er sich doch weitgehend eines breiten gesellschaftlichen Einverständnisses sicher. Bitterli (1991, S. 367) konstatiert in diesem Zusammenhang: „Es ist dieser Ausschluß des fremden Menschen und seiner ungewohnten Daseinsform, der das Wesen der Ethnozentrik primär ausmacht, einer Form geistigen Verhaltens, die zu bewerten darum nicht leicht fällt, weil sie auch den positiven Aspekt eines vitalen kulturellen Einheitsgefühls und Selbstverständnisses in sich schließt. Der negative Aspekt solch kultureller Egozentrik, nicht unausweichlich, aber doch sehr häufig mit dem positiven eng verknüpft, führt in fataler Weise zur Diskriminierung des Andersartigen: daß man beispielsweise den Neger für faul, hinterlistig und ausschweifend hält und darum ablehnt, setzt jene prinzipielle Voreingenommenheit meistens voraus, wurzeln doch die moralischen Beurteilungskriterien fast immer im Bewußtsein der eigenen Vorzüglichkeit."

Verfügt man über einen Begriff mit einem absoluten Inhalt, wie jenen des Barbaren, so ergibt sich daraus mit dem Zivilisierten sein Pendant. Weitgehend unabhängig von Raum und Zeit gilt derjenige als zivilisiert, der die Anderen als ebenbürtige Zeitgenossen anerkennt. Um zivilisiert zu sein, muss man – in Bezugnahme auf Todorov (2010) – zwei Schritte vollziehen: der erste Schritt besteht in der Erkenntnis, dass die Anderen eine divergierende Lebensweise haben, der zweite Schritt in der Einsicht, dass sie Menschen sind wie wir, wobei zum moralischen Gebot eine geistige Dimension hinzukommt. Den Menschen der eigenen Kultur eine fremde Identität nahezubringen, hat insofern einen zivilisierenden Effekt, als sich dadurch der Kreis derjenigen erweitert, die als gleichwertige Akteure betrachtet werden. Zivilisation entspricht weitgehend dem, was Kant Gemeinsinn bzw. erweiterte Denkungsart nennt, das heißt, die Fähigkeit, sich Urteile zu bilden, die den besonderen Merkmalen anderer, nicht vertrauter Menschen Rechnung tragen, und sich nicht zu ego- bzw. ethnozentrischen Verzerrungen hinreißen zu lassen.

Im Kontext historischer Ordnungen des Fremden, die die gesellschaftlichen Konstitutionsprozesse zwischen den Anderen und uns in den Blick rücken, hat das Gegensatzpaar Barbar versus Zivilisierter stets eine herausragende Rolle gespielt (vgl. Bitterli 1986/1991; Guthke 2000; Gieler 2009). Was für Griechen die Skythen waren, waren für Römer die Germanen, vor denen man sich – notfalls durch Kriege oder mittels Errichtung befestigter Grenzen wie des Limes – schützen musste: So verwundert es kaum, dass Seneca beide – vermeintlich – barbarischen Kulturen miteinander in Beziehung setzte. Im Mittelalter waren es dann vor allem Tataren, die man als ‚Menschenfleisch verschlingende' und ‚Menschenblut saugende' Barbaren etikettierte und die nach landläufiger Meinung eine permanente Bedrohung für das zivilisierte Abendland darstellten (vgl. Jones 1971). Mit der forcierten räumlichen Ausbreitung des Imperialismus fiel in den eroberten Gebieten den unterworfenen Autochthonen nach und nach der undankbare Part von Barbaren zu. „Die abfälligen Charakteristika", so Bitterli (1991, S. 370) in diesem Zusammenhang, „welche antike und mittelalterliche Kulturvölker ihrem Vorwurf des Barbarentums folgen ließen, finden sich fast unverändert im Vokabular wieder, welches die Seefahrer der europäischen Kolonialgeschichte zur Beurteilung der Überseebewohner verwandten. Rauh und grobschlächtig, dumpf und hinterhältig, ohne Gesetz und Ordnung lebend, tierisch und ausschweifend – dies sind einige der häufigsten Attribute, die bis zum Beginn des achtzehnten Jahrhunderts zur Beschreibung überseeischer Völker verwendet wurden." Insbesondere im Kontext der ‚Neuen Welt' schwankten die europäischen Eroberer häufig zwischen dem Motiv der Ausbeutung und dem der Bekehrung: Einerseits wollten sie – wie Greenblatt (1994) herausarbeitet – die Differenz bewahren, um die vielfältigen Möglichkeiten ökonomischer Übervorteilung aufrechtzuerhalten, andererseits wollten sie die Differenz beseitigen oder zumindest abmildern, indem sie die Unterworfenen christianisierten und Dolmetscher ausbildeten. Dieses Vorgehen führte zum zwiespältigen Umstand, dass die Eroberer im permanenten Spannungsverhältnis von ‚anders' und ‚gleich' sowie von ‚Fremden' und ‚Brüdern' oszillierten.

Eine ausgesprochen interessante konzeptionelle Aufbereitung der Dichotomie Barbar versus Zivilisierter erfolgte Anfang der 1990er Jahre durch Rufin (1993) in seinem viel beachteten Buch *Das Reich und die neuen Barbaren*, das analog zu Huntingtons (1993) *Clash of Civilizations* eine bemerkenswerte Renaissance von Geopolitik und Geokultur einleitete (vgl. Agnew 1998; Menzel 1998; Ó Tuathail & Dalby 1998). Ähnlich wie Huntington sieht der französische Autor mit Beendigung des Ost-West-Konflikts eine neue Gefahr für die politische Weltordnung aufziehen. In seinem Werk geht Rufin, der jahrelang als Arzt praktizierte und seit 2005 die Hilfsorganisation *Action contre la faim* leitet, von einem neuen Nord-Süd-Konflikt aus und spricht in diesem Zusammenhang – in expliziter Analogie zum römischen Vorbild – von einem teils real existierenden, teils gedachten Limes, der die wohlhabenden Staaten nördlich dieser Linie von den Barbaren der *terra incognita* im Süden trennt. „Der heutige neue *Limes* zwischen Nord und Süd", so Rufin (1993, S. 26), „markiert den sachten Anbruch einer Moral der Ungleichheit, einer Art von weltweiter Apartheid. Im Gedanken des *Limes* ist, mehr oder weniger deutlich, die Absicht eingeschlossen, die Zivilisation des Nordens zu definieren und zu schützen. Doch dies geschieht durch die gewaltsame Preisgabe des Südens, der mit Barbarei gleichgesetzt wird." Als konkrete Beispiele für die Preisgabe des Südens erwähnt Rufin unter anderem die zunehmende Resignation des Nordens in Bezug auf die Bevölkerungsexplosion sowie die weitgehend selektive ökonomische Unterstützung vor allem jener Staaten, die unmittelbar an der Grenze des Limes liegen.

Verkörpert der Terminus Barbar die negative Konnotation vom Fremden, so gilt der sogenannte ‚Edle Wilde' als dessen positives Spiegelbild. Die einigende Klammer markiert das Faktum, dass beide Konstrukte einem betont ethnozentrischen Kulturbewusstsein entspringen, wobei nicht zuletzt die Vermutung naheliegt, dass eine Beschäftigung mit ‚Edlen Wilden' gerade in jenen Zeiten besonders attraktiv ist, in denen Zeitgenossen starke eigenkulturelle Zweifel hegen (vgl. Bitterli 1991; Gottowik 1997; Rozbicki & Ndege 2012). Im europäischen Kontext entwickelte sich die Vorstellung vom ‚Edlen Wilden' zu einem zentralen Gegenbild sich entwickelnder Industriegesellschaften. Die Vorstellung verband sich eng mit der Idee von der Natur als Gegenwelt, wobei ‚Edle Wilde' – kontrastierend zum neuzeitlichen, von den Ursprüngen entfremdeten Menschen – in harmonischer Einheit mit den Naturkräften leben (vgl. Hennig 1999). Entsprechend idealisierte Projektionen blieben in der Regel nicht nur auf Bewohner vermeintlich exotischer Räume beschränkt, sondern ließen sich problemlos – wie das nachfolgende Zitat von Pfaff (1794) illustriert – auf all jene Räume übertragen, die noch nicht oder nur rudimentär in den Modernisierungsprozess integriert waren: „Nun mahlte [sic!] mir meine Phantasie vollends die unübertrefflichen Alpthäler mit ihren unschuldigen Natur-Menschen vor, unter denen wahre Tugend noch zu Hause, das Laster eine Ausnahme ist, deren patriarchalische einfache Sitten, ihr ungestöhrtes Glück, weil sie nichts begehren, als was die Natur jedem Sterblichen im Überfluß reicht; weil sie keine Bedürfnisse erkünsteln, deren Erfindung Sorgen und Laster und Unglück auf diese Welt brachte, einen so dringend einladen, in ihrer Mitte ein harmloses seliges Leben zu führen." (Zitiert nach Hennig 1999, S. 125)

Im Rahmen einer Auseinandersetzung mit dem Fremden gibt es inzwischen eine kaum mehr zu überblickende Vielfalt an Quellen und Artefakten, mittels derer sich aus historisch-genetischer Perspektive die Wahrnehmung bzw. Konstruktion des Fremden im Verlauf der Geschichte rekonstruieren lässt. Eine der erkenntnisreichsten Untersuchungsobjekte stellt in diesem Zusammenhang das Kommunikationsmedium Literatur dar, das sowohl für die kulturelle Identitätsbildung als auch für die Fremdwahrnehmung eine essenzielle, sich kontinuierlich wandelnde Rolle spielt. Dabei nimmt die literarische Kommunikation in der mentalen und affektiven Konstruktion kultureller Identitäten und Grenzen seit jeher eine ausgesprochen komplexe Doppelrolle ein: zum einen als zentrale Identifikationsfläche, auf der sich die kollektiven Imaginationen sozialer Einheiten vollziehen, zum anderen als Mittel zur Differenz- bzw. Fremderfahrung (vgl. Vancea 2008). Wenn dem Leser imaginierte Fremde als Literatur begegnet, kann man von einer innerkulturellen Fremderfahrung sprechen. In diesem Kontext wird der Leser mit ähnlichen Fragen nach der eigenen kulturellen Identität konfrontiert, wie sie sich in der realen Fremderfahrung stellen. Lesend wird uns im Idealfall klar, dass die ‚kleine Welt des Ich' keine stringente Einheit verkörpert, sondern vielmehr ein komplexes Gewebe, das immer wieder neu zu lesen bzw. zu deuten ist (vgl. Faes 2000). Für diese innere Welt hat de Montaigne (1957, S. 325) ein prägnantes Bild gefunden, wenn er formuliert: „Wir sind alle aus lauter Flicken und Fetzen und so kunterbunt unförmlich zusammengestückt, daß jeder Lappen jeden Augenblick sein eigenes Spiel treibt. Und es findet sich ebensoviel Verschiedenheit zwischen uns und uns selber wie zwischen uns und andern."

Selbstredend spielt sich die Interaktion mit dem Fremden – und dabei keinesfalls weniger empirisch-konkret – bereits textintern respektive in der kreativen Betätigung des Autors selbst ab: Das Fremde wird zum Bestandteil des eigenen Werks in Form von Zitaten, subtilen Anspielungen und anderen Formen der Intertextualität (vgl. Guthke 2000). Ein entsprechender Fremdbezug kann für den Leser auf den ersten Blick erkennbar sein, sich aber auch weitgehend eines kritischen Zugriffs entziehen, wobei die Konfrontationen und Verflechtungen zwischen dem Eigenen und dem Fremden zweifelsfrei zu den zentralen anthropologischen Konstanten der Literatur zählen. „Diese war", wie Vancea (2008, S. 42) in diesem Zusammenhang schreibt, „schon immer eine poetische Phänomenologie der Selbst- und Fremderfahrung, eine Interkulturalitätsforschung *ante literam*, untersuchten Autoren doch seit jeher eigene und fremde Kulturkodes, um Mentalitäten einzufangen und sich in das Fremde hineinzudenken. Literarische Diskurse repräsentieren somit in mehrfacher Hinsicht auch ein wichtiges Medium interkultureller Kommunikation. Einerseits tragen sie durch Anschaulichkeit und Konkretheit zur kulturellen Selbstdarstellung und zur Unterscheidung des Eigenen vom Fremden bei, indem sie kulturrelevante Details konkretisieren und transportieren. Andererseits können sie zur Überwindung geistiger Gräben beitragen, indem sie Andersheit (Alterität) personalisieren, affektiv nachvollziehbar machen und uns somit helfen, die Position des Fremden annehmen zu können."

Wie die postkoloniale Debatte um Formen interkultureller Begegnung immer wieder gezeigt hat, bleibt jedoch die von Vancea angesprochene Überwindung geistiger Gräben häufig auf einer Ebene normativen Wunschdenkens stecken, da im Kontext literarischer Werke in der Regel ein idealisierendes oder aber ein die eigene Überlegenheit zweckdienlich bestätigendes Gegenbild zum

Eigenen konstruiert wird (vgl. Guthke 2000): einerseits Tahiti als Insel der Glückseligen, andererseits – wie Said (1995) eindrucksvoll nachgewiesen hat – der Orient als mythologische Konstruktion einer von Europäern kolonisierten Welt. Auch wenn sich der Orient als literarische Inspirationsquelle bereits bei Homer (*Ilias, Odysee*) oder bei Aischylos (*Die Perser*) nachweisen lässt, erfolgt dessen eigentliche literarische Entdeckung erst im 18. Jahrhundert durch die französische Veröffentlichung der Geschichten von *Tausendundeiner Nacht*. Mit Beginn des 19. Jahrhunderts setzten sukzessive literarische Inspirationsreisen in den entsprechenden Raum ein, wobei sich insbesondere bei französischen Autoren ein literarisch geprägter Orienttourismus herausbildete (vgl. Syndram 1989; Harlow & Carter 1999; Varisco 2007). Wie sich geradezu paradigmatisch anhand des nachfolgenden Zitats von François-René Chateaubriand über Kairo ablesen lässt, setzten Literaten bei ihren Betrachtungen vor Ort in der Regel europäische Maßstäbe an, wobei später erfolgte Veröffentlichungen nicht selten dazu dienten, einen Vorrat vorgeprägter Images durch persönliche Erfahrungen anzureichern und zu legitimieren: „Dies ist die einzige Stadt, die auf mich den Eindruck einer orientalischen Stadt gemacht hat, wie man sie sich gemeinhin vorzustellen pflegt: so kommt sie auch in Tausendundeiner Nacht vor. Sie bewahrt noch immer viele Spuren der französischen Anwesenheit: die Frauen zeigen sich weniger zurückhaltend als früher; man kann sich überall frei bewegen [...]: dies ist das Werk unserer Soldaten." (Zitiert nach Syndram 1989, S. 336)

Im Sinne imaginärer Geographien waren die literarischen Ansprüche und ästhetischen Adaptionen der kreierten Orientbilder von europäischem Geschmack und einschlägigen kulturellen Auffassungen abhängiger als von tatsächlichen Kulturkontakten. Meistens fungierte das ‚Morgenland' als ausgesprochen uniforme Projektionsfläche für europäische Akteure und somit als Spiegel ‚abendländischer' Auffassungen (vgl. Syndram 1989; Rössner 2008; Todorov 2010), wobei – wie Said (1995, S. 177) aufzeigt – die räumliche Dimension deutlich hinter die textuelle Dimension tritt: „In the system of knowledge about the Orient, the Orient is less a place than a *topos*, a set of references, a congeries of characteristics, that seems to have its origin in a quotation, or a fragment of a text, or a citation from someone's work on the Orient, or some bit of previous imagining, or an amalgam of all these. Direct observation or circumstantial description of the Orient are the fictions presented by writing on the Orient, yet invariably these are totally secondary to systematic tasks of another sort. In Lamartine, Nerval, and Flaubert, the Orient is a re-presentation of canonical material guided by an aesthetic and executive will capable of producing interest in the reader."

Die übergestülpten Fremdbilder stehen selbstverständlich in deutlichem Kontrast zum zentralen Anliegen kultursensibler Literaturwissenschaftler, verstärkt auf Werke aufmerksam zu machen, die Brücken zwischen Eigenem und Fremdem bauen und dementsprechend interkulturelle Wahrnehmungsfähigkeiten in Aussicht stellen. Dazu gehören eine gesunde Selbstdistanz, die Akzeptanz für Ambivalenz und Hybridität sowie nicht zuletzt Toleranz für eine zunehmende Multiperspektivität (vgl. Vancea 2008). Doch sind es genau diese Aspekte, die man vor allem im Literaturgenre Roman – das geradezu paradigmatisch mit der europäischen Bürgergesellschaft und ihrem imperialen Expansionsdrang assoziiert wird – schmerzlich vermisst. In diesem Zusammenhang sei exemplarisch auf *Robinson Crusoe* von Daniel Defoe verwiesen, dessen Protagonist im Rahmen seiner überseeischen Expansion eine neue Welt gründet, die er schlussendlich beherrschen sollte. Vor dem Hintergrund der engen Verbindung des Literaturgenres Roman mit imperialistischen Strukturen und Prozessen konstatiert Said (1994, S. 116f.): „Ohne Imperium kein europäischer Roman, wie wir ihn kennen. Und wenn wir die Impulse studieren, die ihn inspiriert haben, dann werden wir die mehr als beiläufige Konvergenz zwischen den Schemata der Erzählerautorität einerseits, die für den Roman konstitutiv ist, und einer komplexen ideologischen Konfiguration andererseits erkennen, die der Tendenz zum Imperialismus zugrunde liegt. [...] Ich sage nicht, daß der Roman – oder die Kultur im weitesten Sinne – den Imperialismus ‚verursachte', sondern nur (und allerdings), daß der Roman, als kulturelles Artefakt der bürgerlichen Gesellschaft, und der Imperialismus ohne einander nicht denkbar sind. Der Roman ist das jüngste der literarischen Hauptgenres, sein normatives Schema der sozialen Autorität ist das am genauesten strukturierte; Imperialismus und Roman verstärkten einander in solchem Maße, daß es, wie ich meine, unmöglich ist, den einen zu erschließen, ohne sich mit dem anderen auseinanderzusetzen."

Ein konstitutives Merkmal fast aller literarischen Werke, die das Fremde aufgreifen, stellt die Integration des Themas Reisen dar, das im Folgenden als zweites historisches Beispiel im Kontext der Wahrnehmung bzw. Konstruktion des Fremden näher beleuchtet werden soll. Der enge Konnex zwischen Schreiben und Reisen erschließt sich insbesondere angesichts der beiden folgenden Momente: Zum einen hat sich Reisen in enger Verbindung mit den fiktionalen Räumen der Literatur entfaltet, zum anderen erlaubt Reisen – zumindest aus normativer Perspektive – analog zur Literatur eine Begegnung des Eigenen mit dem Fremden, nur dass es hier außen wahrgenommen respektive das eigene Fremde ins Äußere projiziert wird (vgl. Gottowik 1997; Faes 2000). Wie Schütze (1999) im Rahmen seiner Reflexionen zur Erfindung des Fremden beim Verreisen herausarbeitet, markiert die Fremde seit jeher das zentrale Ziel einer Reise. Diese erschließt sich nicht nur schwer, vielmehr will sie entdeckt, umworben, bewahrt und vertieft werden. Kurzum: Man muss an ihr arbeiten! Dabei sind wir jedoch – spätestens seit Aufkommen der Grand Tour – zutiefst davon überzeugt, durch Reisen Fremdheit abbauen zu können: Warum ist die

Welt woanders anders, inwiefern ist sie anders, und was können wir als Reisende aus den divergierenden Erfahrungskontexten lernen?

Die Geschichte des Reisens hat uns stets gelehrt, dass kollektive und individuelle Identitäten aus Prozessen wechselseitiger Reflexion und Identifizierung entstehen und von diesen Prozessen wiederum beeinflusst werden. Weder die kollektive noch die individuelle Identität sind vorgegeben, sondern werden durch die Beziehungen zu Anderen geformt. Leed (1993, S. 33) konstatiert in diesem Zusammenhang: „Die Erfahrung der Reise [...] erzeugt ein kollektives Identitätsbewußtsein, indem es den Reisenden aufs genaueste ihre Ähnlichkeit, aber auch ihr Anderssein gegenüber einer fremden Welt vor Augen führt." Die dialektische Spannung zwischen Nähe und Ferne, dem Eigenen und vermeintlich Fremden, dem Bekannten und dem Vorgestellten gehört – wie Luger (2004, S. 39) einprägsam formuliert – zum Reisen „wie die Bugwelle zum Schiff", wobei das eigene Bezugssystem, die eigene kulturelle Ordnung als zentraler Orientierungsrahmen fungiert. Eine entsprechende Sichtweise impliziert, dass Reisen ‚Identitätsarbeit' erfordert, wobei grenzüberschreitende Erfahrungen sowohl als willkommene Verheißung als auch als unerwünschte Bedrohung für die eigene Persönlichkeit wahrgenommen werden können. Der Reisende als mobiler und im Idealfall reflexiver Mensch muss sich immer wieder von Neuem auf Interaktionen einlassen, die in der Regel seine Identität verändern. Angesichts des räumlich Anderen kann dabei ein reflexiver Umgang mit dem Eigenen den Versuch fördern, in der Erfahrung des Fremden sich selbst festzuhalten und gleichzeitig mittels Anerkennung der Ambivalenz von Fremderfahrung ein bewusstes Zulassen der Brüchigkeit des Subjekts ermöglichen (vgl. Obrecht, Prinz & Svoboda 1992; Wöhler 2004; Frank 2011).

Vor dem Hintergrund seiner traditionell engen Verzahnung mit Literatur und bildender Kunst geht es beim Reisen keinesfalls nur um den Erkenntnisgewinn bezüglich nicht vertrauter Destinationen, vielmehr suchen Reisende nach Bildern, die in der kollektiven Imagination vorgeprägt sind. Entsprechende Phantasiebilder werden in der Regel im Raum lokalisiert respektive konstruiert und bilden das zentrale Fundament für die bereits erwähnten imaginären Geographien, wobei eine Fiktionalisierung touristischer Wahrnehmungsmuster nicht zuletzt dem weit verbreiteten Wunsch Rechnung trägt, die bzw. das Fremde als Gegenentwurf zum eigenen Alltag zu erleben. „Unsere imaginäre Geographie siedelt", wie Hennig (1999, S. 95) in diesem Kontext pointiert vermerkt, „in Marokko malerische Araber mit Turban und farbige Basare an, in Venedig Gondeln und verfallende Palazzi, in Andalusien Flamenco-Tänzerinnen und rauschende Fiestas. Solche Bilder suchen wir auf unseren Reisen; wir sind beglückt, wenn wir sie treffen, und enttäuscht, wenn wir sie nicht finden."

Je ‚fremder' bzw. ‚exotischer' der jeweilige Raum vom Reisenden wahrgenommen wird, desto offensichtlicher erschließt sich der enge Konnex von Reisen und Fiktion: Die Fremde bietet sich in der heutigen Zeit nicht mehr nur als Projektionsfläche an, sie verlangt geradezu nach Projektionen, wobei sie sich mit vertrauten Vorstellungen kaum mehr fassen lässt, vielmehr werden entsprechende Leerstellen durch das immer professionellere ‚Exotikmanagement' einer zunehmend kundenorientierten und ausdifferenzierten Tourismusindustrie gefüllt. Am konsequentesten greifen dieses Moment touristische Medien auf, die in erster Linie als gefällige ‚Fluchthelfer' in echte und falsche Paradiese fungieren (vgl. Hennig 1999; Luger 2004; Scherle & Hopfinger 2007). Ihnen kommt in diesem Kontext nicht nur zugute, dass Reiseberichte eine jahrtausendealte Tradition als ‚Wegweiser in die Fremde' aufweisen, sondern dass gegen die wachsende Leere auf Reisen schon immer das Schreiben half. Schütze (1998, S. 51) konstatiert in diesem Zusammenhang: „Den bleibenden Ort der Reise, und nicht bloß einen verschwommenen, flüchtigen Aufenthalt, bildet der Reisebericht, das Buch. Im Buch kreuzen sich sämtliche Routen und die Kreuzungen verdichten sich, in der Benennung und Wiederholung haben die Wege ein Ziel." Inwieweit allerdings die Schöpfer der entsprechenden Werke – die gerade in früheren Zeiten häufig den Charakter von Robinsonaden oder Utopien aufwiesen – auf Wahrheit achten, ist ausgesprochen umstritten und kann in der Regel nur mittels einer möglichst exakten Rekonstruktion der jeweiligen Entstehungsgeschichte entschieden werden (vgl. Bitterli 1991; Francillon 2000).

Das Problem liegt, wie Loew (2011, S. 13) im Rahmen seiner Reflexionen über die imaginären Welten Ostmitteleuropas darlegt, auf der Hand: „Wie können ganz individuelle Erfahrungen für ein Kollektiv von Lesern, Betrachtern, ganz allgemein Rezipienten erschlossen werden, wie wirkt das Einmalige, Unvergleichliche, immer wieder Neue, wenn es konserviert, standardisiert, vorgekaut und in die verschiedensten Sprachen, Zeichen, Bilder übersetzt wird?" So ernüchternd es klingen mag, gehen Autoren und Verleger von touristischen Medien – insbesondere von Reiseführern, die nach Gyr (1988) das ‚geistige Reisegepäck' von Touristen darstellen – mit der entsprechenden Herausforderung ausgesprochen pragmatisch um, transportieren sie doch vorzugsweise jene idealisierten Fiktionalisierungen, die einen deutlichen Kontrast zum eigenen – in der Regel als konventionell empfundenen – Alltag darstellen und gerade deshalb vom Gros der Rezipienten geschätzt werden. Darüber hinaus spiegeln Reiseführer angesichts ihrer auffallend pragmatischen Leserorientierung geradezu paradigmatisch die Verstehensinteressen und Verstehensansprüche der jeweiligen Zeit wider, wobei sie mit ihren Darstellungen von ‚Land und Leuten' Durchdrucke unterstellter leserkultureller Vorstellungen, Verstehenspositionen und Referenzrahmen empfohlener Verhaltensmuster in der Fremde liefern und somit – zumindest aus normativer Perspektive – durchaus eine interkulturelle Dimension aufweisen (vgl. Wierlacher & Wang 1996; Hälker 1999; Scherle 2011).

Doch gerade die interkulturelle Dimension von Reiseführern tritt immer wieder zugunsten stereotyper Projektionsflächen für eine idealisierte Fremde zurück, wie das nachfolgende Zitat über die südmarokkanische Stadt Marrakesch illustriert, das aus dem von Schultz (2006, S. 373) verfassten *1000 places to see before you die* stammt, einem Reiseführer, der wochenlang die Bestsellerliste der *New York Times* anführte: „Laut Paul Bowles, einem Marokkaner aus Überzeugung, wäre Marrakesch ohne den großen Djemaa el-Fna nur eine weitere marokkanische Stadt. Hier spielt sich das ganze bunte Leben ab: ein mittelalterlicher Improvisationszirkus mit Vorstellungen rund um die Uhr. Die Schlangenbeschwörer, die dressierten Affen und Andenkenverkäufer dürften für die Fremden da sein, aber die Zahnärzte, Frisöre, Geschichtenerzähler, Akrobaten, die Rad schlagenden Tänzer und die Schreiber, die Testamente und Verträge aufschreiben, sind von Einheimischen umgeben. [...] Die Abenddämmerung ist wohl die bezauberndste Stunde, wenn die Laternen leuchten und die Auftritte der Feuerschlucker, Heiler, Schuhputzer und Wahrsager [...] einen Höhepunkt erreichen." Gerade aus interkultureller Perspektive sind entsprechende Darstellungen ausgesprochen kontraproduktiv, da sie nicht nur vor dem Hintergrund reaktionärer Idyllisierungen und forcierter Ästhetisierungstendenzen die Moderne mit all ihren Insignien ausblenden, sondern auch so manchen – vermeintlich authentischen – Akteur zur Staffage einer surrealen Kulisse degradieren.

Mag man im Kontext der Wahrnehmung bzw. Konstruktion des Fremden die fiktionalen Welten der ‚Wegweiser in die Fremde' noch als bedauerliche, aber weitgehend systemimmanente Begleiterscheinung eines zunehmend globalisierten Tourismus entschuldigen, so ist beim abschließenden dritten Beispiel Nachsicht sicherlich fehl am Platz. Konkret geht es um die sogenannten Völkerschauen, die besonders in der Gründerzeit angesichts ihrer engen Verflechtung von „science, commerce, and imperialism" (Corbey 1993, S. 356) enorme Popularität genossen, wobei die – vermeintliche – Wissenschaftlichkeit in vielfacher Hinsicht die umstrittenste Komponente darstellt. Während Völkerschauen zunächst sowohl einen belehrenden als auch einen unterhaltenden Anspruch hatten – den man in der heutigen Zeit treffend mit dem Terminus ‚Edutainment' umschreiben könnte und der seinerzeit vielfach zu Kooperationen zwischen Impresarios, Ethnologen und Anthropologen führte –, verschob sich ihr Akzent um die Jahrhundertwende zunehmend zur kommerziellen Unterhaltung mit kolonialpropagandistischen Zügen. Mittels exotischer Kostümierungen, narrativer Szenenfolgen scheinbar spektakulärer Fertigkeiten und Künste der lebenden ‚Exponate' sowie ihrer Präsentationsform in öffentlichen Einrichtungen wie Zoos, naturhistorischen Museen oder Weltausstellungen sollte bei den Besuchern von Völkerschauen die Illusion eines räumlichen Überblicks geweckt werden. Die Inszenierung des ethnisch Fremden beruhte in der Regel auf einer expliziten Betonung des ‚Wilden', Exotischen, Andersartigen, wobei das Vorgaukeln von Echtheit respektive die Authentizitätsfiktion entscheidend für den Publikumserfolg war (vgl. Dürbeck 2006).

Gerade angesichts der Betonung ethnischer Differenz in Hinblick auf die Dichotomie ‚zivilisierte' versus ‚indigene' Kulturen stehen Völkerschauen in engem Konnex mit den bereits vorgestellten Beispielen Literatur und Reisen. Beispielübergreifend spielte seit jeher das Konstrukt ‚inszenierter Paradiese' eine zentrale Rolle. Grewe (2006, S. 15ff.) schlägt in diesem Zusammenhang einen interessanten Bogen von den Völkerschauen bzw. Weltausstellungen im ausgehenden 19. Jahrhundert zu der um die Jahrtausendwende von einem malaysischen Investor bei Berlin unter einer überdimensionierten Glaskuppel errichteten künstlichen Freizeitwelt *Tropical Islands*: „With its mixture of commerce and exoticism, stereotyping and technical prowess, alterity and modern consumerism, the resort's capitalist logic inevitably – even if only involuntarily – perpetuates strategies first established by its colonial forbearers: world fairs, *Völkerschauen*, and ‚the pygmy in the zoo'. [...] The relation of the West to the exotic other has, of course, long been sustained by a romantic yearning for the far away, the pristine, and the untouched as safe-havens from a social reality perceived as confining and suffocating. There is in this impulse a paradoxical combination of escapism and search for the authentic, a kind of flight whose ultimate goal is knowledge of self and world. Western culture has its share of legendary travelers who lost themselves to find themselves. The age of mass tourism continues to fuel this desire, even if it also engenders a dialectic that makes its fulfillment impossible: in the search for authenticity, modern man destroys what he desires. The tradition of fairs and *Völkerschauen* are [sic!] clearly part of this discourse of authenticity, as is the tourism of the imagination, the ‚inner tourism' enabled by the inverted act of bringing the ‚world' to the traveler. Even the rather cartoonish Tropical Islands Resort continually repeats the promise of authenticity. A similar truth seems to weigh equally upon such explicitly commercial ventures and more serious efforts to display otherness: when the tourist exotic is shorn of the ‚lived' experiences within borrowed contexts that real travel can offer, the burden of the fiction of authenticity must be sustained by objects."

Im Rahmen der jüngeren wissenschaftlichen Auseinandersetzung mit Völkerschauen geht es unter anderem um die Frage, welchen Sinn und Zweck die entsprechenden Ausstellungskonzepte erfüllen sollten: Ging es primär – und in engem Einklang mit dem damaligen Zeitgeist – um eine Rechtfertigung und Weiterverbreitung imperialistischen Gedankenguts? Oder stand doch eher die Befriedigung eines allgemein-menschlichen Interesses am Kennenlernen nicht vertrauter Kulturen im Vordergrund? Wie Wolter (2005) im Rahmen ihrer Reflexionen zur Vermarktung des Fremden in Völkerschauen darlegt, sind beide Ansätze nur bedingt in der Lage, das konzeptionelle Selbstverständnis dieser Veranstaltungsform zu erklären, da sie eines ihrer offensichtlichsten Anliegen weitgehend außer Acht lassen, nämlich als kapitalistische Unternehmungen ein möglichst zahlreiches und konsumfreudiges Publikum anzulocken. Dabei handelte es sich in der Regel um ein perfekt inszeniertes, kommerzialisiertes Spektakel mit eigenen Gesetzmäßigkeiten, das darüber hinaus ausgesprochen professionell um Erlebnisgastronomie und Souvenirverkauf erweitert wurde. So liest man in der Einleitung eines Programmhefts der Familie Hagenbeck, die in der heutigen Zeit fast ausschließlich als Betreiber des Hamburger Zoos bekannt ist: „Hagenbeck! Der Name wirkt wie ein Zauber. Wer hätte von den berühmten Hamburgern, von denen jeder in seiner Art erstklassige Unternehmungen über den Kontinent und hinüber in fremde Erdteile führt, noch nicht gehört?! Gustaf Hagenbeck, der jüngste des Quartumvirats, einer der vier Brüder dieser seit zwei Menschenaltern in der ganzen Welt bekannten Familie, ist der Inhaber der größten Indischen Völkerschau, welche im Jahre 1910 verschiedenen Städten des Deutschen Reiches einen Besuch abstattet. [...] Dieses Unternehmen ist also das einzige in seiner Art. Die künstlerisch ausgeführten Dekorationen kommen der Phantasie des Beschauers zu Hilfe und versetzen ihn augenblicklich ins ferne Indien, und die riesigen Tribünen bieten für Tausende Platz. Grossartig ist auch die von eigens mitgeführten Maschinen gespeiste Lichtanlage, und ein erstklassiges Restaurant sorgt für leibliche Bedürfnisse. Die mannigfaltigen Ansichtskarten sind von einer der ersten Firmen hergestellt, und ihre Erwerbung sichert eine lebhafte Erinnerung an all die verschiedenen Scenen und Bilder, welche der Besucher der Indischen Völkerschau genossen hat." (Zitiert nach Wolter 2005, S. 83)

Wie die ebenfalls von Hagenbeck organisierte Völkerschau *Samoa: Unsere neuen Landsleute* deutlich macht, wurde der voyeuristische Charakter einschlägiger Veranstaltungen noch einmal dadurch unterstrichen, dass die vermeintlich typischen Repräsentanten der fremden Kultur in Tiergehegen ‚präsentiert' wurden; ein Umstand, der nicht nur bezeichnende Rückschlüsse auf die Unternehmensgeschichte des Veranstalters und heutigen Zoobetreibers zulässt, sondern der auch eindrucksvoll die physischen Grenzziehungen zwischen Eigenem und Fremdem erschließt. Durch eine Mischung aus Exotismus und Eskapismus, in der Regel angereichert mit Rassismus, der jedoch häufig durch eine – vermeintliche – Wissenschaftlichkeit verschleiert wurde, weckten Völkerschauen als visuelle Praxis in erster Linie die ‚Theaterinstinkte' ihrer Besucher (vgl. Balme 2007). Ein Blick in das von Hagenbeck herausgegebene Begleitheft zur Völkerschau *Äthiopien* verstärkt diese Einschätzung, wobei im Kontext der Programmpunkte bezeichnenderweise von Bildern gesprochen wird:

1. Bild: *In der Oase*. Vor den Hütten flechtende Frauen, spielende Kinder, grasende Ziegen.

2. Bild: *Eine Familie nomadisierender Habr Awal* [...] zieht heran. Dromedare mit Hüttenmaterial und Hausgerät beladen. Vorauf der Häuptling auf einem Schimmel. Männer, lose Dromedare, Kinder, eine Ziegenherde treibend. Die Karawane lagert sich.

3. Bild: *Ein Hagenbeck'scher Tiertransport* auf dem Wege zur Küste trifft ein. Dromedare mit Transportkäfigen. Grevy-Zebras. – Begrüßung durch Habr Awal-Häuptling. Lagerleben. [...]

4. Bild: *Der Überfall*. Erscheinen der Kundschafter; Beschleichen und Töten des Wächters; Raub der Tiere; Alarm; Abwehr und Bedrängnis. Hilfe durch Reiter, die von Gondar herabkommen; Kampf und Rückzug der Räuber mit Hinterlassung von Toten und Verwundeten, die durch Durchschneiden des Halses getötet werden. Siegestanz der Habr Awal; unter wildem Uh-hu-hu wird das Halsabschneiden markiert, die Speere in die Luft geworfen und wieder aufgefangen.

5. Bild: *Unterhandlungen und Friedensschluss*. Der von den Isas und Danâkil abgesandte Parlamentär nähert sich mit hochgehobenem Schild und unterhandelt mit dem Häuptling der Habr Awal. Man einigt sich: Das geraubte Vieh wird zurückgegeben und die Habr Awal zahlen Blutgeld in Gestalt zweier Dromedare und eines Mädchens. Die Isas und Danâkil erscheinen, um Frieden zu schliessen. Ansprache des Häuptlings der Habr Awal an dieselben [...]. Der Friede wird durch Handschlag besiegelt. Abzug der Isas und Danâkil.

6. Bild: *Vorbereitungen zum Hochzeitsfeste*. Tanz (Dschurba) der Habr Awal. Ankunft des Hochzeitszuges: Vorauf arabische Musiker, der eine mit Pfeife, der andere mit der grossen Harfe oder Lyra, Frauen mit Trommeln; dahinter die Braut, geführt von den singenden und tanzenden Freundinnen. Ihnen folgt das eine Dromedar mit der Brauthütte und das zweite mit dem Brautmahl, die Speisen mit bunten Tüchern bedeckt; [...] Umzug unter Festgesängen.

7. Bild: *Hochzeitstänze*.

8. Bild: *Speerwerfen*.

9. Bild: *Haradjit*. Ein Kriegsspiel, durch das sich die Krieger anzufeuern pflegen, bevor sie in den Kampf ziehen [...].

10. Bild: *Aufbruch der Karawane*. Grosser Umzug [...].
(Zitiert nach Wolter 2005, S. 99f.; Hervorhebungen im Original)

Durch die Übernahme immer aufwendigerer Inszenierungstechniken musste die von den Veranstaltern suggerierte Authentizität eine Farce bleiben, die vielfach an die im modernen Tourismus erfolgreich praktizierte *staged authenticity* erinnert (vgl. MacCannell 1973; Wang 1999; Chhabra, Healy & Sills 2003). Gleichwohl riefen die Völkerschauen im Laufe der Zeit zunehmend Kritik auf den Plan; ein Umstand, der insbesondere auf die forcierte Inszenierung und Kommerzialisierung der Veranstaltungen zutraf. So heißt es beispielsweise in einer Denkschrift, die um die Jahrhundertwende an das Kolonialamt gerichtet wurde: „Die Anziehungskraft des lediglichen Anschauens von Eingeborenen in ihrer gewohnten Tracht, in dem gebräuchlichen Schmucke, von den ihnen eigenen Waffen und Geräthen umgeben, ferner der von den Eingeborenen in ihrer Heimath ausgeführten Tänze u.s.w. genügt heute nicht mehr, um genügend Zuschauer anzulocken. Man greift daher zu Mitteln, welche geeignet sind, die Masse zum Besuch anzureizen; man putzt die Eingeborenen auf, so dass sie über sich selbst und die leicht gläubigen Zuschauer lachen, übt ihnen Tänze ein, die sie nie vorher gekannt haben und täuscht so das Publikum, indem man zugleich die Eingeborenen verdirbt." (Zitiert nach Balme 2007, S. 71)

In diesem Kontext sei abschließend angemerkt, dass es pikanterweise gerade die seitens zahlreicher Veranstalter kommunizierte Behauptung war, ‚Authentisches' zu vermitteln, die zur weitgehenden bürgerlichen Anerkennung von Völkerschauen führte (vgl. Wolter 2005). Folgt man Eissenberger (1996), so war es der berühmte Mediziner Virchow, der sich erstmalig als Prominenter einer breiteren Öffentlichkeit gegenüber kritisch hinsichtlich dieses Veranstaltungskonzepts äußerte. Konkreter Anlass war die 1880 im Berliner Zoologischen Garten veranstaltete Völkerschau *Eskimos aus Labrador und Grönland*. Die Ausführungen Virchows richteten sich allerdings nicht grundsätzlich gegen Völkerschauen, in denen der Mediziner – zumindest aus anthropologischer Perspektive – durchaus einen Mehrwert sah, vielmehr kritisierte er die konkreten Rahmenbedingungen, die mit der entsprechenden Ausstellung einhergingen: „Es ist interessant, diesen aus ihren heimatlichen Schneetristen hergeholten Wesen in ihrem Coulissenleben und Treiben eine Weile zusehen zu können. Denn das ist's und bleibt's doch in alle Ewigkeit. Man sehe sich doch die Leutchen nur ein wenig genauer, ein wenig mehr im eigentlichen Sinne ‚anthropologisch' an, und man wird deß sofort inne werden, dass namentlich auf den Mienen der Eskimo-Frauen ein melancholischer Zug haftet. [...] Sollen diese ‚interessanten' Menschenexemplare nun schon einmal ausgestellt werden, dann müßte uns schon das Gefühl für ‚Racenanstand' davor bewahren, unseres Gleichen in Thiergärten sehen zu lassen. Man würde mit Leichtigkeit passende anderweite Oertlichkeiten hierfür ausfindig machen können." (Zitiert nach Wolter 2005, S. 141f.)

3 Nichts Fremdes ist mir fremd: Reflexionen zu einer Dialektik des Verständnisses von Eigenem und Fremdem

„Das absolut Andere ist *der* Andere. Er bildet keine Mehrzahl mit mir. Die Gemeinsamkeit, in der ich ‚Du' oder ‚Wir' sage, ist nicht ein Plural von ‚Ich'. Ich, Du sind nicht Individuen eines gemeinsamen Begriffs. An den Anderen bindet mich weder der Besitz noch die Einheit der Zahl noch auch die Einheit des Begriffs. Es ist das Fehlen eines gemeinsamen Vaterlandes, das aus dem Anderen den Fremden macht, den Fremden, der das Bei-mir-zu-Hause stört. Aber Fremder, das bedeutet auch der Freie. Über ihn vermag mein Vermögen nichts. Eine wesentliche Seite an ihm entkommt meinem Zugriff, selbst wenn ich über ihn verfüge. Er ist nicht ganz an meinem Ort."
Emmanuel Lévinas

„Wir befinden uns vielleicht bald in einer Welt", so sinniert der renommierte US-amerikanische Kulturanthropologe Geertz (1997, S. 221), „in der es einfach keine Kopfjäger, Matrilinearisten oder Leute mehr gibt, die aus den Eingeweiden eines Schweines das Wetter vorhersagen. Unterschiede werden zweifellos bestehen bleiben – Franzosen werden nie gesalzene Butter essen. Aber die guten alten Zeiten von Witwenverbrennung und Kannibalismus sind für immer vorbei." Wenn man – wie in Kapitel II.1 ersichtlich wurde – die eher unrühmliche Rolle von Anthropologie und Ethnologie im Kontext ihrer auf kulturellen Differenzen beruhenden Forschungsaktivitäten beleuchtet, dann mag man das – vermeintliche – Schwinden kultureller Gegensätze nicht nur kritisch sehen. Und so mancher im Rahmen einer Völkerschau auf perfide, geradezu unmenschliche Art und Weise exponierte ‚exotische' Fremde mag sich nichts sehnlicher gewünscht haben, als auf der anderen Seite der Bühne respektive des Zaunes zu stehen – bei jenen Zeitgenossen, die ihn aufgrund seiner ihm von abgebrühten Geschäftsleuten aufoktroyierten Fremdheit als Kuriosum betrachten. Konstituierend für beide Seiten ist vor allem Verwunderung, die in letzter Konsequenz – wie Greenblatt (1994) eindrucksvoll in seinem Œuvre aufzeigt – eine Erfahrung des doppelten Versagens darstellt: eines Versagens der Worte und der Augen, insofern der Anblick eines nicht vertrauten Akteurs keinerlei Gewähr mehr dafür bietet, dass er auch wirklich existiert. Im Handumdrehen wird die Verwunderung zu einer Hürde, die die Interaktion zum Anderen blockiert, dafür aber die Erregung intensiviert (vgl. Wulf 1999).

Welche Konsequenzen kann man aus diesen einführenden Gedanken ziehen? Geertz (1997, S. 238) zählt – im Gegensatz zu Duala-M'bedy (1977), der für die Selbstaufgabe der Anthropologie eintritt (vgl. Kapitel II.1) – zu jenen Fachvertretern, die einen modifizierenden Blick einfordern, wohl wissend, dass dieser unter Umständen weniger spektakuläre Schriften generiert, dafür jedoch mit großer Wahrscheinlichkeit tiefgründigere Fragen aufwirft, die auch moralischen Standards standhalten: „Die Anwendung kultureller Vielfalt, ihres Studiums, ihrer Beschreibung, ihrer Analyse und ihres Verständnisses liegt weniger darin, uns von anderen abzusondern und andere von uns, um Gruppenintegrität zu verteidigen und Gruppenloyalität aufrechtzuerhalten, als vielmehr darin, das Terrain zu definieren, das der Verstand durchqueren muß, wenn seine bescheidenen Erträge erreicht und verwirklicht werden sollen. Dieses Terrain ist uneben, voller plötzlicher Spalten und gefährlicher Wege, wo Unfälle sich ereignen können und dies auch tatsächlich tun, und es zu überqueren, oder dies zu versuchen, trägt wenig dazu bei, es zu einer ebenen, sicheren, ungebrochenen Ebene zu glätten, sondern macht nur seine Abgründe und Konturen sichtbar.“ Geertz geht es im Rahmen seiner Reflexionen bezüglich kultureller Verschiedenheit nicht um das Verteidigen einer in die Kritik geratenen Wissenschaft, vielmehr möchte er – vergleichbar mit dem konzeptionellen Selbstverständnis einer eher anwendungsorientierten Interkulturellen Kommunikation – für eine verstärkte Kultursensibilität werben, die im Idealfall zur Entfaltung von interkultureller Kompetenz führt. Konstitutiv ist in diesem Zusammenhang, dass wir lernen, flexibel mit den relationalen Begriffen Eigenes und Fremdes umzugehen, damit der Andere weder als der ganz Andere ausgegrenzt noch in seiner Andersheit negiert bzw. vereinnahmt wird (vgl. Bredella 2010). Für die Entwicklung interkultureller Kompetenz ist die Akzeptanz von Differenz eine unabdingbare Voraussetzung, denn erst Kenntnis und Akzeptanz von Unterschiedlichkeit machen den Weg frei für nachhaltige Verständigung und Sympathie. Dabei lassen sich im Verhältnis zum Anderen – nach Wulf (1999, S. 18) – drei zentrale Dimensionen unterscheiden:

- Die erste Dimension umfasst die Werturteile über den Anderen: Wie schätzt man den Angehörigen einer fremden Kultur ein? Fühlt man sich angezogen oder abgestoßen? Was sind die Folgen solcher Empfindungen und Gefühle?
- Die zweite Dimension fokussiert die Annäherung an den Anderen: Welche Möglichkeiten kommunikativen Handelns bestehen? Sucht man den Anderen, wünscht man seine Nähe, identifiziert man sich mit ihm, assimiliert man sich an ihn oder unterwirft man sich ihm in einer Euphorie für das Fremde?
- Die dritte Dimension geht der Frage nach, ob und wie weit man den Anderen kennt und wie substanziell das Wissen über ihn ist.

Die drei von Wulf unterschiedenen Dimensionen stehen nicht nur in einem engen komplementären Verhältnis, sondern sie verbindet auch eine Bejahung der Exteriorität des Anderen. „Die Akzeptanz des Anderen", so Wulf (1999, S. 18) in diesem Zusammenhang, „erfordert Selbstüberwindung; erst die Selbstüberwindung erlaubt die Erfahrung des Anderen. Die Fremdheit des Anderen erleben zu können, setzt die Bereitschaft voraus, auch den Anderen in sich kennenlernen zu wollen. Kein Individuum ist eine Einheit; jeder Einzelne besteht aus widersprüchlichen Teilen mit eigenen Handlungswünschen. Rimbaud formulierte diese Situation des einzelnen einprägsam: *Ich ist ein Anderer.* Durch die Verdrängung der gröbsten Widersprüche versucht zwar das Ich, seine Freiheit herzustellen, doch wird diese immer wieder von heterogenen Triebimpulsen und normativen Geboten eingeschränkt. Die Einbeziehung ausgesperrter Teile des Ichs in die Selbstwahrnehmung des Ichs ist daher eine unerläßliche Voraussetzung für einen akzeptierenden Umgang mit dem Anderen."

Angesichts des bisherigen Einstiegs in das vorliegende Kapitel gewinnt man unter Umständen den Eindruck, Differenzerfahrungen seien primär ein interkulturelles Phänomen. Wie jedoch spätestens im Rahmen der Ausführungen zu Diversität einschließlich ihrer zentralen Dimensionen in Kapitel III.1 deutlich werden dürfte, sind Differenzerfahrungen wahrlich kein rein interkulturelles Phänomen. Vielmehr werden wir mit ihnen in jeglichen Interaktionszusammenhängen konfrontiert, da stets sozio-kulturelle Ordnungen tangiert werden, die zur Ausformung personaler Identität beitragen; ein Umstand, weshalb es grundsätzlich sinnvoll ist, eine Dialektik des Verständnisses von Eigenem und Fremdem aus holistischer Perspektive zu denken. Gleichwohl erfährt das Sujet Differenzerfahrung in der Interaktion mit dem kulturell Fremden eine nicht zu unterschätzende Komplexitätssteigerung, denn während sich Differenzerfahrungen, die durch ‚binnenkulturell' Andere evoziert werden, in einem vertrauten sozialen Kontext abspielen und von diesem zumindest partiell aufgefangen werden können, repräsentiert der kulturell Fremde zusätzlich zur interpersonalen Differenz eine fremde soziale Ordnung mit eigenen Interpretationskodizes und Anerkennungsmechanismen, die nur allzu häufig eine Irritation vertrauter sozio-kultureller Mechanismen der Identitätsstiftung auslösen (vgl. Immel 2012). Gerade vor diesem Hintergrund ist eine Auseinandersetzung mit kultureller Fremdheit besonders reizvoll, gleichzeitig aber auch besonders komplex. Auf ihr liegt auch der Schwerpunkt der nachfolgenden Ausführungen, wohl wissend, dass Reflexionen zu einer Dialektik des Verständnisses von Eigenem und Fremdem prinzipiell auch andere Differenzerfahrungen subsumieren können.

Während der Differenzbegriff noch bis weit in die 1970er Jahre eine vergleichsweise untergeordnete Rolle spielte, ist Differenz als Denk- und Theoriebegriff spätestens angesichts der Implikationen von Postmoderne und *cultural turn* forciert in den Erkenntnisfokus der kultur- und sozialwissenschaftlichen *scientific community* gerückt. In diesem Kontext wird mit Differenz nicht nur eine relative, das heißt eine auf ein Gemeinsames bezogene Verschiedenheit, sondern verstärkt auch eine radikal gedachte Unterschiedenheit respektive Singularität bezeichnet, die durch kein einheitliches Fundament (mehr) zusammengehalten wird und so die klassische Frage nach der Relation des Einen und des Vielen, des Allgemeinen und des Spezifischen aufbricht. Konsequenterweise sind mit Differenz auch die in engem Konnex stehenden Begriffe Andersheit und Fremdheit verbunden, da sich einschlägige Termini in der Regel an die mit Differenz markierten Problemstellungen anschließen und diese vertiefen (vgl. Ricken & Balzer 2007). Der Differenzbegriff verweist nicht nur – analog dem im vorherigen Abschnitt erwähnten Terminus Diversität – auf eine ausgesprochen komplexe Vielfalt ganz unterschiedlicher sozio-kultureller Tatbestände (etwa Geschlecht, Alter, Ethnizität oder Religion), vielmehr erschließt er einen grundlegenden Modus sozio-kultureller Denk- und Handlungsprozesse (vgl. Fuchs 1999/2007), wobei Kimmerle (2000) im Kontext seiner *Philosophien der Differenz* explizit aufzeigt, dass wir es innerhalb westlicher Denktraditionen gewohnt sind, Differenz primär als Gegenseite der Identität und nicht in ihrer eigenen spezifischen Bedeutung zu denken. „Differenz", so Fuchs (2007, S. 18), „verweist darauf, dass wir beständig unterscheiden, immer und erneut Unterscheidungen vornehmen – wir machen Dinge immer wieder anders und anders als andere; wir denken Dinge neu und denken sie anders als andere. Das Produkt sind unterschiedliche Weltbilder und wieder veränderte Weltbilder, andere Sozialpraktiken oder Lebensformen – eben kulturelle Unterschiede im weitesten Sinne. Auch sehen wir *einander* unterschiedlich, wir kategorisieren den/die Andere/n anders, als er oder sie sich selbst sehen will. Diese verschiedenen Differenzierungen durchkreuzen und überlagern einander. Vor allem aber nehmen sie allem, was wir sagen und tun, die Eindeutigkeit."

Differenzen sind in der Regel das Resultat von Grenzziehungsprozessen des Menschen auf der Suche nach Eindeutigkeit. Grenzen als Markierungslinien betonen die Differenziertheit unserer Welt durch die Einführung von Distinktionen, mit denen sich die Wirklichkeit strukturieren lässt, indem sie diese in Sphären des Gleichen und des Anderen einteilen sowie Zugehörige von Nicht-Zugehörigen auf der Grundlage einer als bedeutsam wahrgenommenen bzw. hervorgehobenen Unterschiedlichkeit von Kulturen, Sprachen, Lebenswelten, Lebensstilen oder Identitäten separieren (vgl. Hess & Wulf 1999; Reuter 2002; Scherle 2011). Als Orientierungs- bzw. Ordnungshilfen in einer als immer komplexer wahrgenommenen Wirklichkeit trennen sie das Eigene vom Fremden und schützen Vertrautes vor der Bedrohung durch Unbekanntes, wobei die Wahl der Kriterien, die darüber entscheiden, wer dazugehört und wer nicht, von den jeweils vorherrschenden gesellschaftlichen Ordnungsstrukturen abhängig ist. Radtke (1991, S. 80) vermerkt in diesem Zusammenhang aus historisch-genetischer Perspektive: „Im Mittelalter wurde Innen und Außen zentral über ‚Religion' reguliert; in der Zeit des Industrialismus und Kolonialismus trat ‚Rasse' als Unterscheidungskriterium in den Vordergrund; das 19. Jahrhundert bildete mit ‚Volk/Nation' wieder eine neue Semantik zur Behandlung der Differenz von Innen und Außen aus, die auf einer positiven Bestimmung der Gemeinschaft beruht; und die modernen Sozialstaaten am Ende des 20. Jahrhunderts stellen derzeit ihren kategorialen Apparat, mit dem sie versuchen, mit der Differenz umzugehen und das Eigene vom Fremden zu unterscheiden, erneut um: nun auf ‚Kultur'." Grenzziehungen können – wie insbesondere einschlägige Diskurse in der Politischen Geographie zeigen (vgl. Dodds 1994; Newman & Paasi 1998; Reuber & Wolkersdorfer 2004) – realer, symbolischer oder imaginärer Natur sein, wobei es sich häufig um eine Kombination aus allen dreien handelt. Sie lassen sich prinzipiell als Schließungs- bzw. Öffnungsprozesse beschreiben, die entweder mit Exklusion oder mit Inklusion einhergehen; ein Faktum, das man besonders eindringlich anhand des Staatsangehörigkeitsrechts nachvollziehen kann, das in der Regel an die Errichtung überwachter Grenzen, die Einführung eines Pass- und Visawesens sowie die Ein- und Ausreisepolitik gekoppelt ist. Die Schaffung nationaler Identität basiert damit zum einen auf der Errichtung eines individuellen und kollektiven, symbolisch-imaginären ‚Gemeinschaftsglaubens', zum anderen aus ganz konkreten, herrschaftlichen, gesetzlich legitimierten Prozessen von Grenzziehung und Kontrolle und setzt die Fähigkeit voraus, Herrschaft respektive Macht über einen eingegrenzten, als Staatsgebiet verstandenen Raum auszuüben (vgl. Bielefeld 1991).

Das Resultat einschlägiger Grenzziehungsprozesse auf der Suche nach Orientierung und Identität ist aber nicht schlichte Vielfalt oder Diversität, vielmehr erhalten wir die bereits in Kapitel II.1 erwähnten Dichotomien bzw. binären Ordnungen à la Eigenes versus Fremdes, Frau versus Mann et cetera. Die eigentlich intendierte Eindeutigkeit gestaltet sich – wie Fuchs (2007, S. 22) darlegt – als ein äußerst fragiles, letzten Endes nicht haltbares Konstrukt: „Das Eigene spiegelt sich im Anderen als seinem Kontrast und weist es gleichzeitig ab. Vieles wird nicht nur als graduell (relativ), sondern wesenhaft (absolut) anders gesehen, und obendrein wird diese Dichotomie oft hierarchisch gestuft. Doch ironischerweise ist gerade diese Eindeutigkeit wiederum ungesichert, letztlich nicht haltbar: Noch oder gerade in der dichotomen Opposition hat das Andere teil am Eigenen, ist quasi mit-konstitutiv für das Eigene – eine Paradoxie, die dem Essenzialismus jeglicher Art immer wieder zu schaffen macht: Man wird das Andere nicht los. Differenz, Differenzierung – und damit Diversität – bewegen sich in einem immerwährenden Zirkel." In diesem Zusammenhang sollte man sich auch stets vergegenwärtigen, dass die durch Grenzziehungsprozesse implizierte Trennung von Eigenem und Fremdem im

Handeln und Bewusstsein der Menschen nicht unbedingt als pausenlose Folge einer Ordnungskonstruktion wahrgenommen wird, sondern vielmehr den Status des ‚Selbstverständlichen' aufweist. Das liegt – in Bezugnahme auf Reuter (2002) – vor allem daran, dass die Separierung von Eigenem und Fremdem eine Trennung zwischen sozial verhandelten Bedeutungskategorien darstellt, die angesichts einer weitgehenden Habitualisierung und Institutionalisierung zu einer scheinbar ‚objektiven Tatsache' der gesellschaftlichen Realität geronnen ist und vor diesem Hintergrund eine Art ‚Sediment' an Sinn- und Bedeutungsmustern bildet.

„Da Grenzziehung", so Bauman (1991, S. 27) im Rahmen seiner viel beachteten Reflexionen zu Moderne und Ambivalenz, „nie ganz sicher und Grenzüberschreitung manchmal unvermeidlich ist, existieren Verstehensprobleme wahrscheinlich als eine permanente ‚Grauzone', die die vertraute Welt des Alltagslebens umgibt. Diese Grauzone ist von Unbekannten bevölkert; von denjenigen, die noch nicht klassifiziert beziehungsweise durch Regeln klassifiziert sind, die den unseren zwar ähnlich, aber noch unbekannt sind." Die Unbekannten können dabei in mehreren Spielarten unterschiedlicher Auswirkung erscheinen, wobei institutionalisierte Trennungen die Unvertrautheit der Unbekannten beschützen wie verstärken; ein Faktum, das letzten Endes auch auf den eigenen Lebenskontext zutrifft. Aus Perspektive des polnisch-britischen Soziologen konnten ungeachtet rasanter technologischer Entwicklungen die durch Grenzziehungen implizierten Separierungen nicht aufgelöst werden, auch das von Kommunikationswissenschaftlern immer wieder beschworene *global village* habe sich bis dato nicht bewahrheitet; ein Umstand, der mit großer Wahrscheinlichkeit der menschlichen Suche nach Eindeutigkeit geschuldet ist. In diesem Zusammenhang sei auf Reuter (2002, S. 10) verwiesen, die vor dem Hintergrund ihrer Reflexionen zur Ordnung des Eigenen und des Fremden konstatiert: „Das Eigene stiftet Heimat, Zugehörigkeit, Identität und Kontinuität – Fremdes löst Unruhe aus, bedroht die Identität und durchbricht die Tradition. Im Blickwinkel dieser Stilisierung des Eigenen zum Ort der Eindeutigkeit gerät die ambivalente Figur des Fremden zum ‚Eindringling', der – wird er unübersehbar – unterdrückt, bekämpft oder schnellstmöglich assimiliert werden muß. Denn solange Einheit mit Reinheit, Reinheit mit Vertrautheit und Vertrautheit mit Sicherheit in eins gesetzt werden, kann der Dialog mit dem Fremden nicht gelingen; solange bleibt der Fremde ein Dorn im Auge des Eigenen."

Die Angst vor dem Unbestimmten und die Unsicherheiten einer immer komplexeren Welt dürften auch zukünftig ein zentraler Impetus für Grenzziehungen als kulturelle und institutionelle Praktiken sein. Bestenfalls wird Unsicherheit als unangenehm empfunden, schlimmstenfalls birgt sie ein Bedrohungsgefühl, das bestimmte Abwehrmechanismen – etwa Vorurteile oder Gewalt – hervorruft (vgl. Bauman 1991; Abels 2009). Dabei ist gar nicht mal so sehr das Problem, dass Grenzen gezogen werden, sondern vielmehr wie dies geschieht; ein Umstand, den Bielefeld (2001, S. 48) mit einem normativ-moralisch aufgeladenen Postulat für die Zukunft verbindet: „Es wird darum gehen, legitime von nicht-legitimen Formen der Grenzziehung zu unterscheiden: normativ, indem nach ihrer Begründbarkeit gefragt wird; empirisch-faktisch, indem ihre Angemessenheit gegenüber den gesellschaftlichen Gruppen berücksichtigt wird; und moralisch, indem die Folgen für die Ausgeschlossenen einbezogen werden." Eine zeitgemäße Dialektik des Verständnisses von Eigenem und Fremdem versucht nicht nur, entsprechende Forderungen zu berücksichtigen, sondern geht – gerade im interkulturellen Kontext – von einer wechselseitigen, im Idealfall symmetrischen Beziehung von Eigenem und Fremdem aus. Dieses Beziehungsverhältnis entspringt keiner ausschließlichen Abgrenzung, sondern vielmehr einem komplexen Prozess der Ein- und Ausgrenzung, der sich vor dem Hintergrund kultureller Überschneidungssituationen ergibt. Dabei sind die Grenzlinien zwischen Eigenem und Fremdem grundsätzlich labil und verschiebbar, sie sind integrierender Teil der Überlieferung, in der das Eigene jeweils neu umgesetzt und das Andere, das Fremde in verschiedener Hinsicht ausgegrenzt wird (vgl. Schäffter 1991; Reuter 2002; Thomas 2003; Scherle 2011). Die nachfolgende Abbildung greift diese Überlegungen in modellhafter Form auf:

Abbildung 1: Die Dynamik interkultureller Überschneidungssituationen

PASSING
Response
Reject culture of origin, embrace second culture
Effect on individual
Loss of ethnic identity, Selfdenigration
Effect on society
Assimilation, Cultural erosion

THE OWN ⇄ THE OTHER

Own culture
Cultural overlapping situation
Other culture

THE INTERCULTURAL

CHAUVINISTIC
Response
Reject second culture, exaggerate first culture
Effect on individual
Nationalism, Racism
Effect on society
Intergroup friction

MARGINAL
Response
Vacillate between two cultures
Effect on individual
Conflict, Identity confusion, Overcompensation
Effect on society
Reform, Social change

MEDIATING
Response
Synthesise both cultures
Effect on individual
Personal growth
Effect on society
Intergroup harmony, Pluralistic societies, Cultural preservation

Quelle: Eigener Entwurf in Anlehnung an Bochner (1982) und Thomas (2003)

Von zentraler Relevanz im Kontext des vorgestellten Modells sind auch Erkenntnisse aus der interkulturellen Hermeneutik, behält diese Disziplin doch dezidiert einen kulturdifferenten Blickwinkel bei, der dem Fremden seine Fremdheit belässt. Bestehende Differenzen werden deutlich markiert, dadurch aber auch verhandelbar, wobei ein kultursensibles Fremdverstehen weder mit einer Inkorporation des Fremden in das Eigene noch mit einer Preisgabe kultureller Differenzen zugunsten kultureller Universalien einhergeht (vgl. Sundermeier 1996; Scherle 2006; Wiater 2012). Im Rahmen einer kultursensiblen Dialektik des Verständnisses von Eigenem und Fremdem gilt darüber hinaus zu berücksichtigen, dass die bereits erörterten – in letzter Konsequenz systemimmanenten – Grenzziehungen nicht nur Identitäten bilden, sondern diese auch verstärken. Vor diesem Hintergrund ist Sundermeier (1996, S. 143f.) zuzustimmen, wenn er konstatiert: „Eine ihrer selbst gewisse Identität verträgt offene Grenzen. Wer sich um das Verstehen des Fremden bemüht, muß solche künstlichen Barrieren zum Fremdsein kennen und im Verstehensprozeß beachten.“ Dieser Verstehensprozess lässt sich – sosehr man diesen Begleitumstand auch bedauern mag – nicht von Zuschreibungen abkoppeln, die einerseits die Konstruktionsgrenzen unseres Bewusstseins unterstreichen, andererseits den Heterogenitätsgrad unserer sozio-kulturellen Umgebung reduzieren, indem sie diese in Zonen der Relevanz und Irrelevanz bzw. der Nähe und Ferne unterteilen (vgl. Reuter 2002); ein Aspekt, der nicht zuletzt in engem Konnex mit Phänomenen wie soziale Kategorisierungen respektive Othering steht (vgl. Fabian 1983; Gingrich 2006; Klauer 2008 sowie Kapitel II.4). Reuter (2002, S. 39) vermerkt diesbezüglich: „Würden wir diese Einteilungen im Sinne von Pauschalisierungen nicht vornehmen, wären wahrscheinlich Chaos und Orientierungslosigkeit die Konsequenz, da die Komplexität der Wirklichkeit undifferenziert auf uns einfiele. So ist jede Vorstellung und Ordnung der Wirklichkeit relativ und damit inkohärent und unvollständig. Dabei weist das Wissen von der Welt nicht nur Defizite im Hinblick auf die Bereiche jenseits der relevanten Alltagswelt auf. Aus wissenssoziologischer Perspektive bleibt selbst der Mit-Mensch in letzter Instanz fremd, denn auch das handelnde Selbst und der handelnde Andere werden nicht als einzigartig, sondern als ‚Typus‘ bzw. ‚Rollenträger‘ empfunden.“

Eine möglichst kultursensible Erschließung kultureller Differenzen bedingt im Idealfall, einerseits immer wieder Perspektivenwechsel vorzunehmen und die Begrenztheit der eigenkulturellen Annahmen zu reflektieren, andererseits Distanzen und Polarisierungen transparent zu machen, offen anzusprechen und Toleranz als Kategorie eines erkennenden Verstehens wertzuschätzen. In diesem Zusammenhang geht es nicht nur um eine Anerkennung der Alterität des Anderen in einer passiven Zuschauerrolle, sondern vielmehr um pro-aktives Kulturverstehen als Verständigungsaufgabe, die in eine Dialektik des Verständnisses von Eigenem und Fremdem eingebunden ist. Damit einher geht ein ‚Neuverstehen‘ des Eigenen, denn das Verstehen des Anderen respektive Fremden nimmt vom Selbstverstehen seinen Ausgang und wird vor diesem Hintergrund zu einer individuellen Suchbewegung mit Standortbestimmung (vgl. Wiater 2012). Auch in diesem Kontext wird die enge Verzahnung der durch Grenzziehungen separierten, vermeintlich dichotomen Kategorien von Eigenem und Fremdem ersichtlich, die de facto in einer interdependenten Wechselbeziehung zueinander stehen, da sich – wie Galani-Moutafi (2000, S. 205) im Rahmen ihrer Reflexionen zu Mobilität respektive Reisen aufzeigt – das Selbst nicht ohne die Relation zum Anderen konzeptualisieren lässt: „The issue of people going places is important because it relates to notions of boundary, inside and outside, distance and difference, all of which enter into the construction and renegotiation of the self. It is commonplace that identities are constructed in relation to difference and not outside of it. [...] In fact, to speak in psychoanalytic terms, [...] the self is constructed through the image of the Other."

Kulturelle Differenzen im Spannungsfeld von Eigenem und Fremdem werden in der heutigen Zeit immer seltener auf die – vermeintliche – Exotik nicht vertrauter Destinationen oder die – in der Regel realitätsfernen – Abenteuer idealisierter Romanhelden reduziert, sondern zunehmend als eine weitgehend omnipräsente Erscheinung konzeptualisiert. Insbesondere die Implikationen einer in dieser Intensität bis dato nicht gekannten Raum-Zeit-Kompression führen zu jenem Phänomen, das verstärkt unter dem Topos einer ‚Normalität des Fremden' diskutiert wird (vgl. Hunfeld 2003; Koujou 2003; Schulz 2003). Gerade der Raum, so Rosa (2005, S. 166) in Hinblick auf unser verändertes Raum-Zeit-Regime, „verliert schließlich vollkommen seine Orientierungsfunktion, wo materiale Transportprozesse durch elektronische Informationsübermittlung ersetzt werden: Im Internet wird zwar noch die Zeit, aber nicht mehr der Ort des Einspeisens und Abfragens von Daten registriert – Letzterer ist für viele Vorgänge bedeutungslos geworden, während Zeitangaben für die Koordination und Synchronisation globaler Handlungsketten weiter an Relevanz gewinnen. Immer mehr soziale Ereignisse werden auf diese Weise im Zeitalter der Globalisierung gleichsam ‚ortlos'." Es versteht sich von selbst, dass entsprechende Transformationsprozesse das konzeptionelle Verständnis von Eigenem und Fremdem nachhaltig verändern. Gerade durch die Innovationen im Kommunikations- und Transportsektor ist unser Bild vom Fremden nicht einfacher, sondern komplexer, vor allem aber deutlich dynamischer und mitunter paradoxer geworden; ein Faktum, das Shimada (2007, S. 113) trefflich auf den Punkt bringt: „Nicht nur Medien vermitteln Bilder und Ereignisse aus entfernten Gegenden der Welt, sondern auch Reisen in die Karibik oder auf die Insel Bali [...] gehören zu den Themen der Kurzgespräche auf der Straße. Reisen in die Fremde gehören also schon längst zur Alltagswelt. Zugleich vernimmt man in den Bussen auf dem Weg zur Arbeit unterschiedlichste Sprachen, die man nicht versteht. Insofern scheint das Fremde allgegenwärtig zu sein, was dem eigentlichen Wortsinn dieses Ausdrucks zu widersprechen scheint. Der

Fremde ist längst nicht mehr allein ‚der Wandernde, der heute kommt und morgen bleibt', wie Georg Simmel in seiner klassischen Studie formuliert hat. [...] Die Fremden gewinnen Stimme und beginnen, ihre Ansprüche zu artikulieren. Die Semantik des Fremden liegt daher zunehmend in dem Überkreuzungspunkt unterschiedlicher Perspektiven, in dem die Relationalität und Wechselseitigkeit des Eigenen und Fremden immer stärker sichtbar werden."

Der Diskurs bezüglich kultureller Differenzen ist in den letzten Jahren angesichts einer zunehmenden Ausdifferenzierung und Entgrenzung von Identitäten und kulturellen Dynamiken um den kulturhermeneutischen Ansatz der Transdifferenz erweitert worden (vgl. Allolio-Näcke & Kalscheuer 2005; Breinig & Lösch 2005; Moebius 2008; Ha 2010). Dabei handelt es sich in erster Linie um ein analytisches Konzept, das es ermöglichen soll, Phänomene zu analysieren, die mit binären Differenzen nicht erfasst werden können. Transdifferenz zielt primär auf eine Untersuchung von Momenten der Ungewissheit und des Widerspruchs, die in der Regel in klassischen – binären Ordnungslogiken folgenden – Differenzkonstruktionen verloren gehen. Wohl wissend, dass es keine Transdifferenz ohne Differenz geben kann, wird Differenz nicht aufgehoben, sondern bleibt als Referenzpunkt bestehen, wobei im interkulturellen Kontext die Abgrenzung zwischen Eigenem und Fremdem als gradueller und weniger als kategorialer Übergang verstanden wird (vgl. Lösch 2005; Schmid & Thomas 2008). Lösch (2005, S. 27), einer der zentralen Vertreter dieses Konzepts, umschreibt das konzeptionelle Selbstverständnis von Transdifferenz wie folgt: „Es gibt keine Transdifferenz ohne Differenz. Transdifferenz ist nicht als Überwindung von Differenz, als Entdifferenzierung oder als höhere Synthese misszuverstehen, sondern bezeichnet Situationen, in denen die überkommenen Differenzkonstruktionen auf der Basis einer binären Ordnungslogik gleichsam ins Schwimmen geraten und in ihrer Gültigkeit *temporär* suspendiert werden, ohne dass sie damit endgültig dekonstruiert würden. Transdifferenz bezeichnet damit nicht die Überwindung beziehungsweise Aufhebung von Differenz, denn das entspräche dem Denken der Einheit, sondern das Aufscheinen des in dichotomen Differenzmarkierungen Ausgeschlossenen vor dem Hintergrund des polar Differenten. Mit anderen Worten: Transdifferenz steht gleichsam in einem komplementären, nicht jedoch in einem substitutiven Verhältnis zu Differenz."

Das Zitat macht deutlich, dass Transdifferenz keine Revision des Differenzdenkens einleitet, sondern lediglich dessen Status als allgemeingültiges Erklärungsmodell in Frage stellt. Letztendlich geht es um ein anderes, progressiveres, vor allem aber zeitgemäßeres Denken von Differenzen im Spannungsfeld der Kategorien Raum und Zeit (vgl. Kalscheuer 2005), das in engem Konnex mit zentralen normativen Konzepten einer globalen Bürgergesellschaft steht (vgl. Kapitel IV). Transdifferenz erschließt uns Momente des Zweifels und erschüttert – zumindest kurzzeitig – vermeintlich statische Grenzziehungen. Als das Unterdrückte im komplexen Prozess von Identitätskonstruktionen kommt sie immer nur relativ kurz, möglicherweise aber wiederholt an die Oberfläche. „Transdifferenz zu erkennen", so Mill (2005, S. 441f.) vor dem Hintergrund ihrer vergleichenden Analyse von Hybridität und Transdifferenz, „bedeutet die Möglichkeit, Widerstände aufzudecken, die in der Konstruktion von kultureller Bedeutung durch Inklusion und Exklusion mitschwingen. So betrachtet, ist Transdifferenz nicht zu trennen von kultureller Hybridität, sondern steht in einem Komplementärverhältnis. [...] Indem man Transdifferenz nicht als ein der Hybridität gleichgeordnetes Modell betrachtet, sondern als eine ihr inhärente Eigenschaft, kann mit ihrer Hilfe an die erlebte Wirklichkeit der Hierarchisierung von Kulturen angeknüpft werden. In dieser Funktion könnte Transdifferenz dann einen wichtigen Beitrag zur Anerkennung kultureller Mehrfachzugehörigkeiten im Spannungsfeld sich ständig verändernder Differenzkonstruktionen leisten."

Beim Transdifferenzansatz drängt sich unter Umständen der Verdacht auf, dass dieser kaum mit einem interkulturellen Forschungsansatz kompatibel ist. Eine entsprechende Sichtweise greift jedoch zu kurz, ganz abgesehen davon, dass es wenig hilfreich erscheint, die beiden Forschungsansätze gegeneinander auszuspielen. So schreiben Schmid und Thomas (2008, S. 117): „Wenn Transdifferenz als Forschungsparadigma gemeint ist, so erscheint es als eine sprachliche Umformung des interkulturellen Forschungsansatzes, der sich ohne weiteres mit dem Verständnis von Transdifferenz in Einklang bringen lässt, ja davon kaum zu unterscheiden ist." Schmid und Thomas, die in der interkulturellen Psychologie sozialisiert wurden, weisen im Rahmen ihrer weiteren Ausführungen darauf hin, dass sowohl der Transdifferenz- als auch der Interkulturalitätsansatz auf eine Differenzdekonstruktion verzichten, stehen doch beide Ansätze in einem komplementären und nicht in einem substitutiven Verhältnis zu Differenz. Dabei zeigt sich gerade in interkulturellen Überschneidungssituationen die deutliche Überlappung beider Konzepte. Wenn beispielsweise Lösch (2005, S. 28) im Rahmen seiner Ausführungen zu Transdifferenz konstatiert: „Die Wahrnehmung von Transdifferenz gehört in den Bereich grundlegender Dissonanzerfahrungen, die man [...] als Erfahrung psychologischer und rationaler Verunsicherung bezeichnen kann. Das Denken der Transdifferenz erfordert somit die Fähigkeit, Ungewissheit, Zweifel und Unentscheidbarkeit auszuhalten, das Inkommensurable zu ertragen, ohne dem Drang nachzugeben, Transdifferenz in binäre Differenzen aufzulösen...", dann ist es – wie Schmid und Thomas (2008) aufzeigen – in der Tat nicht weit zum vor allem im interkulturellen Management häufig verwendeten Begriff der Ambiguitätstoleranz (vgl. Kealey & Ruben 1983; Kühlmann & Stahl 1998; Moran, Harris & Moran 2011).

Nicht nur der Transdifferenzansatz, sondern auch das von Welsch vertretene Transkulturalitätskonzept stellt einen interessanten Baustein dar, Differenzen anders zu denken. Vor dem Hintergrund seiner Auseinandersetzung mit dem traditionellen Kulturbegriff tritt Welsch (2005, S. 324) für eine Neukonzeptionierung von Kultur ein, die explizit, eingedenk eines – vermeintlichen – Bedeutungsverlusts von Abgrenzungen, auf eine Unterscheidung von Eigen- und Fremdkultur verzichtet: „Infolge der zunehmenden Durchdringung der Kulturen gibt es nichts schlechthin Fremdes mehr. Alles ist in innerer und äußerer Reichweite. Ebensowenig gibt es noch schlechthin Eigenes. Authentizität ist weithin Folklore geworden, ist simulierte Eigenheit für andere, zu denen der Einheimische längst selber gehört." So plausibel dieses Konzept auf den ersten Blick angesichts fortschreitender Globalisierungsprozesse auch erscheinen mag, so problematisch erweist es sich aus einer kognitions- und gruppenpsychologischen Perspektive, übersieht es doch, dass Kategorisierungs- und somit Abgrenzungsprozesse unabdingbare Voraussetzung für jegliche Form von Identitätsbildung sowie integrativer Bestandteil der menschlichen Informationsverarbeitung sind (vgl. Schmid & Thomas 2008 und Kapitel II.4). Auch vor dem Hintergrund einer gut gemeinten *political correctness* erweist sich eine Negierung der Begriffe Eigenes und Fremdes als kontraproduktiv. So schreibt der Sprachwissenschaftler Bredella (2010, S. 142): „Die Auffassung, dass wir die Begriffe Eigenes und Fremdes vermeiden müssen, weil wir damit Ausgrenzung betreiben, verkennt die Grundstruktur des Verstehens, wie sie von Gadamer herausgearbeitet worden ist. Im Verstehen setzen wir das Eigene, unser Vorverständnis, aufs Spiel. Insofern müssen wir uns ‚gerade selber mitbringen' [...], damit beim Verstehen des Fremden das Eigene verändert wird. Interkulturelles Verstehen verfolgt das Ziel, den Fremden in seiner Andersheit zu erkennen. Transkulturalität dagegen ist an diesem Verstehen nicht interessiert und setzt an die Stelle der *Inter*aktion einen transkulturellen dritten Ort. Dieser dritte Ort setzt jedoch einen ersten und zweiten Ort, Eigenes und Fremdes, voraus. Indem jedoch Transkulturalität dieses *Inter* zurückweist, kann sie nicht erkennen, wie das Eigene in der Begegnung mit dem Fremden relativiert wird [...]. Die Differenz zwischen Eigenem und Fremdem dient somit nicht der Ausgrenzung des Fremden und der Verabsolutierung des Eigenen, sondern dem Verstehen des Fremden in seiner Andersheit, wobei der eigene Erfahrungshorizont erweitert und differenziert wird." Diese Perspektive wird vor allem von der Einsicht getragen, dass die Begriffe Eigenes und Fremdes nicht zu einer Ausgrenzung des Anderen führen, sondern vielmehr zur Relativierung der eigenen Sichtweise beitragen und unverzichtbarer Bestandteil des Verstehensprozesses sind. Darüber hinaus lässt sich dem Transkulturalitätskonzept Widersprüchlichkeit vorwerfen, da es sich zwar stets auf kulturelle Differenzen bezieht, es diese aber nach seinem konzeptionellen Selbstverständnis gar nicht geben dürfte.

Aus dem Blickwinkel eines Praktikers mag man entsprechende Ansätze respektive Perspektiven als ausgesprochen abstrakte Diskurse kritisieren, die nur bedingt gesellschaftliche Realitäten abbilden, entscheidend ist letztendlich, dass kulturelle Differenzen nicht ausschließlich als negative Diagnose wahrgenommen werden; ein Umstand, der sich besonders eindringlich bei Integrationsfragen widerspiegelt – und zwar meistens getreu dem Motto: Es gibt Probleme, die durch die ‚Defizite' von bestimmten Personen verursacht werden, die wiederum bestimmten – in der Regel als fremd wahrgenommenen – Gruppen angehören. Ausgangspunkt ist in diesem Kontext immer die Gesellschaft, wie sie sein soll, und nicht die Gesellschaft, wie sie tatsächlich ist (vgl. Terkessidis 2010). Geradezu paradigmatisch manifestiert sich dieses Faktum in der vor nicht allzu langer Zeit geführten Diskussion um den unseligen Begriff der ‚Leitkultur', der gerade von politischen Akteuren immer wieder für machtpolitische Interessen instrumentalisiert wurde. Des Öfteren konnte man in diesem Zusammenhang den Eindruck gewinnen, dass in diesem Fall ein Großteil der Wirtschaft deutlich weiter war als andere Bereiche der Gesellschaft, da man hier – wie das Beispiel Diversity Management zeigt – bereits relativ früh die Chancen kultureller Vielfalt erkannte (vgl. Kapitel III.4).

Kulturelle Vielfalt subsumiert inzwischen ein schier unbegrenztes Bündel an Lebensformen und Sichtweisen, die längst nicht mehr nur auf Ethnizität beschränkt sind. Vor dem Hintergrund einer zunehmenden Normalität des Fremden, die in vielerlei Hinsicht zum omnipräsenten ‚Nachbarn' geworden ist, repräsentieren sie zugleich kulturelle Potentiale, die mitunter sogar interessante Alternativen für einen selbst darstellen (vgl. Fuchs 2007). So positiv dieses Faktum auch klingen mag, so darf man auf keinen Fall übersehen, dass diese Entwicklungen auch mit herausfordernden Begleiterscheinungen einhergehen, denn nicht für jeden Zeitgenossen bilden Alternativen Erweiterungen und Weiterentwicklungen des Eigenen, sondern Bedrohungen, die bestimmte Abwehrreaktionen hervorrufen. Darüber hinaus besteht die Gefahr, dass Fremdheit primär auf ihren ökonomischen Mehrwert reduziert wird; ein Faktum, dessen Implikationen Terkessidis (2001, S. 136) pointiert skizziert hat: „Die begehrte ‚Fremdheit' hat sich also längst in Wohlgefallen aufgelöst; der kulturelle Unterschied bleibt unauffindbar (oder unwahrnehmbar) – insofern wird ‚etwas' erfunden, was den gängigen Klischees entspricht. Der perfekte ‚Fremde' ist dabei eigentlich genauso wie ‚wir' (‚integriert', könnte man sagen), aber gleichzeitig muss er für ‚uns' den Anderen verkörpern. Offenbar verlangt die Einspeisung in den großen Mix der Differenzkonsummaschine von den Anderen ein gehöriges Maß an Selbstexotisierung." Differenz im Spannungsfeld einer Dialektik des Verständnisses von Eigenem und Fremdem ist und bleibt eine spannende wie anstrengende Herausforderung, die man keinesfalls unterschätzen sollte, will man sich – jenseits von normengeleiteter Verständigung und berechnendem Pragmatismus – erfolgreich und vor allem nachhaltig den immer komplexeren gesellschaftlichen Anforderungen des 21. Jahrhunderts stellen.

4 Differenzkonstruktionen vor dem Hintergrund von Othering und sozialen Kategorisierungen

„Was die Gesellschaft öffentliche Meinung nennt, heißt beim einzelnen Menschen Vorurteil."
Heinrich Waggerl

Setzt man sich mit der Dialektik von Eigenem und Fremdem auseinander, so kommt man ungeachtet einer zunehmenden Normalität von Fremdheit im Zeitalter von Globalisierung und Weltkultur (vgl. Hunfeld 2003; Antweiler 2011) nicht umhin, sich mit Differenzkonstruktionen auseinanderzusetzen. In der Konfrontation mit einer bis dato in dieser Intensität nicht gekannten Pluralität von Weltdeutungen scheint das Vertraute des eigenen Lebenskontextes dem Fremden der Lebensformen und kulturellen Weltdeutungen in einer Art und Weise gegenüberzustehen, die auf allen Ebenen des sozialen Lebens Differenzerfahrungen generiert (vgl. Bartmann & Immel 2012). Entsprechende Erfahrungen, die in der Regel die eigenen kulturellen Anschauungen irritieren, indem das vormals Selbstverständliche mit fremden respektive nicht vertrauten Perspektiven konfrontiert wird, manifestieren sich anhand bipolarer und historisch wandelbarer Differenzlinien, etwa in Hinblick auf Ethnizität, Geschlecht, Alter oder sexuelle Orientierung (vgl. Lutz & Wenning 2001; Hormel 2011; Walgenbach 2011; Stenger 2012). Charakteristisch ist in diesem Zusammenhang, dass sich sozio-kulturelle Gruppen von anderen Gruppen durch die Praxis des Unterscheidens ab- bzw. ausgrenzen; ein Faktum, das untrennbar mit den Phänomenen Othering und soziale Kategorisierungen verbunden ist, auf die im Rahmen dieses Kapitels näher eingegangen werden soll und deren Implikationen Gottowik (1997, S. 137f.) wie folgt umschreibt: „Durch die Ausgrenzung des Anderen und seine Abdrängung an den Rand eines gemeinsamen raum-zeitlichen Kontinuums werden die Bedingungen für einen Dialog *mit* dem Anderen zugunsten eines ungestörten Diskurses *über* den Anderen in Abrede gestellt. Gleichzeitigkeit mit dem Anderen herzustellen und das Fremde auch im Eigenen zu entdecken, würde indes voraussetzen, es in seiner kategorialen Unbestimmtheit anzuerkennen und Aussagen über das Fremde als Konstruktionen wahrzunehmen, mit denen das Fremde erfunden wird und sich das Eigene selbst erfindet."

Die Praxis des Unterscheidens geht im Allgemeinen damit einher, dass aus den ausgesprochen heterogenen menschlichen Verschiedenheiten einzelne herausgegriffen und mit Sinn versehen werden. Etwas als unterscheidbar zu bezeichnen, impliziert, jene Attribute hervorzuheben, die vermeintlich eine faktische Differenz erkennen lassen (vgl. Schwarz 2010). Einschlägige Unterscheidungspraxen sind jedoch keine neutralen Ausdifferenzierungen, sondern beziehen sich auf Kategorisierungen in Gegensatzpaare – etwa ‚Wir und die Anderen', ‚die Eigenen und die Fremden' oder ‚das Vertraute und das Fremde' –, deren Verhältnis in der Regel eine hierarchische Ordnung aufweist (vgl. Därmann 2002; Reuter 2002; Riegel 2012). Durch entsprechende Prozesse der symbolischen Grenzziehung und hierarchischen Unterscheidung werden asymmetrische Verhältnisse konstruiert und reproduziert. Riegel (2012, S. 205) konstatiert in diesem Zusammenhang: „Charakteristisch für die Konstruktion von Fremden und Anderen ist, dass diese jeweils im Bezug auf das jeweils eigene, vertraute ‚Wir' erfolgt, auch wenn dieses ‚Wir' nicht unbedingt explizit benannt ist. Das Eigene existiert und wirkt jedoch immer als unhinterfragter Bezugspunkt, als Ideal oder mystische Norm und als Fiktion einer Normalität. Als Andere werden diejenigen gesehen, die von der (selbstverständlichen und vorherrschenden) Norm abweichen und als nicht-zugehörig betrachtet werden." Anzumerken bleibt in diesem Kontext, dass die imaginären Grenzziehungen zwischen ‚dem Wir' und ‚dem Anderen' kontinuierlich kreiert, modifiziert und ausgehandelt werden, wobei das Fremde für gewöhnlich nicht fest definiert ist, sondern vielmehr historisch, räumlich und sozial variiert (vgl. Fabian 1983; Waldenfels 2002; Riegel 2012). Konzeptionierungen im Spannungsfeld von Eigenem und Fremdem können sich dabei auf Differenzlinien im interkulturellen Kontext beziehen, aber auch – wie vor allem jüngere Diskurse um Diversity oder Intersektionalität aufzeigen (vgl. Winker & Degele 2009; Holvino 2010; Eberherr 2012) – auf andere soziale Kategorien wie beispielsweise Geschlecht, Alter, Körper oder sexuelle Orientierung (vgl. in diesem Zusammenhang Kapitel III). Insbesondere ein intersektionaler Zugang macht deutlich, dass soziale Kategorien wie Ethnizität, Geschlecht oder Alter nicht isoliert voneinander konzeptualisiert werden sollten, sondern vielmehr aus einem holistischen Blickwinkel, der uns die jeweiligen Überkreuzungen und Verwobenheiten erschließt. Dabei gilt es, additive Perspektiven zu überwinden, indem der Fokus auf das gleichzeitige Zusammenwirken und die damit einhergehenden Wechselwirkungen von sozialen Ungleichheiten und kulturellen Differenzen gerichtet wird (vgl. Walgenbach 2011).

Inwieweit Differenzkonstruktionen grundsätzlich negative Kategorisierungen des Fremden hervorrufen, hängt ohne Frage von der individuellen Perspektive des jeweiligen Betrachters ab. Weitgehend unumstritten ist jedoch das Faktum, dass es sich im Kontext von Othering um ein ‚Machen des Anderen' handelt, wobei die Anliegen der nicht-vertrauten Gruppen weitgehend unberücksichtigt bleiben (vgl. Fabian 1983; Berg & Fuchs 1993; Gingrich 2006). Dabei macht gerade der praktische Umgang mit dem Fremden evident, dass sich Fremdheit nicht als ontologisches Phänomen der sozialen Wirklichkeit darstellt, zu dem wir eine unmittelbare, direkte Beziehung besitzen. Vielmehr stehen zwischen Eigenem und Fremdem die ausgesprochen komplexen Vorgänge des Entdeckens und Erfahrens, der Konstruktion und Systematisierung, der Modellentwürfe und Verwerfungen, die seit jeher ganz entscheidend den Diskurs über Fremdheitskonzepte bzw. Konstruktionen des Anderen prägen (vgl. Gupta & Chattopadhyaya 1998; Reuter 2002). So schreibt Duncan (1993, S. 44) aus räumlich-historischer Perspektive: „However, [...] the discourse of the Other by Europeans over the centuries is not uniformly negative, in its imagery at least, if not in its consequences. Rather it is fraught with ambivalence towards other places and peoples in the world. This is not entirely surprising as the concept of the Other, being relational, is dependent upon two sites. Europeans' ambivalence about themselves, therefore, is necessarily projected into their attitude towards the Other."

Othering geht in der Regel mit einer medialen Repräsentation spezifischer Erfahrungskontexte des Fremden einher, wobei diese – analog zu Karikaturen – bestimmte Züge des Dargestellten überzeichnen und andere zurücknehmen bzw. bestimmte Attribute kaschieren und andere hervorkehren. Vor diesem Hintergrund lassen sich Repräsentationen in letzter Konsequenz als Vereinnahmungsstrategien des Fremden konzeptualisieren, da sich entsprechende Aufzeichnungen ihrer Vorlage bemächtigen (vgl. Gottowik 1997; Reuter 2002). Wie das nachfolgende Zitat von Greenblatt (1994, S. 183) – der sich dezidiert auf den Dualismus von ‚Alter' und ‚Neuer' Welt bezieht – illustriert, führt dies schnell dazu, dass der Fremde zum bloßen Statisten degradiert wird, der sich stellvertretender Rede fügen muss: „Der Einheimische, der als Zeichen entführt und dann ausgestellt, gezeichnet, gemalt, beschrieben und einbalsamiert wurde, ist im buchstäblichen Sinn Gefangener und Gegenstand der europäischen Repräsentation. Er gerät in ein komplexes System mimetischer Zirkulation, an der auch die in Blei gestochenen Bilder, die Reiterfiguren, die Spiegel und selbst der repräsentative Laib Brot beteiligt sind, die in einem repräsentativen Haus auf Meta Incognita zurückgelassen werden, um die sogenannten Wilden zu einer sogenannten Freundlichkeit zu verlocken. Wo immer die Begegnung zwischen Alter und Neuer Welt auch stattfand – sei es auf protestantischen oder katholischen Schiffen, in Aztekenstädten oder europäischen Palästen –, stets stoßen wir auf den massiven Einsatz von Repräsentationen: von der Kanuausstellung auf der Themse im frühen siebzehnten Jahrhundert bis hin zu der Puppe einer englischen Landedelfrau, die ein Algonkinkind auf einer von John Whites Zeichnungen in den Armen hält, von der aztekischen Goldsonne, die Dürer in Brüssel bewunderte, bis hin zu den zahllosen Kreuzen, welche die Europäer an den Hafenbuchten und auf den Hügeln Amerikas aufrichteten, vom Federschmuck der Tupi, der nach Frankreich gebracht wurde, bis hin zu dem Sixpencestück, das Drake in Kalifornien an einen Pfosten nagelte."

Insbesondere Vertreter der *Cultural* und *Postcolonial Studies* haben immer wieder darauf hingewiesen, dass die mit Differenzkonstruktionen einhergehenden Repräsentationen Ein- und Ausschließungen – primär vermittelt über subjektivierende und kollektivierende Statuszuweisungen etwa in Form von

Rasse oder Geschlecht – evozieren, die sich geradezu paradigmatisch in asymmetrischen Machtverhältnissen widerspiegeln. Darüber hinaus birgt die Differenzkategorie als gesellschaftsstrukturierendes Moment dezidiert die Gefahr, soziale Konstruktionen – die vielfach mit machtbesetzten Praktiken, Identifikationen und Hierarchien verbunden sind und sich erst darüber realisieren lassen – als scheinbar selbstverständliche Zustände zu normalisieren (vgl. Ha 2010). Folgt man Spivak (1985/2000), so birgt jeder Versuch der Repräsentation kolonialisierende Züge, wobei die Verantwortung der Repräsentierenden für ihre jeweiligen Repräsentationen nicht suspendierbar ist. Gerade aus ethisch-normativer Perspektive erfordert dieser Umstand eine kontinuierliche Reflexion der zum Einsatz kommenden Darstellungs- und Vertretungspraxen. Dabei stehen gerade jene Akteure, die einen repräsentationskritischen Anspruch haben, vor der ungemein schwierigen Aufgabe, Kritik an und Reflexion von Repräsentationsverhältnissen auf ihre eigene Praxis zu beziehen sowie gleichzeitig die Spannung zu ertragen, die Komplizenschaft beim Verschweigen anzuerkennen (vgl. Broden & Mecheril 2007).

Vor diesem Hintergrund ist es bei Konstruktionen über Andere – oder wenn implizit bzw. explizit vom Fremden im Gegensatz zum Eigenen ausgegangen wird – eine Conditio sine qua non, immer auch nach dem Kontext zu fragen, in dem dies geschieht, ebenso nach der spezifischen Funktion entsprechender Zuordnungen einschließlich deren Folgen, wobei sich – in Bezugnahme auf Riegel (2012, S. 206) – insbesondere die nachfolgenden Fragen anbieten:

- Was bzw. wer wird überhaupt als fremd oder anders wahrgenommen?
- An welchen Differenzen und Kategorien wird dies festgemacht? Welche Differenzen bzw. sozialen Differenzlinien werden dabei aktualisiert und salient gemacht?
- Von wem und aus welcher Perspektive wird Fremdsein bestimmt?
- Mit welchen Interessen und mit welchen Folgen ist dies verbunden?

Wie kaum ein zweiter Vertreter der *Postcolonial Studies* reflektiert der indische Literaturwissenschaftler Bhabha (2000, S. 97f.) – der sich selbst gerne als anglisierten, postkolonialen Migranten bezeichnet – die ausgesprochen komplexen Fragen des Andersseins und weist in diesem Zusammenhang nicht nur auf die ideologische Konstruktion von Anderssein hin, sondern auch auf die zentrale Rolle von Stereotypen: „Ein wichtiges Merkmal des kolonialen Diskurses besteht in seiner Abhängigkeit vom Konzept der ‚Festgestelltheit' in der ideologischen Konstruktion des Andersseins. Festgestelltheit als Zeichen kultureller/historischer/ethnischer Differenz im Diskurs des Kolonialismus ist eine paradoxe Form der Repräsentation: sie bezeichnet Starre und eine unwandelbare Ordnung, zugleich aber auch Unordnung, Degeneriertheit und dämonische Wiederholung. Auch das Stereotyp als Hauptstrategie dieses Diskurses ist eine

Form der Erkenntnis und Identifizierung, die zwischen dem, was immer ‚gültig' und bereits bekannt ist, und etwas, was ängstlich immer von neuem wiederholt werden muß, oszilliert ... als ob die wesensmäßige Doppelzüngigkeit des Asiaten oder die tierische sexuelle Freizügigkeit des Afrikaners, die an sich keines Beweises bedürfen, innerhalb des Diskurses doch nie wirklich bewiesen werden könnten."

Aus Perspektive von Bhabha ist es vor allem die Macht der Ambivalenz, die sich für die Verbreitung und Akzeptanz des kolonialen Stereotyps verantwortlich zeichnet: Sie sichert nicht nur seine Wiederholbarkeit in sich wandelnden historischen und diskursiven Zusammenhängen, sondern sie bestimmt darüber hinaus die Form seiner Strategien von Individuation und Marginalisierung und evoziert den Effekt der probabilistischen Wahrheit und Vorhersehbarkeit, die zur Untermauerung des Stereotyps immer mehr behaupten müssen, als letztendlich empirisch bewiesen oder logisch gefolgert werden kann. Im Rahmen seiner Interpretation des kolonialen Diskurses geht Bhabha davon aus, dass der Ansatzpunkt von der vorgefertigten Wahrnehmung von Bildern auf ein Verständnis der ‚Prozesse der Subjektifizierung' verlegt werden sollte, die durch den auf Stereotypen beruhenden Diskurs ermöglicht werden. Das stereotype Bild auf Basis einer von vornherein konstituierten politischen Normativität zu bewerten, impliziert, es lediglich abzutun, nicht jedoch es aus seiner Position zu deplatzieren, was nur dann möglich wird, wenn man sich mit seiner Effektivität auseinandersetzt, mit dem komplexen Repertoire an Positionen von Macht und Widerstand, Herrschaft und Abhängigkeit, die das Subjekt – Kolonialisierende und Kolonisierte – kolonialer Identifikation konstruieren. Um die Produktivität kolonialer Macht zu verstehen, ist es unabdingbar, ihr Wahrheitssystem zu (re-)konstruieren, nicht deren Repräsentationen einer normalisierenden Beurteilung zu unterziehen. „Nur dann", so Bhabha (2000, S. 99), „wird es möglich, die produktive Ambivalenz des Objekts des kolonialen Diskurses zu verstehen – jene ‚Andersheit', die zugleich Objekt des Begehrens wie der Belustigung darstellt: eine Artikulation von Differenz, die in der Phantasie von Ursprung und Identität selbst enthalten ist. Eine solche Lektüre enthüllt die Grenzlinien des kolonialen Diskurses, und zugleich ermöglicht sie, ausgehend vom Raum jener Andersheit, ein Überschreiten dieser Grenzen. Die Konstruktion des kolonialen Subjekts im Diskurs und die Ausübung der kolonialen Macht über den Diskurs machen eine Artikulation von Formen der – ethnischen und sexuellen – Differenz erforderlich. Eine solche Artikulation gewinnt entscheidende Bedeutung, wenn man davon ausgeht, daß der Körper immer gleichzeitig (wenn auch auf konfligierende Weise) sowohl in die Ökonomie von Lust und Begehren als auch in die Ökonomie von Diskurs, Herrschaft und Macht eingeschrieben ist."

Die von Bhabha im Kontext seiner Reflexionen zum Anderssein erfolgte kritische Würdigung von Stereotypen rückt ein Phänomen in den Erkenntnisfokus, das aus historisch-genetischer Perspektive weit über das Kolonialzeitalter hinausreicht. Seit Urzeiten sind Menschen mittels grob simplifizierender Kategorien etikettiert worden. In Mythen, Riten und Dramen, aber auch in Geschichtsdarstellungen tauchen immer wieder Figuren in Form leicht identifizierbarer Typen auf, als binäre Verkörperungen von Gut und Böse, Tugend und Niedertracht, Unschuld und Arglist (vgl. Ewen & Ewen 2009). Wie die historische Stereotypenforschung erschlossen hat, treten einschlägige Kategorisierungen als systemimmanentes Phänomen nicht nur in allen Epochen auf, sondern auch in nahezu allen sozio-kulturellen Bereichen: So gibt es, um nur einige wenige Beispiele zu nennen, professionelle Stereotype (der ‚zerstreute Professor', der ‚windige Versicherungsvertreter' oder der ‚arrogante Manager'), religiöse bzw. konfessionelle Stereotype (der ‚fanatische Mohammedaner' oder der ‚dogmatische Katholik'), Klassenstereotype (der ‚ausbeuterische Bourgeois' oder der ‚beschränkte Kleinbürger') sowie Gender- bzw. sexistische Stereotype (die ‚Frau am Steuer' oder der ‚weiche Schwule'). Als besonders weit verbreitet und persistent erweisen sich ethnische bzw. nationale und – innerhalb einer Nation – regionale Stereotype, wobei letztgenannte Stereotypengruppe häufig mit anderen sozio-politischen Stereotypen vermischt wird. Man denke in diesem Zusammenhang etwa an die ‚polnische Anarchie', den ‚englischen Gentleman' oder den ‚deutschen Spießer' (vgl. Hahn & Hahn 2002).

Etymologisch setzt sich der Terminus Stereotyp aus den beiden griechischen Wörtern *stereos* (starr, hart, fest) und *týpos* (Entwurf, Norm, Gepräge) zusammen. Deutlich interessanter wie die etymologische Herleitung des Wortes ist jedoch der enge entwicklungsgeschichtliche Konnex zwischen Stereotypen und technischen Innovationen im Medienbereich. Geprägt durch den französischen Drucker Didot, bezeichnete der Ausdruck Stereotypie ein Ende des 18. Jahrhunderts entwickeltes Druckverfahren, bei dem Pappmaschee-Formen aus kompletten Seiten handgesetzter Typen hergestellt wurden. Wie Backförmchen wurden diese Pappmaschee-Formen dann zur Anfertigung von metallenen Duplikat-Platten verwendet, sodass man gleichzeitig Zeitungen und Bücher auf mehreren Pressen drucken konnte, ohne bei jedem Druckvorgang eigene Typen in die Formen einsetzen zu müssen. Die Erfindung der Stereotypie-Technik erhöhte zum einen die Vielfalt an Druckerzeugnissen und beschleunigte gleichzeitig deren Massenproduktion, zum anderen ermöglichte sie sukzessive die Entstehung einer Massenleserschaft, die nunmehr weitgehend gleichzeitig dieselben Ideen und Informationen aufnehmen konnte (vgl. Konrad 2006; Petersen & Six 2008; Ewen & Ewen 2009). Besonders bemerkenswert erscheint in diesem Zusammenhang nicht nur der Umstand, dass bereits im Sprachgebrauch der Drucker einige moderne Implikationen des Stereotypbegriffs vorweggenommen wurden, sondern dass sich von Beginn an im Ausdruck Stereotyp Machtfragen und Unterstellungen sozialer Ungleichheit widerspiegelten. So schreiben Ewen und Ewen (2009, S. 72f.): „Schon seit den

Zeiten der Gutenberg'schen Entwicklung des Mobilletterndrucks Mitte des 15. Jahrhunderts nannte man die harten metallenen, handgeformten Stempel, oder ‚Punzen', aus denen verschiedene Typen erzeugt werden konnten, ‚Patrizen' – vom lateinischen *pater*, also ‚Vater'. Dem Urahn der Type wurde also eine männliche Rolle zugeschrieben – von einem Druckgewerbe, das seinerseits ausschließlich aus Männern bestand. Die Gussformen wiederum, die – von der Patrize geprägt – zur Herstellung jener Typen dienten, die das Bild ihres ‚Vaters' trugen, wurden ‚Matrizen' genannt, von *mater* oder ‚Mutter'. Mit Didots Erfindung wurden die handgesetzten Typen zur Patrize und die Gussform, die sie prägten, zur Matrize. Schon hier, im frühen Druckerjargon, vermittelte sich über das Geschlecht eine Hierarchie der Bedeutsamkeit bei der Entwicklung vom Original zur Kopie."

In die Sozialwissenschaften wurde der Begriff Stereotyp durch den Journalisten Lippmann in seinem inzwischen klassischen Werk *Die öffentliche Meinung* eingeführt. Lippmann geht in der 1922 erstmals veröffentlichten Studie davon aus, dass wir Personen häufig nicht als Individuen, sondern als Teil einer Gruppe sehen und diesen entsprechend der vorgefassten Meinung über die jeweilige Gruppe – analog dem eben skizzierten drucktechnischen Verfahren – einen ‚Stempel aufdrücken' (vgl. Prinz 1970; Petersen & Six 2008). Für Lippmann, der seine Abhandlung bezeichnenderweise mit dem berühmten Höhlengleichnis von Platon einleitet, entspringen Stereotype nicht dem Geist einzelner Personen, vielmehr sind sie ein unvermeidliches Nebenprodukt unserer sozio-kulturellen Umwelt, ein Wahrnehmungsreflex an der Nahtstelle zwischen den Augen der Menschen und der Welt, die sie zu sehen glauben. Lippmann geht in diesem Zusammenhang von einer Diskrepanz zwischen der äußeren Welt und den inneren Vorstellungen des Menschen aus, wobei der eigenkulturelle Kontext eine Filterfunktion hat, die uns nur bestimmte Ausschnitte der Realität sehen lässt. Lippmann (1964, S. 63) skizziert dieses Phänomen wie folgt: „Meistens schauen wir nicht zuerst und definieren dann, wir definieren erst und schauen dann. In dem großen blühenden, summenden Durcheinander der äußeren Welt wählen wir aus, was unsere Kultur bereits für uns definiert hat, und wir neigen dazu, nur das wahrzunehmen, was wir in der Gestalt ausgewählt haben, die unsere Kultur für uns stereotypisiert hat."

Vor diesem Hintergrund lassen sich Stereotype als Entlastung des Ich konzeptualisieren. Sie reduzieren die Komplexität der Realität auf einige wenige, leicht überschaubare Grundzüge, mit deren Hilfe die Welt leichter handhabbar wird – unter Verzicht auf alle feineren Schattierungen (vgl. Maletzke 1996). Aus Lippmanns Perspektive sind Stereotype eine Conditio sine qua non, da die reale Umgebung zu komplex und fließend ist, um direkt erfasst zu werden. Wir Menschen, so Lippmann (1964, S. 18), „sind nicht so ausgerüstet, daß wir es mit so viel Subtilität, mit so großer Vielfalt, mit so vielen Verwandlungen und Kombinationen aufnehmen könnten. Obgleich wir in dieser Umwelt handeln müssen, müssen wir sie erst in einfacherem Modell rekonstruieren, ehe wir damit umgehen können. Um die Welt zu durchwandern, müssen die Menschen Karten von dieser Welt haben.“ Stereotype fungieren als entsprechende Karten, die wir Menschen – im Sinne von Lippmann als sogenannte *pictures in our heads* – herumtragen, wodurch ihnen eine nicht zu unterschätzende Orientierungsfunktion zufällt, da sie diffuses Material ordnen und somit Komplexität reduzieren (vgl. Bausinger 1988; Gerndt 1988); ein Umstand, der – wie das nachfolgende Zitat von Macrae und Bodenhausen (2000, S. 95) illustriert – zwangsläufig die Persönlichkeit des einzelnen Individuums einer Gruppenidentität unterordnet: „Given basic cognitive limitations and a challenging stimulus world, perceivers need some way to simplify and structure the person perception process. This they achieve through the activation and implementation of categorical thinking [...]. Rather than considering individuals in terms of their unique constellations of attributes and proclivities, perceivers prefer instead to construe them on the basis of the social categories (e.g. race, gender, age) to which they belong, categories for which a wealth of related material is believed to reside in long-term memory.“

Insbesondere die eben erwähnte Orientierungsfunktion erfordert ein verstärktes Reflektieren über soziale Kategorisierungen, die unter anderem aufgrund sichtbarer Merkmale (wie Hautfarbe oder Geschlecht), geteilter Überzeugungen (wie Religions- oder Parteizugehörigkeit), aber auch hinsichtlich spezifischer Ähnlichkeiten zu einem bestimmten Typen von Mensch (wie Karrierefrau) erfolgen können. Dabei sind einschlägige Kategorisierungen gerade aus sozialpsychologischer Perspektive von besonderem Interesse: Zum einen hat die Einteilung in soziale Kategorien Auswirkungen darauf, wie die kategorisierten Personen wahrgenommen, beurteilt und behandelt werden. Zum anderen werden soziale Kategorien für gewöhnlich mit kategoriespezifischen Erwartungen an – vermeintlich – typische Eigenschaften und Verhaltensmuster der Gruppenmitglieder aufgeladen (vgl. Klauer 2008); ein Faktum, das ausgesprochen komplexe Fragen aufwirft, wie beispielsweise: Was passiert, wenn die Gruppenebene bedeutsam wird für die Wahrnehmung von und das Verhalten gegenüber den Mitgliedern der eigenen und der anderen Gruppe? Oder was passiert, wenn Menschen sich im Bewusstsein ihrer Gruppenidentität verhalten? Entscheidend bei entsprechenden Fragen ist letztendlich eine Differenzierung auf Grundlage von Zugehörigkeiten und Nichtzugehörigkeiten. Dabei ist die Einbeziehung respektive Verortung der eigenen Person in die Unterscheidung von Eigen- und Fremdgruppe in der Regel mit einem ausgesprochen robusten Effekt verknüpft, dem sogenannten Eigengruppen-Bias: Ungeachtet objektiver Informationen tendieren Individuen dazu, Mitglieder der eigenen Gruppe im Vergleich mit Fremdgruppen zu bevorzugen respektive besser zu behandeln (vgl. Mummendey, Kessler & Otten 2009); ein Phänomen, das erstmals von Sumner (1906), einem US-amerikanischen Soziologen, beschrieben wurde und das auch immer wieder in psychologischen Studien bestätigt wird. So konstatieren beispielsweise Judd und Park (1988, S. 778): „In-groups consistently show favoritism for members of their own group when compared with out-group members in evaluating performances, personalities, and behaviors. This ethnocentrism effect [...] has been demonstrated even when the in-group versus out-group distinction is rather arbitrary, when the groups have no prior status outside of the experimental situation, and when equivalent information has been presented about all group members."

Das Eigengruppen-Bias erklärt sich vor allem durch seine Funktion zur Aufrechterhaltung einer Wertdifferenzierung, die in der Regel mit einer positiv bewerteten sozialen Identität und damit mit einem positiven sozialen Selbstwert einhergeht. Dabei basiert die Bewertung des sozialen, durch Gruppenzugehörigkeiten bestimmten Selbst auf dem Status der Eigengruppe in Relation zur Fremdgruppe. Plakativ formuliert: Wenn wir gut sind, erscheinen uns Fremde, die ja anders sind als wir, weniger gut (vgl. Mummendey, Kessler & Otten 2009). Vor diesem Hintergrund weisen Stereotype nicht nur eine Identitätsfunktion auf (vgl. Bausinger 1988), vielmehr sind sie – im Sinne von Lippmann (1964, S. 71) – ‚Verteidigungswaffen' unserer gesellschaftlichen Stellung in einer zunehmend komplexen Welt: „Sie [Stereotype; Anm. d. Verf.] sind ein geordnetes, mehr oder minder beständiges Weltbild, dem sich unsere Gewohnheiten, unser Geschmack, unsere Fähigkeiten, unser Trost und unsere Hoffnungen angepaßt haben. Sie bieten vielleicht kein vollständiges Weltbild, aber sie sind das Bild einer möglichen Welt, auf das wir uns eingestellt haben. In dieser Welt haben Menschen und Dinge ihren wohlbekannten Platz und verhalten sich so, wie man es erwartet. Dort fühlen wir uns zu Hause. Dort passen wir hin. Wir gehören dazu. Dort wissen wir Bescheid. Dort finden wir den Zauber des Vertrauten, Normalen, Verläßlichen; seine Züge und Umrisse sind genau dort, wo wir sie zu finden gewohnt sind." Vor diesem Hintergrund wird evident, dass Stereotype meistens nicht nur ausgesprochen persistent sind, sondern dass deren Infragestellung im Allgemeinen auch die Grundfesten unseres Wertesystems erschüttert.

Auch wenn die Stereotypenforschung in den letzten Jahren – nicht zuletzt aufgrund immer zahlreicherer empirischer Studien – enorme Fortschritte erzielt hat, kann man das vor über neunzig Jahren publizierte Werk Lippmanns gar nicht hoch genug einschätzen. Zum einen verankerte Lippmann das einschlägige Sujet erstmalig in den Sozialwissenschaften, zum anderen sensibilisierte er für ein Phänomen, das in den darauffolgenden Jahrzehnten angesichts bahnbrechender (kommunikations-)technologischer Innovationen sowie zunehmend globaler Vernetzungen eine immer größere Bedeutung erlangen sollte. Deshalb kann man Ewen und Ewen (2009, S. 79f.) nur zustimmen, wenn sie konstatieren: „Zugleich rückblickend wie vorausschauend hatte Lippmann eines der bedeutendsten Merkmale der Moderne identifiziert und benannt. Zwar ist die Neigung zur Unterscheidung von Vertrautem und Fremdem eine uralte menschliche Eigenart. Die Moderne aber hatte diese Neigung erheblich verstärkt. In einer sich rasch verändernden Welt, in der die unmittelbare Erfahrung als Quelle nützlicher Information zunehmend an Bedeutung verlor, traten die Medien an die Stelle herkömmlicher Netzwerke und machten Stereotype zu einem leicht konsumierbaren, industriell erzeugten Ersatz für Wissen aus erster Hand. Immer öfter wurden nun allein auf der Grundlage solch fragiler – wenn auch vermarktbarer – vorgefasster Meinungen Helden gefeiert, Schönheiten bewundert, Feinde zur Strecke gebracht und Kriege geführt."

Bevor wir uns im nachfolgenden Abschnitt verstärkt dem ambivalenten Charakter von Stereotypen zuwenden, sei an dieser Stelle noch auf ein ausgesprochen interessantes Phänomen verwiesen, auf das Said im Rahmen seines Werks *Orientalism* eingeht, nämlich auf die Einbindung von Stereotypen in naturwissenschaftliche Weltdeutungen. Diese ist aus seiner Perspektive jenen komplexen historischen und kulturellen Bedingungen zuzuordnen, die zahlreiche Gemeinsamkeiten mit der Geschichte des Orientalismus im 19. Jahrhundert aufweisen. Eine Gemeinsamkeit, so Said (1981, S. 255) in diesem Zusammenhang, ist die „kulturell sanktionierte Gewohnheit, breite Verallgemeinerungen zu gebrauchen, durch welche die Realität in verschiedene Kollektive geteilt wird: Sprachen, Rassen, Typen, Farben, Mentalitäten; jede Kategorie bedeutet nicht so sehr eine neutrale Bezeichnung als eine bewertende Interpretation. Hinter diesen Kategorien gibt es eine streng binäre Opposition von ‚unseres' und ‚ihres', bei der das erstere immer unbefugt in das letztere eindringt [...]. Diese Opposition wurde nicht nur durch die Anthropologie, Linguistik und Geschichte bestärkt, sondern natürlich ebenso durch die Thesen Darwins hinsichtlich des Überlebens des Stärkeren und der natürlichen Auswahl [...]." In letzter Konsequenz reduziert eine Übernahme des naturwissenschaftlichen Denkparadigmas den Menschen auf den Status eines in naturwissenschaftlichen Kategorien aufgehenden Objekts und unterwirft ihn der kausalen Gesetzlichkeit, die alles Naturgeschehen ausnahmslos bestimmt und in der jede Wirkung zugleich wiederum selbst Ursache einer weiteren Wirkung ist.

Wie die bisherigen Ausführungen gezeigt haben, handelt es sich bei Stereotypen nicht nur um ein komplexes, sondern vor allem auch um ein ausgesprochen ambivalentes Phänomen, das in der *scientific community* immer wieder polarisierende Wertungen hervorruft. Während etwa Prinz (1970, S. 198) konstatiert: „Stereotype sind gefährlich; sie bereiten unter Umständen den Boden vor, auf dem sich Feindseligkeiten leichter entwickeln können. Sie beeinflussen die Wahrnehmung, das Denken, das Urteilsvermögen und die Handlungsfähigkeit.", vertreten Nicklas und Ostermann (1989, S. 25) folgende Ansicht: „Ohne stereotype Muster wären wir unfähig, uns in unserer sozialen

Umwelt zu bewegen. Wenn wir nicht über einen Vorrat gesellschaftlich vorgeprägter Perzeptions-, Urteils- und Handlungsmuster verfügten, wären wir unfähig, auch nur über die Straße zu gehen." Das entscheidende Moment dürfte letztendlich sein, dass man sich, zumindest von Zeit zu Zeit, die Ambivalenz des entsprechenden Phänomens vor Augen führt, wobei zum Abschluss dieses Kapitels noch einige ausgewählte Ansätze vorgestellt werden, die – im Sinne einer Zivilisierung von Differenzen – für eine verstärkte Akzeptanz des Anderen werben.

Zunächst empfiehlt es sich jedoch, noch einmal einen genaueren Blick auf die mit Stereotypen untrennbar verbundenen sozialen Kategorisierungen zu werfen, die insbesondere dann als ein besonders hilfreicher Ordnungsrahmen empfunden werden, wenn Primärerfahrungen fehlen (vgl. Allport 1954; Bergler 1966; Klauer 2008). Soziale Kategorisierungen sind nicht nur eine zentrale Prämisse für Stereotypisierungen, sie bilden auch – aufgrund der durch die Feststellung von Ähnlichkeiten und Unterschieden erfolgten Einteilung in soziale Gruppen – den Ausgangspunkt für Gleich- und Ungleichbehandlungen (vgl. Otten & Matschke 2008). Darüber hinaus werden Kategorisierungen normalerweise von weiteren Subprozessen begleitet, zu denen Heringer (2010, S. 200f.) primär Distinktion, Induktion, Analogie, Hörensagen und Komplettierung zählt, deren zentrale Charakteristika nachfolgend zusammengefasst sind:

1. *Distinktion*: Damit unsere Unterscheidungen nicht diffus bleiben, müssen wir gerade saliente, ins Auge springende Merkmale generalisieren, in denen sich Dinge unterscheiden.
2. *Induktion*: Wir können nicht anders, als aus einer begrenzten Anzahl an Erfahrungen zu verallgemeinern.
3. *Analogie*: Um verschiedene Erfahrungen und Erfahrungsbereiche kognitiv zu ordnen, ist es unumgänglich, Parallelen und Entsprechungen auszuwerten.
4. *Hörensagen*: Da wir nicht alles überprüfen können, müssen wir uns auf das Zeugnis anderer stützen.
5. *Komplettierung*: Es ist nicht möglich, alles in Nuancen wahrzunehmen. Wir müssen auf der Basis unvollständiger Wahrnehmungen Zusammenhänge und Fehlendes ergänzen.

Einschlägige Prozesse sind nicht nur formale Muster bei der Informationsverarbeitung, sondern sie transportieren vor allem Strukturen und Inhalte. Während Stereotype sowohl positive als auch negative Inhalte aufweisen können, werden Vorurteile fast ausnahmslos mit negativen Einstellungen assoziiert (vgl. Dietz & Petersen 2005; Petersen & Six 2008; Abels 2009). Mögen sich beide Begriffe hinsichtlich ihrer Konnotationen unterscheiden, so ist ihre

Genese weitgehend identisch. Entscheidend ist in beiden Fällen die Sozialisation, in der wir die sozialen Repräsentationen der uns prägenden Bezugsgruppen übernehmen. Als primärer Sozialisationsagent fungiert traditionell die Familie, als sekundäre Sozialisationsagenten wirken vor allem Gleichaltrige, Bildungsinstitutionen und Medien auf unseren Sozialisationsprozess ein, wobei gerade Letztgenannte in der heutigen Zeit eine in dieser Intensität bislang nicht gekannte Rolle einnehmen (vgl. Bierhoff & Rohmann 2008). Auch wenn das Inventar an Stereotypen und Vorurteilen keinesfalls statisch ist, sondern einer kontinuierlichen Revision, Aktualisierung und Modifizierung unterliegt (vgl. Petersen & Six 2008), so haben sich im Verlauf der Menschheitsgeschichte doch einige ausgesprochen beständige Differenzkonstruktionen herauskristallisiert.

Im Folgenden soll näher auf ein ganz spezifisches Fallbeispiel, nämlich auf Geschlecht, eingegangen werden, das nicht nur ein genetisch festgelegtes Merkmal darstellt, sondern vor allem eine soziale Konstruktion, die einen zentralen Einfluss auf unsere Wahrnehmung, unsere Informationsverarbeitung sowie unser konkretes Verhalten ausübt. Nach wie vor fungiert Geschlecht – neben Alter und Ethnizität – als Hauptmerkmal für soziale Kategorisierungsprozesse und macht es deshalb auch so interessant für die Stereotypen- und Vorurteilsforschung (vgl. Six-Materna 2008). Wie persistent einschlägige Thematik zumal in Hinblick auf Differenzkonstruktionen ist, manifestiert sich geradezu paradigmatisch im nachfolgenden Zitat von Ewen und Ewen (2009, S. 22): „Die Unterteilung in Mann und Frau ist vielleicht das beständigste und am tiefsten verwurzelte Denkschema zum Erhalt der Vorstellung, die Ungleichheit der Menschen sei ein natürliches und unabänderliches Phänomen. Die Stereotype und Vermutungen, die ihr seit Jahrtausenden zugrunde liegen, sind – obwohl in der Moderne kritisch hinterfragt – unauflösliche Elemente der ‚Zivilisation'."

Wie Ewen und Ewen (2009) im Rahmen ihres Rückblicks auf die Geschichte von Stereotypen und Vorurteilen weiter aufzeigen, haben fast alle bedeutenden religiösen Strömungen versucht, Frauen eine gleichberechtigte Rolle abzusprechen. So gründet beispielsweise der jüdisch-christlichen Tradition zufolge die Herrschaft der Männer über die Frauen im Sündenfall, der Gott veranlasste, Adam und Eva aus dem Paradies zu vertreiben. Durch ihr Verhalten – das wechselweise als Schwäche oder Arglist interpretiert wird – habe Eva ein Schicksal heraufbeschworen, das ihre Geschlechtsgenossinnen bis in alle Ewigkeit teilen müssten. Später, vermutlich im zweiten bzw. dritten islamischen Jahrhundert, drang die Geschichte von Eva als gefährlicher Verführerin in den Islam ein. Von nun an entwickelte sich ein kontinuierlich wachsendes Strafregister für Eva und den Teufel, der sie zum Ungehorsam gegenüber Gott bewog. Weibliche biologische Spezifika wie Menstruation, Schwangerschafts- und Wochenbettbeschwerden wurden bald genauso zu Evas Strafen gezählt wie frauenkritische Satzungen im Koran zum Ehe-, Scheidungs-, Zeugen- und Erbrecht; darüber hinaus soziale Phänomene der Geschlechterhierarchie, die sich nach und nach herausbilden sollten. Diese Entwicklung führte zwar einerseits zu einer weitgehenden Einräumung, dass einschlägige Bestimmungen für das weibliche Geschlecht nachteilig waren, andererseits führte man sie aber immer wieder auf die Bestrafung von Frauen für die Unbotmäßigkeit ihrer ‚Urmutter' gegenüber Gott zurück und rechtfertigte sie gleichzeitig mit einem aus dem Alten Testament übernommenen Mythos (vgl. Walther 2001).

Streng binäre und darüber hinaus wertende Geschlechtergegenüberstellungen sind jedoch keineswegs ein religiöses Spezifikum, sondern konstituieren sich in nahezu allen Bereichen des gesellschaftlichen Lebens, so auch in den Wissenschaften. Im wissenschaftlichen Kontext lässt sich dies besonders gut anhand der Biomedizin nachvollziehen (vgl. Oudshoorn 2004). So führte im späten 19. Jahrhundert die Überzeugung, Geschlecht und Reproduktion seien ein deutlich bedeutenderes Moment für die weibliche als für die männliche ‚Natur' zur Gründung der Gynäkologie, wobei Frauen – in Bezugnahme auf Moscucci (1993, S. 2) – als „a special case, a deviation from the norm represented by the male" identifiziert wurden. Damit einher ging nicht nur eine sukzessive Institutionalisierung von Krankenhäusern, Gesellschaften und Zeitschriften, die sich explizit der Diagnose und Behandlung des weiblichen Körpers verschrieben, sondern vor allem auch eine Verdinglichung des weiblichen Geschlechts in den diskursiven und institutionellen Praxen der biomedizinischen Wissenschaft. In der Folge wurden Frauen, wie Oudshoorn (2004, S. 243) in diesem Zusammenhang schreibt, „als eine ontologisch distinkte Kategorie konzeptualisiert, die die Sicht auf die Frau als die Andere fest etablierte. Dies bedeutete zugleich eine endgültige Zurückweisung des Vorgehens, das Thomas Laqueur als ‚Ein-Geschlecht-Modell' charakterisierte, eine medizinische Praxis, in der der weibliche Körper eher als eine unbedeutende Version des männlichen Körpers denn als ein verschiedenes Geschlecht (*sex*) gesehen wurde [...]. Das auffallendste Kennzeichen dieses diskursiven und institutionalisierten Prozesses des Othering ist die Etablierung vergeschlechtlichter Subjekt-Objekt-Beziehungen, in denen Männer die Subjekt-Position innehaben und Frauen als Objekte wissenschaftlicher Forschung betrachtet werden."

Wirft man einen Blick auf – vermeintlich typische – Geschlechterstereotype, so wird das männliche Geschlecht meistens mit Attributen wie Aktivität, Stärke, Leistungsstreben oder Durchsetzungsvermögen assoziiert, während Frauen für gewöhnlich mit komplementären Merkmalen wie Passivität, Schwäche, Emotionalität oder Unterwürfigkeit bedacht werden. Für einschlägige Merkmalscluster, die sich in verschiedenen Studien – man denke unter anderem an Hofstede (1980) oder Hall und Hall (1990) – ebenso wie in epochalen und kulturellen Vergleichen nahezu vollständig replizieren lassen, kamen im Laufe der Zeit verschiedene Bezeichnungen in Mode, etwa Instrumentalität versus Expressivität, Maskulinität versus Femininität oder Zielorientierung versus Gemeinschaftsorientierung (vgl. Six-Materna 2008). Da Globalstereotype – das heißt Stereotype in Hinblick auf allgemeine Kategorien von Frauen und Männern – in der Regel ausgesprochen weit und unscharf gefasst sind, wurden diese in weiterführenden Studien um sogenannte Substereotype ergänzt, bei denen es sich primär um mentale Repräsentationen handelt, die zur Herausbildung geschlechtsspezifischer Subtypen – etwa Karrierefrau oder Intellektueller – geführt haben (vgl. Carpenter & Trentham 1998; Coats & Smith 1999; Eckes 2008). Vor diesem Hintergrund wurde eine Taxonomie von Geschlechterstereotypen entwickelt, in der bestimmte Frauen (oder Männer) als warmherzig, aber inkompetent, andere als kalt, aber kompetent gelten, wobei Erstgenannte mit paternalistischen und Zweitgenannte mit neidvollen Stereotypen etikettiert werden. Während Frauen (oder Männer), die als kalt und inkompetent gelten, mit verachtenden Stereotypen belegt werden, sind bewundernde Stereotype in der Regel auf Frauen (oder Männer) gerichtet, die ein hohes Maß an Wärme mit ausgeprägter Kompetenz verbinden, wobei es sich in diesem Fall zumeist um Angehörige der Eigengruppe handelt (vgl. Fiske et al. 2002; Eckes 2008). Die nachfolgende Tabelle gewährt – nicht zuletzt anhand konkreter Beispiele – einen konzisen Einblick in die Taxonomie der vier Geschlechterstereotype:

Tabelle 1: Taxonomie von Geschlechterstereotypen

Wärme	**Kompetenz**	
	niedrig	**hoch**
hoch	Paternalistische Stereotype: *niedriger Status,* *kooperative Interdependenz* (z.B. die Hausfrau, der Softie)	Bewundernde Stereotype: *hoher Status,* *kooperative Interdependenz* (z.B. die Selbstbewusste, der Professor)
niedrig	Verachtende Stereotype: *niedriger Status,* *kompetitive Interdependenz* (z.B. die Spießerin, der Prolet)	Neidvolle Stereotype: *hoher Status,* *kompetitive Interdependenz* (z.B. die Karrierefrau, der Yuppie)

Quelle: Eckes (2008)

Als besonders aufschlussreich in Hinblick auf das Geschlechterverhältnis gelten vor allem paternalistische und neidvolle Stereotype über bestimmte Frauentypen. So bemerkt Eckes (2008, S. 182f.): „Paternalistische Frauenstereotype sind Ausdruck dessen, wie Frauen aus männlicher Sicht sein sollten. Da diese Stereotype mit der Zuschreibung von Wärme-Merkmalen zu bestimmten Frauentypen Anteile besitzen, die von vielen Frauen und Männern positiv bewertet werden, fördern die damit kommunizierten Verhaltenserwartungen die Übernahme traditioneller Rollen durch Frauen; zugleich können sich Männer selbst als relativ frei von sexistischen Tendenzen wahrnehmen, da sie ja Frauen in ein ‚positives Licht' stellen. Neidvolle Frauenstereotype haben zwar entgegengesetzte Inhalte, tragen aber ihrerseits zur Aufrechterhaltung der Geschlechterhierarchie bei: Sie liefern (wieder aus männlicher Sicht) eine Rechtfertigung für fortgesetzte Diskriminierung von Frauen. So werden Frauen, die in traditionell von Männern dominierten Berufen Erfolg haben, als bedrohliche oder unfaire Konkurrentinnen wahrgenommen, die in ihre Schranken zu verweisen seien. Negative Merkmalszuschreibungen, wie die Zuschreibung sozioemotionaler Kälte, verstärken derartige Einschätzungen noch."

Angesichts der Tatsache, dass die Beziehung zwischen Frauen und Männern durch ein hohes Maß an interpersoneller Nähe, Intimität und wechselseitiger Dependenz charakterisiert ist (vgl. Six-Materna 2008), wird die Diversitätsdimension Geschlecht im Kontext von Differenzkonstruktionen nicht nur relativ häufig sexuell aufgeladen, sondern auch immer wieder – auf expliziter wie impliziter Ebene – von Machtfragen begleitet. Wie archäologische Funde von Schriftrollen am Toten Meer dokumentieren, reicht dieser Aspekt bis weit in die Anfänge der Schöpfungsgeschichte zurück: So soll Adams erste Frau Lilith Anstoß daran genommen haben, dass er von ihr beim Liebesakt die liegende Position einforderte. Besonders eindrucksvoll lässt sich jedoch die machtgeladene Sexualisierung des Geschlechterverhältnisses im Rahmen der außereuropäischen Kolonisierung nachvollziehen (vgl. Hörner 2001; Kohl 2001; Veit-Wild 2001), bei der die schleichende Akkulturation der Invasoren häufig durch eine visuelle Konfrontation mit einem anderen Körperverhalten einherging und Nacktheit nicht nur künstlerische Sublimation bedeutete. Vielmehr befreiten, wie Daus (2001, S. 100) in diesem Zusammenhang pointiert formuliert, die ‚exotischen' Frauen „die europäischen Abenteurer von den Fesseln der prüden Frauen daheim, von allen Müttern, Schwestern, Bräuten und Gattinnen." Dabei wird aus europäischer Perspektive bei der Konstruktion der fremden weiblichen Körper die – vermeintlich fehlende – körperliche Schamlosigkeit nicht nur akzeptiert, sondern geradezu begehrt. Dieses Faktum spiegelt sich geradezu paradigmatisch im nachfolgenden Zitat des portugiesischen Chronisten Pero Vaz de Caminha wider:

„Eines der Mädchen war von oben bis unten völlig mit roter Farbe bemalt, und sie war wirklich so gut gebaut und so rundlich, und ihre Scham, die sie nicht hatte, war so lieblich, daß viele Frauen in unserer Heimat, sähen sie eine solche Gestalt, sich schämen würden, weil sie nicht so schön sind wie diese." (Zitiert nach Daus 2001, S. 99)

Analog zum ‚Edlen Wilden' verkörperte die ‚Nackte Frau unter Palmen' ein positiv konnotiertes Konstrukt, das darüber hinaus als Projektionsfläche für –

häufig nicht erfüllte – sexuelle Phantasien fungierte. Gerade ikonographische Repräsentationen zeichnen ein Bild, das den entsprechenden Frauentypus in einer idealisierten Symbiose aus wiederentdecktem Arkadien, sinnlicher Unschuld und freier Liebe positioniert. In diese Richtung verweist wiederum ein Zitat von Pero Vaz de Caminha:

„Im Kreise einiger junger Frauen [...], die schön und galant mit schwarzer und roter Farbe auf dem ganzen Leib und den Beinen bemalt waren, spazierte eine von ihnen, deren ganzer Schenkel vom Knie bis oben hinauf und deren Gesäß von Karos bedeckt war. Ihre Scham war so nackt und so voller Unschuld offen, daß wahrhaftig gar nichts Schämenswertes existierte. Und dabei stand eine junge Frau, die einen kleinen Jungen oder ein kleines Mädchen trug, den sie mit einem Tuch (ich weiß nicht aus welchem Material) um die Brüste gebunden hatte. Nur die Beinchen sahen heraus. Aber die Beine der Mutter und der Rest blieben gänzlich unverhüllt." (Zitiert nach Daus 2001, S. 100)

Gerade die Befreiung aus den vielfach als beklemmend wahrgenommenen europäischen Moralvorstellungen stellte einen wichtigen Impetus für einschlägige Beschreibungen dar. Wie Horatschek (1998) im Rahmen ihrer Studie *Alterität und Stereotyp: Die Funktion des Fremden in den ‚International Novels' von E.M. Forster und D.H. Lawrence* aufzeigt, war es nicht zuletzt die Körperfeindlichkeit des ‚Ewig-Weiblichen', die im europäischen Kontext zu einer rigorosen Verdrängung bzw. Stigmatisierung des Leibes führte. So repräsentiert in den beiden Forster-Romanen *A Room with a View* und *Where Angels Fear to Tread* das Mittelalter die Repression sinnlicher Genussfreude und eine fast schon absurd anmutende Überordnung abstrakter Prinzipien über die individuelle Besonderheit, wobei sich der Erzähler im zweitgenannten Roman von den lustfeindlichen Moralvorstellungen der damaligen Zeit durch einen parodierenden Rückgriff auf die Legende der heiligen Deodata distanziert:

„She was a holy maiden of the Dark Ages, the city's patron saint, and sweetness and barbarity mingle strangely in her story. So holy was she that all her life she lay upon her back in the house of her mother, refusing to eat, refusing to play, refusing to work. The devil, envious of such sanctity, tempted her in various ways. He dangled grapes above her, he showed her fascinating toys, he pushed soft pillows beneath her aching head. When all proved vain he tripped up the mother and flung her downstairs before her very eyes. But so holy was the saint that she never picked her mother up, but lay upon her back through all, and thus assured her throne in Paradise. She was only fifteen when she died, which shows how much is within reach of any schoolgirl." (Zitiert nach Horatschek 1998, S. 102)

Im angeführten Zitat manifestiert sich nicht nur die vielfach von dogmatischen Glaubensgrundsätzen durchdrungene Sicht auf Körperlichkeit, von der die meisten europäischen Kolonisatoren geprägt waren, sondern auch eine geradezu übermenschliche Kontrolle des Gefühlslebens nach ökonomischen Prinzipien, in denen, wie Horatschek (1998, S. 102) konstatiert, „der eigene Vorteil – sei es der Thron im Himmel oder der Statusgewinn auf Erden – den Ausschlag gibt."

Anhand des Fallbeispiels Geschlecht – das, wie bereits erwähnt, nicht nur ein genetisch festgelegtes Merkmal darstellt, sondern vor allem eine soziale Konstruktion – dürfte deutlich geworden sein, welche komplexen Vorstellungen und Erwartungen im Kontext von Differenzkonstruktionen hervorgerufen werden, die selbstredend einen nicht zu unterschätzenden Einfluss auf unser konkretes Verhalten haben. Wie in kaum einem zweiten Forschungsfeld ist dieses Phänomen vor allem von Vertretern des Diversity Managements erkannt worden (vgl. Kapitel III), die immer wieder auf die ambivalenten Implikationen sozialer Kategorisierungen in der heutigen Arbeitswelt hinweisen. Gerade angesichts zunehmender Diversifizierungsprozesse im beruflichen Kontext nimmt auch die Anzahl potentieller Gruppen zu, die sich mit Stereotypen etikettieren lassen und im schlimmsten Fall diskriminiert werden (vgl. Fuchs 2007; Bendl, Eberherr & Mensi-Klarbach 2012). Dies kann Männer genauso betreffen wie Frauen – insbesondere dann, wenn sie aus heterosexueller Perspektive eine gleichgeschlechtliche sexuelle Orientierung aufweisen –, aber auch Diversitätsgruppen, deren Relevanz erst in den letzten Jahren nach und nach erkannt wurde, etwa Behinderte oder ältere Mitarbeiter. Petersen und Dietz (2005, S. 145) stellen in diesem Zusammenhang fest: „In today's Western society, despite social norms that discourage discrimination against minorities [...], employment discrimination remains a pervasive phenomenon. [...] [D]iscrimination against minorities is often the inevitable outcome in organizations when management enforces workforce homogeneity on the rationale that a homogeneous workforce can increase profitability."

Geht man davon aus, dass Stereotype und Vorurteile in Organisationen immer wieder Prozesse der sozialen Diskriminierung begünstigen, so wird evident, warum sich Diversity Management auch dezidiert als ein Management von Stereotypen und Vorurteilen konzeptualisieren lässt (vgl. Dietz & Petersen 2005; Petersen & Dietz 2006). Dies bedarf in erster Linie eines von Offenheit geprägten Unternehmensklimas, in dem anthropogene Vielfalt nicht als Hypothek, sondern vielmehr als Chance begriffen wird. Wohl wissend, dass soziale Kategorisierungen in der Regel ausgesprochen persistent sind, gibt es zunehmend erfolgsversprechende Ansätze, die die Schaffung eines diversitätsfreundlichen Unternehmensklimas begünstigen. Man denke in diesem Zusammenhang beispielweise an eine Institutionalisierung klarer Unternehmensgrundsätze, die unter anderem dokumentieren, was vorurteilsbehaftetes Verhalten beinhaltet und was nicht, an die Einführung klarer Kriterien bei Personalentscheidungen, um zielgerichtet Diskriminierungen sowohl in Personalauswahl als auch in Personalentwicklung zu reduzieren, oder an eine

Ausrichtung der Unternehmenskultur auf die Werte von Egalitarismus und Diversifizierung (vgl. Brief & Barsky 2000; Petersen & Dietz 2008).

Auch wenn entsprechende Ansätze einen durchaus normativen Charakter aufweisen, geht es – wie Walzer (1998) treffend postuliert – um eine Zivilisierung von Differenz, die ein tolerantes Arbeitsumfeld kreiert, in dem die Existenz divergierender Diversitätsdimensionen als selbstverständlich betrachtet wird. Tolerante Menschen schaffen Raum für Frauen und Männer, deren Attribute sie nicht teilen, deren Überzeugungen sie nicht annehmen und deren Praktiken sie nicht nachzueifern wünschen, deren Anderssein aber von Akzeptanz und im Idealfall von Sympathie begleitet wird. Ein Aspekt, der im beruflichen Kontext genauso relevant ist wie im privaten und der – nicht zuletzt aus anwendungsorientierter Perspektive – den Weg zu einer offenen Gesellschaft weist, die im Idealfall von einer weitgehenden Normalität des Fremden geprägt ist.

5 Theoretische und praktische Differenzansätze im Spannungsfeld von Ökonomie und Raum

„Wirtschaftliche Zusammenarbeit blüht umso besser, je mehr man darüber weiß, wie der Partner lebt, denkt und spricht."
Richard von Weizsäcker

„Ninety kilometers away, and here was a different civilization.", so schreibt der berühmte italienische Philosoph und Literat Eco (1998, S. 223f.) in seinem Essay *The Miracle of San Baudolino* und sensibilisiert damit für den mitunter erstaunlichen Nexus von räumlicher Nähe und kultureller Differenz; ein Phänomen, das Apfelthaler (1998, S. 7) wie folgt kommentiert: „Besonders in einer Welt der Wirtschaft und des Handels ist dies kein völlig neues und unbekanntes Phänomen, denn schließlich ist einer der Wesenszüge der Erde deren räumliche Begrenztheit, und einer der Wesenszüge der Wirtschaft aber ist die Expansion. So hat die sowohl materielle als auch räumliche Dynamik der wirtschaftlichen Ausdehnung über verschiedene Klima-, Kultur- und sonstige Zonen hinweg schon lange Berührungspunkte und Adaptionsprobleme entstehen lassen. Dieses Zusammenspiel von räumlicher Nähe und psychischer, kultureller bzw. sozialer Distanz verlangt den Menschen seit jeher, nicht erst seit sich die moderne Wirtschaftswelt damit konfrontiert sieht, Fähigkeiten ab, die vermeiden, daß das Aneinanderrücken verschiedener Kulturen nicht zu einem Aufeinanderprallen wird." Dabei ist gerade die viel diskutierte Internationalisierung der Wirtschaftsstrukturen weder unternehmerischer Selbstzweck noch standortbedingter Exodus, sondern vielmehr ein konstitutives Moment im Aktionsrahmen einer rapide steigenden Anzahl von Unternehmen. Assoziierte man die Internationalisierung von Unternehmensaktivitäten noch weit bis in die 1990er Jahre vorwiegend mit multi- und transnationalen Konzernen, so ist spätestens seit der Jahrtausendwende weitgehend unumstritten, dass diese Entwicklung verstärkt von kleinen und mittleren Unternehmen getragen wird (vgl. Scharrer 2000; Bamberger & Wrona 2002; Eden 2002); aus räumlicher Perspektive sei in diesem Zusammenhang auf die unter dem Dach des interdisziplinären Forschungsverbunds FORAREA (*Bavarian research network for area studies*) entstandenen Studien von Dolles (2003), Kühlmann und Schumann (2003) sowie Hopfinger und Scherle (2003) verwiesen.

Zweifellos impliziert ein forciertes *going international* neben einem quantitativen Anstieg der zu bewältigenden Führungsaufgaben auch eine qualitative Anreicherung der damit einhergehenden Problemstellungen und Lösungsanforderungen (vgl. Krystek & Zur 2002; Boyacigiller et al. 2004; Scherle & Coles 2008). Das Eindringen ausländischer Wettbewerber auf dem Heimatmarkt, der Wegfall nationaler Nischenmärkte, die zunehmende Konkurrenz bei der Bearbeitung ausländischer Märkte sowie nicht zuletzt ein immer rasanterer Wandel der Konsummuster markieren zentrale Herausforderungen im Kontext einer internationalen Unternehmenstätigkeit. Gerade bei kleinen und mittelständischen Unternehmen hat sich bei ihren Internationalisierungsaktivitäten immer wieder gezeigt, dass persönliche Wertehaltungen, auslandsbezogene Einstellungen und Risikoabneigungen der Akteure eine nicht zu unterschätzende Rolle spielen. Hinzu kommen objektive Einflussgrößen wie fehlende zeitliche Managementkapazitäten, begrenzte finanzielle Ressourcen, ein Mangel an auslandsqualifiziertem respektive interkulturell geschultem Personal sowie ein häufig ausgeprägtes Informationsdefizit bezüglich institutioneller, rechtlicher und marktspezifischer Rahmenbedingungen im Ausland (vgl. Köhler 1998). Das Besondere der komplexen Herausforderungen eines internationalen Geschäftsengagements liegt nicht zuletzt in einer deutlichen Ausweitung des Chancen- und Risikopotentials vor dem Hintergrund gestiegener Erwartungen, wobei, wie Krystek und Zur (2002, S. 13) in diesem Kontext schreiben, „von einer Gleichverteilung der Chancen und Risiken oder einer hinreichenden Einschätzung ihrer Eintrittswahrscheinlichkeiten kaum mehr gesprochen werden [kann]. Damit wird Internationalisierung zu unternehmerischer Herausforderung im ursprünglichsten Sinne, und Pioniergeist sowie Risikofreude werden Tugenden, die analytischem Denken und der Beherrschung moderner Managementinstrumente in nichts nachstehen."

Einhergehend mit der in dieser Intensität bislang nicht gekannten Internationalisierung des Berufsalltags wachsen nicht nur die Anforderungen an Wirtschaftsakteure, sondern auch die Ansprüche an berufsqualifizierende respektive akademische Institutionen, die vielschichtigen Konsequenzen dieses Prozesses zu analysieren und im Idealfall – zumindest aus anwendungsorientierter Perspektive – konkrete Handlungsempfehlungen abzuleiten. In diesem Kontext geht es insbesondere um die in den letzten beiden Jahrzehnten verstärkt auftretenden kulturell bedingten Herausforderungen, die vor allem seitens der Wirtschaft mit Rufen nach sogenannten ‚Euromanagern' oder ‚Globalpreneurs' quittiert werden – und zwar nicht zuletzt aus der Erkenntnis heraus, dass zahlreiche Internationalisierungsprojekte darunter leiden, dass die sie tragenden Akteure zwar vielfach ausgewiesene Experten sind, diese jedoch häufig nur unzureichend die ungemein komplexen Problemstellungen einschätzen können, die sich durch die Zusammenarbeit von Menschen ergeben, deren Handlungen sowie Kommunikations- und Orientierungsmuster einen nicht vertrauten kulturellen Background aufweisen (vgl. Müller 1993; Kramer 1999; Emrich 2011). Vor diesem Hintergrund wurde in den letzten Jahren der *catch-all*-Begriff Globalisierung immer wieder normativ aufgeladen – und zwar gerade in Hinblick auf Fach- und Führungskräfte, die verstärkt ein ganzheitlich geprägtes Profil aufweisen sollen, das weit über klassische Managementtätigkeiten hinausgeht. Lane, Maznevski und Mendenhall (2004, S. 20) konstatieren in diesem Zusammenhang: „High performance in a global environment requires conceptual and behavioral skills that result in action based on an accurate assessment of the context in which a firm finds itself. Effective global managers take into account not only the economic dimensions of globalization, but also contingencies including context and task as well as personal global competencies, effective teaming and leading, and the management of specific strategic initiatives. These are integrated to provide a more comprehensive view of globalization as a platform for sophisticated execution." Auf der Suche nach *global competencies* geht es – nach Bird und Osland (2004, S. 61) – in erster Linie um folgende Aspekte:

- a heightened need for cultural understanding within a setting characterized by wider ranging diversity;
- greater need for broad knowledge that spans functions and nations;
- wider and more frequent boundary spanning both within and across organizational and national boundaries;
- more stakeholders to understand and consider when making decisions;
- a more challenging and expanded list of competing tensions both on and off the job;
- heightened ambiguity surrounding decisions and related outcomes/effects;
- more challenging ethical dilemmas relating to globalization.

Doch gerade die im Rahmen der *global competencies* an erster Stelle erwähnte kulturelle Dimension stellt bei Ökonomen ein vergleichsweise neues Phänomen dar, vor allem im Vergleich zu Kulturanthropologen oder Soziologen, die sich bereits seit etlichen Jahrzehnten mit der kulturellen Prägung menschlicher

Handlungsmuster befassen. Das wohl bekannteste Beispiel des frühen 20. Jahrhunderts markiert die Studie von Weber (1920) über protestantische Ethik und den Geist des Kapitalismus, in der der Soziologe den engen Konnex zwischen religiösen Werten und ökonomischem Handeln aufzeigt. Bis weit in die zweite Hälfte des letzten Jahrhunderts waren die Wirtschaftswissenschaften fast ausschließlich einem technizistischen Paradigma mit einer funktionalistischen Sichtweise verhaftet, das Unternehmen primär auf Grundlage der Steuerungsgrößen Ertrag und Kosten analysierte. Meissner (1997, S. 2) vermerkt in einem Beitrag mit dem bezeichnenden Titel *Der Kulturschock in der Betriebswirtschaftslehre*: „Die Entfaltung des betriebswirtschaftlichen Denkens und damit die Entwicklung betriebswirtschaftlicher Theorien erfolgte in der historischen Perspektive in einem im wesentlichen kulturfreien, systemindifferenten Raum, d.h. es wurde weder die Kultur der einzelnen Unternehmen reflektiert, noch wurden die kulturbezogenen Einflüsse des Umfeldes, z.B. bei den Verbrauchern, den Mitarbeitern, den Lieferanten oder im weiteren Raum der politischen und sozialen Öffentlichkeit berücksichtigt. Diese kulturfreie Betriebswirtschaftslehre war und ist in ihrem primären Selbstverständnis eine quasi Naturwissenschaft, die nicht abhängig von den kulturellen Determinanten des Umfeldes ist, sondern die universell und global gültig bleibt und die sich mit ihrer Zentrierung auf den Shareholder Value und auf die Begriffe der Kosten und der Erträge organisiert."

Insbesondere nach Auffassung von Holzmüller (1995), Stüdlein (1997) und Apfelthaler (1998) hat der weitaus größte Teil der wirtschaftswissenschaftlichen *scientific community* kulturspezifische Fragestellungen, die sich vor dem Hintergrund fortschreitender Internationalisierungsprozesse ergeben, ausgeblendet und ohne wesentliche Reflexionen – gerade in Hinblick auf interkulturelle Differenzen in den Managementpraktiken – die Verbreitung traditioneller unternehmerischer Konzepte vorangetrieben. Als Gründe dafür werden primär folgende Aspekte genannt: ein ungetrübter Fortschrittsglauben, das paradoxe Bemühen, eine von unwägbaren Störfaktoren freie bzw. wertneutrale Wissenschaft zu sein, die nach universellen Regeln und Gesetzmäßigkeiten sucht, sowie die Schwierigkeit, zwischen der Sensibilität für kulturelle Prägungen und der ethnozentrischen Bewertung von Kulturdifferenzen zu unterscheiden (vgl. Bosch 1996/1997). Womöglich liegt ein weiter Grund darin, dass, wie Apfelthaler (1998, S. 10) in diesem Zusammenhang sinniert, „im allgemeinen Kultur nur im absolut Fremden, im Exotischen vermutet wird, und nicht auch in der verwandten Alltagskultur der Geschäftswelt entwickelter Industrienationen." Darüber hinaus schien so mancher Akteur aus Wissenschaft und Praxis vergessen zu haben, dass mit einer forcierten Aufnahme grenzüberschreitender Geschäftsaktivitäten im Vergleich zu rein national agierenden Unternehmen eine nicht zu unterschätzende Heterogenisierung der für die unternehmerischen Entscheidungsträger relevanten Umwelten einhergeht (vgl. Macharzina & Oesterle 2002).

Analog zur steigenden Komplexität der skizzierten Prozesse und Rahmenbedingungen hat die Auseinandersetzung mit kulturspezifischen Aspekten in den letzten Jahren deutlich zugenommen. Von besonderer Relevanz sind in diesem Zusammenhang vor allem Fragestellungen, die die Unternehmenskultur international agierender Unternehmen aufgreifen oder sich mit kulturgeprägten Unternehmensformen beschäftigen (vgl. Meissner 1997; Tu, Kim & Sullivan 2002; Kutschker & Schmid 2011). Die zweifellos größte Resonanz erzielen jedoch nach wie vor Konzepte, die einem ‚Management von Kulturunterschieden' (Stüdlein 1997) bzw. ‚Managing across cultures' (Schneider & Barsoux 2003) dienen und wahlweise auch als ‚Modelle zur Landeskulturforschung' (Schmid 1996), als ‚Modelle zur Beschreibung kultureller Diversität' (Winkler 2011) oder schlicht als ‚Kulturmodelle' (Emrich 2011) bezeichnet werden. Als einigende Klammer dieser Modelle gilt vor allem das Faktum, dass es sich überwiegend um Konzepte handelt, die aus einer interkulturellen Perspektive für Differenzen im Konnex von Ökonomie und Raum sensibilisieren wollen und somit dezidiert im Spannungsfeld von Wirtschaftswissenschaften und Geographie liegen. Dieses Anliegen spiegelt sich geradezu paradigmatisch im nachfolgenden – durchaus pathetisch anmutenden – Zitat von Hofstede (1980, S. 9) wider, der gemeinhin zu den bekanntesten Vertretern der interkulturellen Managementforschung zählt: „The survival of mankind will depend to a large extent on the ability of people who think differently to act together. International collaboration presupposes some understanding of where others' thinking differs from ours. Exploring the way in which nationality predisposes our thinking is therefore not an intellectual luxury. A better understanding of invisible cultural differences is one of the main contributions the social sciences can make to practical policy makers in governments, organizations and institutions – and to ordinary citizens."

Bevor im Rahmen dieses Kapitels genauer auf die einschlägigen Konzepte im Spannungsfeld von Ökonomie und Raum eingegangen wird, soll im Folgenden zwecks erleichterter Kontextualisierung ein prägnanter Blick auf die zentralen Entwicklungsstufen der kulturspezifischen Managementforschung geworfen werden. Dominierten in den 1960er und 1970er Jahren vorwiegend landeskulturelle Beiträge der *cross-national-* und *cross-cultural-*Managementforschung, so rückten in den 1980er Jahren verstärkt Fragen der Unternehmenskultur in den Erkenntnisfokus. Erst seit den 1990er Jahren ist ein deutliches Bemühen festzustellen, die landes- und unternehmenskulturelle Thematik stärker miteinander zu verzahnen. Die Mitte der 1990er Jahre eingeleitete jüngste Phase zeichnet sich insbesondere dadurch aus, diverse kulturelle Problemfelder zu integrieren und – aus methodischer Perspektive – einer eher qualitativen Ausrichtung den Vorzug zu geben (vgl. Schmid 1996). Dieser Umstand ist nicht zuletzt auf die Implikationen des *cultural turns* in den Humanwissenschaften zurückzuführen und wird von der Einsicht getragen, dass eine primär quantitativ ausgerichtete Forschung nur bedingt der Komplexität kultureller Systeme respektive menschlicher Verhaltensmuster gerecht werden kann.

Stimulierend für eine zunehmende Integration interkultureller Fragestellungen in die Managementforschung waren darüber hinaus die Konjunkturschwankungen in den westlichen Industriestaaten während der 1970er und 1980er Jahre, die sukzessive dazu führten, die vermeintliche Überlegenheit der eigenen Managementpraktiken in Frage zu stellen. In diesem Zusammenhang richtete man einen forcierten Blick auf das vergleichsweise ressourcenarme Japan, das in relativ kurzer Zeit den Aufstieg zu einer der weltweit führenden Wirtschaftsmächte vollzogen hatte (vgl. Bosch 1997; Scarborough 1998; Dülfer & Jöstingmeier 2008). Insbesondere die Studien von Tsurumi (1976), Ouchi (1981) sowie von Pascale und Athos (1982) gelten als klassische Referenzwerke dafür, dass der Erfolg der japanischen Wirtschaft maßgeblich in kulturspezifischen Unternehmensführungskonzepten begründet liegt und nur bedingt auf günstige Bedingungen des japanischen Wirtschaftssystems zurückzuführen ist (vgl. Macharzina, Oesterle & Wolf 1998).

Als wichtigste Triebkraft für eine weitgehende Akzeptanz von Kultur als betriebswirtschaftlich relevanten Einflussfaktor – Meissner (1997) spricht in diesem Kontext sogar von einem Paradigmenwechsel, der die Betriebswirtschaftslehre aus ihrem reduktionistischen Selbstverständnis befreit habe – gelten jedoch die durch die Globalisierung hervorgerufenen Implikationen (vgl. Appadurai 1990, Maznevski & Lane 2003; Schwenker 2009). Aus betriebswirtschaftlicher Perspektive erfordern vor allem die exorbitante Intensivierung und Ausdifferenzierung grenzüberschreitender Geschäftsaktivitäten – die mit einer in dieser Intensität bis dato nicht gekannten Vernetzung der Märkte einschließlich einer Kommunikations- und Interaktionsverdichtung von Akteuren divergierender kultureller Kontexte innerhalb und zwischen den Unternehmen einhergehen – eine forcierte interkulturelle Ausrichtung des Managements. Vielfach wird seit dieser Zeit die Erzielung interkultureller Handlungskompetenzen als ein zentrales Anliegen des internationalen Managements und der darauf ausgerichteten Forschung angesehen (vgl. Macharzina 1995; Gluesing 2003; Wilson 2003). Darüber hinaus soll die Vielfalt divergierender Werte und Einstellungen individuelle und organisationale Lernprozesse fördern. Welge und Holtbrügge (2003, S. 4) konstatieren in diesem Zusammenhang unter dezidierter Bezugnahme auf organisationspsychologische Erkenntnisse: „Insbesondere vor dem Hintergrund der Auflösung nationaler Grenzen bedeutet dies, nicht nur etwas über andere Kulturen, sondern auch *von anderen Kulturen zu lernen* [...]. Im Gegensatz zum Konzept der Erfahrungskurve, bei dem Lernen auf Wiederholung zurückgeführt wird, liegt diesem Ansatz damit die Annahme zugrunde, dass *Lernen durch die Wahrnehmung von Unterschieden* angeregt wird. Neben diesem organisationspsychologischen Ansatz werden die Vorteile kultureller Heterogenität vielfach auch durch den Verweis auf *Humankapitaltheorien* fundiert. Im Mittelpunkt der Argumentation steht die Annahme, dass Unternehmungen heterogener werdenden Marktanforderungen dann am besten gerecht werden, wenn ihre eigene Struktur die Struktur der Nachfrager möglichst deckungsgleich widerspiegelt." In diesem Sinne wird die Inkorporation von Diversität als ein zentraler strategischer Wettbewerbsvorteil von Unternehmen konzeptualisiert, die in einem immer komplexeren Marktumfeld agieren. Eine entsprechende Sichtweise steht einerseits in engem Konnex mit zentralen Anliegen von Diversity Management und unterstreicht die mitunter fließenden Übergänge zwischen Interkulturellem Management und Diversity Management (vgl. Kapitel III). Andererseits wird sowohl aus pragmatisch-strategischer als auch aus normativer Perspektive die vergleichsweise große Relevanz anwendungsorientierter Trainings ersichtlich, die – im Idealfall – zur Entfaltung von interkultureller Kompetenz respektive von Diversity-Kompetenz führen. Auf den Erfolgsfaktor interkulturelle Kompetenz, der auf impliziter wie expliziter Ebene integrativer Bestandteil der meisten Kulturmodelle ist, wird noch einmal näher zum Abschluss dieses Kapitels eingegangen.

Ungeachtet der Tatsache, dass seit einigen Jahren – angesichts einer kaum mehr zu übersehenden Kulturalisierung von Ökonomie respektive Ökonomisierung von Kultur (vgl. Fink & Mayrhofer 2001; Berndt & Glückler 2006a) – in den Wirtschaftswissenschaften verstärkt kulturspezifische Themenkomplexe aufgegriffen werden, ist der seit den 1960er Jahren andauernde Diskurs bezüglich Kulturgebundenheit bzw. Kulturneutralität betriebswirtschaftlicher Strukturen und Prozesse nach wie vor virulent (vgl. Holzmüller 2009; Schmid & Kotulla 2010; Winkler 2011). In diesem Kontext muss das Forschungsinteresse des Interkulturellen Managements im Lichte zweier divergierender theoretischer Ausgangspositionen betrachtet werden, deren jeweilige Überzeugungen ganz unmittelbar das Selbstverständnis in der Forschung bestimmen: Während Vertreter der *culture-bound*-These, die sogenannten Kulturalisten, die Ansicht vertreten, dass der jeweilige kulturelle Kontext eines Raums die ökonomischen Strukturen und Prozesse der dort tätigen Unternehmen bzw. Akteure substanziell beeinflusst und sich dementsprechend auf deren organisatorische Gestaltung auswirkt, postulieren Verfechter der *culture-free*-These, die sogenannten Universalisten, Managementtechniken seien universell bzw. ubiquitär und somit in letzter Konsequenz unabhängig von kulturspezifischen Einflüssen. Braun und Warner (2002, S. 13) bringen die *culture-free*-These auf den Punkt, wenn sie schreiben: „The culture-free thesis argues that a common logic of industrialization produces converging institutional frameworks and organizational solutions across nations, even against cultural constraints. According to this argument in the striving for efficiency, there is no leeway for different cultural solutions of organizational structures [...]. According to this logic, ‚an oil-refinery is an oil-refinery is an oil-refinery', given its size and technology, wherever it is located across the world."

Beide Strömungen, deren Debatten von einer außergewöhnlichen Pluralität gekennzeichnet sind, unterscheiden sich darüber hinaus in ihrer Auffassung hinsichtlich des Verhältnisses zwischen Kultur und Gesellschaft (vgl. Osterloh 1994; Schmid 1996): auf der einen Seite die Sichtweise der Universalisten, die – unter Rückgriff auf einen wesentlich engeren Kulturbegriff – davon ausgehen, dass Kultur ein Teilsystem der Gesellschaft neben anderen darstellt (‚Gesellschaft hat eine Kultur'), auf der anderen Seite die Sichtweise der Kulturalisten, die Kultur als einen Oberbegriff ansehen, der die Gesellschaft umfasst (‚Gesellschaft ist eine Kultur'). Unweigerlich stellt sich die Frage, ob sich das Spannungsverhältnis zwischen den beiden Strömungen auflösen lässt. Child (1981) hat in diesem Zusammenhang darauf verwiesen, dass sich Universalisten primär auf Phänomene der Makroebene, etwa strukturelle Faktoren oder technologische Aspekte, konzentrieren, während Kulturalisten die Mikroebene in den Mittelpunkt ihres Erkenntnisinteresses rücken. Des Weiteren wird davon ausgegangen, dass die Frage nach der Gültigkeit der *culture-bound*- bzw. der *culture-free*-These davon abhängt, was innerhalb der Betriebswirtschafts- und Managementlehre betrachtet wird. In diesem Kontext werden die ‚harten' Elemente der Betriebswirtschaftslehre – etwa Kostenrechnung oder Produktionssteuerung – den Universalisten und die vermeintlich ‚weichen' Elemente der Managementlehre – etwa Führungsstil oder Konfliktverhalten – den Kulturalisten zugeordnet (vgl. Schmid 1996; Moosmüller 1997; Scherle 2006).

Eine abschließende Klärung der Kontroverse zwischen den Vertretern der *culture-bound*-These und jenen der *culture-free*-These scheint seit etlichen Jahren nicht in Sicht (vgl. Macharzina 1995; Stüdlein 1997; Kutschker & Schmid 2011); ein Umstand, der zumindest aus postmoderner Perspektive zu begrüßen ist, da die dadurch implizierte Forschungspluralität eine fruchtbare Konkurrenz unterschiedlicher theoretischer Ansätze und Methoden generiert, wobei Schmid (1996, S. 333) vor dem Hintergrund eines postmodernen Wissenschaftsverständnisses auf die inhaltlichen Implikationen für die Wirtschaftswissenschaften hinweist: „Die Botschaft, die die Postmoderne auch für Betriebswirtschaftslehre und Management geben kann, ist radikal, aber wohl vor allem für internationale Unternehmungen gleichzeitig einleuchtend – es ist die Botschaft, daß man das Differente und Heterogene nicht nur akzeptieren muß, sondern es auch schätzen und daraus Nutzen ziehen kann. Diese Botschaft ist keineswegs nur eine ‚Marotte' von Philosophen oder Soziologen. Auch im Internationalen Management wird von einigen (wenigen) Autoren darauf hingewiesen, daß Multikulturalität nicht (allein) mit einer negativen Konnotation zu verknüpfen sei und daß man vielmehr die Vorteile der Multikulturalität für Unternehmungen erkennen müsse." Schmid, der sich dezidiert zu den Verfechtern der *culture-bound*-These zählt, hat zu Recht – wenn man etwa an die Notwendigkeit einer Mitarbeiterschulung bei der Einführung neuer Produktionstechniken oder an die Überwindung von Akzeptanzbarrieren bei der Übertragung von Kostenrechnungsmethoden im Rahmen einer Unternehmensakquisition denkt – auf die starke Interdependenz zwischen einer eher kulturinvarianten Betriebswirtschaftslehre und einem eher kulturabhängigen Management hingewiesen. Vor diesem Hintergrund geht es letztendlich nicht mehr darum, ob Kultur von Relevanz ist, sondern vielmehr stellt sich die Frage, wie stark die Signifikanz kultureller Aspekte in den jeweiligen Bereichen des Managements ist.

Genau an diesem Punkt setzen die meisten interkulturellen Studien an, deren Urheber die ungemeine Komplexität divergierender Kulturen auf einige wenige – ihrer Meinung nach zentrale – Aspekte reduzieren und anhand spezifischer Dimensionen vergleichbar machen wollen. In der Regel handelt es sich um Differenzansätze im Spannungsfeld von Ökonomie und Raum, deren konzeptionelles Selbstverständnis treffend im nachfolgenden Zitat zum Tragen kommt, das der sogenannten *GLOBE Study* von House et al. (2004, S. 5) entnommen wurde, die bis dato die weltweit umfangreichste interkulturelle Studie darstellt: „The increasing connection among countries, and the globalization of corporations, does not mean that cultural differences are disappearing or diminishing. On the contrary, as economic borders come down, cultural barriers could go up, thus presenting new challenges and opportunities in business. When cultures come into contact, they may converge on some aspects, but their idiosyncrasies will likely amplify. McDonald's serves wine and salads with its burgers in France. In India, where beef products are taboo, it created a mutton burger: The Maharajah Mac. [...] Globalization opens many opportunities for business but it also creates major challenges. One of the most important challenges is acknowledging and appreciating cultural values, practices, and subtleties in different parts of the world. All experts in international business agree that to succeed in global business, managers need the flexibility to respond positively and effectively to practices and values that may be drastically different from what they are accustomed to."

Im Kontext dieser Studien gilt zunächst einmal festzuhalten, dass sie fast alle – mitunter auf impliziter, meistens jedoch auf expliziter Ebene – den Anspruch erheben, in einer immer komplexeren Welt Orientierung zu verschaffen, wobei als Kernadressaten – abgesehen von Vertretern der *scientific community* – vor allem Mitarbeiter respektive Führungskräfte in international agierenden Unternehmen fungieren. Sieht man einmal von unterschiedlichen methodischen Herangehensweisen ab, so differieren einschlägige Studien primär hinsichtlich der Auswahl ihrer Kulturdimensionen, anhand derer die projektrelevanten Länder bzw. Untersuchungsräume miteinander verglichen werden (vgl. Schneider & Barsoux 1997; Hasenstab 1999; Kutschker & Schmid

2011). Die nachfolgenden Ausführungen verstehen sich, ohne Anspruch auf Vollständigkeit, als eine problemzentrierte Tour d'Horizon durch zentrale Differenzansätze im Spannungsfeld von Ökonomie und Raum, wobei – abweichend von gängigen Überblicksdarstellungen aus dem Managementbereich, etwa Rothlauf (1999), Kutschker und Schmid (2011) sowie Bannys (2012) – auf eine ausführliche Charakterisierung der einzelnen Kulturdimensionen bewusst verzichtet wird. Kontrastierend zu den erwähnten Überblicksdarstellungen, die sich hinsichtlich ihrer Modellbeschreibungen primär auf eine Außenperspektive beschränken, soll im Folgenden die Essenz der einschlägigen Ansätze auch durch eine Innenperspektive – konkret das jeweilige Autorenverständnis – erschlossen werden. Darüber hinaus wird – sofern es sich anbietet – zwecks einer eingehenderen Kontextualisierung der Konzepte auch ein Einblick in deren Rezeption gewährt.

Der traditionsreichste Ansatz – der allerdings bei seiner Erstveröffentlichung Anfang der 1960er Jahre noch keinen direkten Managementbezug aufwies, später jedoch in organisationale Kontexte übertragen und schließlich in zahlreiche interkulturelle Managementcurricula integriert wurde – stellt die Studie *Variations in Value Orientations* von Kluckhohn und Strodtbeck (1973, S. 4) dar, die, analog zum Titel, primär die Bedeutung von Werteorientierungen hervorheben: „One way to approach the problems of cultural variation is to deal with the variability in the highly generalized elements of culture which in this study are called value orientations. To do this we shall develop a classification of value orientations and subsequently use it as the basis for formulating a first approximation of a theory of variation." In diesem Zusammenhang erfolgt eine Klassifizierung der erwähnten Werteorientierungen, wobei die beiden Autoren zwischen fünf verschiedenen *orientations* – die die relevanten Kulturdimensionen bilden – unterscheiden: *Human Nature Orientation, Man-Nature Orientation, Time Orientation, Activity Orientation* sowie *Relational Orientation.*

Einen weiteren interkulturellen Klassiker verkörpert die von einem deutschen Medienkonzern gesponserte Studie *Understanding Cultural Differences.* Kontrastierend zur Arbeit von Kluckhohn und Strodtbeck weist diese Studie einen expliziten Managementbezug auf; ein Umstand, der sich nicht nur im pragmatischen Titel, sondern auch im Vorwort des von Hall und Hall (1990, S. xiii) verfassten Werks widerspiegelt: „This book is designed to help American businesspeople understand German and French psychology and behavior and to show how Americans perceive the Germans and the French. [...] Our main emphasis is not on economics, politics, or history, but on the subtle yet powerful impact of culturally conditioned behavior on the conduct of international business." Vor dem Hintergrund ihrer These ‚Culture is communication' sehen beide Autoren in der Kommunikation den zentralen Schlüssel zum Verständnis von Kultur und konstatieren in diesem Zusammenhang: „It is possible to say that the world of communication can be divided into three parts:

words, material things, and *behavior*. Words are the medium of business, politics, and diplomacy. Material things are usually indicators of status and power. Behavior provides feedback on how other people feel and includes techniques for avoiding confrontation. By studying these three parts of the communication process in our own and other cultures, we can come to recognize and understand a vast unexplored region of human behavior that exists outside the range of people's conscious awareness, a ‚silent language' that is usually conveyed unconsciously [...].“ (Hall & Hall 1990, S. 3) Als zentrale Kulturdimensionen fungieren *Time, Context, Space, Information Flow* sowie *Interfacing*. An dieser Stelle sei angemerkt, dass es gerade pauschalisierende Formulierungen wie ‚the Germans' oder ‚the French' sind, die einschlägige Studien – unabhängig von ihren an sich ehrenwerten Intentionen – immer wieder in Misskredit bringen, da sie einem unreflektierten Othering Vorschub leisten. Ganz abgesehen davon, dass es in der *scientific community* ausgesprochen umstritten ist, inwieweit man nicht vertraute Kulturen ‚wirklich' verstehen lernen kann (vgl. Alsheimer, Moosmüller & Roth 2000; Jammal 2003; Ward, Bochner & Furnham 2011). Der kosmopolitische englische Literat Maugham (1972, S. 2f.) vermerkte diesbezüglich einmal skeptisch: „It is very difficult to know people and I don't think one can ever really know any but one's own countrymen. For men and women are not only themselves; they are also the region in which they were born, the city apartment or the farm in which they learnt to walk, the games they played as children, the old wives' tales they overheard, the food they ate, the schools they attended, the sports they followed, the poets they read, and the God they believed in. It is all these things that have made them what they are, and these are the things you can't come to know by hearsay, you can only know them if you have lived them. You can only know them if you are them.“

Zu den aus inhaltlich-konzeptioneller und methodischer Perspektive kontroversesten interkulturellen Werken zählt Hofstedes Studie *Culture's Consequences: International Differences in Work-Related Values*, wobei der Niederländer mit *Power Distance, Uncertainty Avoidance, Individualism* versus *Collectivism* sowie *Masculinity* versus *Femininity* zunächst von vier Kulturdimensionen ausging, die er dann in einer Nachfolgestudie um eine weitere Dimension, nämlich *Long-Term Orientation* versus *Short-Term Orientation*, erweiterte. „This book“, so schreibt Hofstede (1980, S. 11) über das konzeptionelle Selbstverständnis seiner Studie, „explores the differences in thinking and social action that exist between members of 40 different modern nations. It argues that people carry ‚mental programs' which are developed in the family in early childhood and reinforced in schools and organizations, and that these mental programs contain a component of national culture. They are most clearly expressed in the different values that predominate among people from different countries. Cross-cultural studies proliferate in all the social sciences, but they usually lack a theory of the key variable: culture itself. Names of countries are usually treated as residues of undefined variance in the phenomena found. *Culture's Consequences* aims at being specific about the elements of which culture is composed." Wie kaum ein Zweiter hat Hofstede das Internationale Management für interkulturelle Fragestellungen geöffnet, kein anderer Vertreter der *scientific community* kann aus wissenschaftssoziologischer Perspektive einen derart großen Einfluss auf die kulturorientierte Managementlehre aufweisen, hinzu kommt eine beachtliche Resonanz in der Praxis (vgl. Kutschker & Schmid 2011). So schreibt etwa Bing (2004, S. 80) bezüglich der Implikationen von Hofstedes Arbeit auf *consulting* und *business practices*: „When I grasped how Hofstede's two-sided matrixes – for example, comparing the relative scores for countries on both individuality and power distance – organized his dimensions into a set of mental geographies, I was just plain amazed. These mental geographies had both similarities with and differences from the world's physical geographies. The research suggested that country cultures in physical proximity (say France and Belgium) both resembled and were different from each other in expected and sometimes wholly unexpected ways. [...] Little of that research was quantitative so I recognized the pioneering nature of Hofstede's work. Hofstede's study was groundbreaking in other ways as well. Survey research had been used before, in fields such as sociology, political science, and business studies, but had not been significantly employed in cross-cultural comparisons, certainly not across a large number of countries. It is no exaggeration to say that Hofstede helped to create the field of comparative intercultural research." Besonders bemerkenswert erscheint bei dieser Würdigung, dass der Autor mit dem Terminus *mental geographies* explizit den deutlich räumlich geprägten Charakter der Studie anspricht; ein Faktum, das letztendlich bei fast allen Differenzkonzepten von zentraler Bedeutung ist. Doch wie bei den meisten interkulturellen Studien gibt es auch entschiedene Kritik, die sich – wie das nachfolgende Zitat von Triandis (1982, S. 87ff.) unterstreicht – im Kontext von *Culture's Consequences* weniger auf die Auswahl der Kulturdimensionen als vielmehr auf das Analyseverfahren respektive die konkrete methodische Umsetzung bezieht: „The dimensions identified by Hofstede certainly make sense. One has a ‚deja vu' feeling about some of them – particularly individualism [...] and uncertainty avoidance [...] – although one may not be entirely happy with some of the labels, for example, masculinity (it may be better labeled egocentrism versus allocentrism). But these are details. The empirical edifice stands, and it makes sense. [...] The preceding framework may or may not prove helpful. It is probably partially correct. The main point is that there are at least half a dozen dimensions that are not present in Hofstede's book. It is difficult to see how his four dimensions could subsume most (or even some) of the additional dimensions I have just described. [...] In sum, the four dimensions obtained by Hofstede are limited because his method is limited." Als besonders kritikwürdig hinsichtlich der methodischen Umsetzung erscheinen Triandis (1982, S. 89) konkret die nachfolgenden Punkte:

- First, the items answered by the respondents were not derived from them in unstructured interviews. We do not know what spontaneous ideas about jobs people have in the 40 countries surveyed;
- Second, the meaning of the factors should have been checked independently in each country;
- Third, some special checks are needed to identify possible response styles in the data of members of each culture;
- Finally, ideally one should have used a multimethod procedure for the measurement of each factor.

Kaum weniger umstritten ist die Studie eines Landsmanns von Hofstede, Trompenaars, der das konzeptionelle Selbstverständnis seines gemeinsam mit Hampden-Turner veröffentlichen Buchs *Riding the Waves of Culture: Understanding Cultural Diversity in Business* wie folgt umschreibt: „This book is about cultural differences and how they affect the process of doing business and managing. It is not about how to understand the French (a sheer impossibility) or the British (try, and you will soon give up). [...] The Dutch author became interested in this subject before it grew popular because his father is Dutch and his mother is French. It gave him an understanding of the fact that if someone works in one culture, there is little chance that it will work in another. No Dutch ‚management' technique his father tried to use ever worked very effectively in his French family. This is the context in which we started wondering if any of the American management techniques and philosophy we were brainwashed with in many years of the best business education money could buy would apply in the Netherlands or the UK, where we came from, or indeed in the rest of the world. [...] Every culture distinguishes itself from others by the specific solutions it chooses to certain problems which reveal themselves as dilemmas. It is convenient to look at these problems under three headings: those which arise from our relationships with other people; those which come from the passage of time; and those which relate to the environment." (Trompenaars & Hampden-Turner 2009, S. 1ff.) In der Studie werden mit *Universalism* versus *Particularism, Individualism* versus *Communitarianism, neutral* versus *emotional, specific* versus *diffuse, Achievement* versus *Ascription, Attitudes to time* sowie *Attitudes to the environment* sieben Kulturdimensionen beleuchtet, wobei aus einer durchaus holistischen Perspektive immer wieder Bezüge zu weiterführenden kulturrelevanten Managementthemen, etwa Unternehmens- oder Genderkulturen, hergestellt werden. Kritik erntet das im Vergleich zu anderen interkulturellen Studien ausgesprochen gefällig geschriebene Buch, das – nach dem Vorbild klassischer To-do-Listen – mit zahlreichen *practical tips for doing business* aufwartet, vor allem für seinen deutlich populärwissenschaftlichen Charakter (vgl. Winkler 2011), der möglichst viele potentielle Käufer auf einem immer unübersichtlicheren Markt an Managementratgebern ansprechen soll. Vor diesem Hintergrund verwundert es kaum, dass Hofstede (1996) im Zusammenhang von *Riding the Waves of Culture* von einem *Riding the Waves of Commerce* spricht.

Die letzte Studie, die im Rahmen zentraler Differenzansätze im Spannungsfeld von Ökonomie und Raum vorgestellt werden soll, ist die bereits an anderer Stelle erwähnte *GLOBE Study*, wobei GLOBE als griffiges Akronym für *Global Leadership and Organizational Behaviour Effectiveness* fungiert. Das Anfang der 1990er Jahre initiierte interdisziplinäre und multimethodische Forschungsprojekt, an dem rund 160 Wissenschaftler beteiligt waren und dessen empirische Essenz in erster Linie auf Befragungen von rund 17000 Managern aus 951 Organisationen in 62 Ländern basiert, setzte sich das Ziel, die Wirkungszusammenhänge zwischen Kultur und Führung zu analysieren und vor diesem Hintergrund Erkenntnisse hinsichtlich der ‚Vorteilhaftigkeit' respektive Effektivität bestimmter Führungsstile in Abhängigkeit von Kultur abzuleiten. „GLOBE", so House et al. (2004, S. 10) als verantwortliche Herausgeber der Studie, „is a programmatic research effort designed to explore the fascinating and complex effects of culture on leadership, organizational effectiveness, economic competitiveness of societies, and the human condition of members of the societies studied. [...] Given the increasing globalization of industrial organizations and the growing interdependencies among nations, the need for a better understanding of cultural influences on leadership and organizational practices has never been greater. [...] Cross-cultural research on leadership and organizations will help us test our knowledge in other cultures, identify boundary conditions for our theories, fine-tune existing theories by incorporating cultural variables, and identify potentially universal aspects of leadership." Das Forscherkollektiv geht – unter anderem in enger Bezugnahme auf Mulder (1971), Kluckhohn und Strodtbeck (1973), Hofstede (1980) sowie Triandis (1994) – mit *Uncertainty Avoidance, Power Distance, Institutional Collectivism, In-Group Collectivism, Gender Egalitarianism, Assertiveness, Future Orientation, Performance Orientation* und *Humane Orientation* von neun unterschiedlichen Kulturdimensionen aus, die der Charakterisierung von zehn konstruierten Kulturräumen dienen. In diesem Kontext stehen die Autoren in bemerkenswerter Tradition zu klassischen Kulturraumkonzepten à la Hettner (1923), Schmitthenner (1951), Kolb (1963) und nicht zuletzt Huntington (1996); ein Umstand, auf den House et al. (2004, S. xviii) sogar explizit eingehen: „One of the ways to evaluate a new study is to look at the way findings fit or do not fit existing knowledge. The specific findings generally fit well with what we know, but they provide also many new perspectives. For example, the researchers identified 10 clusters of countries (by using both cultural and climatic data): Latin America, Anglo, Latin Europe, Nordic Europe, Germanic Europe, Confucian Asia, Sub-Saharan Africa, Middle East, Southern Asia, and East Europe. This does not differ much from Samuel Huntington's (1996) typology in *The Clash of*

Civilizations and the Remaking of World Order." Es versteht sich von selbst, dass ein entsprechender Ansatz nicht unproblematisch ist, läuft man doch Gefahr, einem Denken in weitgehend statischen und homogenen ,Container'-Kulturen Vorschub zu leisten, ganz abgesehen davon, dass es letztendlich immer Individuen und nicht räumliche Konstrukte sind, die miteinander kommunizieren respektive interagieren. Ein deutlicher Vorteil der *GLOBE Study* liegt – insbesondere im Vergleich zur Studie von Hofstede, der sich mit IBM auf nur ein Unternehmen beschränkte – in dem Faktum, dass deren Urheber annähernd 1000 Unternehmen aus drei verschiedenen Branchen integriert haben, was einer Verzerrung der empirischen Resultate durch eine spezifische Unternehmenskultur entgegenwirkt (vgl. Hutzschenreuter & Voll 2007).

Bezeichnenderweise hat sich gerade zwischen den Vertretern der *GLOBE Study* und Hofstede sowie seinen Anhängern ein intensiver Disput entwickelt, welcher Ansatz aus konzeptioneller und methodischer Perspektive die größeren Stärken respektive Schwächen aufweist (vgl. Graen 2006; Hofstede 2006; House et al. 2006; Javidan et al. 2006). Vor dem Hintergrund der ungemeinen Komplexität dieses Disputs, den Smith (2006) pointiert mit der Überschrift ,When elephants fight, the grass gets trampled' labelt, sollen an dieser Stelle nur einige wenige, aber zentrale Positionen aufgerollt werden, die die konträren Sichtweisen widerspiegeln; einen ausführlicheren Einblick in die einschlägige Kontroverse gewähren unter anderem die Beiträge von Earley (2006), Hutzschenreuter und Voll (2007) sowie von Maseland und van Hoorn (2009). Den sicherlich gravierendsten Vorwurf, den Hofstede (2006, S. 885) den Urhebern der *GLOBE Study* macht, ist, dass sie womöglich mit den eingesetzten Erhebungsinstrumentarien nicht das messen können, was sie messen wollen: „My main concern about the GLOBE research is that the questionnaire items used may not have captured what the researchers supposed them to measure. For the reader this is not easy to verify, as the GLOBE book does not show how exactly its culture dimensions were operationalized. Among all its over 800 pages the book does not reproduce the survey questionnaires, just one or two sample items per dimension. [...] The items are formulated at a high level of abstraction, rather far from the respondents' daily concerns." Darüber hinaus moniert Hofstede die Auswahl der Befragten – im konkreten Fall Manager –, die eine Verzerrung der Resultate impliziere, sowie eine aus seiner Perspektive unverhältnismäßige US-amerikanische Prägung des Forschungsprojekts. In diesem Kontext stellt Hofstede (2006, S. 884) mit Bezug auf sein eigenes Forschungsprojekt fest: „GLOBE's network and respondent population were very international, but its project design and analysis still reflected US hegemony. The book's 25 editors and authors overwhelmingly hold management or psychology degrees from US universities. In the IBM project, locally recruited company researchers with local degrees conducted the pilot interviews and contributed substantially to the questionnaires and the interpretation of the results."

Es versteht sich von selbst, dass diese durchaus massiven Vorwürfe umgehend seitens der Adressaten gekontert wurden, wobei Javidan et al. (2006, S. 909) als Repräsentanten der *GLOBE Study* ihre nicht weniger harte Kritik an Hofstede – taktisch ausgesprochen geschickt – dadurch abmildern, indem sie auf den historischen Entstehungskontext seiner Arbeiten verweisen: „The essence of Hofstede's criticism is that GLOBE items are figments of the researchers' US-based imagination without understanding the worldview of the respondents, whereas Hofstede's items were reflective of the respondents' eco-logic. [...] GLOBE has taken every step possible to design a truly cross-cultural instrument that can help us decipher the eco-logic of the respondents in each country. The unusually complex and complicated instrument design and analytic procedures were designed to ensure that what GLOBE measured is valid and reliable measures of the respondents' eco-logic across cultures. As explained earlier, the culture questionnaire items were designed to measure truly ecological phenomena rather than just averaging individual phenomena. In contrast, Hofstede's work lacked many of the critical steps required for a rigorous cross-cultural research project. The fact that his work lacks many of the steps that GLOBE took is not surprising, given that his work dates back to the 1960s. What is surprising is his assertion that, despite all the evidence, GLOBE scales are driven by the researchers' US-centric psycho-logic without any roots in the respondents' eco-logic. One possible explanation for his inexplicable conclusion is that, starting with his 1980 book, he has shown a surprising disregard for the discipline of statistics and psychometrics." Letztendlich kommen in dem auch als „clash of the titans" (Maseland & van Hoorn 2009, S. 527) etikettierten Disput die Vertreter der *GLOBE Study* zu einem konstruktiven Schluss, indem sie dezidiert eine Entwicklungslinie zwischen beiden Studien herstellen: „To conclude, we do not think it is hyperbole to suggest that the future of our planet depends on better understanding and acceptance among peoples of differing cultures. Hofstede's research was a good start in understanding the cultural dynamics among nations. GLOBE researchers continue in this tradition. Yet increased cultural contact among nations through globalization has not yet provided for desired stability among nations. Why? Perhaps we need to know more about when two cultures come in contact, which culture dimensions are key in that relationship. Undoubtedly, some are more important than others, but which and under what conditions? It seems to us that the cultural dynamics of cultural contact goes beyond the objective measures of each culture, as the importance of culture may lie in the subjective perceptions by those from another culture. [...] Let the cross-cultural research continue!" (Javidan et al. 2006, S. 911)

In der *scientific community* ist weitgehend unumstritten, dass Themenkomplexe, die in einen interkulturellen Kontext eingebunden sind, in der Regel kontroverser diskutiert werden als Aussagen zu klassischen Problemfeldern der Ökonomie (vgl. Schmid 1996; Earley 2006; Hult et al. 2008); ein Umstand, der auch in den vorangegangenen Ausführungen deutlich geworden sein dürfte. In diesem Zusammenhang geht es nicht so sehr um unterschiedliche Paradigmen mit divergierenden konzeptionellen und methodischen Zugängen, sondern vielmehr um das Forschungsobjekt an sich. Da es sich im Kontext von Kulturen um ausgesprochen komplexe und sich kontinuierlich wandelnde Systeme handelt, die sich zudem in diverse mikrokulturelle Subsysteme untergliedern, stellt eine wissenschaftliche Beschäftigung mit dieser Thematik stets ein außerordentlich herausforderndes, nicht zuletzt umstrittenes Unterfangen dar. Dieser Aspekt sollte auch immer berücksichtigt werden, wenn man sich, wie in diesem Kapitel erfolgt, auf interkulturelle Studien bezieht, die – basierend auf meta-universalistischen Grundannahmen – unterschiedliche kulturelle Dimensionen identifizieren. Das große Verdienst der sogenannten Interkulturalisten liegt – bei aller berechtigten Kritik im Detail – in erster Linie darin, dass sie sukzessive die Dringlichkeit einer inhaltlichen Auseinandersetzung mit dem Faktor Kultur erschlossen haben (vgl. Apfelthaler 1998; Scherle 2006; Winkler 2011). Vor diesem Hintergrund ist auch Moosmüller (1997) zuzustimmen, der explizit herausstellt, dass einschlägige Werke – unter der Prämisse ihrer kritischen Rezeption – im Kontext kultureller Differenzen wichtige Impulse beisteuern können.

Ungeachtet aller konzeptionellen und methodischen Unterschiede erheben nahezu alle Differenzansätze im Spannungsfeld von Ökonomie und Raum den normativen Anspruch, Brücken zwischen Eigen- und Fremdkultur zu schlagen. Hintergrund für dieses *bridging the gap* (vgl. Apfelthaler 1998) markiert vor allem die Erkenntnis, dass so manche grenzüberschreitende Zusammenarbeit, die unter Heranziehung rein wirtschaftlicher Faktoren hätte erfolgreich sein müssen, aufgrund inhärenter interkultureller Probleme gescheitert ist (vgl. Stüdlein 1997; Boyacigiller, Goodman & Phillips 2003; Speiser 2008), wobei Ruben (1989) in diesem Kontext insbesondere von *project failures, botched negotiations, early return of workers* sowie *lost time and money* spricht. Zu den zentralen Problemfeldern, die sich im Geschäftsleben angesichts interkultureller Überschneidungssituationen ergeben, zählen – in Bezugnahme auf Hentze und Kammel (1994) – insbesondere folgende Aspekte:

- *Negierung kultureller Unterschiede*: Ungeachtet empirisch belegbarer kultureller Differenzen im Management- und Arbeitsverhalten nehmen häufig die beteiligten Akteure Unterschiede in der Kommunikation bzw. im Denken, Erleben und Agieren nicht als kulturbedingt wahr, sondern schreiben diese der individuellen Ebene zu.
- *‚Schablonendenken‘*: Angesichts der nicht zu unterschätzenden Komplexität interkultureller Überschneidungssituationen greifen die beteiligten Akteure oft – sowohl auf bewusster als auch unbewusster Ebene – auf stereo-

type Systeme zurück. Diese können in der Folge die gesamte interkulturelle Interaktionssituation prägen.

- *Wahrnehmungsverzerrungen*: Wahrnehmungsmuster sind ein Resultat der Sozialisation und somit auch kulturell geprägt. Dies impliziert, dass die ‚Realität' von Personen aus einer fremden Kultur nicht nur aufgrund individueller Bedingungen unterschiedlich interpretiert wird, sondern dass darüber hinaus generelle, kulturspezifische ‚Wahrnehmungsfilter' existieren.
- *Ethnozentische Überheblichkeit*: Ein systemimmanentes Phänomen stellt das Faktum dar, dass Akteure im interkulturellen Kontext häufig dazu neigen, ihre eigenen Wertvorstellungen zu bevorzugen oder als überlegen anzusehen. Dies führt oftmals zu impliziten Haltungen, die den Umgang in interkulturellen Überschneidungssituationen erschweren.

Will man einschlägigen Problemfeldern entgegenwirken, so kommt man – zumindest aus anwendungsorientierter Perspektive – nicht umhin, konkrete, plan- und steuerbare Instrumente für die Unternehmenspraxis zu entwickeln. Dabei geht es keinesfalls um eine Einebnung kultureller Unterschiede, sondern vielmehr um ein pragmatisches *managing across cultures*, das im Idealfall zu einer Überwindung monokultureller Sichtweisen führt – getreu dem Motto von Casmir und Asuncion-Lande (1989, S. 284): „Cultural differences will have a negative effect if they impede the flow of communication between participants. They will have a positive effect if they motivate two individuals to work harder at understanding each other. Thus the crux of the whole process is HOW *cultural* differences are managed by the participants in any act of communication. It is this phenomenon that is used to further distinguish intercultural communication from other forms or contexts of communication."

Genau an diesem Punkt setzen – sozusagen als anwendungsorientierte Weiterentwicklung der vorgestellten, eher theoretisch ausgerichteten Differenzkonzepte – die sogenannten interkulturellen Trainings ein, die in erster Linie eine Herausbildung interkultureller Handlungskompetenzen intendieren (vgl. Gibson 2003; Hatzer & Layes 2003; Ting-Toomey 2003). Diese zielen vor allem auf die Entwicklung spezifischer Verhaltensmerkmale und Fertigkeiten wie Anerkennung und Wertschätzung kultureller Besonderheiten, Toleranz, gegenseitiges Verstehen, Solidarität, Sensibilisierung für gemeinsame Grundwerte, Normen und kulturelle Ähnlichkeiten, Entdeckung von Möglichkeiten gegenseitiger Ergänzung und Bereicherung sowie den Aufbau eines interkulturellen Erfahrungs- und Handlungswissens. In diesem Kontext sollen durch interkulturelles Lernen respektive Handeln unter anderem interkulturelle Informationsdefizite, Dominanz- und Überlegenheitsintentionen, Bedrohungsängste, destruktive Stereotypisierungen und Vorurteile sowie latente Ängste gegenüber Fremdkulturellem abgebaut werden (vgl. Kühlmann & Stahl 1998;

Thomas, Hagemann & Stumpf 2003; Straub 2007), sodass sich im Idealfall ein interkulturelles Kompetenzprofil herausbildet, dessen Charakteristika Kealey und Ruben (1983, S. 165f.) wie folgt umschreiben: „The resulting profile is of an individual who is truly *open to* and *interested in* other people and their ideas, capable of building relationships of trust among people. He or she is *sensitive to the feelings and thoughts of another*, expresses *respect* and positive regard for others, and is *nonjudgmental*. Finally, he or she tends to be *self-confident*, is able to take *initiative*, is *calm* in situations of frustration or ambiguity, and is *not rigid*. The individual also is a *technically* or *professionally competent* person."

Unabhängig davon, ob es sich um ein interkulturelles Training oder um eine der im Rahmen dieses Kapitels vorgestellten interkulturellen Studien handelt, geht es letztendlich bei beiden immer nur um einen Aspekt menschlicher Vielfalt, nämlich um Nationalität bzw. Ethnizität. Unternehmen genauso wie Gesellschaften, unsere Lebenswelt an sich, sind hinsichtlich ihrer Strukturen noch einmal deutlich komplexer, als dass man sie ausschließlich auf eine, in diesem Fall die interkulturelle Dimension beschränken sollte. Ganz abgesehen davon, dass Menschen in der Regel mehrere Diversitätsdimensionen in sich vereinen, die uns mal mehr, mal weniger, mitunter auch gar nicht fremd erscheinen. Eine entsprechend ganzheitliche Perspektive nimmt das Konzept Diversity Management ein, das im Erkenntnisfokus des nachfolgenden Kapitels steht.

III On Human Diversity: Holistische Perspektiven auf den Umgang mit organisationaler Heterogenität

1 Konzeptionelle Annäherung an ein komplexes Phänomen: Diversität und ihre zentralen Dimensionen

> „Sobald wir aber beginnen, Diversity als kollektive Zusammensetzung zu akzeptieren, die sich sowohl aus den ‚Normalen' als auch den ‚Anderen' zusammensetzt, wird offenkundig, dass sich Diversity nicht auf Rasse oder Geschlecht oder sonstige Gegensatzpaare beschränkt, sondern dass es eine komplexe, sich ständig erneuernde Mischung von Eigenschaften, Verhaltensweisen und Talenten darstellt."
> R. Roosevelt Thomas

Es gibt wenige Begriffe, die in den letzten Jahren vor dem Hintergrund aktueller sozio-ökonomischer Transformationsprozesse und angesichts einer zunehmenden Bedeutung von Corporate Social Responsibility als Bestandteil ganzheitlicher Unternehmensstrategien derart häufig in Wert gesetzt wurden wie Diversity (vgl. Aretz 2006; Habisch, Wildner & Wenzel 2008; Hanappi-Egger 2012b). Exemplarisch sei in diesem Kontext die *Lufthansa* (2012, o.S.) erwähnt, auf deren Homepage man unter dem Label ‚soziale Verantwortung' Folgendes lesen kann: „Globalisierung, weiter zunehmende Individualisierung und demografischer Wandel lassen die Vielfalt in der Mitarbeiterschaft größer werden. Die Mitarbeiter des Lufthansa Konzerns kommen buchstäblich aus aller Welt. Sie unterscheiden sich nicht nur durch ihre Herkunft. Alter, Geschlecht, Religion und Weltanschauung, Nationalität und Ethnie, sexuelle Orientierung sowie Behinderung spielen genauso eine Rolle wie persönliche Erfahrungen und die individuelle Biografie. [...] Lufthansa sieht gerade in dieser Vielfalt Chancen für das Unternehmen – nicht nur wegen der Internationalität neu hinzukommender Konzerngesellschaften, sondern in erster Linie aufgrund der Vielfalt unserer Kunden aus aller Welt. Mitarbeiter-Vielfalt erlaubt uns, optimal auf die Wünsche und Anliegen unserer Kunden einzugehen. Für eine optimale Zusammenarbeit müssen Menschen einander akzeptieren, wie sie sind. Dies setzt ein Verständnis des eigenen kulturellen Hintergrundes voraus. Nur so lässt sich auch das ‚Andere' verstehen."

Gleichwohl kann, zumindest in ökonomischen Kontexten, der Terminus Diversity bzw. seine deutsche Übersetzung Diversität[1] als leerer Signifikant bezeichnet werden, da er in divergierenden Zusammenhängen unterschiedlich belegt wird, Raum für alternative Definitionen, konzeptionelle Zugänge und Perspektiven zulässt, jedoch selbst nie abschließend bestimmbar ist (vgl. Hofmann 2012). Sowohl die ungemeine Komplexität als auch die multiperspektivische Vielfalt erschweren eine einheitliche bzw. allgemeingültige Definition des vergleichsweise neuen Sujets, was sich geradezu paradigmatisch in nachfolgender Aussage von Dass und Parker (1999, S. 68f.) widerspiegelt: „Consequently, an increasingly diverse workforce is variously viewed as opportunity, threat, problem, fad, or even nonissue. These disparate views lead people to manage workforce diversity in distinct ways, resulting in different costs and benefits. Despite the claim by some that there is one best way to manage a diverse workforce, there is little agreement on what it is. [...] Yet, as several writers have observed, diversity can be viewed through lenses other than legal or ethical, and diversity has been defined, studied, and approached in quite different ways."

Vor dem Hintergrund entsprechender Herausforderungen empfiehlt sich zunächst eine etymologische Herleitung, die auf den lateinischen Vokabeln *diversitas* (Verschiedenheit) bzw. *divers* (entgegengesetzt, völlig verschieden) basiert, wobei die Vorsilbe *di* auseinander und das Verb *vertere* wenden bzw. drehen bedeuten. Weitere Bezeichnungen sind Unterschiedlichkeit, Heterogenität, Vielheit, Pluralität oder – mit einer dezidiert positiven Konnotation – Vielfalt (vgl. Becker 2006; Schulz 2009). Insbesondere letztgenannter Begriff zeichnet sich durch eine besondere Funktionsfähigkeit aus, da er nicht nur das Trennende betont, sondern gleichfalls die Perspektive auf das Vorhandensein von Unterschieden *und* Ähnlichkeiten in einer Grundgesamtheit lenkt. Im Kontext von Diversität geht es im Idealfall also immer auch darum, nicht nur in Dichotomien zu denken, sondern vielmehr Anknüpfungsmöglichkeiten herauszuarbeiten. Leenen, Scheitza und Wiedemeyer (2006a, S. 45) konstatieren in diesem Zusammenhang: „Das moderne Verständnis von Diversität überwindet das Gegensatzpaar ‚Wir und die Anderen' und schaut nicht länger aus einer ‚Normalperspektive' auf die in irgendeiner Hinsicht (Geschlecht, kulturelle Zugehörigkeit etc.) ‚Fremden'."

1 | Beide Begriffe werden im Rahmen der vorliegenden Arbeit synonym verwendet.

Ein adäquater Umgang mit Diversität bedarf – im Sinne von Thomas (1996) – nicht nur eines erfolgreichen Umgangs mit Unterschieden und Gemeinsamkeiten, sondern betont anstatt der Gruppenzugehörigkeit die Individualität von Personen. Eine entsprechende Logik impliziert, Diversity als eine komplexe, sich ständig transformierende Mischung von Eigenschaften, Verhaltensweisen und Talenten aufzufassen. Aus dieser individualisierten Perspektive ergibt sich aufseiten der Theoriebildung eine forcierte Hinwendung zu den grundsätzlichen Chancen und Realisierungsbedingungen menschlicher Vielfalt, bei der die einzelnen Diversitätsdimensionen – auf die im weiteren Verlauf dieses Kapitels noch näher eingegangen wird – als vergleichsweise austauschbar angesehen werden (vgl. Becker 2006; Leenen, Scheitza & Wiedemeyer 2006a).

Diversität begegnet einem als sozialer Tatbestand, wobei es offensichtlich ist, dass Menschen angesichts immer komplexerer sozio-kultureller Rahmenbedingungen anhand sozialer und kultureller Kategorien in divergierende Identitätsgruppen eingeteilt werden. Gerade in postmodernen bzw. postkolonialen Gesellschaften, die von komplexen Globalisierungs- und Migrationsimplikationen geprägt sind, erscheint die kategoriale Vielfalt immer unübersichtlicher, wobei man sich in diesem Kontext stets vergegenwärtigen sollte, dass Diversität nicht einfach per se gegeben ist; Fuchs (2007, S. 17) schreibt in diesem Zusammenhang: „Worte wie Diversity, Multikulturalität, Gender-Differenz oder Generationenkonflikt behandeln als Faktum, was eigentlich das Ergebnis von Prozessen und Handlungen – interpretativen Handlungen – ist und *deshalb* immer neu bestimmt wird." Der Anthropologe weist im Verlauf seiner weiteren Ausführungen explizit darauf hin, dass wir beständig unterscheiden: Wir machen Dinge immer wieder anders und anders als Andere. Das Resultat sind divergierende Weltbilder, andere Sozialpraktiken oder Lebensformen; im weitesten Sinne kulturelle Unterschiede. Gleichfalls nehmen wir einander anders wahr, wir kategorisieren den/die Andere/n anders, als er oder sie sich selbst sieht respektive sehen will. Entsprechende Differenzierungen durchkreuzen und überlagern sich nicht nur, sie nehmen auch allem, was wir sagen bzw. tun, die Eindeutigkeit. Der Umgang mit Differenz – sei es die Betonung von Andersheit bzw. essenzieller Differenz oder der Versuch einer Überwindung entsprechender Grenzziehungen – wird dabei dezidiert im Kontext zugespitzter sozialer Interaktion manifest und sichtbar. Soziale Auseinandersetzungen – unabhängig davon, ob es sich um die Kontrolle von Ressourcen oder die Durchsetzung von Bedeutungen handelt – werden immer wieder in der Sprache von Eingliederung oder Ausgrenzung bzw. von Inklusion oder Exklusion ausgetragen.

Im Rahmen der vorliegenden Arbeit wird Diversity primär als ein Konstrukt rezipiert. Dabei vertrete ich – analog zu Aretz und Hansen (2003) – die methodologische Position eines soziologischen Konstruktivismus, nach der Diversity erst über soziale Definitionen in organisationalen Interaktions- und

Kommunikationszusammenhängen relevant wird: Zum einen vermeidet man dadurch einen empiristischen Sensualismus, nach dem Wirklichkeit lediglich durch Wahrnehmungsprozesse abgebildet wird, zum anderen umgeht man einen naiven Realismus (nicht aber einen Realismus schlechthin), nach dem soziale Wirklichkeit etwas darstellt, was unabhängig von Akteuren existiert. Vielmehr wird soziale Wirklichkeit in komplexen Kommunikationsprozessen definiert und von den relevanten Akteuren permanent in sozio-kulturellen Interaktionen produziert und reproduziert. Daraus ergeben sich – in Bezugnahme auf Aretz und Hansen (2003, S. 18f.) – die nachfolgenden Implikationen:

- Wahrnehmung, Denken und Bewertungen von Individuen sind durch sozial-kollektive Standards geprägt;
- Die Definitionen und Bedeutungszuschreibungen werden nicht – wie in herkömmlichen philosophischen Erkenntnistheorien – von ‚einsamen' Erkenntnissubjekten vorgenommen, sondern ergeben sich in erster Linie aus sozialen Interaktionszusammenhängen und müssen eine gewisse soziale Verbindlichkeit erlangen (Institutionalisierung), um überhaupt in der Gesellschaft bzw. Organisation handlungswirksam zu werden;
- Wenn faktische Unterschiede zwischen Menschen vorliegen, müssen sie als solche nicht unbedingt auch sozial (das heißt gesellschaftlich bzw. organisational) wahrgenommen werden oder relevant sein;
- Faktische Unterschiede zwischen Menschen können unterschiedlich sozial wahrgenommen und definiert bzw. ‚wegdefiniert' werden;
- Unterschiede zwischen Menschen können sozial konstruiert und damit gesellschaftlich bzw. organisational ‚real' werden, auch wenn es keine außersoziale (etwa biologische oder psychische) Entsprechung gibt;
- In sozialen Definitionsprozessen zeigt sich nicht nur ein verständigungsorientiertes Handeln, sondern es können sich hier insbesondere auch unterschiedliche Nutzen- und Machtinteressen der beteiligten Akteure manifestieren.

Spätestens angesichts der im letzten Punkt erwähnten Machtinteressen erscheint es an dieser Stelle angebracht, mit dem Themenkomplex Macht auf einen Aspekt einzugehen, der nach wie vor sowohl in theoretischen als auch in anwendungsorientierten Kontexten von Diversity unterschätzt wird (vgl. Bacharach & Lawler 1981; Hays-Thomas 2004; Buchanan & Badham 2008; Mujtaba 2010). Diversität, die aus der Ausübung von Macht resultiert, kann zum einen als konstruierte, zum anderen als akzeptierte Ungleichheit definiert werden, wobei sich Machtasymmetrien vor allem in der ungleichen Verteilung von Beteiligungs-, Entscheidungs- und Gestaltungsmacht widerspiegeln. Im unternehmerischen Kontext tritt mit der Ausübung von Macht neben die personale und soziale Differenzierung eine erzwungene Unterschiedlichkeit der Mitglieder innerhalb von Organisationen (vgl. Becker 2006): Während personenbezogene Aspekte (*Workforce Diversity*) neben verhaltensbezogenen Aspekten (*Behavioural Diversity*) wie Denkhaltung, Kommunikationsstil oder Lernverhalten vergleichsweise häufig analysiert werden, stoßen intra- und interorganisationale Interaktionsbeziehungen zwischen divergierenden Hierarchieebenen und Geschäftseinheiten (*Structural Diversity*) sowie die Einbettung in ein heterogenes gesellschaftliches und wettbewerbliches Umfeld (*Business and Global Diversity*) noch immer auf ein vergleichsweise geringes wissenschaftliches Interesse. Darüber hinaus gilt es – insbesondere im Rahmen einer Implementierung von Diversity Management (vgl. Kapitel III.5) –, die Rolle der Informationsverteilung (*Informational Diversity*) zu berücksichtigen, denn gerade Informationsasymmetrien markieren eine zentrale Konfliktursache (vgl. Thomas & Plaut 2008; Kanter 2009).

Nach wie vor wird Diversität primär mit ökonomischen Kontexten assoziiert. Dieser Umstand lässt sich vor allem darauf zurückführen, dass der Terminus in erster Linie durch ein Managementkonzept, nämlich Diversity Management, bekannt geworden ist. Insbesondere in der deutschsprachigen Rezeption steht vielfach der sogenannte *Business Case* im Vordergrund, wohingegen deutlich weniger Beachtung findet, dass in den USA, dem Herkunftsland von Diversity Management, die *Human-Rights*-Bewegung und die von ihr mit angestoßene Antidiskriminierungsgesetzgebung wichtige Quellen darstellen und sowohl Entstehung als auch Verbreitung des entsprechenden Konzepts entscheidend vorangetrieben haben (vgl. Kapitel III.2). Vor diesem Hintergrund ist Diversity in den USA nicht nur als ein Themenkomplex etabliert, bei dem es um das strategische und operative Management von Unternehmen geht, sondern auch als ein Sujet, das eine erweiterte gesellschaftspolitische Relevanz aufweist und deshalb Gegenstand zahlreicher Disziplinen ist (vgl. Krell et al. 2007). Gleichwohl hat in den letzten Jahren – unter anderem angetrieben durch den öffentlichen Mediendiskurs sowie die Umsetzung diverser Antidiskriminierungsrichtlinien – auch im deutschsprachigen Raum eine forcierte Beschäftigung mit Diversity in außerökonomischen Kontexten stattgefunden. Zwei prominente Vertreterinnen für ein politisiertes und der Profitmaximierung enthobenes Diversity-Konzept sind Perko und Czollek (2007, S. 162), die im nachfolgenden Zitat die ambivalenten Implikationen einer Integration von Diversity für Non-Profit-Institutionen reflektieren: „Sollen Institutionen hin zu mehr Heterogenität verändert werden (oder sich selbst verändern), so sind Ansätze notwendig, die der Vielfältigkeit von Menschen de facto Rechnung tragen. Gegen das Heranziehen von Diversity (und Diversity Managing) spricht zweifelsohne seine bisherige Eingebundenheit in eine kapitalistische Wirtschaft. Sie folgt anderen Mechanismen als eine Politik, der es um den sorgsamen Umgang mit der Umwelt geht und die das Wohlergehen von Menschen im Blick hat. Für das Heranziehen von Diversity könnten zwei

Momente sprechen: (1) der Begriff selbst in Anlehnung und in Abgrenzung zu den Termini Differenz und Pluralität und (2) das Projekt Diversity in Anlehnung und in Abgrenzung zu bisherigen Veränderungsprojekten wie Feminismus, Gender Mainstreaming und Interkulturelle Öffnung [...].“ Letztendlich greifen beide Autorinnen Diversität affirmativ auf, da es aus ihrer Perspektive ein adäquates Instrumentarium für die Benennung von und den anerkennenden Umgang mit Differenzen zwischen Menschen ist – allerdings immer eingedenk des normativen Ziels, Differenzen zugunsten von Gleichberechtigung zu enthierarchisieren.

Ein Faktum hinsichtlich Diversität, das sowohl in ökonomischen als auch in außerökonomischen Kontexten zutrifft, sind Rahmenbedingungen, die traditionell auf die Bedürfnisse der dominierenden Gruppe ausgerichtet sind, die in der Regel über einen Großteil der Schlüsselpositionen innerhalb einer Organisation verfügt und somit auch machtpolitisch eine beherrschende Stellung einnimmt (vgl. Sepehri 2002). In diesem Zusammenhang spricht man in der Diversitätsforschung von einem ‚homogenen Ideal‘, das seine Wurzeln in der normativen Lehre einer vergemeinschaftenden Personalpolitik hat und in der Heterogenität von Individuen nicht in Wert, sondern außer Acht und im schlimmsten Fall sogar bewusst unterdrückt wird. Eine einschlägige Personalpolitik impliziert monokulturelle, von kultureller Homogenität geprägte Organisationen, in denen eine Bevorzugung jener Akteure stattfindet, die gleiche bzw. ähnliche Eigenschaften und Werte teilen. Umgekehrt wird von jenen Akteuren, die von der dominierenden Gruppe abweichen, eine Anpassung an das ‚homogene Ideal‘ erwartet. Ein monokulturell geprägtes Unternehmen, das konsequent dem ‚homogenen Ideal‘ folgt, ergäbe – nach Schulz (2009, S. 79) – das nachfolgende Konstrukt: „Das homogene Ideal wird in Deutschland grundsätzlich durch die dominante Mitarbeitergruppe der weißen, heterosexuellen, nicht-behinderten Männer mittleren Alters mit deutscher Staatsangehörigkeit und christlicher Religion verkörpert, wohingegen Frauen, homosexuelle, behinderte oder ältere Arbeitnehmer sowie Personen ausländischer Herkunft bzw. anderer ethnischer oder religiöser Zugehörigkeit der Minorität in Unternehmen zugeordnet werden können.“

Krell (1996, S. 335f.) hat – im Kontext monokultureller Organisationen und in Anlehnung an Taylor (1911) – folgende Prinzipien einer vergemeinschaftenden Personalpolitik herausgearbeitet:

- *Dauerbeschäftigung*: Langfristige Beschäftigungsverhältnisse sind eine zentrale Prämisse für die gewünschte Bindung von Personal an ein Unternehmen;
- *Grenzziehungen*: Für die Etablierung betriebsinterner Arbeitsmärkte ist nicht nur eine möglichst lange Beschäftigungsdauer wichtig, sondern auch jenes Phänomen, das Weber (1922, S. 183) als „Prozeß der ‚Schließung‘ ei-

ner Gemeinschaft“ bezeichnet hat, wobei Gemeinschaften nicht nur nach außen, sondern auch nach innen geschlossen werden können. Vor diesem Hintergrund kann man von einer Dialektik von Vergemeinschaftung und Segmentierung sprechen. Vergemeinschaftung erfolgt dabei durch die Ausgrenzung derer ‚draußen‘ und die Errichtung von Trennlinien im Inneren;
- *Homogenisierung*: Grenzziehungen gegenüber jenen, die ‚anders‘ sind, führen zu einer Homogenisierung innerhalb einer Gemeinschaft. Homogenität wird in diesem Zusammenhang als Conditio sine qua non für die Entstehung eines ‚Wir‘-Gefühls gesehen;
- *Emotionsorientierte Führung*: Eine vergemeinschaftende Personalpolitik impliziert im Idealfall eine emotionsorientierte Führung, die dezidiert auf die Konstrukte Charisma und Symbolik setzt. In diesem Kontext lässt sich die Beziehung zwischen Führenden und Geführten mit einer ‚Vater-Kind-Beziehung‘ vergleichen.

Gerade aus einer diversitätsspezifischen Perspektive sind Effekte, die sich durch monokulturell-geschlossene Organisationen ergeben und die in engem Konnex mit den Reflexionen von Schreyögg (1988) zu – vermeintlich – starken Unternehmenskulturen stehen, ausgesprochen problematisch: Eine entsprechende Organisationskultur begünstigt stereotypes und erschwert alternatives Denken. Sie erzwingt Konformität und hemmt kreatives Problemlösen. Darüber hinaus ist sie auf vergangene Erfolgsmuster fixiert, blockiert neue Orientierungsmuster und ignoriert diskrepante Feedback-Informationen. Vor dem Hintergrund einer sich immer dynamischer transformierenden Unternehmensumwelt stellen die skizzierten Effekte – die einerseits mangelnde Flexibilität, andererseits geringe Innovationsfähigkeit implizieren – einen nicht zu unterschätzenden Wettbewerbsnachteil gegenüber multikulturell-offenen Organisationen dar. In letzter Konsequenz droht die existenzielle Gefahr, sowohl veränderte Kundenbedürfnisse nicht mehr richtig wahrzunehmen als auch das wichtigste Kapital eines Unternehmens, das Humankapital, verkümmern zu lassen (vgl. Loden & Rosener 1991; Krell 1996; Bissels, Sackmann & Bissels 2001).

Das Aufzeigen zentraler Charakteristika des auf dem Leitbild des ‚homogenen Ideals‘ beruhenden monokulturell-geschlossenen Unternehmens hat die organisationalen Defizite respektive limitierenden Faktoren dieser Organisationsform deutlich gemacht. Angesichts eines rasant ansteigenden Transformations- und Innovationsdrucks sowie eingedenk der zunehmenden Notwendigkeit einer effizienteren und vor allem nachhaltigeren Inwertsetzung bestehender Humanressourcen ergibt sich zu Beginn des dritten Jahrtausends die zentrale Herausforderung, alternative Leitbilder und Organisationsformen zu entwickeln, die die potenzierte Relevanz von Diversity als strategischen

Erfolgsfaktor wertschätzen, ökonomisch nutzen und im Idealfall weiterentwickeln. Ein entsprechend offener Umgang mit Diversität sichert nicht nur die Wettbewerbsfähigkeit von Unternehmen, sondern steigert auch deren Anpassungs- und Lernfähigkeit (vgl. Schulz 2009).

Das Leitbild des ‚heterogenen Ideals' greift explizit die Schwächen monokulturell-geschlossener Organisationen auf und beschreibt als Denkalternative das Leitbild der multikulturell-offenen Organisation, das – in Anlehnung an Cox (1991/1993) – primär durch folgende Aspekte charakterisiert ist: Pluralismus, vollständige strukturelle Integration, vollständige Integration in informelle Netzwerke, Abwesenheit von Vorurteilen und Diskriminierung, kaum Konflikte zwischen den Gruppen sowie Identifikation weitgehend aller Mitglieder – unabhängig von ihrer kulturellen Zugehörigkeit – mit der Organisation. In engem Konnex zum konzeptionellen Selbstverständnis multikulturell-offener Organisationen und aufbauend auf den theoretischen Überlegungen von Popper (1945) zu einer *open society* hat der deutsche Ökonom Herrmann-Pillath (2007, S. 210f.) das Konzept einer offenen Unternehmung entwickelt, das vor allem die unternehmerische Verantwortung für kulturelle Inklusionsprozesse herausstellt:

- Eine offene Unternehmung lässt zunächst den Pluralismus von Zielen zu, wobei diese endogen und selbstorganisiert generiert werden. Führungsfunktionen sind dezidiert über die Funktionshierarchie verteilt. Darüber hinaus ist die Unternehmerfunktion in hohem Maße dezentralisiert, was gleichzeitig eine Dezentralisierung der Machtstrukturen impliziert.
- Eine offene Unternehmung weist diffuse und ambivalente Mitgliedschaftskriterien auf, was ein wesentliches Pendant der ‚Dispersion' der Unternehmerfunktion ist. Vor diesem Hintergrund erhalten Mitarbeiter flexible Möglichkeiten, innerhalb und außerhalb der Unternehmensgrenzen aktiv zu sein. Demzufolge ist die offene Unternehmung primär eine Netzwerkorganisation: Im Idealfall fungiert sie als Fokus verdichteter, nachhaltiger Netzwerkbeziehungen zwischen ihren Mitgliedern, greift aber weit über bestimmte, juristisch fixierte Grenzen hinaus, etwa durch Ausgründungen oder langfristig stabile Zuliefererbeziehungen.
- Eine offene Unternehmung ermöglicht einen Pluralismus der Lebensformen ihrer Mitarbeiter, gerade weil sie sich als Netzwerk konstituiert. Das ermöglicht wechselnde Zugehörigkeiten und Modelle der individuellen Koordination zwischen privater Entwicklung, beruflichem Wachstum und organisationsbezogener Karriere. Vor diesem Hintergrund steht die offene Unternehmung mit ihren Mitarbeitern in einer Beziehung doppelter Inklusivität: Sie schließt diese in ihre Entwicklung ein, gleichzeitig versteht sie sich als ein Element der individuellen Entwicklung ihrer Mitarbeiter.

- Eine offene Unternehmung ist angesichts pluralistischer Zielbildung und offener Unternehmensgrenzen in hohem Maße aufgeschlossen, Ziele nicht nur endogen, sondern auch aus dem gesellschaftlichen Umfeld zu generieren. Sie ist in einem weiten Sinne *stakeholder*-orientiert, das heißt, sie leitet ihre Ziele nicht nur aus den Marktsignalen der Nachfrage ab, sondern auch aus der direkten Kommunikation mit betroffenen und interessierten Personen über diese Ziele.
- Eine offene Unternehmung kommuniziert pro-aktiv mit ihrer Umwelt, wobei sie sich insbesondere um ein Höchstmaß an Transparenz in Hinblick auf ihre Strukturen, Prozesse und Entscheidungen bemüht. Selbstverständlich teilt die offene Unternehmung Informationen, da sie umgekehrt auch auf einen kontinuierlichen Informationsfluss aus dem gesellschaftlichen Umfeld angewiesen ist.
- Eine offene Unternehmung betrachtet den *shareholder value* bzw. ihren erwarteten Gewinn nicht als primäres Ziel ihrer Aktivitäten, sondern vielmehr als notwendige Bedingung zur Erreichung ihrer Ziele. Das heißt umgekehrt, dass der *shareholder value* nur ein aus den übergeordneten Unternehmenszielen abgeleitetes Ziel darstellt. Dementsprechend erkennt die offene Unternehmung im Zeitablauf einen *trade-off* zwischen übergeordneten und untergeordneten Zielen an, der auf einer kommunikativen Ebene mit allen relevanten Akteuren zu lösen ist.

Aus diversitätsspezifischer Perspektive ist vor allem die große Relevanz von Pluralität bei gleichzeitig pro-aktiver Integration aller relevanten Mitarbeitergruppen der zentrale Vorteil multikulturell-offener gegenüber monokulturell-geschlossenen Unternehmen (vgl. Sepehri 2002). Vor diesem Hintergrund verfolgt eine ideale und somit nicht-vergemeinschaftende Personalpolitik – laut Cox (1991, S. 42) – das Ziel, dass es keine Korrelation zwischen Gruppenzugehörigkeit und Hierarchieebene gibt: „The objective of creating an organization where there is no correlation between one's culture-identity group and one's job status implies that minority-group members are well represented at all levels, in all functions, and in all work groups." Inwieweit sich zukünftig offene gegenüber geschlossenen Unternehmungen durchsetzen können, lässt sich zum jetzigen Zeitpunkt noch nicht sagen. Gleichwohl sprechen – laut Herrmann-Pillath (2007) – im Wesentlichen zwei Gründe für einen langfristigen Erfolg multikulturell-offener Organisationen: einerseits die höhere Innovationskraft gegenüber monokulturell-geschlossenen Organisationen, andererseits die Beobachtung, dass die Weiterentwicklung einer offenen Gesellschaft offene Unternehmungen voraussetzt.

Wie bereits an anderer Stelle skizziert, wird Diversity im Rahmen der vorliegenden Arbeit als Konstrukt rezipiert, das erst über soziale Definitionen in organisationalen Interaktions- und Kommunikationszusammenhängen relevant wird. Um die komplexe Heterogenität menschlicher Individuen erfassen zu können, greift man auf sogenannte Diversitätsdimensionen zurück, die zumeist anhand sozio-kultureller Kategorien gebildet werden. Im Folgenden sollen – in Bezugnahme auf Schulz (2009) – die wichtigsten Ansätze zur Strukturierung von Diversität aufgerollt werden. Einen ersten Ansatz stellt eine Kategorisierung von Diversität in primäre und sekundäre Dimensionen dar: Während primäre Dimensionen angeborene bzw. früh erworbene Merkmale wie Geschlecht, Ethnizität oder Behinderung umfassen, subsumieren sekundäre Dimensionen veränderliche Merkmale, die insbesondere durch Sozialisation oder Lebenserfahrung angenommen werden. Diese Typologie lässt sich erweitern, indem Diversity in eine demographische (etwa Geschlecht und Alter), psychologische (etwa Einstellungen und Werte) sowie organisationale (etwa Betriebszugehörigkeit und Funktion) Dimension unterteilt wird. Im Kontext dieser Differenzierung kann man darüber hinaus zwischen organisationsinterner und organisationsexterner Diversität unterscheiden. Ein weiterer Ansatz trennt zwischen sichtbaren – folglich wahrnehmbaren – Diversitätsdimensionen (etwa Ethnizität und Geschlecht) sowie nicht-sichtbaren – folglich nicht oder zumindest erschwert wahrnehmbaren – Diversitätsdimensionen (etwa kulturelle Werte und Normen oder sexuelle Orientierung). Über diese klassischen Ansätze hinaus differenziert Page (2007) zwischen Identitäts- und Kognitionsvielfalt, wobei Identitätsvielfalt die Summe demographischer und kultureller Verschiedenheit umfasst, und Kognitionsvielfalt auf die Unterschiede individueller Informationsverarbeitung hinweist.

Das aus organisationstheoretischer Perspektive bekannteste Modell zur Strukturierung von Diversität, das nicht nur die ungemeine Komplexität von Diversitätsdimensionen aufgreift, sondern auch die skizzierten Differenzierungsansätze vereint, stellt das von Gardenswartz und Rowe (2008) entwickelte Vier-Schichtenmodell dar (siehe Abbildung 2).

Persönlichkeit subsumiert die spezifischen Verhaltensdispositionen und Präferenzen eines Individuums und entwickelt sich sukzessive im Verlauf des Sozialisationsprozesses. Innere Dimensionen sind Bestandteil von nicht disponiblen Eigenschaften, wobei dies bei sexueller Orientierung nicht ganz unumstritten ist. Äußere Dimensionen bergen jene Dimensionen, deren Ausprägungen – zumindest bis zu einem bestimmten Grad – vom Individuum beeinflusst und modifiziert werden können. Dazu kommen aus organisationaler Perspektive noch jene Dimensionen, die sich aus spezifischen Arbeitskontexten ergeben. Die vier skizzierten Dimensionsebenen ermöglichen nicht nur jedem Individuum eine Selbstbeschreibung im Sinne multipler Identitäten, sondern sie schärfen im Idealfall – gerade im Unternehmenskontext – das Bewusstsein hinsichtlich der ungemeinen Komplexität sozialer Systeme (vgl. Plett 2002; Schulz 2009; Hanappi-Egger 2012a/2012b).

Abbildung 2: Zentrale Diversitätsdimensionen

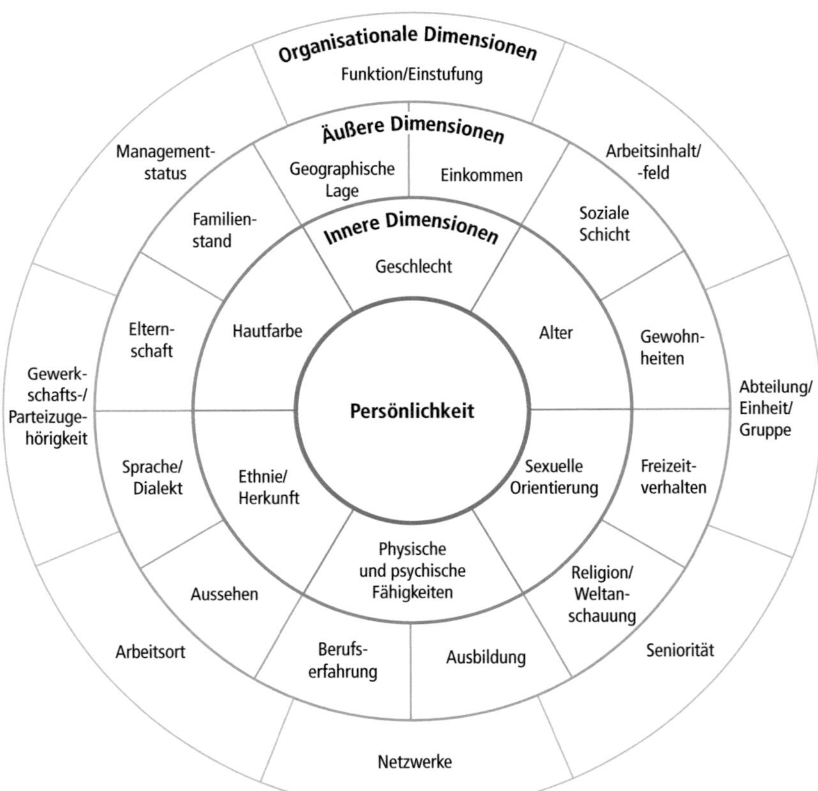

Quelle: Hanappi-Egger (2012)

Bevor im Folgenden – aufbauend auf der EU-Antidiskriminierungsrichtlinie – die sogenannten ‚Big 6'-Diversitätsdimensionen vorgestellt werden, sei noch auf zwei wichtige Aspekte verwiesen: Zum einen gibt es nach wie vor sowohl in der Öffentlichkeit als auch im konkreten organisationalen Umgang mit Diversity eine deutliche Tendenz, die Thematik stark auf die Dimension Ethnizität respektive Interkulturalität einzuschränken; ein Umstand, der sich unter anderem in zahlreichen einschlägigen Publikationen widerspiegelt (etwa Antweiler 2003; Vedder 2004; Gingrich 2008). Die Hintergründe für diese Tendenz sind ausgesprochen komplex, wobei zwei Gesichtspunkte besonders hervorstechen: Erstens die ausgeprägten Wurzeln von Diversity in der afroamerikanischen Bürgerrechtsbewegung (vgl. Kapitel III.2), zweitens die komplexen Globalisierungsprozesse, die zu einer in dieser Intensität bis dato nicht gekannten grenzüberschreitenden Mobilität geführt haben (vgl. Kapitel III.4).

Zum anderen gilt es zu berücksichtigen, dass Diversitätsdimensionen das Resultat von Kategorisierungen darstellen, die Vorstellungen über die Existenz – vermeintlich – homogener Gruppen produzieren. Dies kann die Aufrechterhaltung nicht hinterfragter Normen, die sich von den ‚Anderen' abgrenzen, genauso fördern wie die Fortschreibung gruppenspezifischer Stereotype und Vorurteile (vgl. Hofmann 2012). Einschlägiger Umstand impliziert aber auch – wie die sogenannte *Social Identity Theory* nahelegt (vgl. Tajfel & Turner 1986) –, dass Menschen über konstante Gruppenidentitäten verfügen, über die sie sich in sozialen Kontexten definieren und dadurch Zugehörigkeit herstellen.

Grundsätzlich sollte man in Verbindung mit Kategorien bzw. Kategorisierungsprozessen deren Ambivalenz reflektieren (vgl. Krell, Pantelmann & Wächter 2006; Schulz 2009; Hofmann 2012): Gerade neuere, identitätskritische Theorieansätze, wie die *Queer Theory* oder die Maskulinitätsforschung (etwa Butler 2001/2009; Kimmel, Hearn & Connell 2005), weisen dezidiert darauf hin, dass Menschen ihre Identität in der Regel nicht nur aus einer Eigenschaft bzw. einem Attribut beziehen, sondern aus mehreren, die zudem kontextspezifisch eingesetzt werden. „So kann sich", wie Hofmann (2012, S. 31) angesichts einer dadurch implizierten Multiplizität, Relationalität und Fluidität von Identitäten schreibt, „ein Mann beispielsweise in der LGBT-Szene [Lesbian, Gay, Bisexual, Transgender; Anm. d. Verf.] primär als schwuler Mann arabischer Abstimmung identifizieren, in seinem beruflichen Umfeld primär als arabisch-stämmiger österreichischer Akademiker oder eine Frau in ihrem beruflichen Kontext vor allem über ihre Profession und ihren beruflichen Status definieren, in anderen Situationen aber als Österreicherin und Buddhistin." Kategorisierungen nehmen aber auch eine wichtige Orientierungsfunktion ein, indem sie – analog zu Modellen in der Wissenschaft – Komplexität reduzieren und Handlungsfähigkeit herstellen. Um den Nachteilen von Kategorisierungen zu begegnen, empfiehlt sich ein Rekurs auf theoretische Konzepte, die einen differenzierten analytischen wie praktischen Umgang mit Kategorien ermöglichen. Exemplarisch sei in diesem Zusammenhang auf Konzepte der Intersektionalität verwiesen (zum Beispiel McCall 2005; Holvino 2010), die die komplexen Wechselwirkungen zwischen verschiedenen Diversitätskategorien und deren Relevanz für ungleichheitsgenerierende Strukturen und Prozesse untersuchen. In den entsprechenden Konzepten wird einerseits davon ausgegangen, dass Diversitätskategorien in sich schon immer heterogen sind, zum anderen wird hervorgehoben, dass diese nicht nur jeweils für sich wirksam werden können, sondern in verwobener Art und Weise auftreten und sich wechselseitig verstärken, abschwächen und verändern (vgl. Eberherr 2012; Hofmann 2012).

Um einen Einblick in die ungemeine Komplexität von Diversität zu erlangen, sollen im Folgenden die aus organisationaler Perspektive wichtigsten Diversitätsdimensionen vorgestellt werden. In diesem Zusammenhang wird bewusst nicht der Anspruch erhoben, sämtliche für eine Organisation relevanten Dimensionen von Diversität aufzurollen, vielmehr wird eine Beschränkung auf die sogenannten ‚Big 6' – nämlich Alter, Behinderung, Ethnizität, Religion, Gender bzw. Geschlecht sowie sexuelle Orientierung – vorgenommen, die konstitutiver Bestandteil der EU-Antidiskriminierungsrichtlinie sind. Die vorgenommene inhaltliche Beschränkung folgt sowohl pragmatischen als auch inhaltlichen Überlegungen: Einerseits soll angesichts der bereits erwähnten Komplexität der Thematik nicht der quantitative Umfang eines als Einführung konzipierten Kapitels gesprengt werden, andererseits markiert der Bezug auf einen EU-Gesetzestext einen juristischen Bezugsrahmen zur Gleichbehandlung in Beschäftigung respektive Beruf, der in nationales Recht umgesetzt werden muss und somit eine explizite Verbindlichkeit aufweist.

Alter

Die Diversitätsdimension Alter hat in den letzten Jahren angesichts aktueller demographischer Transformationsprozesse eine in dieser Intensität bis dato nicht gekannte Aufmerksamkeit erlangt. In der medialen Öffentlichkeit reicht das Themenspektrum von Diskussionen über Generationenvertrag, Rente mit 70, Überalterung der Gesellschaft bis hin zu – vermeintlich – glücklichen und kaufkräftigen ‚Best Agers', die im Spannungsfeld von ‚forever young' und finanzieller Potenz als zunehmend interessante Adressatengruppe der Wirtschaft entdeckt werden (vgl. Buck, Kistler & Mendius 2002; Eberherr, Fleischmann & Hofmann 2007; Bendl, Eberherr & Mensi-Klarbach 2012). Aus unternehmerischer Perspektive wird der demographische Wandel primär mit einem ansteigenden Nachwuchs- bzw. Fachkräftemangel assoziiert, der in einigen Branchen – etwa in Ingenieurberufen oder im Pflegebereich – eine zunehmend existenzielle Herausforderung darstellt und der sich in den kommenden Jahren noch einmal deutlich verschärfen dürfte. Gleichwohl erfolgen konkrete Änderungen in der Personalpolitik, die über Jahrzehnte hinweg in den meisten Unternehmen von einer deutlichen Jugendzentrierung geprägt war, ausgesprochen zaghaft. Selbst Unternehmen, die ein ausgeprägtes Bewusstsein für die komplexen Implikationen des demographischen Wandels aufweisen und die hinsichtlich der entsprechenden Diversitätsdimension einen personalpolitischen Paradigmenwechsel eingeleitet haben, können nur selten ein ganzheitlich-integratives Konzept zur Berücksichtigung der Intergenerativität und Lebensphasenorientierung vorweisen. Erschwerend kommt hinzu, dass es sich vielfach um wenig nachhaltige Maßnahmen handelt, die punktuell und kurzfristig orientiert sind und darüber hinaus selten mit der jeweiligen Unternehmensphilosophie harmonieren (vgl. Rump 2003; Günther 2010; Hettstedt 1010).

Entsprechende Befunde stimmen umso nachdenklicher, wenn man bedenkt, dass ein inklusives und nachhaltiges Diversity Management den Wissens- und Erfahrungsschatz älterer Kollegen gezielt in Wert setzt. Nicht wenige Unternehmen haben jedoch über viele Jahre hinweg eine diametrale Personalpolitik praktiziert: Gerade durch Vorruhestandsregelungen ging beträchtliches geistiges Kapital älterer Kollegen verloren, und der personengebundene Erfahrungsschatz war formal nicht mehr abrufbar. Weinmann (2006, S. 310) konstatiert in Anbetracht eines signifikanten Anstiegs älterer Mitarbeiter und der mit diesem im Idealfall einhergehenden Renaissance von Erfahrung: „Um die Erfahrungszuwächse als Produktivitätsreserve nutzen zu können, wird es deshalb erforderlich sein, die erfolgskritischen Wissens- und Erfahrungsanforderungen zu identifizieren und die Unterschiedlichkeit entlang dieser Anforderungen zu gestalten. Damit verbunden ist die teilweise Entkoppelung von Wissen und Erfahrung vom Faktor Alter. Im Rahmen des Alters-Diversity-Management muss die Lebensaltersperspektive um die Kompetenzperspektive ergänzt werden."

Wer jedoch meint, eine bis dato nur rudimentär erfolgte Beschäftigung mit der Diversitätsdimension Alter sei ein Phänomen, das sich primär auf die unternehmerische Praxis reduzieren ließe, sieht sich getäuscht. So vermerkt aus einer Forschungsperspektive von Kondratowitz (2007, S. 140), der in seinen Ausführungen auch dezidiert auf den engen Konnex von Alter und der im nächsten Abschnitt vorgestellten Diversitätsdimension Behinderung eingeht: „Bisher ist die Umsetzung einer an Diversität als systematischer Beobachtungsperspektive orientierten Alternsforschung noch weitgehend ein Desiderat. [...] Aber besonders vernachlässigt ist nach wie vor der ebenso weite und umfassende wie wichtige Forschungskomplex des Zusammenhangs von Behinderung und Alter. Mit anderen Worten: Das Thema der gesellschaftlich sichtbaren körperlichen Schwächung und Unterstützungsbedürftigkeit, und dieses dann noch in der Verbindung mit Altern, bleibt wohl im Zeitalter des Anti-Ageing mit seinen spezifischen Erwartungen an die Körperbilder des alternden Menschen weiterhin eine Provokation, die nicht wirklich als forschungsrelevant angesehen wird." Es bleibt zu hoffen, dass angesichts der enormen gesellschaftspolitischen Relevanz von Alter die entsprechende Diversitätsdimension verstärkt seitens der *scientific community* aufgegriffen wird; nicht zuletzt, um im Idealfall sowohl problemzentrierte Analysen als auch konkrete Handlungsempfehlungen beisteuern zu können, die fruchtbare Impulse für eine der größten Herausforderungen des 21. Jahrhunderts liefern.

Behinderung

Fragt man Menschen in der Öffentlichkeit nach ihren Vorstellungen über Behinderte – die vor dem Hintergrund der vielfach als negativ empfundenen Konnotation des Begriffs auch als Menschen mit besonderen Bedürfnissen bezeichnet werden –, so dominieren weitgehend stereotype Bilder, wie etwa vom

Rollstuhlfahrer, vom Einarmigen, vom Beinamputierten, vom Blinden oder vom Jugendlichen mit dem Erscheinungsbild dessen, was in der Fachsprache als Down-Syndrom bezeichnet wird (vgl. Braun 2003). Einschlägige Vorstellungen verfestigen und erneuern sich und werden immer wieder reproduziert, gleichzeitig gehören sie zum persistenten gesellschaftlichen Vokabular stereotyper Wahrnehmungsmuster, die bereits Kinder im Verlauf ihres Sozialisationsprozesses internalisieren. Bedenkt man allerdings, wie heterogen diese Diversitätsgruppe tatsächlich ist, so wird schnell evident, dass einschlägige Etikettierungen zu kurz greifen: So gibt es nicht nur deutliche Unterschiede hinsichtlich des Schweregrads einer Behinderung, sondern es wird darüber hinaus zwischen physischer und psychischer sowie zwischen permanenter und temporärer Behinderung unterschieden. Letztendlich werden Personen mit Behinderung – analog zu anderen Diversitätsdimensionen – als Minderheitengruppe konstruiert, da körperliche und geistige Abweichungen gegenüber der dominierenden Gruppe bzw. dem ‚gesunden Referenzkörper' wahrgenommen werden, wobei die Majorität in den seltensten Fällen ihre ‚Normalität' respektive die Normen, die diese Hierarchie zu ihren Gunsten begründen, hinterfragt (vgl. Bendl, Eberherr & Mensi-Klarbach 2012).

Die amerikanische Politologin Schriner (2001, S. 643) spricht im Kontext von Behinderung von einem „emerging paradigm", demzufolge es sich bei der entsprechenden Diversitätsdimension in letzter Konsequenz um das Resultat eines Fehlens gesellschaftlicher Institutionen und Praktiken handelt, mit denen es möglich wäre, dem gesamten Spektrum individueller Unterschiede gerecht zu werden. Nicht zuletzt im unternehmerischen Kontext stößt die Akzeptanz von Behinderten auf ein ausgesprochen ambivalentes Echo. Bevor im folgenden Absatz aus Unternehmensperspektive näher auf zentrale pro- und contra-Argumente hinsichtlich der Beschäftigung von Behinderten eingegangen wird, sei zunächst auf Braun (2003, S. 149) verwiesen, der diesbezüglich konstatiert: „Die Beschäftigung von Menschen mit Behinderungen ist keine genuine Aufgabe von unter Marktbedingungen handelnden Unternehmen. Etwas anderes anzunehmen, wäre naiv. Auch wenn sie sich zu einer sozialen Verantwortung bekennen, stellt sich für Unternehmen immer die Frage, welche Vorteile sie aus der Beschäftigung von Menschen mit Behinderungen ziehen können."

Während als Gründe für die Beschäftigung von Personen mit Behinderung an erster und zweiter Stelle personale Eigenschaften (größere soziale Kompetenz und höhere Motivation) genannt werden und erst an dritter und vierter Stelle organisationale Gründe folgen (Image für das Unternehmen und finanzielle Vorteile), so ist die Reihenfolge bei den Gründen gegen eine Beschäftigung von Personen dieser Diversitätsgruppe genau umgekehrt: An erster Stelle steht mit Kündigungsschutz ein organisationaler Grund, während Berührungsängste und beschränkte Leistungs- und Einsatzfähigkeit als personale Gründe erst auf dem zweiten und dritten Rang folgen. Auch wenn nur eine auf Inklusion ausgerichtete, nachhaltige Unternehmenspolitik dazu beitragen kann, Personen mit Behinderung in beruflichen Kontexten gleichzustellen und als gleichwertige Kollegen anzuerkennen, so muss man als abschließenden Befund festhalten, dass noch immer viel zu wenige Unternehmen Erfahrungen mit behinderten Mitarbeitern gesammelt haben (vgl. Bendl, Eberherr & Mensi-Klarbach 2012).

Ethnizität

Wie kaum eine zweite Diversitätsdimension ist Ethnizität in den letzten Jahren – vor allem angesichts einer bis dato in dieser Intensität nicht gekannten Verdichtung von Raum und Zeit (vgl. Harvey 1994) – in den strategischen Fokus von Unternehmen gerückt (vgl. Leenen, Scheitza & Wiedemeyer 2006b; Nell 2006; Schulz 2009). Dabei spielt Ethnizität als dynamisches und kontextabhängiges Konstrukt nicht nur intern hinsichtlich Belegschaft und potentiellen Arbeitnehmern eine herausragende Rolle, sondern auch extern in Hinblick auf andere Stakeholder wie Kunden oder Lieferanten (vgl. Bendl, Eberherr & Mensi-Klarbach 2012). In Bezugnahme auf Gingrich (2008) lässt sich Ethnizität als das jeweilige Verhältnis zwischen zwei oder mehreren Gruppen konzeptualisieren, unter denen die Auffassung vorherrscht, dass sie sich kulturell in wichtigen Aspekten unterscheiden, wobei Ethnizität keinesfalls mit Kultur gleichzusetzen ist: Einerseits meint der Terminus Ethnizität weniger als Kultur, da er in der Regel nur kulturelle Teilelemente subsumiert, andererseits umfasst er mehr als Kultur, da mit ihm auch Praktiken und Fremdzuschreibungen verbunden sind.

In der Organisationsforschung rücken im Kontext von Ethnizität primär Aspekte kultureller Differenz im Sinne divergierender Einstellungen, Werte und Verhaltensweisen sowie ausgewählte Erfolgsfaktoren (inter-)kultureller Kompetenz in den Erkenntnisfokus. In diesem Zusammenhang hat sich in den letzten Jahren sukzessive die Einsicht durchgesetzt, dass sich eine symmetrische, empathische und effektive Kommunikation bzw. Interaktion zwischen Menschen mit divergierendem kulturellen Hintergrund nicht einfach so konstituiert, sondern vielmehr gezielt entwickelt werden muss (vgl. Frohnen 2005; Zülch 2005; Scherle 2006). Wenn man darüber hinaus die aktuellen Diskussionen bezüglich eines in zahlreichen Branchen befürchteten Fachkräftemangels berücksichtigt, so wird ein Großteil der Unternehmen in naher Zukunft nicht umhinkommen, verstärkt auf Mitarbeiter zu setzen, die in divergierenden kulturellen Kontexten sozialisiert wurden.

Wie eine erst vor wenigen Jahren von der *GEW-Stiftung* in Köln durchgeführte Studie zu kultureller Diversität in bundesdeutschen Unternehmen gezeigt hat, sprechen sich zwar immer mehr Personalverantwortliche für eine forcierte kulturelle Öffnung ihres Unternehmens aus, allerdings werden häufig – gerade in Hinblick auf die konkrete Einstellungspraxis – keine personalpolitischen Konsequenzen gezogen; ein Umstand, der umso bedenklicher stimmt, wenn man – wie die Projektleiter in ihrem Resümee bilanzieren – die vielfältigen Potentiale kultureller Diversität kennt und diese im Idealfall strategisch für das Unternehmen in Wert setzt: „Unternehmen mit einem höheren Anteil an Beschäftigten mit Migrationshintergrund äußern sich in unserer Untersuchung positiver zu einer stärkeren kulturellen Öffnung als Unternehmen mit geringem Migrantenanteil. Ein höheres Maß an kultureller Diversität scheint selbstverstärkend zu wirken: Die kulturelle Öffnung eines Unternehmens führt offenbar dazu, dass positive Erfahrungen stärker in den Blick kommen bzw. das Selbstvertrauen im Umgang mit möglichen Schwierigkeiten wächst. Dies führt möglicherweise dazu, dass eine aufgeschlossene Haltung zu kultureller Vielfalt positiv bestärkt wird." (Leenen, Scheitza & Wiedemeyer 2006b, S. 144) Umgekehrt sind Unternehmen, die weniger Erfahrungen mit kultureller Diversität aufweisen, deutlich zurückhaltender, was die Einschätzung der Potentiale von Migranten betrifft, da offensichtlich mit der Unerfahrenheit auch die Ängste vor dem Ausmaß negativer Aspekte – gerade in Hinblick auf die Lösung interkultureller Konflikte – wachsen.

Religion

Religion bietet – analog zur Diversitätsdimension Ethnizität – besonders für jene Menschen eine wichtige Identifikationsmöglichkeit, die in fremdkulturellen Kontexten leben und arbeiten. Geertz (1993, S. 123) schreibt ihr aus anthropologischer Perspektive vor allem die Fähigkeit zu, „to serve, for an individual or for a group, as a source of general, yet distinctive, conceptions of the world, the self, and the relations between them [...]. Religious concepts spread beyond their specifically metaphysical contexts to provide a framework of general ideas in terms of which a wide range of experience – intellectual, emotional, moral – can be given meaningful form." Wie Luig (2007) im Rahmen ihrer Reflexionen zu Religion und Identität darlegt, verkörpert Religion gerade in Situationen von Fremdheit, von Exklusion oder im schlimmsten Fall von rassistischen Anfeindungen Trost, erinnert an Heimat und vermittelt ein Gefühl von Geborgenheit. Exemplarisch sei an dieser Stelle das Zitat eines sudanesischen Flüchtlings angeführt, der sich in der norwegischen Diaspora über die Rolle von Religion wie folgt äußerte: „I stayed for one year and a half up in the far North. I was the only Muslim in that place, and religion was all I had. I came home in the evening and after I took my dinner I put down my prayers rug, doing my prayers and started worshipping. That was how I managed to confront the *ghorba* [Arabischer Terminus, der ausdrückt, fern von vertrauten Strukturen respektive von Heimat zu sein; Anm. d. Verf.] and feel that I was not alone. Religion gave me the company I needed while I was alone there.“ (Assal 2005, S. 201f.)

Gleichwohl neigt man immer wieder – insbesondere in vergleichsweise säkularen Gesellschaften – dazu, den Einfluss von Religion auf soziale Kontexte zu unterschätzen. Dies kann ein durchaus heikles Moment sein, wenn man bedenkt, dass Religionen als gesellschaftliche Institutionen nicht nur zentrale Triebfedern der Kulturlandschaftsgenese darstellen, sondern dass sie auch in den Diskurs – vermeintlich – nichtreligiöser Themen wie Familie, Sexualität oder Kleiderordnung eingreifen und somit, zumindest bis zu einem gewissen Grad, unsere Werte- und Normensysteme beeinflussen. Die Frage des Einflusses von Religion auf die Gesellschaft und umgekehrt ist einer der traditionsreichsten Gegenstände der Religionsforschung, wobei nicht zuletzt die ökonomischen Implikationen ein besonderes Interesse geweckt haben (vgl. Bendl, Eberherr & Mensi-Klarbach 2012). In diesem Zusammenhang sind vor allem Weber (1934) und Marx (1842) zu nennen: Während Weber in seinem Werk *Die protestantische Ethik und der Geist des Kapitalismus* primär den Einfluss von Religion auf spezifische Verhaltensmuster untersuchte und in diesem Kontext auf die Herausbildung unterschiedlicher Wirtschaftssysteme schloss, verstand sich Marx vorrangig als Religionskritiker, der Religion – korrespondierend zu seinem berühmten Diktum ‚Religion ist Opium für das Volk‘ – vor allem die Rolle zuschrieb, Menschen über ihre irdischen Schwierigkeiten hinwegzutrösten und auf das Jenseits zu vertrösten.

Wie auch immer man zu den einschlägigen Ansichten stehen mag, so ist man zumindest im Rahmen eines inklusiven Diversity Managements gut beraten, die Diversitätsdimension Religion nicht zu unterschätzen, denn sie schafft Individuen – im Spannungsfeld religiöser Praktiken und komplexer Werte und Normen – einen nicht zu unterschätzenden Orientierungsrahmen, an dem sie ihre Handlungen ausrichten können (vgl. Giddens 1988).

Gender bzw. Geschlecht

Der Begriff Gender hat in den letzten Jahrzehnten einen bemerkenswerten Transformationsprozess durchlaufen. Die ursprüngliche Reduzierung von Gender auf eine ausschließlich duale – die Subkategorien Frau und Mann umfassende – Kategorie wurde insbesondere durch die *Queer Theories*, die Idee der Intersektionalität, aber auch durch postkoloniale Kritik durchkreuzt, sodass der Terminus in der heutigen Zeit ein weitgehend multidimensionales Konzept darstellt (vgl. Frey 2007; Kosnick 2011). Eine dadurch implizierte deutliche Ausweitung konzeptioneller Zugänge zu Gender war zeitgleich, wenn auch nicht ursächlich mit einer theoretischen Bewegung zum Konstruktivismus verbunden. Schröter (2009, S. 85) konstatiert in diesem Zusammenhang: „Wenn Geschlecht in unterschiedlichen Kulturen unterschiedlich wahrgenommen, normiert, markiert und gelebt wird und sich die Idee einer universellen Prägung nicht verifizieren ließ, so konnte hieraus gefolgert werden, dass Geschlecht in sozialen und kulturellen Prozessen gleichsam ‚hergestellt' wird."

In der Regel bewegen sich Gender- bzw. Geschlechtertheorien im komplexen Spannungsverhältnis von wissenschaftlichem und politischem Anspruch und sind darüber hinaus ausgesprochen kontextgeprägt, was sich insbesondere in divergierenden Begriffsverständnissen und Rezeptionsmodi widerspiegelt. So besitzen deutsche, französische und angelsächsische Theorietraditionen historisch bedingt unterschiedliche Schwerpunkte, wobei fast allen Strömungen gemein ist, dass sie die hierarchischen Macht- und Herrschaftsverhältnisse in Frage stellen und alternative Konzepte der Geschlechterordnung entwerfen (vgl. Hofmann 2012). Wie Krell (2006) in einem Beitrag zum Management von Gender und Diversity aufzeigt, haben vor allem Butler (1999/2001) und Connell (2006) nachhaltige Impulse zur Geschlechterrezeption beigesteuert: Butler stellte nicht nur heraus, dass Geschlecht diskursiv erfunden respektive produziert wird und entsprechende Produktionen zugleich den Effekt des Natürlichen und Unvermeidlichen erzeugen, sondern sie kritisierte – vor allem angesichts sozio-kultureller Komplexitäten hinsichtlich Identitäten und Privilegien – auch dezidiert die Annahme, Frauen hätten einheitliche und kohärente Identitäten. Bei Connell als einem der wichtigsten Vertreter der Männlichkeits- bzw. Maskulinitätsforschung verweist bereits der Titel seines Hauptwerks *Der gemachte Mann: Konstruktion und Krise von Männlichkeiten* sowohl auf eine konstruktivistische Perspektive als auch auf die Annahme multipler männlicher Identitäten. Beiden Ansätzen zufolge gibt es nicht nur Geschlechterunterscheidungen und Geschlechterhierarchisierungen zwischen Männern und Frauen, sondern auch innerhalb der jeweiligen Gruppe.

Bevor im nachfolgenden Absatz auf den Umgang mit Gender im Unternehmenskontext eingegangen wird, sei an dieser Stelle noch auf das Phänomen der Geschlechterstereotype eingegangen, die eine nicht zu unterschätzende Komponente sozial geteilter, impliziter Geschlechtstheorien bilden (vgl. Deaux & La France 1998). Wie die Forschung zu den Inhalten von Geschlechterstereotypen zeigt, zeichnet sich – laut Eckes (2008, S. 179) – seit Jahren ein ausgesprochen klares Bild ab: „Merkmale, die häufiger mit Frauen als mit Männern in Verbindung gebracht werden, lassen sich in den Konzepten der *Wärme* oder *Expressivität* (auch: Femininität, Gemeinschaftsorientierung, ‚communion') bündeln; Merkmale, die häufiger mit Männern als mit Frauen in Verbindung gebracht werden, lassen sich mit den Konzepten der (aufgabenbezogenen) *Kompetenz* oder *Instrumentalität* (auch: Maskulinität, Selbstbehauptung, ‚agency') umschreiben." Darüber hinaus hat sich gezeigt, dass beide Merkmalsbündel nicht nur in hohem Maße kulturell invariant sind, sondern auch eine bemerkenswerte zeitliche Stabilität aufweisen.

Aus organisationaler Perspektive zählt Gender zu jenen Diversitätsdimensionen, mit denen sich Unternehmen schwerpunktmäßig beschäftigen (vgl. Meuser 2009; Hanappi-Egger 2012a; Hofmann 2012); ein Umstand, der nicht zuletzt in enger Verbindung mit der medienwirksamen Diskussion um die Einführung einer sogenannten Frauenquote steht. Zentrale Anliegen bzw. Maßnahmen einer erfolgreichen wie nachhaltigen Gleichstellungspolitik sind unter anderem die Erreichung einer geschlechtergerechten Unternehmenskultur, der Abbau von Diskriminierungen im Kontext des Human Resources Managements sowie eine geschlechterübergreifende Erleichterung der Vereinbarkeit von Beruf und Privatleben (vgl. Krell, Ortlieb & Sieben 2011; Bendl, Eberherr & Mensi-Klarbach 2012).

Sexuelle Orientierung

Ungeachtet der Tatsache, dass sexuelle Orientierung eine der sogenannten ‚Big 6'-Diversitätsdimensionen der EU-Antidiskriminierungsrichtlinie darstellt, hat die entsprechende Thematik bis dato sowohl seitens der *scientific community* als auch seitens der Praxis vergleichsweise wenig Beachtung gefunden; ein Faktum, das nach wie vor auf den ausgesprochen ambivalenten Umgang mit sexueller Orientierung zurückzuführen ist (vgl. Belinszki 2003; Losert 2007). Erschwerend kommt hinzu, dass die Diversitätsdimension sexuelle Orientierung allzu häufig auf Homosexualität reduziert wird, obwohl sie dezidiert alle Formen sexuellen Begehrens umfasst. Wie Bendl, Eberherr und Mensi-Klarbach (2012) diesbezüglich aufzeigen, ist eine entsprechende Konnotation in Richtung Homosexualität symptomatisch für gesellschaftliche Normverhältnisse, wobei durch das Nichtbenennen der heterosexuellen Norm Homosexualität als das Abweichende herausgestellt wird. Ebenso werden in unternehmerischen Kontexten – gerade bei kleinen und mittleren Unternehmen mit ihren relativ starken Kontrollmechanismen – nicht-heterosexuelle Orientierungen noch immer weitgehend negativ konnotiert, vielfach sogar tabuisiert, was aus betriebswirtschaftlicher Perspektive zu einer klassischen *lose-lose*-Situation führt, da die Energie, die die betroffenen Akteure in das Verbergen respektive Verschleiern ihrer jeweiligen sexuellen Orientierung investieren müssen, häufig ihrer Leistungsfähigkeit verloren geht (vgl. Powers 1996).

Gleichwohl ist in den letzten Jahren das Verständnis für die entsprechende Thematik deutlich gestiegen: Zum einen haben die *Queer Theories* als spezielle Spielart postmoderner und poststrukturalistischer Theorietraditionen Einzug in die Organisationsforschung gehalten und verstärkt die essentialistische und statische Dichotomie von Homosexualität und Heterosexualität in Frage gestellt. Dabei geht es den Vertretern der *Queer Theories* nicht nur um das

Aufzeigen veränderbarer, temporärer Bedeutungskonstruktionen, sondern vielmehr um das Sichtbarmachen spezifischer gesellschaftlicher Machtverhältnisse, die in der Regel einem hetero-normativen Gendermodell folgen (vgl. Bendl, Fleischmann & Hofmann 2009). Zum anderen hat ein pro-aktives, wenn auch nicht immer freiwilliges Outing – insbesondere in der Politik sowie in vergleichsweise liberalen Branchen wie Medien und Kunst – zu einer verstärkten Akzeptanz von nicht-heterosexuellen Beziehungen geführt, wobei ein Coming-out am Arbeitsplatz noch immer häufig von Unsicherheit, Spott, Diskriminierung und im schlimmsten Fall von der Angst um einen Arbeitsplatzverlust begleitet wird (vgl. Ellis 1996; Powers 1996).

Wie komplex das Themen- bzw. Fragenspektrum ist, das sich vor dem Hintergrund einer verstärkten Relevanz der Thematik sexuelle Orientierung am Arbeitsplatz ergibt, zeigt das nachfolgende Zitat von Badgett (1996, S. 31): „In addition to the academic and policy needs for an understanding of discrimination and its relationship to disclosure, those professionals working with lesbian, gay, and bisexual workers also need to recognize the complex set of influences that shape those workers' work lives and decisions. As gay issues become more prominent in the workplace, supervisors, counselors, and personnel managers must consider new questions: Should we encourage gay workers to come out, i.e., to disclose their sexual orientation within the workplace? Do our employment practices discriminate against gay workers in any way, and is discrimination illegal? How does dealing with sexual orientation fit in with other diversity issues? In seeking answers to these questions, human resources professionals must grapple with many of the same conceptual issues as social scientists." Letztendlich muss ein konstruktiver unternehmerischer Umgang mit dieser Diversitätsdimension immer darauf hinzielen, einer Enttabuisierung und Gleichberechtigung aller sexuellen Orientierungen näherzukommen und ein organisationales Arbeitsklima zu schaffen, das von Inklusion und Anerkennung geprägt ist (vgl. Bendl, Eberherr & Mensi-Klarbach 2012).

Wie die bisherigen Ausführungen zu Diversity und ihren zentralen Diversitätsdimensionen deutlich gemacht haben, handelt es sich nicht nur um ein auffallend vielschichtiges, sondern auch um ein ausgesprochen normativ aufgeladenes Sujet. Letzten Endes geht es im Umgang mit anthropogener Diversität nicht nur darum, pro-aktiv Ausgrenzungen und Diskriminierungen entgegenzusteuern, sondern vielmehr – angesichts immer komplexerer Kontexte – die vielfältigen Eigenschaften, Verhaltensweisen und Potentiale von unterschiedlichen Individuen zu akzeptieren und im Idealfall als Bereicherung zu empfinden. Dass eine Wertschätzung von Diversity keinesfalls selbstverständlich ist, zeigt das nachfolgende Kapitel, das aus einer historischen Perspektive die wichtigsten Meilensteine im Umgang mit Diversität erschließt.

2 Entstehungskontext und historische Meilensteine im Umgang mit Diversität im Spannungsfeld von Business- und Equity-Perspektive

„Ich möchte ein Bruder der Weißen sein, nicht der Schwager."
Martin Luther King

Wenn Diversität analog zu anderen komplexen Phänomenen wie Globalisierung oder Klimawandel als eine der präsentesten Erscheinungen der letzten Jahre, mitunter sogar als Beginn einer neuen historischen Zeitrechnung bezeichnet wird, so ist eine solche Feststellung nur dann sinnvoll, wenn man das Neue dem Bisherigen gegenüberstellt (vgl. Jackson & Alvarez 1992; Vedder 2006b; Hofmann 2012). Leider wird aber nach wie vor – gerade in betriebswirtschaftlich ausgerichteten Beiträgen – allzu häufig übersehen, dass der sukzessiven Akzeptanz und strategischen Inwertsetzung von Diversity ein langwieriger sozio-kultureller respektive gesellschaftspolitischer Emanzipationsprozess vorausging, der von einigen wichtigen historischen Meilensteinen begleitet wurde. Die nachfolgenden Ausführungen gewähren aus prozessualer Perspektive einen Einblick in den vielschichtigen Entstehungskontext sowie in zentrale Etappen des Umgangs mit Diversität.

Wie bereits im vorherigen Kapitel erwähnt wurde, handelt es sich bei der Betrachtung von Diversity als organisationaler Ressource um ein vergleichsweise neues Phänomen. Dass eine heterogene Gesellschaft, deren Strukturen in der Regel auf die dominierende Gruppe zugeschnitten sind, vor nicht zu unterschätzenden Herausforderungen steht, wurde jedoch bereits deutlich früher erkannt. Für die Entstehung des Diversity-Ansatzes waren vor allem die Entwicklungen in den USA grundlegend, die aufgrund ihrer Historie wie kaum eine zweite Nation sozio-kulturelle Heterogenität widerspiegeln. Als klassisches Einwanderungsland, das sich aus einer Vielzahl divergierender Ethnien konstituiert, schufen die Vereinigten Staaten mit ihrer Philosophie des sogenannten *American Way of Life* die gesellschaftspolitische Basis für den gezielten Umgang mit Diversity (vgl. Holzner 1996; Frohnen 2005; Leenen, Scheitza & Wiedemeyer 2006a). In den 1950er, 1960er und 1970er Jahren begannen verschiedene Minderheiten aus unterschiedlichen Motiven, ihre spezifischen Interessen zu artikulieren und pro-aktiv für ihre postulierten Rechte einzutreten. Als zentraler Motor fungierte in den 1950er Jahren vor allem die afroamerikanische Bürgerrechtsbewegung, die zu dieser Zeit einen forcierten Professionalisierungs- und Institutionalisierungsschub durchlief. In diesem Kontext ist insbesondere das Wirken des Bürgerrechtlers Dr. Martin Luther King zu erwähnen, wobei der entsprechende Emanzipationsprozess zunächst im Spannungsfeld von symbolischen Aktionen und konkreten Erfolgen oszillierte: Exemplarisch seien an dieser Stelle die Weigerung der Afroamerikanerin Rosa Park, ihren Bussitzplatz einem *non-coloured* freizugeben, sowie die Oberste Gerichtshofentscheidung zur Aufhebung der Segregation an öffentlichen Schulen erwähnt (vgl. Brazzel 2003; Vedder 2006a).

Die legislative Reaktion auf den fortschreitenden Emanzipationsprozess der Bürgerrechtsbewegung mündete schließlich in der Verabschiedung des sogenannten *Civil Rights Act* von 1964. Der *Civil Rights Act* schuf nicht nur eine zentrale staatliche Rechtsgrundlage gegen die Diskriminierung von Minderheiten, vielmehr sollte mit dessen Hilfe benachteiligten Gruppen ein erleichterter Zugang zu Bildungseinrichtungen und zum Arbeitsmarkt ermöglicht werden (vgl. Leenen, Scheitza & Wiedemeyer 2006a): Einhergehend mit der Verabschiedung des *Civil Rights Act* versuchte man zunächst, mit Hilfe einer Antidiskriminierungsgesetzgebung die anvisierten Ziele umzusetzen. Nachdem jedoch im Laufe der Zeit deutlich wurde, dass juristische Interventionen kaum Wirkungen zugunsten der betroffenen Minoritäten auf dem Arbeits- und Bildungsmarkt zeigten, setzte die Regierung verstärkt auf sogenannte *Affirmative Action Programs.* Diese richteten sich weniger gegen den Akt der ungleichen Behandlung an sich, sondern vorrangig gegen die im Ergebnis entstandene Ungleichheit, etwa bei der unterrepräsentierten Berücksichtigung von Frauen in Führungspositionen. Vor diesem Hintergrund sollten bei gleicher Qualifikation Vertreter von Minderheitsgruppen bevorzugt eingestellt werden; ein Ansatz, der nicht nur aus Gerechtigkeitserwägungen, sondern auch aufgrund stigmatisierender Effekte bei den betroffenen Akteuren schnell in Verruf geriet.

Die ambivalente Rezeption der mit dem *Civil Rights Act* verbundenen Maßnahmen manifestiert sich geradezu paradigmatisch im nachfolgenden Zitat, in dem Thomas (1990, S. 108) primär aus organisationaler Perspektive auf die umstrittene Rolle der *Affirmative Action Programs* eingeht: „In creating these changes, affirmative action had an essential role to play and played it well. In many companies and communities it still plays that role. But affirmative action is an artificial, transitional intervention intended to give managers a chance to correct an imbalance, an injustice, a mistake. Once the numbers mistake has been corrected, I don't think affirmative action alone can cope with the remaining long-term task of creating a work setting geared to the upward mobility of *all* kinds of people, including white males. It is difficult for affirmative action to influence upward mobility even in the short run, primarily because it is perceived to conflict with the meritocracy we favor. For this reason, affirmative action is a red flag to every individual who feels unfairly passed over and a stigma for those who appear to be its beneficiaries." Das größte Verdienst, das dem amerikanischen Rechtssystem bei der legislativen Verabschiedung der skizzierten Maßnahmen zukommt, ist eine forcierte Auseinandersetzung mit der Diversitätsthematik im organisationalen wie im gesellschaftspolitischen Kontext. Auch wenn die Implementierung der entsprechenden Ansätze aufgrund gesetzlicher Auflagen – die bei Nichtbefolgung mit beträchtlichen Konventionalstrafen einhergingen – vielfach einen ‚Zwangscharakter' aufwies und wiederholt zu innerbetrieblichen Widerständen (in der Regel primär bei der Mehrheitsbelegschaft) führte, so ist in der *scientific community* weitgehend unumstritten, dass sie wichtige Impulse für die spätere Inwertsetzung von Diversität im Sinnes eines strategischen Diversity Managements lieferte (vgl. Thomas 1990; Thomas & Ely 1996; Steppan 1999; Aretz & Hansen 2003).

Ende der 1960er, Anfang der 1970er Jahre differenzierten sich die organisatorischen Strukturen hinsichtlich der verschiedenen Diversitätsdimensionen immer weiter aus. So gelten beispielsweise für *gays* und *lesbians* die sogenannten *Stonewall Riots* von 1969 als ein zentraler Ausgangspunkt für die gerade in konservativen Gesellschaftskreisen unterdrückte Artikulation homosexueller Interessen, und 1970 gründete eine gewisse Maggie Kuhn die *Gray Panthers*, um konzertiert gegen Altersdiskriminierung vorzugehen (vgl. Brazzel 2003; Vedder 2006a/2006b). Der zentrale Nexus zwischen den sich sukzessive konstituierenden *pressure groups* sowie dem 1964 verabschiedeten *Civil Rights Act* ist das deutlich normativ ausgerichtete *Discrimination-and-Fairness*-Paradigma (vgl. Thomas & Ely 1996), das durch eine forcierte Optimierung gesetzlicher Rahmenbedingungen auf eine möglichst effektive und zeitnahe Gleichbehandlung von Minorität und Majorität zielt. In diesem Kontext bilden, wie Brazzel (2003, S. 53) im nachfolgenden Zitat vermerkt, Diversität und soziale Gerechtigkeit eine interdependente Einheit: „Diversity and social justice are two sides of the same coin. They can be viewed separately and they cannot be separated. The diversity management field, and its focus on human differences, exists because of the richness and advantages embedded there for humans and because of the ways humans use differences to harm and privilege each other." Die damalige Ära war nicht nur von einer verstärkten Ausdifferenzierung organisationaler Strukturen geprägt, sondern auch der Umgang mit Diversität durchlief einen gerade aus anwendungsorientierter Perspektive wichtigen konzeptionellen Transformationsprozess (vgl. Engel 2007): Einer wachsenden Anzahl von Organisationsberatern wurde bewusst, dass sich das Thema Vielfalt in sozialen Systemen und die durch sie implizierte ungleiche Verteilung von Machtressourcen nur unzureichend mit lediglich einer Dimension (etwa Ethnizität oder Gender) behandeln lässt. Vielmehr erkannte man verstärkt die Notwendigkeit für einen multidimensionalen Ansatz, um die verschiedenen Dimensionszugehörigkeiten und deren Korrelationen innerhalb einer Person adäquat erfassen zu können. Basierend auf diesen Erkenntnissen wurden die ersten Diversity Trainings und Beratungen konzipiert, wobei sich die ersten Kunden primär aus transnationalen Konzernen rekrutierten.

Die 1980er Jahre implizierten für die Diversity-Bewegung einen empfindlichen Rückschlag, da die im Rahmen des *Civil Rights Act* institutionalisierten Konzepte und Maßnahmen vielfach nicht im Einklang mit den Grundsätzen der neoliberalen Wirtschaftspolitik der Reagan-Administration standen. Vor diesem Hintergrund wurden systematisch die unter den Vorgängerregierungen verabschiedeten Gleichstellungsanforderungen entschärft und eine konzeptionelle Weiterentwicklung in diesem Bereich behindert (vgl. Vedder 2009; Gardenswartz & Rowe 2010). Wer jedoch meint, eine diversitätskritische Politik sei ein Spezifikum der Republikaner, sieht sich getäuscht. Insbesondere die *Affirmative Action Programs* polarisierten noch etliche Jahre nach der Reagan-Regierung und stießen, wie Kelly und Dobbin (1998, S. 971) aufzeigen, auch bei der demokratischen Clinton-Administration auf wenig Unterstützung: „Limited support from the Bush and Clinton administrations between 1988 and 1996 signaled that the days of affirmative action were numbered. Affirmative action had been designed as a temporary measure to redress past discrimination, and now the Supreme Court and two successive administrations seemed to be suggesting that it had fulfilled its purpose." Deutlich hilfreicher für die Weiterentwicklung der Diversity-Bewegung – insbesondere für die Implementierung eines strategischen Diversity Managements – war die von Johnston und Packer (1987) verfasste und vor allem in den 1990er Jahren intensiv rezipierte Studie *Workforce 2000: Work and Workers for the Twenty-first Century*. In der empirischen Studie setzen sich beide Autoren mit den komplexen Implikationen demographischer Transformationsprozesse auf den US-amerikanischen Arbeitsmarkt auseinander. In diesem Kontext wurde gerade strategisch agierenden Unternehmen bewusst, dass sie gut beraten sind, sich verstärkt Minoritäten zu öffnen, wollen sie angesichts eines prognostizierten Fachkräftemangels nachhaltig ihre Wettbewerbsfähigkeit sichern (vgl. Aretz & Hansen 2003; Vedder 2009; Bell 2012).

Den eigentlichen Durchbruch erlebte der Umgang mit Diversität – im Sinne eines strategischen Diversity Managements – in den 1990er Jahren. Vorwiegend jene Unternehmen, die einerseits einen Fachkräftemangel fürchteten und andererseits konstruktiv mit der zunehmenden personellen Heterogenität in ihren Belegschaften umgehen wollten, implementierten forciert Diversity Management als einen strategischen Ansatz der Unternehmensführung. Als Pioniere fungierten zunächst vor allem transnationale Konzerne, nach und nach setzten aber auch verstärkt kleine und mittlere Unternehmen, Non-Profit-Organisationen sowie öffentliche Verwaltungen Diversity Management für sich in Wert (vgl. Loden & Rosener 1991; Rhodes 1999; Vedder 2006b). Wie die nachfolgende Abbildung illustriert, wurde die Verbreitung von Diversity Management von einem komplexen Bündel interdependenter Einflussfaktoren getragen:

Abbildung 3: Ausgewählte Einflussfaktoren auf die Verbreitung von Diversity Management

❶ Antidiskriminierungsgesetzgebung

❷ Aktuelle Arbeitskräfteknappheit

❻ Einflussnahme politischer Initiativen

Diversity Management

❸ Ethnische Vielfalt auf dem Arbeitsmarkt

❺ Gesellschaftliche Einflussnahme

❹ Demographischer Wandel

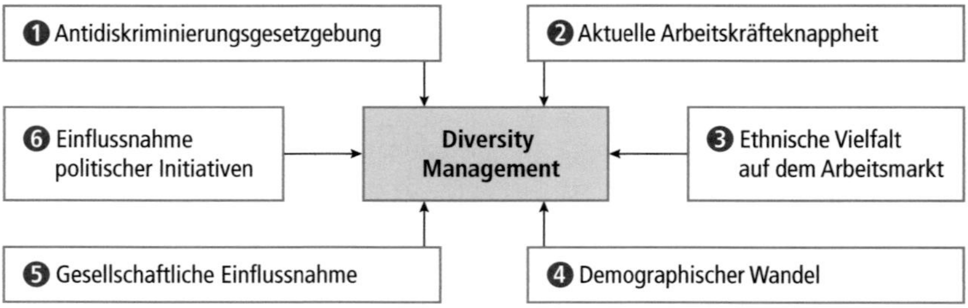

Quelle: Vedder (2009)

Das im damaligen Zeitraum in immer mehr Unternehmen erfolgte strategische Umdenken bezüglich personaler Heterogenität lässt sich durchaus als paradigmatische Wende bezeichnen. Assoziierte man über Jahrzehnte hinweg – gerade aus organisationaler Perspektive – den Umgang mit Diversität primär mit staatlicher Gängelung respektive mit einer aufoktroyierten Einschränkung unternehmerischer Freiheiten durch eine bürokratische Gesetzgebung, so erkannten zunehmend auch einstige Kritiker die Vorteile einer gezielten Inwertsetzung heterogener Personalressourcen. Thomas und Ely (1996, S. 79) konstatieren in diesem Zusammenhang in ihrem bahnbrechenden, im *Harvard Business Review* veröffentlichen Beitrag *Making Differences Matter: A New Paradigm for Managing Diversity*: „Why should companies concern themselves with diversity? Until recently, many managers answered this question with the assertion that discrimination is wrong, both legally and morally. But today managers are voicing a second notion as well. A more diverse workforce, they say, will increase organizational effectiveness. It will lift morale, bring greater access to new segments of the marketplace, and enhance productivity. In short, they claim, diversity will be good for business." Einen nicht zu unterschätzenden Beitrag zur erfolgreichen Verbreitung von Diversity Management leistete auch die *scientific community*, die die Thematik immer häufiger auf ihre Forschungsagenda setzte. Sowohl das forcierte Einwerben von Drittmittelprojekten als auch eine ausgeweitete Publikationstätigkeit implizierten nicht nur eine verstärkte Sensibilisierung für die entsprechende Thematik, sondern die generierten Forschungsergebnisse dokumentierten zunehmend fundierter die vielschichtigen Vorteile eines strategischen Diversity Managements für Wirtschaft, Politik und Gesellschaft (vgl. Cox & Blake 1991; Labucay 2006; Hofmann 2012).

Mittlerweile ist, wie Bendl, Hanappi-Egger und Hofmann (2012, S. 13) in einem einführenden Beitrag über Diversität und Diversitätsmanagement schreiben, „Diversitätsmanagement als Forschungs- und als Praxisfeld aufgrund seiner wissenschaftlichen Bearbeitung, der zunehmenden Akzeptanz in multinationalen Konzernen und der mit demographischen, wirtschaftlichen und politischen Entwicklungen verbundenen Globalisierung von Arbeitskräften weltweit verbreitet [...]. ‚Thinking global, acting local' umschreibt dabei sehr treffend das Spannungsfeld zwischen globalem, internationalem und lokalem Diversitätsmanagement, egal in welchem Land sich die handelnden Personen befinden, und verweist auf dessen kontextgebundene Anwendung." Besonders erfreulich ist das Faktum, dass Diversity Management in den letzten Jahren – wenn auch nach wie vor mit einer deutlichen Konzentration im angelsächsischen Raum – verstärkt von kleinen und mittleren Unternehmen positiv rezipiert und als strategischer Ansatz einer werteorientierten Unternehmensführung in Wert gesetzt wird. Letztendlich geht es bei einer positiven Bewertung von Diversität um alle Mitarbeiter als Individuen, wobei es sich nicht einfach nur um ein Management-Tool, sondern vielmehr um eine Grundhaltung bzw. um ein innovatives Verständnis dafür handelt, wie Organisationen nachhaltig funktionieren können. Angesichts einer beschleunigten ökonomischen Dynamik mit ihrem wachsenden Transformations- und Innovationsdruck auf Unternehmen sowie der verstärkten Notwendigkeit einer effektiveren Inwertsetzung von Humanressourcen erscheinen monokulturelle Organisationen in der heutigen Zeit als zu starr und vergangenheitsorientiert, als zu wenig lern- und anpassungsfähig und nicht zuletzt als zu wenig kreativ und innovativ. Vor diesem Hintergrund empfiehlt sich Diversity Management als plausibles ‚Gegenkonzept', das Unternehmen eine nachhaltige Chance eröffnet, die Vielfalt ihrer Beschäftigten zu schätzen und effektiv durch den Aufbau einer multikulturellen Organisation in Wert zu setzen (vgl. Aretz & Hansen 2003).

Wie Vedder (2006a/2009) bezogen auf die USA aufzeigt, konstituieren sich die Protagonisten von Diversity Management primär aus zwei Lagern, in deren Spannungsfeld entsprechende Managementstrukturen implementiert werden: Vertreter der sogenannten *Business*-Perspektive betonen vorrangig die ökonomischen Argumente für Diversity Management und werten tendenziell den deutlich normativ aufgeladenen Diskurs hinsichtlich Chancengleichheit ab. Ihnen geht es explizit um komparative Wettbewerbsvorteile, positive Produktivitätseffekte, Effizienzsteigerungen und nicht zuletzt um die Frage: ‚Was habe ich wirtschaftlich davon?' Demgegenüber stehen die Vertreter der sogenannten *Equity*-Perspektive, die sich vor allem den Idealen der *Human-Rights*-Bewegung verpflichtet fühlen und in diesem Kontext besonders Werte wie Respekt, Fairness und Toleranz betonen. Aus diesem Blickwinkel werden die gesetzlichen Grundlagen der Antidiskriminierung als Conditio sine qua non aller Bemühungen um Gerechtigkeit am Arbeitsplatz angesehen. Für

Vertreter der *Business*-Perspektive hingegen stellen Gesetze nur das unzureichende Minimum an Chancengleichheit sicher. Sie verweisen in diesem Zusammenhang auf weiterführende Potentiale gelebter Diversität, wie sie sich beispielsweise jene Arbeitgeber zunutze machen, die als *employer of choice* für ein möglichst vielfältiges Bewerberspektrum attraktiv sind. Umgekehrt sehen Vertreter der *Equity*-Perspektive gerade darin ein primär pragmatisch ausgerichtetes Managementkonzept, das sich zwar einer gefälligen Sprache bedient, dem es aber in letzter Konsequenz nur ums Geld geht.

Obwohl Diversity Management spätestens seit den 2000er Jahren ein auch aus räumlicher Perspektive nahezu omnipräsentes Konzept darstellt, so ist sowohl in Hinblick auf dessen Umsetzung als auch bezüglich einschlägiger Forschungsaktivitäten eine deutliche Konzentration auf den angelsächsischen Raum – insbesondere die USA – zu konstatieren. Dieser Aspekt ist vor allem der jahrhundertelangen Einwanderungstradition der USA geschuldet, die zu einer beispiellosen kulturellen Heterogenität der Bevölkerung geführt hat. In Europa hingegen ist aufgrund unterschiedlicher historischer, politischer, aber auch sozio-ökonomischer Prozesse das ‚enge Zusammenleben' von Personen mit divergierenden kulturellen Wurzeln ein vergleichsweise junges Phänomen. Zwei Fakten erscheinen in diesem Zusammenhang besonders relevant: Zum einen sind die meisten europäischen Staaten nach wie vor – unter anderem aufgrund ausgesprochen restriktiver Einwanderungspolitiken – hinsichtlich ihrer Bevölkerungsstrukturen deutlich homogener als die USA; ein Umstand, den Vedder (2009, S. 123) unter dezidierter Bezugnahme auf die Relevanz von Diversity Management in Deutschland wie folgt kommentiert: „Deutschland ist darüber hinaus kein klassisches Einwanderungsland, in dem die Dimension *Ethnizität* grundsätzlich von starker Bedeutung ist und ethnische Minderheiten auf dem Arbeitsmarkt eine besondere Rolle spielen. [...] Im Vergleich zu den USA ist Deutschland in ethnischer Hinsicht also ein sehr homogenes Land, in dem die zahlenmäßig wesentlich kleineren Minderheiten auf den Arbeits- und Gütermärkten eine deutlich geringere Rolle spielen. Dementsprechend haben bisher nur wenige Arbeitgeber/innen das DiM-Konzept [Diversity Management-Konzept; Anm. d. Verf.] eingesetzt, um die Ausländer/innen gezielt ansprechen zu können." Zum anderen darf man nicht vergessen, dass bis zum Zweiten Weltkrieg die Anzahl der Personen, die aus ökonomischen, weltanschaulichen oder religiösen Gründen die ‚Alte Welt' verließen, die Zuzugszahlen um ein Vielfaches überstieg (vgl. Leenen, Scheitza & Wiedemeyer 2006a).

Wirft man aus europäischer Perspektive einen Blick auf die Rezeption von Diversity Management, so ergeben sich im Kontext eines entsprechenden Kulturtransfers zwei unterschiedliche Sicht- bzw. Herangehensweisen (vgl. Engel 2007): Einige Protagonisten plädieren für eine dezidierte Neugestaltung des Diversity Management-Konzepts und verweisen in diesem Zusammenhang auf die räumlich divergierenden gesellschaftspolitischen und demographischen Herausforderungen, die einen Transfer der in den USA generierten Ansätze und Methoden nach Europa schwierig, wenn nicht sogar unmöglich machen. Diese Gruppe läuft jedoch Gefahr, ‚das Rad neu zu erfinden' und auf bewährte Ansätze und Methoden bzw. langjährige Implementierungserfahrungen zu verzichten. Die zweite Gruppe wiederum übernimmt einzelne Ansätze und Methoden, ohne jedoch ausreichend die unterschiedlichen kulturellen Kontexte zu berücksichtigen. Die dadurch implizierten mangelnden Kenntnisse des spezifischen US-amerikanischen Gesellschaftskontextes führen immer wieder dazu, dass ein ganz bestimmter Diversity Management-Ansatz importiert wird, nicht reflektierend, dass es völlig unterschiedliche, mitunter widersprüchliche Ansätze gibt. Eine der zentralen Zukunftsherausforderungen dürfte daher nicht nur das Ausbalancieren zwischen den skizzierten Polen sein, sondern auch – im Sinne von Engel (2007, S. 109) – eine angemessene Berücksichtigung der sozio-historischen Kontexte: „Aus der deutschsprachigen Perspektive lässt sich von außen leicht erkennen, warum ein amerikanisches Diversity Management nicht umhin kommt, die Auswirkungen der Sklaverei und des Genozids an den UreinwohnerInnen auf heutige Verhältnisse in Betracht zu ziehen. Gleichwohl lässt sich der Umgang mit den ‚Anderen' in Großbritannien und den Niederlande nicht ohne die Geschichte und Folgen des Kolonialismus erklären. So lautet die Hypothese: unsere jüngere Geschichte im Umgang mit ‚der/dem Anderen' beeinflusst unser jetziges Diversity Management..."

Vor dem Hintergrund einer bis dato deutlich ausgeprägten Orientierung diversitätsbezogener Forschungsaktivitäten an US-amerikanischen Traditionen stellt sich der Forschungsstand im deutschsprachigen Raum weitgehend eklektisch dar. Auffallend ist jedoch eine starke Forschungsfokussierung auf den Konnex von Diversity und unternehmerischem Erfolg; ein Aspekt, der nicht zuletzt die Legitimationsbasis von Maßnahmen des Diversity Managements erweitern soll (vgl. Becker 2006). Ein entsprechendes Anliegen wird insbesondere dann verständlich, wenn man bedenkt, dass Diversity Management-Konzepte – ganz zu schweigen von deren Implementierung – jahrelang auf ein eher verhaltenes öffentliches Echo stießen. So vermerkte Vedder (2009, S. 123) vor noch nicht allzu langer Zeit: „Schließlich fällt auch die DiM-Unterstützung von Politikern und Politikerinnen sowie von den Interessengruppen der unterschiedlichen Minderheiten in Deutschland sehr gering aus. Lediglich die professionellen Verbände der Schwulen und Lesben [...] machen sich eindeutig für Diversity Management stark, vergeben Preise für diversity-aktive Unternehmen und betreiben inhaltliche Lobbyarbeit. Die deutschen Gewerkschaften, Frauenverbände, Behindertengruppen, Journalisten und Journalistinnen sowie politischen Parteien tun sich hingegen aus unterschiedlichen Gründen mit dem DiM-Konzept schwer. Vor diesem Hintergrund ist es erstaunlich, wie weit sich Diversity Management trotz ungünstiger Rahmenbedingungen in Deutschland bereits verbreitet hat."

Die auch in der *scientific community* über viele Jahre hinweg zu konstatierende Konzentration auf die ökonomische Dimension von Diversity lässt die Frage offen, welche Richtung weiterführende Forschungsaktivitäten einschlagen sollten (vgl. Becker 2006). Es versteht sich von selbst, dass eine zu einseitige inhaltliche Fixierung von Diversity auf ökonomische Aspekte der Komplexität des Begriffs in keiner Weise gerecht wird. Umso begrüßenswerter sind deshalb transdisziplinäre Forschungsinitiativen, wie beispielsweise das 2005 an der Freien Universität Berlin gegründete Forschungsnetzwerk *Diversity Studies* oder das 2006 an der Kölner Universität institutionalisierte *Center for Diversity Studies*. Beide Einrichtungen folgen dem konzeptionellen Selbstverständnis, dass nur eine integrierende Perspektive die ungemeine Komplexität des Sujets durchdringen kann. Dabei sind Diversity Studies – wie Krell et al. (2007, S. 14) aufzeigen – nicht nur deutlich normativ konnotiert, sondern sie weisen auch einen ausgeprägten Anwendungsbezug auf: „Schlussendlich zielen Diversity Studies darauf, Ausgrenzungen und Diskriminierungen gegenzusteuern, die Qualifikationen und Potenziale der vielfältigen Menschen zu maximieren und ihre Zusammenarbeit und ihr Zusammenleben reibungsloser zu gestalten. Davon profitieren nicht nur die Mitglieder der dominierten Gruppen, sondern auch die Gesellschaft und ihre Organisationen. Insofern sind Diversity Studies eine Forschungsrichtung, die Theoriearbeit mit einem engen Anwendungs- beziehungsweise Praxisbezug verbindet."

Wie der Rückblick auf den Entstehungskontext und die Skizzierung ausgewählter historischer Meilensteine im Umgang mit Diversität gezeigt haben, oszilliert die Wertschätzung respektive Inwertsetzung menschlicher Vielfalt in erster Linie zwischen den beiden Polen ‚externer Druck' (in der Regel repräsentiert durch gesetzliche Auflagen) und ‚intrinsische Überzeugung', wobei Letzterer ganz unterschiedlicher (etwa pragmatisch-strategischer oder moralisch-normativer) Natur sein kann. Die 1950er, die 1960er und auch noch die 1970er Jahre waren primär durch den erstgenannten Pol geprägt, indem die US-amerikanische Regierung insbesondere aufgrund des enormen Drucks einer zunehmend professionalisierten und ausdifferenzierten Bürgerrechtsbewegung eine Gesetzgebungspolitik verfolgte, die auf eine forcierte Inklusion von Minderheiten setzte. Inwieweit die im Kontext des *Civil Rights Act* institutionalisierten Konzepte und Maßnahmen wirklich erfolgreich und vor allem nachhaltig zu einer echten Emanzipation der jeweiligen Diversitätsdimensionen beigetragen haben, ist bis heute umstritten. Nach den – nicht zuletzt durch die neoliberale Wirtschaftspolitik der Reagan-Administration – für die Diversity-Protagonisten vergleichsweise schwierigen 1980er Jahren läuteten die 1990er Jahre einen paradigmatischen Perspektivenwechsel ein: Zunehmend setzte sich gerade auf organisationaler Ebene die Erkenntnis durch, dass personale Vielfalt einen strategischen Erfolgsfaktor darstellt, den es in Wert zu setzen gilt. Dabei wird die sich sukzessive ausweitende Wertschätzung von Diversity Management als essenzieller Bestandteil einer werteorientierten Unternehmensführung durch weitere, zum Teil eng miteinander verflochtene Entwicklungen wie Globalisierung, Migration oder demographischer Wandel unterstützt; ganz abgesehen davon, dass bestimmte gesellschaftliche Transformationsprozesse – wie eine verstärkte Individualisierung und Pluralisierung der Lebensstile – als zusätzliche *push*-Faktoren fungieren. Auch wenn spätestens die 2000er Jahre zu einer weitgehend globalen Verbreitung von Diversity Management geführt haben, so sind sowohl die theoretischen Konzepte als auch die zum Einsatz kommenden Methoden nach wie vor deutlich von US-amerikanischen Wissenschafts- und Anwendungstraditionen geprägt. Gerade vor diesem Hintergrund sollte man sowohl bei der Rezeption als auch bei der räumlichen Übertragung einschlägiger Konzepte und Methoden stets die entsprechenden sozio-historischen Kontexte berücksichtigen. Inwieweit es in anderen Staaten gelingt, das komplexe Sujet Diversität theoretisch und anwendungsorientiert für die eigenen kontextspezifischen sozio-kulturellen Bedürfnisse weiterzuentwickeln, lässt sich jedoch zum jetzigen Zeitpunkt noch nicht abschätzen.

3 Making Diversity Matter: Zentrale Verständnisansätze von Diversity Management

> „Die Ideen von bestimmten Rollen legen Männern wie Frauen Begrenzungen auf. Deshalb glaube ich, dass die Frau an der Befreiung zusammen mit den Männern arbeiten muss, denn alleine können wir es nicht schaffen."
> Anaïs Nin

In den beiden vorangegangenen Kapiteln stand primär das Phänomen Diversität im Vordergrund. In diesem Zusammenhang wurde nicht nur die Komplexität des entsprechenden Konstrukts, das sich aus verschiedenen Diversitätsdimensionen zusammensetzt, ersichtlich, sondern es konnte auch dessen vor allem im angelsächsischen Raum geprägter Entstehungskontext aufgezeigt werden. Das vorliegende Kapitel rückt das in engem Konnex mit Diversity stehende Konzept des Diversity Managements in den Erkenntnismittelpunkt, wobei Diversity zunächst einmal nichts anderes darstellt als anthropogenes

,Rohmaterial' (Becker 2006, S. 8), das durch Diversity Management zweckbestimmt in Wert gesetzt wird. Im Sinne einer dezidierten Kontextorientierung liegt sowohl den Ausführungen dieses als auch des nachfolgenden Kapitels die Annahme zugrunde, dass Diversity Management nicht ausschließlich zum Selbstzweck implementiert und praktiziert wird, sondern darüber hinaus eine Reaktion auf die immer komplexeren Transformationsprozesse in der heutigen Unternehmensumwelt darstellt. Zwecks einer erleichterten konzeptionellen Erschließung der Thematik erfolgt in den nachfolgenden Ausführungen einerseits eine Vorstellung wichtiger Verständnisansätze von Diversity Management, andererseits werden immer wieder Bezüge zu Corporate Social Responsibility (CSR) hergestellt, einem Managementkonzept, das einige nicht zu unterschätzende Überschneidungen mit Diversity Management aufweist.

Zunächst einmal gilt – analog zu anderen vergleichsweise neuen Managementkonzepten – festzuhalten, dass das im deutschsprachigen Raum nach wie vor relativ unbekannte und wenig verbreitete Diversity Management bislang keine umfassende theoretische Fundierung erfahren hat (vgl. Schulz 2009). Darüber hinaus sei an dieser Stelle noch einmal auf die ausgeprägte räumliche Kontextgebundenheit der bisherigen Forschungsaktivitäten verwiesen, die primär angelsächsische Wurzeln aufweisen (vgl. Brazzel 2003; Plummer 2003; Vedder 2009). In Bezugnahme auf Krell und Sieben (2011, S. 159) haben wir es nicht mit einem Konzept zu tun, das „fix und fertig" existiert, sondern eher mit einem Konzept, das diskursiv erzeugt wird: Während Diversity – im Sinne von Vielfalt – das Phänomen einer heterogen zusammengesetzten Belegschaft oder anderer Bezugsgruppen einer Organisation bezeichnet, konzeptualisiert Diversity – im Sinne von Diversity Management – die Art und Weise des konkreten Umgangs mit dieser Heterogenität. Dabei spielen nicht nur der Planungs- und der Implementierungsprozess, die in Kapitel III.5 näher vorgestellt werden, eine zentrale Rolle, sondern auch ein entsprechendes Leadership, das zielgerichtet die Vorteile von Diversität für die Organisation in Wert setzt. Cox (1993, S. 11) schreibt in diesem Zusammenhang: „By *managing diversity* I mean planning and implementing organizational systems and practices to manage people so that the potential advantages of diversity are maximized while its potential disadvantages are minimized."

Sieht man einmal von Corporate Social Responsibility ab, so gibt es wohl kaum ein zweites Managementkonzept, das in den letzten Jahren eine vergleichbar normative Aufladung durchlaufen hat wie Diversity Management. Dieses Faktum ist insbesondere auf die historischen Wurzeln im Umgang mit Diversität zurückzuführen, die untrennbar mit der US-amerikanischen Bürgerrechtsbewegung und der sie begleitenden Antidiskriminierungsgesetzgebung verbunden sind. Insofern forciert Diversity Management immer die Inklusion von bis dato benachteiligten Minderheiten, wobei der damit einhergehende organisationale Transformationsprozess im Idealfall aus einer Lern- und Veränderungsperspektive betrachtet wird (vgl. Bendl, Hanappi-Egger & Hofmann 2012; Stangel-Meseke, Hahn & Steuer 2015). Im Sinne von Schulz (2009, S. 38) lässt sich Diversity Management als eine holistisch ausgerichtete Managementstrategie konzeptualisieren, die „die proaktive Gestaltung und synergetische Nutzung von Diversität in verschiedenen betriebswirtschaftlichen und gesellschaftlichen Ebenen und Funktionen beinhaltet." Nach diesem Verständnis stellt Diversity Management einerseits eine organisationale Reaktion auf den zunehmenden ökonomischen Druck dar, Diversität und Individualität von Humanressourcen zielorientiert und effizient zu berücksichtigen. Andererseits entspricht eine einschlägige Konzeption von Diversity Management auch dem forcierten gesellschaftspolitischen Druck, die Individualität von Mitarbeitern angesichts von Chancengleichheit zu respektieren und im Idealfall wertzuschätzen.

Bezeichnenderweise stecken Unternehmen bei der Implementierung von Diversity Management in einer durchaus paradoxen Situation: Zum einen geht es – nicht zuletzt vor dem Hintergrund einer verstärkten Individualisierung und Pluralisierung von Lebensstilen (vgl. Kapitel III.4) – um eine dezidierte Aufwertung des Individuums, wobei Diversity Management in diesem Kontext auch gerne mit dem Aufbau von Alleinstellungsmerkmalen verbunden wird. Zum anderen folgen Unternehmen dem ökonomischen Primat des sogenannten *common acting*, sprich, sie zelebrieren Egalität und Generalisierung, um aus der Glättung teurer Unterschiede Kostenvorteile zu generieren. Becker (2006, S. 10) vermerkt in diesem Zusammenhang: „Mithin ist die Praxis der Diversität stets durch die Optimierung von Individualität und Heterogenität einerseits und Generalisierung und Homogenität andererseits gekennzeichnet. Diversity Management bezeichnet somit die Kunst der situativen Optimierung von Heterogenität und Homogenität zur Erreichung gesetzter Ziele."

Darüber hinaus kann man im Rahmen einer Beschäftigung mit Diversity bzw. Diversity Management leicht den Eindruck gewinnen, dass die entsprechenden Konzepte fast ausnahmslos positiv rezipiert werden. In diesem Zusammenhang scheint so mancher Theoretiker wie auch Praktiker außer Acht zu lassen, dass eine positive Konnotation von Diversity nicht automatisch ein erfolgreiches Diversity Management impliziert. So stellt die Implementierung von Diversity Management zunächst einmal einen nicht zu unterschätzenden Kostenfaktor dar, etwa wenn man an die finanziellen Ausgaben für externe Berater oder die Einrichtung spezifischer Trainings denkt. Ganz abgesehen davon, dass sich – wie auch das nachfolgende Zitat von Foldy (2004, S. 531) illustriert – die betroffenen Akteure gerade in der Anfangsphase ausgesprochen komplexen Herausforderungen stellen müssen: „When individuals find themselves in diverse groups, despite their preferences, those groups are likely to feel less safe and less trusting. Less trust means that group members are less likely to give others the benefit of the doubt, leading to more conflict [...]. Such groups feel less familiar, meaning that group members are more likely to feel strange or to perceive others as strange. That dynamic contributes to less trust, and often more conflict.“ Insbesondere angesichts eines einzuleitenden vertrauensvollen Dialogprozesses zwischen Akteuren der Majorität und der Minorität empfiehlt sich die Implementierung von Diversity Management weniger als ein einmaliges und zeitlich befristetes Projekt, sondern vielmehr als eine inkrementelle Strategie der Unternehmensführung (vgl. Kapitel III.5).

In engem Konnex mit Corporate Social Responsibility sowie im Lichte von Kosten-Nutzen-Überlegungen und systemimmanenten Machtprozessen wird von einigen Autoren die kritische Frage aufgeworfen, inwieweit seitens Wirtschaft und Politik mittels Diversity Management eine neoliberale Instrumentalisierung anthropogener Vielfalt erfolgt (vgl. Habisch et al. 2005; Bendl 2007; Hanappi-Egger 2012b). Gerade bei profitorientierten Unternehmen dominiert aus Sicht der Kritiker die ökonomische gegenüber der gesellschaftlichen Komponente, wobei sozio-kulturelle Differenzen des ‚Produktionsfaktors Mensch‘ in erster Linie zur Steigerung des Gewinns genutzt würden. Bendl (2007, S. 22f.) konstatiert in diesem Zusammenhang: „Damit unterwirft sich auch der betriebliche Diversitätsdiskurs dem ökonomischen neoliberalen Kalkül und den Gesetzen des Marktes. Oder anders, etwas schärfer formuliert: betriebliches Diversitätsmanagement wird von Unternehmensleitungen für das Kapital und die Gewinne der AktienbesitzerInnen instrumentalisiert. Die alleinige Betonung der normativen Komponente der Gleichbehandlung und Gleichstellung greift in diesem ökonomischen Kontext zu kurz, da auch die Herstellung der Wichtigkeit von Diversitäten [...] den Gesetzen des Marktes und damit den Aktienkursen unterworfen wird.“

Vor dem Hintergrund einer offensichtlichen unternehmerischen ‚Produktivmachung‘ von Diversity gibt es in der *scientific community* eine zunehmende Anzahl von Vertretern, die für eine forcierte Inwertsetzung des Konzepts in außerökonomischen Kontexten eintreten (etwa Struppe 2006; Dören 2007; Prengel 2007). So haben beispielsweise Perko und Czollek (2007) ein politisiertes, der Profitmaximierung enthobenes Diversity-Konzept entwickelt, das bei bestehenden Gesellschaftsanalysen ansetzt und dezidiert jene Ansätze integriert, denen es um eine Aufhebung gesellschaftlicher Strukturen von ‚Chancen haben‘ und ‚keine Chancen haben‘, von ‚Teilhabe‘ und ‚Nicht-Teilhabe‘ bzw. von ‚Macht‘ und ‚Nicht-Macht‘ geht. Auch wenn man gerade aus normativer Perspektive einer neoliberalen Instrumentalisierung menschlicher Heterogenität kritisch gegenübersteht und ein stärker der Unternehmensethik verpflichtetes, gesellschaftspolitisches Verständnis von Diversitätsmanagement postuliert, so darf man in diesem Zusammenhang nicht vergessen, dass in

Unternehmen letztendlich immer das Kosten-Nutzen-Kalkül im Vordergrund steht. Dieses Faktum manifestiert sich auch explizit in den beiden nachfolgenden Zitaten zweier Bankmanager, die Arredondo (1996, S. 217f.) im Rahmen ihrer Ausführungen zur Zukunft von Diversity Management anführt: „We define“, so der erste von Arredondo zitierte Bankmanager, „diversity as part of the way we do business – focus on emerging markets and their purchasing power.“ Kaum weniger pragmatisch ist die Aussage des zweiten Bankmanagers, der darüber hinaus auf die zunehmend globalisierten Märkte anspielt: „We need to change because of foreign interests in banking. The largest banks in the world are not in the United States. We may have only one on the top 10 list, yet business trends are global.“

Abgesehen von der grundsätzlichen, häufig moralisch aufgeladenen Diskussion, ob eine betriebswirtschaftliche Vereinnahmung diversitätsrelevanter Themen kritikwürdig ist, verursacht eine Kosten-Nutzen-Darstellung von Diversity Management deutliche Komplikationen, da sich vor allem der langfristige Nutzen dieses Managementkonzepts nur schwierig in operationalisierbaren Größen abbilden lässt. Hinzu kommen versteckte Kosten, die mitunter übersehen, häufig nicht erkannt oder schlichtweg ignoriert werden. Selbst einschlägige *best-practice*-Beispiele können in der Regel nicht auf ein schlüssiges Kosten-Nutzen-Modell verweisen, sondern versuchen, die jeweils für sie relevanten Diversitätsthemen aufzugreifen und in Wert zu setzen (vgl. Domsch & Ladwig 2003; Hanappi-Egger 2012b; Stangel-Meseke, Hahn & Steuer 2015).

Bevor im Folgenden auf die wichtigsten Verständnisansätze bzw. Paradigmen von Diversity Management eingegangen wird, sollen an dieser Stelle noch einmal in prägnanter Form zentrale Gemeinsamkeiten und Unterschiede von Diversity Management und Corporate Social Responsibility aufgerollt werden. Wie das bisher analysierte konzeptionelle Selbstverständnis von Diversity Management gezeigt hat, erinnern einige betriebswirtschaftlich motivierte Argumentationsstränge frappant an laufende Diskussionen um Corporate Social Responsibility: Unternehmen sollen sich ihrer sozialen Verantwortung stellen, sich ethischen Grundprinzipien verpflichtet fühlen und humane, auf Transparenz ausgelegte Managementkonzepte implementieren, wobei nicht zuletzt eine diskriminierungsfreie Personalpolitik – im Sinne einer nachhaltigen Integration ökonomischer, ökologischer und sozialer Kriterien – als zentraler Wettbewerbsvorteil angesehen wird. In beiden Konzepten wird davon ausgegangen, dass sich eine zukunftsorientierte Unternehmenspolitik nicht nur auf eine kurzfristige Profit- bzw. Wachstumsoptimierung konzentriert, sondern darüber hinaus sozio-ökologische Aspekte in die Unternehmensstrategie integriert (vgl. Hanappi-Egger 2012b). Ungeachtet der genannten konzeptionellen Gemeinsamkeiten weisen beide Managementansätze auch deutliche Unterschiede auf, wie die nachfolgende Gegenüberstellung illustriert:

Tabelle 2: Gemeinsamkeiten und Unterschiede von CSR und Diversity Management

	CSR	**Diversity Management**
Organisationskonzept	offenes System	offenes System
Verpflichtung	freiwillig	freiwillig
Treiber	Ökologie, Demographie	Demographie, rechtliche Grundlagen
Fokus	Stakeholder	Individuum, strukturell benachteiligte Mitarbeiter
Strategieausrichtung	extern/intern	vorwiegend intern
Managementkonzept	top-down	top-down und bottom-up
Terminologie	Nachhaltigkeit	Wettbewerbsfähigkeit
Legitimation	soziale Verantwortung	ökonomischer Nutzen
Evaluierungsmodell	Balanced Scorecard	Diversity Scorecard

Quelle: Hanappi-Egger (2012b)

Insbesondere der in Kapitel III.2 vorgestellte Entstehungskontext vor dem Hintergrund der US-amerikanischen Bürgerrechts- bzw. Antidiskriminierungsbewegung macht Diversity Management zu einem stark an Unternehmensstrategien ausgerichteten Konzept, das weniger einen Stakeholder-Ansatz als einen ökonomisch legitimierten, reaktiven Ansatz verfolgt (vgl. Hanappi-Egger 2012b).

Das konzeptionelle Selbstverständnis von Diversity Management basiert inzwischen auf einer Vielzahl divergierender Verständnisansätze bzw. Paradigmen, die sich primär mit dem strategischen Umgang mit organisationsinterner Diversität beschäftigen. Zunächst sollen in Grundzügen die drei von Thomas und Ely (1996) induktiv ermittelten Verständnisansätze – der moralisch-ethisch-orientierte Antidiskriminierungs- und Fairnessansatz (*Discrimination-and-Fairness Paradigm*), der ökonomisch-ergebnisorientierte Marktzutritts- und Legitimitätsansatz (*Access-and-Legitimacy Paradigm*) sowie der ressourcenorientierte Lern- und Effektivitätsansatz (*Learning-and-Effectiveness Paradigm*) – vorgestellt werden, die gemeinhin als zentrale Klassiker in der Rezeption von Diversity Management gelten. Anschließend werden mit dem diversitätsresistenten Homogenitätsansatz von Dass und Parker (1999) sowie dem strategisch-gesellschaftlichen Verantwortungs- und Sensibilitätsansatz von Schulz (2009) zwei weitere Konzepte jüngeren Datums präsentiert. Im Rahmen der Vorstellung dieser Verständnisansätze wird zunächst ganz bewusst eine chronologische Perspektive eingenommen, damit die konzeptionellen Entwicklungen deutlich zutage treten können. In einem zweiten Schritt erfolgt noch einmal eine tabellarische Übersicht über die wichtigsten Charakteristika der aufgerollten Ansätze.

Beginnen wir zunächst mit dem Antidiskriminierungs- und Fairnessansatz, der am ausgeprägtesten mit den einstigen Ausgangsbedingungen von Diversity Management verbunden ist, zielt er doch dezidiert auf die in den USA staatlich angeordneten *Affirmative Action Programs* und *Equal Employment Opportunity Principles* (vgl. Sepehri 2002; Brazzel 2003). Auch wenn einschlägige Programme das ideologische Fundament dieses Paradigmas bilden, so ist der moralisch-ethisch-orientierte Antidiskriminierungs- und Fairnessansatz deutlich von seinen ‚historischen Vorläufern' abzugrenzen, da Diversity Management keine staatlich vorgeschriebene Antidiskriminierungspolitik umsetzt, sondern vielmehr ein freiwilliges – wenn auch auf einen ökonomischen Nutzen ausgerichtetes – Konzept strategischer Unternehmensführung zur Wertschätzung von Diversität darstellt (vgl. Schulz 2009; Hanappi-Egger 2012a/2012b). In letzter Konsequenz prädominieren bei diesem Paradigma jedoch stets juristische Gleichbehandlungsvorgaben und gesellschaftliche Erwartungshaltungen, wobei Diversity nicht wirklich als wertschätzende Grundhaltung, geschweige denn als strategischer Erfolgsfaktor in der Organisationskultur verankert ist (vgl. Hansen 2006). Thomas und Ely (1996, S. 81) bringen es auf den Punkt, wenn sie schreiben: „Using the discrimination-and-fairness-paradigm is perhaps thus far the dominant way of understanding diversity. Leaders who look at diversity through this lens usually focus on equal opportunity, fair treatment, recruitment, and compliance with federal Equal Employment Opportunity requirements. [...] Under this paradigm, nevertheless, progress in diversity is measured by how well the company achieves its recruitment and retention goals rather than by the degree to which conditions in the company allow employees to draw on their personal assets and perspectives to do their work more effectively. The staff, one might say, gets diversified, but the work does not." Gleichwohl stellt der Antidiskriminierungs- und Fairnessansatz – gerade aus historischer Perspektive – einen nicht zu unterschätzenden Schritt für einen organisationalen Veränderungsprozess dar, auch wenn bestimmte ressourcenorientierte Aspekte wie beispielsweise organisationales Lernen noch keine explizite Rolle spielen (vgl. Warmuth 2012).

Kontrastierend zum Antidiskriminierungs- und Fairnessansatz erkennt der ökonomisch-ergebnisorientierte Marktzutritts- und Legitimitätsansatz den betriebswirtschaftlichen Mehrwert von Diversity in einer verstärkten Wettbewerbsfähigkeit und nützt diese, um angesichts einer zunehmend entgrenzten Weltwirtschaft neue Märkte zu erschließen. Insbesondere angesichts fortschreitender Individualisierungs- und Pluralisierungsprozesse soll die Mitarbeiterstruktur die immer ausdifferenziertere Kundenstruktur widerspiegeln (vgl. Aretz 2006; Schulz 2009; Stangel-Meseke, Hahn & Steuer 2015). Geradezu paradigmatisch manifestiert sich diese Intention im nachfolgenden Zitat von Thomas und Ely (1996, S. 83): „We are living in an increasingly multicultural country, and new ethnic groups are quickly gaining consumer power. Our company needs a demographically more diverse workforce to help us gain access to these differentiated segments. We need employees with multilingual skills in order to understand and serve our customers better and to gain legitimacy with them. Diversity isn't just fair; it makes business sense." Problematisch an diesem Ansatz ist nicht nur, dass in Diversity fast ausschließlich ein marktorientiertes und wettbewerbsförderndes Instrument gesehen wird, sondern dass er auch zu Stereotypisierungen einlädt, da Mitarbeiter auf die Zugehörigkeit zu einer spezifischen sozio-kulturellen Gruppe reduziert und damit einhergehend bestimmte – vermeintlich – gruppentypische Verhaltensweisen und Einstellungen erwartet werden (vgl. Hansen 2006; Warmuth 2012). Die geringe Ganzheitlichkeit dieses Paradigmas kommt dezidiert in der nachfolgenden Aussage von Foldy (2004, S. 533) zum Tragen: „Organizations with this perspective celebrate cultural differences, but in simplistic and narrow ways. They are likely to bring in employees from nontraditional backgrounds to reach new clients and constituencies, such as hiring Hispanic employees to work in Spanish-speaking communities. There is little further investigation of the potential of diverse backgrounds and ideas."

Erst im Rahmen des ressourcenorientierten Lern- und Effektivitätsansatzes wird Diversity Management explizit als eine holistische Strategie konzeptualisiert, die vor allem den Aspekt des organisationalen Lernens in Wert setzt. Dass und Parker (1999, S. 71f.) schreiben in diesem Zusammenhang: „Three characteristics distinguish the learning perspective from other perspectives on diversity: a) it sees similarities and differences as dual aspects of workforce diversity; b) it seeks multiple objectives from diversity, including efficiency, innovation, customer satisfaction, employee development, and social responsibility; c) it views diversity as having long-term as well as short-term ramifications." Ein zentraler Bestandteil dieses Paradigmas ist eine tolerante, flexible und in alle Richtungen offene Unternehmenskultur, die kontinuierlich an die sich dynamisch verändernden Mitarbeiterstrukturen angepasst wird. Dabei wird bei der Handhabung heterogener Werte, Normen und Einstellungen eine Balance zwischen Integration und Differenzierung anvisiert. Eine entsprechende Unternehmenskultur nimmt die Existenz von Diversität nicht nur als Summe verschiedenartiger Mitarbeiter wahr, sondern fördert ganz gezielt Pluralismus, damit jeder Mitarbeiter seine individuelle Persönlichkeit mit ihren spezifischen sozio-kulturellen Bezügen frei entfalten kann (vgl. Becker 2006; Hansen 2006; Schulz 2009).

Der diversitätsresistente Homogenitätsansatz, der von Dass und Parker (1999) eingeführt wurde, stellt zumindest aus diversitätsaffiner Perspektive eine ungute Ausnahme dar, auch wenn er in der Realität wahrlich keine Seltenheit ist: Basierend auf einer vergemeinschaftenden Personalpolitik wird in diesem Ansatz Diversity Management weder als juristisch erforderlich noch als ökonomisch sinnvoll geschweige denn als moralisch-ethisch wertvoll erachtet. Diversitätsresistente Unternehmen fokussieren das ‚homogene Ideal', wobei die Majorität alles daran setzt, dass die bestehende Homogenität und die monokulturelle Konformitätskultur erhalten bleiben, weil sie im Vergleich zu heterogenen Unternehmensstrukturen als wettbewerbsfähiger und konfliktärmer angesehen werden (vgl. Schulz 2009). Dass eine entsprechende Resistenzkultur nicht nur zu einer bedauerlichen Gleichgültigkeit gegenüber Diversität, sondern viel gravierender zu einer bewussten Ablehnung und Unterdrückung von Minderheiten führen kann, demonstriert eindrucksvoll das nachfolgende Zitat von Dass und Parker (1999, S. 69): „Growing pressures for diversity are likely to be perceived as threats. By some accounts, the resistance perspective is alive and well in some organizations. Videotapes showed that Texaco executives used racial epithets and planned to destroy evidence of discriminatory practices. Both Mitsubishi Motor Manufacturing of America and Astra Pharmaceuticals were accused of sexual harassment, suits were filed, and managers were subsequently fired or reassigned. Many other organizations worldwide face discrimination claims from immigrants, ethnic groups, gays, lesbians, aging employees, and women."

Der strategische Verantwortungs- und Sensibilitätsansatz von Schulz (2009) stellt von allen bisher vorgestellten Paradigmen den ganzheitlichsten Zugang zu Diversity Management dar. Während die klassischen Verständnisansätze von Thomas und Ely (1996) primär einen organisationsinternen Blickwinkel fokussieren, integriert der Verantwortungs- und Sensibilitätsansatz darüber hinaus eine organisationsexterne Perspektive. In diesem Kontext wird die interne Ressourcenorientierung um eine externe Gesellschaftsorientierung erweitert, sodass nicht mehr nur untersucht werden kann, wie sich Diversity Management auf die Wettbewerbsfähigkeit von Unternehmen auswirkt, sondern auch, welchen Beitrag dieses Managementkonzept zur Lösung ausgewählter gesellschaftlicher Herausforderungen – etwa Globalisierung oder demographischer Wandel – beisteuert. Vor diesem Hintergrund öffnet sich der Verantwortungs- und Sensibilitätsansatz einerseits verstärkt Corporate Social Responsibility, andererseits verweist er dezidiert auf die humanistische Funktion von Unternehmen in einem zunehmend globalen Zeitalter. Eine entsprechende Neujustierung erfordert seitens der Unternehmen eine kontinuierliche Reflexion ihres Diversity Managements, soll dieses nicht als isolierte und kurzfristige Einzelmaßnahme verpuffen.

Die nachfolgende Tabelle dokumentiert noch einmal in konziser Form die vorgestellten organisationalen Verständnisansätze von Diversity. Kontrastierend zur bisherigen chronologischen Darstellung erfolgt in diesem Fall die Anordnung der Verständnisansätze entsprechend ihrer Ganzheitlichkeit und Wertschätzung von Diversität.

Tabelle 3: Organisationale Verständnisansätze von Diversity

Diversitäts-verständnisse	Grund-orientierung	Perspektive	Fokus	Ziele
Homogenitätsansatz Dass & Parker (1999)	diversitäts-resistent	Diversity als Gefahr	Majorität in der Organisation (‚homogenes Ideal‘)	Verteidigung des homogenen Status quo
Fairness- und Antidiskriminierungsansatz Thomas & Ely (1996)	moralisch-ethisch-orientiert	Diversity als Problem	Benachteiligte Minderheit in der Organisation	Gleichbehandlung von Majorität und Minorität
Marktzutritts- und Legitimitätsansatz Thomas & Ely (1996)	ökonomisch-ergebnis-orientiert	Diversity als Wettbewerbsvorteil	Organisation im Markt und Wettbewerb	Zugang zu neuen Kunden und Märkten
Lern- und Effektivitätsansatz Thomas & Ely (1996)	ressourcen-orientiert	Diversity als Ressource	Personelle Ressourcen in der Organisation	Organisationales Wissen und Lernen
Verantwortungs- und Sensibilitätsansatz Schulz (2009)	strategisch-gesellschafts-orientiert	Diversity als strategischer Umweltfaktor	Organisationen als Bürger der Gesellschaft	Übernahme gesellschaftlicher Verantwortung

Quelle: Modifizierte Zusammenstellung in Anlehnung an Hofmann (2006), Schulz (2009) und Warmuth (2012)

Wie obige Darstellung zeigt, impliziert jedes Diversitätsverständnis einen bestimmten Umgang mit personaler Heterogenität, der von einer diversitätsresistenten Verteidigung des Status quo bis zu einer strategisch-gesellschaftsorientierten Übernahme gesellschaftlicher Verantwortung reichen kann. Die damit einhergehenden divergierenden Perspektiven führen dazu, dass Unternehmen unterschiedliche Diversity-Strategien einsetzen (vgl. Dass & Parker 1999; Hofmann 2006). In der Praxis kann es jedoch durchaus vorkommen, dass in einer Organisation parallel divergierende Diversitätsverständnisse vorhanden sind, etwa wenn sich die Unternehmensleitung einem ressourcen- oder strategisch-gesellschaftsorientierten Diversitätsverständnis verschrieben hat, während untergeordnete Arbeitseinheiten noch durch Diversitätsresistenz charakterisiert sind (vgl. Warmuth 2012).

Ausgehend von einer Taxonomie idealtypischer Diversitätsorientierungen haben Leenen, Scheitza und Wiedemeyer (2006b) eine Organisationsklassifikation entwickelt, in der primär danach differenziert wird, ob Unternehmen kulturelle Vielfalt als Faktor wertschätzen und sich gegebenenfalls mit den verschiedenen Möglichkeiten von Diversity auseinandersetzen. Grundlage für die vorgenommene Zuordnung bildete eine empirische Befragung, in der sowohl die Sensibilität für Potentiale kultureller Diversität als auch Bedenken hinsichtlich der möglicherweise aus kultureller Heterogenität herrührenden Probleme eruiert werden sollten. Vor diesem Hintergrund unterscheiden Leenen, Scheitza und Wiedemeyer (2006b, S. 137f.) vier verschiedene Organisationstypen, deren wichtigste Charakteristika nachfolgend dokumentiert sind:

1. *Diversitätsblinde Organisationen:* Für diversitätsblinde Organisationen spielt kulturelle Vielfalt keine Rolle, wobei das Vorhandensein von Heterogenität entweder nicht wahrgenommen oder für irrelevant gehalten wird. Schwierigkeiten, die in der Zusammenarbeit entstehen, und divergierende Mitarbeiterpräferenzen werden nicht mit kultureller Unterschiedlichkeit in Verbindung gebracht.
2. *Diversitätsabwehrende Organisationen:* In diversitätsabwehrenden Organisationen dominiert die Ansicht, dass kulturelle Heterogenität keinen Mehrwert für die Organisation birgt, sondern vielmehr Probleme und Konflikte hervorruft. Vor diesem Hintergrund wird die Bewahrung eines ‚homogenen Ideals' präferiert, was sich unter anderem in einer selektiven Personalauswahl und in einem starken Anpassungsdruck auf Minderheiten widerspiegelt.
3. *Diversitätspragmatische Organisationen:* Diversitätspragmatische Organisationen erkennen einen gewissen Mehrwert von kultureller Vielfalt, wobei man sich von einer heterogenen Mitarbeiterstruktur entweder ein positives Image oder einen konkreten ökonomischen Vorteil, beispielsweise durch eine größere Nähe zu einer bestimmten Zielgruppe, verspricht. Allerdings betrifft diese vergleichsweise diversitätsaffine Haltung nicht alle Bereiche, etwa hinsichtlich organisationsinterner Aufstiegsmöglichkeiten oder der Inklusion in bestimmte Netzwerke. Dieser Umstand ist insbesondere darauf zurückzuführen, dass die bestehenden Organisationsstrukturen nach wie vor einseitig auf die Mehrheitskultur zugeschnitten sind.
4. *Diversitätsengagierte Organisationen:* Diversitätsengagierte Organisationen sehen in der Vielfalt ihrer Mitarbeiter eine grundsätzliche und weiterführende Managementaufgabe. Dies manifestiert sich sowohl im Personalprofil als auch in den Führungskonzepten: Die Mitarbeiter sind nicht nur in der Lage, Heterogenität zu erkennen und diese zum Vorteil der Organisation in Wert zu setzen, sondern sie erhalten auch explizit die Möglichkeit, sich und ihre Fähigkeiten einzubringen, um zielgerichtet Synergieeffekte ausschöpfen zu können. Vor diesem Hintergrund treten deutlich weniger gruppenspezifische Konflikte auf, die Personalfluktuation nimmt ab und Minderheitenvertreter sind häufiger in Führungspositionen anzutreffen.

Unabhängig davon, ob man Rekurs auf die organisationalen Verständnisansätze von Diversität oder die Taxonomie idealtypischer Diversitätsorientierungen nimmt, geht eine erfolgreiche Implementierung von Diversity Management mit einem Transformationsprozess im Unternehmen einher, der sich – wie Abbildung 4 illustriert – primär auf drei Ebenen konzeptualisieren lässt und einen Paradigmenwechsel im strategischen Umgang mit Diversity erfordert:

Abbildung 4: Paradigmenwechsel im strategischen Umgang mit Diversität

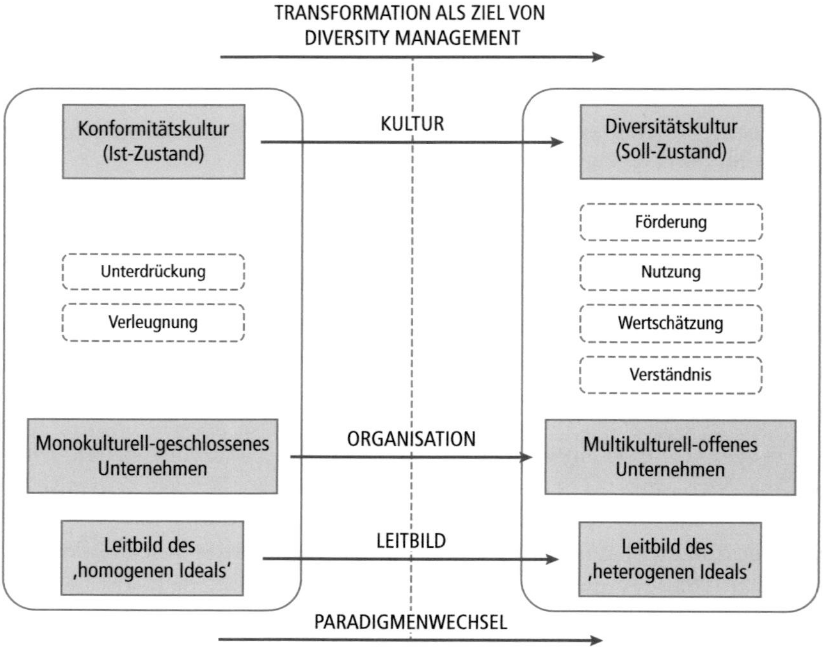

Quelle: Modifizierter Entwurf nach Schulz (2009)

Wie die Abbildung deutlich macht, wird im Rahmen des Transformationsprozesses von einem monokulturell-geschlossenen Unternehmen zu einem multikulturell-offenen Unternehmen das ursprüngliche Leitbild des ‚homogenen Ideals' durch das Leitbild des ‚heterogenen Ideals' substituiert (vgl. Schulz 2009). Dabei ist die Transformation von der ursprünglichen Konformitätskultur zu einer anvisierten Diversitätskultur mehr als nur der Übergang zu anderen Methoden, um beschlossene Ziele zu erreichen. Vielmehr ändern sich die Ziele selbst und damit das organisationale Selbstverständnis. Dies ist, wie Herrmann-Pillath (2007, S. 215) in diesem Zusammenhang schreibt, „kein Prozess, der durch einfache Beschlüsse der Führung zu starten oder gar abzuschließen ist. Er erfordert einen langfristigen strategischen Wandel der

Unternehmen, der bereits selbst so weit wie möglich nach dem Prinzip der Offenheit organisiert werden muss." Ein derart komplexer Transformationsprozess bedarf eines konsequenten Paradigmenwechsels, um nachhaltig die Kreativitäts-, Innovations- und Problemlösungspotentiale einer divers zusammengesetzten Belegschaft verstehen, wertschätzen, nutzen und im Idealfall auch fördern zu können.

4 Managing Diversity: Diversity Management im Spannungsfeld von Globalisierung, Postmoderne und Pragmatismus

> „Die Emanzipation ist erst dann vollendet, wenn gelegentlich auch eine total unfähige Frau in eine verantwortliche Position aufrücken kann."
> Heidi Kabel

Will man den komplexen und normativen Charakter von Diversity Management in seiner gesamten Tragweite für heutige Unternehmens- respektive Personalpolitiken durchdringen, so bedarf es nicht nur – wie im vorherigen Kapitel geschehen – einer Auseinandersetzung mit zentralen Verständnisansätzen, sondern auch einer eingehenden Reflexion grundlegender sozio-ökonomischer und kultureller Aspekte bzw. Transformationsprozesse, die die Etablierung dieses Managementkonzepts begleitet haben. Rezipiert man Organisationen als soziale Systeme, die in einer analytischen Hierarchie zwischen einfachen Interaktionssystemen einerseits und großen gesellschaftlichen Funktionssystemen (Wirtschaftssystem, politisches System, Rechtssystem, Wissenschaftssystem etc.) andererseits angesiedelt sind und mit diesen in einem systemimmanenten Interdependenzverhältnis stehen, so lassen sich – laut Aretz (2006) – vor allem ökonomische, kulturelle sowie politisch-juristische Transformationen anführen, die mit zunehmend komplexen demographischen Herausforderungen und einer veränderten öffentlichen Meinung einhergehen. Die nachfolgenden Ausführungen sollen in Grundzügen mit drei zentralen Faktoren vertraut machen, die den Ausbreitungsprozess von Diversity Management entscheidend geprägt haben: Globalisierung, Postmoderne und nicht zuletzt eine pragmatische Nutzenorientierung auf organisationaler Ebene.

Im Kontext der sozialwissenschaftlichen Diversitätsforschung ist weitgehend unumstritten, dass Globalisierung und die mit ihr einhergehenden Prozesse und Implikationen zu den zentralen *push*-Faktoren für eine Implementierung von Diversity Management zählen (vgl. Aretz 2006; Page 2007; Schulz 2009). Wohl wissend, dass in den Sozialwissenschaften jede Disziplin ihr eigenes konzeptionelles Selbstverständnis von Globalisierung pflegt (vgl. Nederveen Pieterse 1998), rücken aus ökonomischer Perspektive vor allem die Internationalisierung der Wirtschaftsstrukturen und die Ausbreitung kapitalistischer Marktverhältnisse in den Mittelpunkt des Erkenntnisinteresses, wobei die Internationalisierung von Unternehmensaktivitäten zu den größten Herausforderungen für die Unternehmensführung im 21. Jahrhundert gezählt wird (vgl. Riehle 1997; Berger 2002; Krystek & Zur 2002; Barnett, Robinson & Rose 2008; Murray 2011). Wer sich als Unternehmer den entsprechenden Herausforderungen stellen will, kann sich immer seltener erlauben, seine geschäftlichen Aktivitäten ausschließlich auf den Heimatmarkt zu beschränken. Vor diesem Hintergrund ist Internationalisierung weder unternehmerischer Selbstzweck noch standortbedingter Exodus, sondern vielmehr integrativer Bestandteil der Expansionsstrategie einer rasant ansteigenden Anzahl von Unternehmen.

Ab welchem Zeitraum man expressis verbis von einer ökonomischen Globalisierung anstatt von einer ökonomischen Internationalisierung sprechen kann, ist in der Fachliteratur umstritten; ein Umstand, der nicht zuletzt auf die schwierige Abgrenzung des Globalisierungs- vom Internationalisierungsbegriff zurückzuführen ist, da diesbezüglich – abhängig von der jeweiligen Forscherperspektive – ausgesprochen divergente Indikatoren bzw. Parameter herangezogen werden. Aus Perspektive von Wirtschaftshistorikern ist seit geraumer Zeit weitgehend unumstritten, dass die vier Jahrzehnte vor Ausbruch des Ersten Weltkriegs zumindest in Ansätzen eine Epoche weitreichender ökonomischer Globalisierung markierten (vgl. Chandler 1989; Dülfer 2002). Als zentrale *push*-Faktoren fungierten vor allem die forcierte Ausweitung des internationalen Handels, die sukzessive Internationalisierung der Finanzmärkte, die Geburtsstunde erster multinationaler Unternehmen sowie der immer rasantere Fortschritt in den Kommunikations- und Transporttechnologien. Aretz (2006, S. 53f.) schreibt in diesem Zusammenhang: „Die erste Globalisierungswelle (1870–1914), also die Periode des Goldstandards und des ‚free trade liberalism' unter der Hegemonie Großbritanniens (Pax Britannica), wurde angestoßen durch eine Kombination sinkender Transportkosten und den Abbau von Handelshemmnissen und verzeichnete ein dramatisches Anwachsen von Kapital, Arbeit und Gütern: Die Exporte im Vergleich zum Welteinkommen verdoppelten sich, das ausländische Kapital verdreifachte sich bezogen auf das Einkommen in Afrika, Asien und Lateinamerika, und die Migration von Arbeitskräften [...] machte nahezu 10% der Weltpopulation aus." Diese Globalisierungswelle ebbte jedoch zwischen den beiden Weltkriegen deutlich ab und mündete schließlich in etlichen Staaten in eine Phase des Rückfalls in Nationalismus und Protektionismus.

Von einer Umkehrung dieser Entwicklung kann erst wieder seit Ende der 1940er Jahre unter der Hegemonialmacht USA (Pax Americana) die Rede sein.

Die ökonomische Leitideologie dieser Phase, die zeitlich bis in die 1980er Jahre terminiert wird, bildete der sogenannte *embedded liberalism*, bei dem die Offenheit des internationalen Handelsverkehrs an die Geschlossenheit eines Finanzsystems (Bretton Woods) gekoppelt wurde (vgl. Aretz 2006). Es handelt sich beim entsprechenden Zeitraum nicht nur um jene Epoche, in der mit der Implementierung von Weltbank und Internationalem Währungsfond (IWF) sowie der Verabschiedung des sogenannten *General Agreement on Tariffs and Trade* (GATT) der institutionelle und rechtliche Rahmen für eine – vermeintlich – freie Weltwirtschaft geschaffen wurde, sondern auch um das ‚Goldene Zeitalter' der Moderne respektive des modernen Kapitalismus (vgl. Fischer 1998; Aretz 2006), das sich geradezu paradigmatisch im tayloristischen bzw. fordistischen Produktionsregime widerspiegelt. Vester (1993, S. 111f.) vermerkt in diesem Zusammenhang: „Konsequentester Ausdruck der hochgradigen Arbeitsteilung und damit Sinnbild der modernen Industrieorganisation sind *Taylorismus* und *Fordismus*. [...] Die Standardisierung der Produktion und der Produkte wirkte sich schließlich günstig auf den Preis des Produkts Auto aus, das auf Massenmärkten angeboten werden konnte. Der Fordismus prägte damit nicht nur die Fabrik der Zeit zwischen den Weltkriegen und nach dem Zweiten Weltkrieg, sondern wurde auch zu einem kulturellen Phänomen mit eigener Ästhetik. Standardisierung oder 08/15 wurde zum kulturellen Modell." Insbesondere die mit der Standardisierung einhergehende Effizienz, Berechenbarkeit und Vorhersehbarkeit ergaben in weiten Bereichen der Waren- und Dienstleistungsproduktion ein zentrales Muster der Moderne, das Ritzer (1993) mit seiner *McDonaldization*-These auf den Punkt bringt. Synchron mit dem modernen Produktionsregime konstituierte sich nicht nur ein zunehmend ausdifferenziertes Spektrum sozialer Institutionen, das von Parteien über Gewerkschaften bis hin zu Business Schools reichte und ein ausgesprochen diversifiziertes Anspruchs- und Interessenspektrum abdeckte, sondern peu à peu rückte auch das Thema Diversity auf die Agenda, das vor allem durch die häufig gewerkschaftlich organisierte Bürgerrechtsbewegung aufgegriffen wurde (vgl. Kapitel III.2).

Vor dem Hintergrund einer sukzessiven Transformation von der Moderne zur Postmoderne, die Menzel (1998) nicht nur mit dem vergleichsweise abrupten Ende des Ost-West-Konflikts, sondern auch mit einem signifikanten Strukturwandel der Weltwirtschaft in Verbindung bringt, setzte ein dritter Globalisierungsschub ein. Dabei wird der *embedded liberalism* des zweiten Globalisierungsschubs nach und nach durch eine neoliberale Ideologie abgelöst, deren Verfechter vor allem eine forcierte Deregulierung der Wirtschafts- und Finanzmärkte einfordern. Altvater und Mahnkopf (2007, S. 24) skizzieren die entsprechenden Konsequenzen aus einer dezidiert globalisierungskritischen Perspektive: „Mit der Dominanz des Marktes, nicht zuletzt eine Folge der Politik der Deregulierung, ergibt sich die Hegemonie des marktliberalen, neoliberalen Paradigmas...", wobei die beiden Politologen im Kontext des Globalisierungsdiskurses zwei gegenläufige Tendenzen ausmachen: „Die eine erzwingt eine Vereinheitlichung, steigert mit der Ununterscheidbarkeit der verschiedenen Beiträge die Entropie eines Diskurses, in dem Differenzen und Differenzierungen eingeebnet werden. Zur höchsten Blüte gelangt diese Tendenz im ‚Penseé unique' [eindimensionalen Denken; Anm. d. Verf.] des Neoliberalismus, in dem vom Markt alles erwartet wird, wenn nur die hemmenden Regeln, die immer lokal gebunden und zumeist in einer spezifischen politischen Kultur verankert sind, verschwinden. [...] Doch gibt es auch die andere Tendenz der ‚Entropieresistenz' [...]. Kulturelle Unterschiede verschaffen sich auch im Globalisierungsdiskurs Geltung – und diese erklären, warum bislang trotz Globalisierung und Dominanz neoliberaler Denkmuster keine Vereinheitlichung der Diskurse erreicht werden konnte."

Aus Unternehmerperspektive geht im dritten Globalisierungsschub der Strukturwandel der Weltwirtschaft insbesondere mit Veränderungen auf den Absatzmärkten (vor allem hinsichtlich der Ausdifferenzierung der Kundenbedürfnisse), den Beschaffungsmärkten (Stichwort *global sourcing*) und den Arbeitsmärkten (gerade in Hinblick auf eine zunehmende Mobilität) einher, wobei sich Letztere dezidiert in immer vielfältigeren Mitarbeiterstrukturen und einem verstärkten unternehmerischen *commitment* hinsichtlich Diversity widerspiegeln. Angesichts einer durch fortschreitende Globalisierungsprozesse beschleunigten ökonomischen Dynamik mit ihrem wachsenden Veränderungs- und Innovationsdruck auf Unternehmen sowie der Notwendigkeit eines effizienteren Einsatzes von Humanressourcen erscheinen monokulturelle Organisationen nicht nur als zu wenig kreativ und innovativ, sondern auch als zu wenig lern- und anpassungsfähig, um sich erfolgreich den immer komplexeren Herausforderungen der heutigen Zeit stellen zu können (vgl. Krell 1996; Aretz 2006; Schulz 2009). Genau an diesem Punkt setzt das Konzept von Diversity Management an, das sich mit der zunehmenden Heterogenität von Organisationen beschäftigt und explizit darauf abzielt, in der gegenwärtigen Phase einer ‚flexiblen Akkumulation' die Divergenzen von Strukturen, Funktionen und Strategien sowie von Individuen und Kulturen als strategische Ressource zur Lösung organisationaler Herausforderungen in Wert zu setzen. Aretz (2006, S. 58) konstatiert in diesem Zusammenhang: „Eine solche Organisation, die kulturelle Vielfalt wertschätzt, ist aber der Intention nach nicht einfach nur pluralistisch, sondern zeichnet sich durch die formelle und informelle Integration von Minderheitskulturen, durch geringe Intergruppen-Konflikte und das Fehlen von Vorurteilen und Diskriminierungen aus." In diesem Kontext sollen sich die Mitarbeiter der Bandbreite möglicher Individualität unter den differenzierten Aspekten der Persönlichkeit, der Sachkompetenzen sowie des kulturellen, gesellschaftlichen, organisationalen und privaten Umfelds bewusst werden und auf der Ebene sozialer Interaktionen die ‚Andersheit des Anderen' anerkennen.

Die forcierte unternehmerische Inwertsetzung von Diversity folgt nicht nur veränderten ökonomischen Strukturen und Prozessen, sondern weist auch dezidiert eine kulturelle Dimension auf, die sich am besten über das theoretische Konstrukt der Postmoderne erschließen lässt. Kaum ein zweiter Begriff der philosophischen und kulturwissenschaftlichen Gegenwartsdiagnose hat in den letzten drei Jahrzehnten sowohl den wissenschaftlichen Diskurs als auch die interessierte Öffentlichkeit derart intensiv beschäftigt wie dieser Terminus, wobei vieles, was in der heutigen Zeit als postmodern gilt, in der Moderne angelegt war, sich aber nicht ausschließlich aus der Logik der Moderne erklären lässt (vgl. Zima 2001; Petersen 2007; Kühne 2012); ein Phänomen, das vor allem dann deutlich wird, wenn man sich dem Begriff aus Perspektive von Bauman (1992, S. 127) nähert: „Die Postmoderne ist die Moderne, die die Unmöglichkeit ihres ursprünglichen Projekts eingestanden hat. Die Postmoderne ist die Moderne, die mit ihrer eigenen Unmöglichkeit versöhnt ist – und um jeden Preis entschlossen ist, damit zu leben." Dieser Pragmatismus war der Moderne mit ihrem von rationalem Denken geprägten Menschen- bzw. Weltbild – das sich von so hehren Idealen wie der Zivilisierung der Welt, dem Wohlstand der Nationen, der universalen Gültigkeit von Menschenrechten, der sozialen Sicherung sowie dem mündigen Bürger und dessen politischer Partizipation leiten ließ – nicht vergönnt, vielmehr mussten sich auch so renommierte Theoretiker wie Habermas (1992) eingestehen, dass das entsprechende Projekt ein unvollendetes bleiben würde. Begleitet wurden einschlägige Diskurse von drei Megatrends, die die *scientific community* voraussichtlich noch lange beschäftigen werden (vgl. Menzel 1998):

1. Eine durch fortschreitende Globalisierungsprozesse und technologischen Wandel implizierte Transformation von modernen Industrie- zu postmodernen Dienstleistungsgesellschaften, wobei die damit verbundene Kompression von Raum und Zeit primär nach einem ‚Meister der Geschwindigkeit' und weniger nach einem ‚Beherrscher des Territoriums' verlangt.
2. Eine Auflösung der alten Weltordnung, wie sie durch die europäische Welteroberung begründet wurde und trotz Dekolonisation durch die Klammer des Ost-West-Konflikts bis zum Ende der 1980er Jahre weiter bestanden hatte.
3. Eine sukzessive Entstehung einer neuen Weltwirtschaftsregion in Ost- und Südostasien, die sich längst nicht mehr nur ökonomisch, sondern verstärkt auch politisch emanzipiert und deren komplexes sozio-ökonomisches und kulturelles Selbstverständnis sowohl in Europa als auch in Nordamerika immer wieder auf ausgesprochen ambivalente Resonanzen stößt.

Die Erschütterung der Moderne und das vielfache Scheitern der mit ihr assoziierten Konzepte und Theorien implizieren jedoch keinesfalls ein kohärentes Bild von Postmoderne. Ganz abgesehen davon, dass es aus postmoderner Perspektive kontraproduktiv wäre, wollte man die Postmoderne in ihrer Totalität erfassen (vgl. Vester 1993). Im Folgenden sollen vielmehr – in Grundzügen und ohne Anspruch auf Vollständigkeit – einige ausgewählte Schlüsselbegriffe und Leitmotive postmodernen Denkens aufgerollt werden, die nicht nur für ein besseres Verständnis von Diversität hilfreich sind, sondern die auch eine verstärkte Inwertsetzung von Diversity als Managementkonzept begünstigt haben.

Zunächst einmal gilt festzuhalten, dass Vertreter der Postmoderne – angesichts der Destruktion vertrauter Paradigmen, die zum Verständnis der Moderne herangezogen wurden – gegenüber universalistischen Konzepten, Theorien oder gar Ideologien eine große Skepsis hegen. Lyotard (1984, S. xxiiif.) bringt es auf den Punkt, wenn er schreibt: „I will use the term *modern* to designate any science that legitimates itself with reference to a metadiscourse of this kind making an explicit appeal to some grand narrative, such as the dialectics of Spirit, the hermeneutics of meaning, the emancipation of the rational or working subject, or the creation of wealth. [...] Simplifying to the extreme, I define *postmodern* as incredulity toward metanarratives." Die Abkehr von den ‚Großen Erzählungen' und eine forcierte Hinwendung zu ‚Kleinen Erzählungen' evozieren eine ausgesprochen personalisierte Perspektive, die sich dezidiert dem Besonderen, Individuellen und Lokalen öffnet. Gleichzeitig geht ein entsprechender Paradigmenwechsel mit dem Eingeständnis einher, dass Gesellschaften als Ganzes aufgrund ihrer Komplexität kaum mehr zu fassen sind und sich vor diesem Hintergrund Kritik nur noch als Partialkritik artikulieren lässt (vgl. Friesen 1995).

Die Transformation von Moderne zu Postmoderne leitet nicht nur einen sukzessiven Bedeutungsverlust der ‚Großen Erzählungen' ein, sondern impliziert auch einen Wertewandel, den Inglehart (1998, S. 71ff.) anhand ausgewählter ‚Prognosen zum kulturellen Wandel' erläutert:

- Postmoderne Werte sind am weitesten in stabilen und wohlhabenden Gesellschaften verbreitet, während in weniger stabilen und wohlhabenden Gesellschaften stärker existenzielle Werte betont werden.
- In den meisten Gesellschaften vertreten eher wohlhabende und gebildete Bevölkerungsschichten postmaterialistische Werte als ökonomisch schwache und bildungsferne Bevölkerungsschichten, wobei Letztere stärker für existenzsichernde Werte eintreten.
- Wirtschaftlicher Aufschwung begünstigt die gesellschaftliche Verbreitung postmaterialistischer Werte, während ökonomische Stagnation und soziale Unruhen vor allem existenzielle Bedürfnisse hervorrufen.

- Gesellschaften, in denen sich über einen längeren Zeitraum hinweg eine positive Entwicklung ökonomischer und physischer Sicherheiten vollzog, weisen erhebliche Differenzen zwischen den Werteprioritäten älterer und jüngerer Generationen auf.
- Gesellschaften, in denen sich das Wachstum sozio-ökonomischer Sicherheiten in überdurchschnittlicher Geschwindigkeit vollzog, weisen einen ausgeprägten intergenerationellen Wertewandel auf. Verlief entsprechendes Wachstum hingegen langsam und stetig, so ist auch die intergenerationelle Wertedifferenz gering.
- Die angelegten Werte bleiben langfristig stabil, da – mit Ausnahme von kurzfristigen Schwankungen – jede Generation die einmal sozialisierten Werte konserviert.

Angesichts des skizzierten Wertewandels und in engem Konnex mit einer zunehmenden Dekonstruktion traditioneller Werte- und Normensysteme kommt es zu einer in dieser Intensität bislang nicht gekannten Individualisierung, Pluralisierung und Flexibilisierung von Lebensstilen, die verstärkt die traditionellen und von ausgeprägten Standardisierungen geprägten sozialen Beziehungen der Moderne in Frage stellen; ein Umstand, der mit einer zunehmenden Ausdifferenzierung und Wertschätzung kultureller Identitäten bzw. divergierender Lebenskonzepte einhergeht und nicht zuletzt – wie Aretz (2006, S. 61) aufzeigt – positive Effekte auf die Diversitätsthematik hat: „Alles Individuelle und Diverse, was durch die Kultur der ‚Moderne' und durch das damit verbundene ‚Generelle' und ‚Universelle' unterdrückt und negiert wurde, wird nun immer mehr zum Thema, insbesondere in gesellschaftspolitischen Diskursen: die kulturellen Identitäten der verschiedenen Nationen, Rassen, Ethnien, Frauen, Gender, Homosexualität, die Bedeutung des Regionalen und Lokalen im gegenwärtigen Globalisierungsprozess und auch das Thema ‚Diversity'."

Während für die Moderne – gerade in kulturellen Kontexten – das Überschreiten von Grenzen zwischen ausdifferenzierten Sphären ein Sakrileg darstellte, lässt die Postmoderne das Neben- und Durcheinander des Disparaten zu. Dabei werden Differenzen nicht nur anerkannt, vielmehr wird die Durchmischung von Unterschiedlichem zum kreativen Prinzip erhoben. Vor diesem Hintergrund lässt sich Postmoderne in Bezugnahme auf Vester (1993, S. 29f.) auch dezidiert als ein Pastichebildungsphänomen konzeptualisieren: „In der Postmoderne wird die Polarität von Differenzierung und Entdifferenzierung durch den Begriff Pastiche ergänzt und überholt. Pastiche bedeutet nicht einfach Entdifferenzierung, sondern setzt Differenzbildung voraus, um dann zu Hybridkreuzungen, Rekombinationen, Reintegrationen zu führen. Die postmoderne Pastichebildung ist eine Attacke auf das modernistische Reinheitsgebot." Spinnt man entsprechende Gedanken weiter, so lassen sich dezidiert Bezüge zum Diversity Management herstellen, das monokulturell-geschlossene Organisationen ablehnt und sich stattdessen dem Leitbild eines ‚heterogenen Ideals' verschrieben hat, das vor allem durch Pluralität und Integration geprägt ist.

Ein weiterer Aspekt der Postmoderne, der nicht nur in engem Zusammenhang mit Pastichebildung, sondern auch mit Diversity Management steht, ist der Prozess einer fortschreitenden Kulturalisierung des Sozialen und Ökonomischen, dessen multiple Ursachen und Implikationen in den Geistes- und Sozialwissenschaften meistens unter dem Label des *cultural turn* diskutiert werden (vgl. Lackner & Werner 1998; Berndt & Pütz 2007a; Frank & Schwenk 2010). Längst verbirgt sich hinter diesem komplexen Dachbegriff, der eine kaum noch zu überblickende Vielfalt an divergierenden und nicht immer widerspruchsfreien theoretischen und methodischen Ansätzen umfasst, eine fächerübergreifende Bewegung, die – ausgehend von entsprechenden Trends innerhalb der Anthropologie bzw. Ethnologie, verstärkt durch den postkolonialen Selbstbehauptungsdiskurs und nicht zuletzt angesichts einer zunehmenden Sensibilisierung für kulturelle Divergenzen im Spannungsfeld fortschreitender Globalisierungs- und Regionalisierungstendenzen – eine beachtliche Bandbreite unterschiedlicher Phänomene subsumiert (vgl. Crang 1997; Lackner & Werner 1998; Blotevogel 2003). Exemplarisch seien an dieser Stelle die explizite Einbeziehung kulturspezifischer Forschungsgegenstände, die Berücksichtigung kultureller Einflüsse auf Gesellschaft und Ökonomie, die Verwendung qualitativer bzw. interpretierender Methoden, die Akzentuierung des Idiographischen sowie eine kritische Distanz gegenüber strukturalistischen Erklärungsansätzen genannt.

Sieht man von einigen wenigen prominenten Ausnahmen – etwa Marx oder Weber – ab, so stellt die explizite Berücksichtigung des Faktors Kultur in ökonomischen Kontexten ein vergleichsweise neues Phänomen dar. Insbesondere die Managementlehre war bis weit in die zweite Hälfte des 20. Jahrhunderts vorwiegend einem technizistischen Paradigma mit einer funktionalistischen Sichtweise verhaftet, das Unternehmen primär auf Grundlage der Steuerungsgrößen Kosten und Ertrag analysierte. Die Gründe hierfür lagen unter anderem in einem – traditionell mit der Moderne assoziierten – ungetrübten Fortschrittsglauben, in dem paradoxen Bemühen, das Image einer von unwägbaren Störfaktoren freien und nach universellen Gesetzmäßigkeiten suchenden Wissenschaft zu wahren, und nicht zuletzt in der Schwierigkeit, Kultur als systemimmanente Determinante anzuerkennen (vgl. Bosch 1997; Scherle 2006). Aus betriebswirtschaftlicher Perspektive erforderte vor allem die zunehmende Intensivierung internationaler Geschäftsaktivitäten eine verstärkte kulturelle Orientierung, die gerade im interkulturellen Kontext eine forcierte strategische Inwertsetzung von Diversity Management begünstigte (vgl. Zülch 2005).

Gleichwohl würde man einer zunehmenden Kulturalisierung des Ökonomischen nicht gerecht werden, wollte man diese ausschließlich auf ihre interkulturelle Dimension reduzieren, vielmehr ist – wie Kellner (1989) aufzeigt – von einer Implosion von Kultur auszugehen, die sich geradezu paradigmatisch in so überstrapazierten Schlagworten wie Unternehmenskultur oder Kultursponsoring widerspiegelt. Dass eine entsprechende Implosion nur bedingt mit rein altruistischen Überlegungen assoziiert werden sollte, zeigt das nachfolgende Zitat von Vester (1993, S. 34f.): „Kultur wird kommodifiziert und kommerzialisiert, also als Ware auf Märkten gehandelt. Kultur wird im sozialen Austausch benutzt, um soziale Identität anzuzeigen, um eine soziale Position oder eine Rolle zu stilisieren. Kultur dient dem Self-Management und der Self-Promotion. Sponsoring, Werbung, Promotion gehen mit der Kultur Allianzen ein, die von wechselseitigem Interesse getragen sind. Dem Firmen-Image ist das kulturelle Outfit dienlich. Werbung wird kultiviert. Kulturelle Werte werden nicht einfach internalisiert, sondern müssen durch Marketing und Promotion an den Mann oder die Frau gebracht werden."

Angesichts des vorangegangenen Zitats stellt sich die Frage, welche pragmatischen Nutzenüberlegungen im Vordergrund stehen, wenn sich Unternehmen für eine Implementierung von Diversity Management entscheiden, denn „Vielfalt ist", wie Spehl (2003, S. 10) im Rahmen seiner Reflexionen zur Bedeutung von Vielfalt in Ökonomie und Ökologie zutreffend bemerkt, „kein Wert an sich." Vielmehr ergibt sich die unternehmerische Relevanz von Diversity in den Funktionen, die sie im jeweiligen Zusammenhang erfüllt. Vor diesem Hintergrund lässt sich die Frage nach den Funktionen von Vielfalt nur unter dezidiertem Einbezug einer nutzenorientierten Perspektive beantworten, da die Entscheidungsträger in den Unternehmen in der Regel nur dann in ein strategisches Diversity Management investieren, wenn sie dessen langfristige Nutzenpotentiale erkennen. Wer hingegen Diversity Management primär in Hinblick auf eine normativ-moralische Perspektive konzeptualisiert, vernachlässigt die eigentliche und umfassendere Betrachtungsweise, nämlich die ökonomische (vgl. Sepehri 2002; Schulz 2009).

In eine ähnliche Richtung argumentiert Aretz (2006, S. 65): „Aus einer systemtheoretischen Perspektive wird das Thema ‚Diversity' erst dann für Unternehmen relevant, wenn es an den ökonomischen Code der Nutzenoptimierung wirtschaftlichen Handelns anschließen kann und das Erfordernis besteht, die Diversität und Komplexität der Umwelt intern durch Aufbau von Eigenkomplexität zu bewältigen." Wie der Soziologe im Rahmen seiner weiteren Ausführungen darlegt, kommt Diversity Management vor allem dann zum Zuge, wenn Unternehmen in eine dynamische Umwelt eingebettet sind und flexibel reagieren müssen, während in relativ stabilen Umwelten weniger Bedarf entsteht. Bezieht man diese Reflexionen auf das institutionelle Setting des Kapitalismus, so fällt auf, dass Staaten wie die USA oder Großbritannien, in denen eine ausgesprochen marktbasierte Variante des Kapitalismus vorherrscht, deutlich offener für Diversity Management sind als Staaten wie beispielsweise die Bundesrepublik Deutschland, die eher durch einen koordinierten Kapitalismus geprägt sind. Aretz (2006, S. 66) begründet die entsprechenden Unterschiede wie folgt: „Während im institutionellen Umfeld eines marktbasierten Kapitalismus die Unternehmen zu kurzfristiger Marktanpassung gezwungen werden, was wiederum durch flexible Arbeitsmärkte erleichtert wird, auf denen die Unternehmen ihren jeweiligen Bedarf leicht anpassen können, sind in den koordinierten Marktökonomien die Arbeitsmärkte vergleichsweise rigide und die Arbeitsmarktflexibilität gering, allerdings bestehen hier auch relativ langfristige Beziehungen zwischen Arbeitgebern und Arbeitnehmern."

Welche konkreten Nutzenpotentiale im unternehmerischen Kontext bei der Implementierung von Diversity Management letztendlich im Vordergrund stehen, ist nicht nur vom institutionellen Setting abhängig, sondern basiert auf einem ausgesprochen komplexen Bündel divergierender Faktoren, wie beispielsweise Branche, Unternehmensgröße, Mitarbeiterstruktur und nicht zuletzt Unternehmensphilosophie. Nachfolgend sind – in Anlehnung an Cox und Blake (1991), Sepehri (2002), Schulz (2009) sowie Krell und Sieben (2011) – die wichtigsten Nutzenpotentiale in kompilatorischer Form aufgelistet:

- *Beschäftigtenstrukturargument:* Vor dem Hintergrund des demographischen Wandels und seiner Implikationen auf den Arbeitsmarkt werden zunehmend auch jene Personengruppen als Arbeitnehmer attraktiv, die es in früheren Zeiten schwer hatten, sich erfolgreich in der Berufswelt zu positionieren. In diesem Kontext ist vor allem der bereits jetzt in einigen Branchen zu konstatierende Nachwuchs- und Fachkräftemangel zu nennen, der mittel- bis langfristig insbesondere den Anteil an Frauen, Älteren und Menschen mit Migrationshintergrund an der Erwerbsbevölkerung steigen lässt.
- *Akquisitions- und Personalmarketingargument:* Das Akquisitions- und Personalmarketingargument nimmt – analog zum Beschäftigtenstrukturargument – nicht nur Bezug auf aktuelle Herausforderungen des demographischen Wandels, sondern instrumentalisiert darüber hinaus die reputations- bzw. imagefördernde Wirkung von Diversität als Werttreiber für Unternehmen. Ausgangspunkt ist unter anderem die Überlegung, dass diversitätsbewusste Unternehmen mittels einer gezielten Kommunikationspolitik über den empathischen Umgang mit Diversität strategische Wettbewerbsvorteile in einem zunehmend härteren Rekrutierungswettbewerb um qualifizierte Nachwuchskräfte erzielen.
- *Marketing- und Vertriebsargument:* Während das Akquisitions- und Personalmarketingargument primär die durch Diversity Management steigenden Chancen auf den Personalbeschaffungsmärkten hervorhebt, fokussiert das Marketing- und Vertriebsargument die durch dieses Managementkon-

zept eröffneten Möglichkeiten auf zunehmend komplexen Absatzmärkten. In diesem Kontext wird davon ausgegangen, dass eine heterogene Belegschaft deutlich besser in der Lage ist, sich auf die immer ausdifferenzierteren Bedürfnisse einer gleichfalls immer vielfältigeren Kundschaft einzustellen, als eine homogene Belegschaft, wobei die organisationsinternen Personalstrukturen im Idealfall das relevante Kundenspektrum abbilden.

- *Flexibilitätsargument:* Offene Organisationen, die dem ‚heterogenen Ideal' folgen, reagieren in der Regel deutlich flexibler auf die sich immer rascher wandelnden Umweltbedingungen. Die durch die Heterogenität der Belegschaft bedingte Perspektivenvielfalt eröffnet dabei unkonventionelle Denkstrukturen, die in Anbetracht eines immer komplexeren organisationalen Wandels zeitnah und flexibel auf neue unternehmerische Herausforderungen reagieren können.
- *Kreativitäts- und Innovationsargument:* Bei diesem Argument wird davon ausgegangen, dass die gemeinsame Arbeit von Individuen, die sich hinsichtlich ihrer Diversitätsdimensionen unterscheiden, produktiver ist als die Zusammenarbeit von Akteuren in einer homogenen Gruppe, da Diversität angesichts des heterogenen Perspektivenspektrums zu mehr Kreativität und demzufolge auch zu einer erhöhten Anzahl an Innovationen führt.
- *Problemlösungs- und Entscheidungsfindungsargument:* Das Problemlösungs- und Entscheidungsfindungsargument baut auf dem Kreativitäts- und Innovationsargument auf und beleuchtet insbesondere die Problemlösungsqualitäten sowie Entscheidungsfindungsprozesse in heterogenen Gruppen. In diesem Kontext wird davon ausgegangen, dass die bereits erwähnte erhöhte Kreativität heterogener Belegschaften zu optimierten Problemlösungen und Entscheidungsfindungen führt. Auch wenn die entsprechenden Prozesse meistens länger dauern, so ist weitgehend unumstritten, dass die seitens heterogener Gruppen generierten Ergebnisse in der Regel tragfähiger und nachhaltiger sind als jene homogener Gruppen.
- *Kostenargument:* Wenn Menschen aufgrund einer bestimmten Diversitätsdimensionen nicht oder nicht richtig integriert werden, kann das Kosten verursachen: Zum einen, da eine mangelhafte Integration demotivierend wirkt und der Zwang zur Anpassung Energien absorbiert, die der Leistungserstellung zugutekommen könnten, wobei sich die einschlägigen Konsequenzen insbesondere in erhöhten Fehlzeiten und Fluktuationsraten widerspiegeln. Zum anderen, da erfolgreiche Diskriminierungsklagen einen nicht zu unterschätzenden Kostentreiber darstellen.
- *Finanzierungsargument:* Diversity Management ist nicht nur angesichts des eben skizzierten Kostenarguments von zentraler Relevanz, sondern es kann auch als ein wichtiger Bestandteil von Corporate Social Responsibility dazu beitragen, Investoren zu gewinnen, die bei Finanzanlageentscheidungen immer öfter soziale Gesichtspunkte berücksichtigen.

- *Internationalisierungsargument:* Bei einer erfolgreichen Implementierung von Diversity Management wird davon ausgegangen, dass dieses Managementkonzept im Kontext von Internationalisierungsstrategien ausgesprochen hilfreich ist: Einerseits können Mitarbeiter mit Migrationshintergrund häufig wertvolle länder- bzw. marktspezifische Hinweise beisteuern und soziale Netzwerke zur Gewinnung ausländischer Geschäftspartner in Wert setzen. Andererseits zielt Diversity Management von seinem konzeptionellen Selbstverständnis darauf ab, bei den Beschäftigten Offenheit für divergierende Perspektiven und damit einhergehend interkulturelle Kompetenz zu erschließen.

Dass sich bei der Implementierung von Diversity Management nicht nur positive Effekte für Unternehmen ergeben, soll an dieser Stelle keineswegs verschwiegen werden und wird im nachfolgenden Kapitel näher beleuchtet. Darüber hinaus weist das Managementkonzept durchaus einige konzeptionelle Schwächen auf, wenn man beispielsweise an die bereits erwähnte starke Ausrichtung auf US-amerikanische Traditionen und Bedürfnisse denkt, die sich angesichts divergierender sozio-kultureller Strukturen nicht eins zu eins auf den europäischen Raum übertragen lassen. Vor diesem Hintergrund wird – wie Schulz (2009, S. 238) es auf den Punkt bringt – die zukünftige Verbreitung von Diversity Management „in entscheidendem Maße davon abhängen, inwiefern die bestehenden konzeptionellen Schwächen überwunden und die vom diversitätsbedingten Transformationsprozess betroffenen Personen von der interdisziplinären Relevanz und der ökonomischen Vorteilhaftigkeit dieser Managementkonzeption überzeugt werden können."

5 Doing Diversity: Die Implementierung von Diversity Management im Spannungsfeld von organisationalem Lernen und Konfliktmanagement

„Auch in Wissenschaften kann man eigentlich nichts wissen, es will immer getan werden."
Johann Wolfgang von Goethe

Bis dato wurde Diversity Management im Rahmen der vorliegenden Arbeit primär aus einer abstrakt-theoretischen Perspektive betrachtet. Will man allerdings diesem Managementkonzept eingedenk seines ausgeprägten Anwendungsbezugs gerecht werden, so muss man sich auch dezidiert mit der Implementierungspraxis auseinandersetzen. Ungeachtet einer zunehmenden organisationalen Inwertsetzung von Diversity Management scheitern noch immer zahlreiche Unternehmen bei dessen Einführung – und sei es nur, weil man sich bei der Konzeption auf das Kopieren bestimmter Praktiken und Programminhalte anderer Unternehmen beschränkt, die sich dann im konkreten Implementierungsprozess als unpraktisch, im schlimmsten Fall sogar als kontraproduktiv erweisen (vgl. Ivanova & Hauke 2006). Wenn man Diversity Management nicht nur als ein *tool* zum Abbau von Diskriminierungen rezipiert, sondern vielmehr auch die mit diesem Managementkonzept verbundenen organisationalen Entwicklungschancen erkennen und in Wert setzen möchte, so kommt man – im Sinne des *Learning-and-Effectiveness*-Paradigmas – nicht umhin, sich mit zentralen Aspekten organisationalen Lernens zu beschäftigen. Das Gleiche gilt in Hinblick auf Change Management sowie den Umgang mit Konflikten bzw. Widerständen, die in engem Konnex mit der entsprechenden Thematik stehen und deshalb im Folgenden eingehender erörtert werden sollen.

Eine erfolgreiche und nachhaltige Implementierung von Diversity Management bedarf nicht nur eines eindeutigen und klar definierten Konzepts, sondern auch einer möglichst breiten, hierarchieübergreifenden Unterstützung. Gerade angesichts einer im Kontext von Corporate Social Responsibility zunehmend inflationären Instrumentalisierung von Diversity Management besteht die keinesfalls zu unterschätzende Gefahr, dass die Unternehmensführung in ihren harmonisch formulierten Leitbildern lediglich öffentlichkeitswirksame Lippenbekenntnisse ablegt und diversitätsbezogene Scheindebatten führt. Die Deklaration eines diversitätsorientierten Unternehmensleitbilds bedeutet aber noch lange nicht, dass Führungskräfte und Mitarbeiter automatisch diversitätsbewusstes Denken, Fühlen und Handeln internalisiert haben. Eine strategische Implementierung von Diversity Management erfordert vielmehr einen langfristigen Entwicklungsprozess auf individueller und organisationaler Ebene, der von einer Transformation der Organisationskultur begleitet wird (vgl. Schulz 2009). In diesem Kontext ist es wichtig, Diversity Management nicht nur als Personalentwicklung, sondern in erster Linie als Organisationsentwicklungsprozess anzulegen. Dieser impliziert im Idealfall Veränderungen in Strukturen und Managementsystem, da Hemmnisse für die Potentialentfaltung von Minoritäten nicht nur auf das diskriminierende Verhalten von Mitmenschen zurückzuführen sind, sondern in der Regel auch auf Strukturen basieren, die auf die spezifischen Bedürfnisse der dominierenden Gruppe zurechtgeschnitten wurden und nun sukzessive verändert werden müssen (vgl. Aretz & Hansen 2002).

Aufgrund divergierender organisationaler Perspektiven auf Diversität ergeben sich in der Praxis auch unterschiedliche Implementierungsformen; ein Faktum, das Dass und Parker (1999, S. 72) wie folgt kommentieren: „Pressures for diversity range in intensity and can vary and even conflict. [...] The implementation of diversity initiatives depends not only on these pressures, perspectives, and responses, but also on where managers place diversity on their lists of organizational priorities. One manager might view all forms of diversity as strategic, while another sees gender diversity as marginal and ethnic diversity as strategic.“ Beide Autoren differenzieren in ihren weiteren Ausführungen zwischen einem episodischen Implementierungsansatz (*Episodic Approach*), einem freistehenden Implementierungsansatz (*Freestanding Approach)* sowie einem systemischen Implementierungsansatz (*Systemic Approach*), die sich primär hinsichtlich der Intensität ihrer strategischen Ausrichtung unterscheiden (vgl. Warmuth 2012):

- *Episodischer Implementierungsansatz*: Geringer Druck und geringe Priorität der Organisation für Diversity. Meistens handelt es sich um punktuelle Maßnahmen, die weitgehend isoliert von organisationalen Kernaktivitäten umgesetzt werden und vor diesem Hintergrund kaum Einfluss auf organisationales Lernen bzw. organisationalen Wandel haben.
- *Freistehender Implementierungsansatz*: Moderater Druck und wachsende Relevanz von Diversity, jedoch wird die Thematik nach wie vor nicht prioritär behandelt. Die im Kontext dieses Implementierungsansatzes durchgeführten Maßnahmen sind nicht vollständig in die Organisation eingebunden und bleiben auf einige wenige Geschäftsbereiche (etwa Human Resources oder Marketing) beschränkt.
- *Systemischer Implementierungsansatz*: Diversity wird im Rahmen eines strategischen Diversity Managements als Gesamtkonzept entwickelt, das sämtliche Geschäftsbereiche umfasst. Der Ansatz folgt explizit dem konzeptionellen Selbstverständnis des *Learning-and-Effectiveness*-Paradigmas.

Damit sich ein Unternehmen letztendlich auf eine nachhaltige Förderung von Diversität einlässt, muss der anvisierte Nutzen die mit der Implementierung von Diversity Management verbundenen Kosten übertreffen: Die anfallenden Kosten betreffen nicht nur eine professionelle Beratung für eine geeignete Organisationsentwicklung sowie diversitätsrelevante Entwicklungsmaßnahmen für Mitarbeiter, vielmehr ist – wie bei jeder organisationalen Umstrukturierung – eine Förderung von Diversität auch mit dem immateriellen Kostenfaktor einer Verunsicherung von Mitarbeitern verbunden, die mit einer vorübergehenden Produktivitätsabnahme einhergehen kann (vgl. Leenen, Scheitza & Wiedemeyer 2006a/2006b). Insbesondere die durch eine organisationale Umstrukturierung hervorgerufene Mitarbeiterverunsicherung erfordert eine kontextsensible Implementierung von Diversity Management in die bestehenden Strukturen, Prozesse und Strategien. Erst unter dieser Prämisse können die betroffenen Akteure im Unternehmen verantwortungsbewusst handeln und – im Sinne eines systemischen Implementierungsansatzes – den diversitätsbedingten Paradigmenwechsel sowie die daraus resultierenden Reorganisationsprozesse aktiv unterstützen.

Vor diesem Hintergrund sollte man – analog zu Schulz (2009) – die Implementierung von Diversity Management weniger als ein einmaliges und zeitlich befristetes Projekt, sondern vielmehr als eine inkrementelle Strategie der Unternehmensführung konzeptualisieren. Eine entsprechende Sichtweise zielt explizit auf eine Förderung der internen Kommunikation im Allgemeinen und einen offenen, kritischen Dialog im Speziellen, um einen vertrauensvollen Interaktionsprozess einzuleiten, in dem die Mitglieder der Majorität und der Minorität voneinander lernen und somit auch einen nachhaltigen Beitrag zum Unternehmenserfolg beisteuern. In diesem Kontext sei auf Kanter (1995, S. 65) verwiesen, die diesbezüglich schreibt: „The corporations that will succeed and flourish in the times ahead will be those that have mastered the art of change: creating a climate encouraging the introduction of new procedures and new possibilities, encouraging anticipation of and response to external pressures, encouraging and listening to new ideas from inside the organization. The individuals who will succeed and flourish will also be masters of change: adept at reorienting their own and others' activities in untried directions to bring about higher levels of achievement."

Darüber hinaus sollte gerade in der Anfangsphase des Implementierungsprozesses nicht nur die Führungsebene im Fokus stehen, auch wenn – wie Arredondo (1996, S. 32) im Rahmen ihrer Reflexionen über gelungene *diversity initiatives* aufzeigt – ein pro-aktives Leadership eine Conditio sine qua non für eine nachhaltige Diversitätsstrategie darstellt: „Successful diversity initiatives are built on proactive leadership with a vision for diversity management, thoughtful and innovative planning by key power brokers, respect for the existing organizational culture *and* new models, and a philosophy that values people and the continuing learning process." Ein wirklich erfolgreiches Diversity Management bedarf der Integration möglichst aller Hierarchieebenen, da es grundsätzlich auf einer individuellen Ebene beginnt und endet. Gleichwohl stellt sich die Frage, ob bei der Implementierung auf eine *Top-down*-Strategie oder eher auf eine *Bottom-up*-Strategie gesetzt werden sollte: Während bei einer *Top-down*-Strategie insbesondere das Diversity Statement im Kontext der Unternehmensphilosophie, der Faktor Leadership einschließlich Führungskräftetrainings sowie das Engagement für Diversity als Bestandteil von Zielvereinbarungen im Vordergrund stehen, setzt eine *Bottom-up*-Strategie primär auf eine möglichst breite Mitarbeiterpartizipation, die vor allem durch Fokusgruppen, Netzwerke und das Intranet getragen wird und etliche Feedbackmöglichkeiten eröffnet. Im Idealfall kommt letztendlich ein mehrdimensionales Vorgehen zum Tragen, das Elemente beider Strategien subsumiert und somit auch deren jeweilige Nachteile kompensiert (vgl. Aretz & Hansen 2002; Stuber 2008; Schulz 2009).

Im Rahmen der strategischen Implementierung von Diversity Management haben sich vorwiegend Phasenmodelle durchgesetzt (vgl. Ivanova & Hauke 2006; Hanappi-Egger & Hofmann 2008; Schulz 2009; Warmuth 2012), bei denen in erster Linie auf konzeptionelle Erkenntnisse von Change Management und organisationalem Lernen zurückgegriffen wird (vgl. Argyris & Schön 1978; Dawson 2003; Carnall 2007; Hayes 2010). In diesem Zusammenhang wird unter anderem davon ausgegangen, dass es sich bei Organisationen um historisch gewachsene und dynamische Systeme handelt, die in einem engen interdependenten Verhältnis zur Gesellschaft stehen und sich sukzessive ihrer Umwelt anpassen. Nadler und Tushman (2009, S. 87f.) verweisen im nachfolgenden Zitat nicht nur auf den engen Konnex von Change Management und organisationalem Lernen, sondern sie zeigen auch explizit die große Planungsrelevanz von organisationalen Veränderungen auf: „Profound organizational reorientation does not occur by accident. Rather, it is the result of intensive planning. On the other hand, it is naive to believe that reorientation in the face of uncertainty can occur by mechanistically executing a detailed operating plan. Successful reorientations involve a mix of planning and unplanned opportunistic action. [...] As a consequence, effective reorientations seem to be guided by a process of iterative planning; that is, the plans are revised frequently as new events and opportunities present themselves. This reflects the fact that planned organizational change involves a good deal of learning and that this learning can and should shape the development of the vision and reorientation itself."

Ein von Warmuth (2012) in Anlehnung an Hanappi-Egger und Hofmann (2008) sowie Hayes (2010) entwickeltes Phasenmodell bildet in Abbildung 5 auf der nachfolgenden Seite idealtypisch den Implementierungsprozess von Diversity Management ab, wobei die einzelnen Phasen keine hermetisch abgeschlossenen Umsetzungsschritte darstellen, die sequenziell in der angegebenen Reihenfolge ablaufen müssen, sondern vielmehr interdependente Orientierungspunkte, die sich aufeinander beziehen und ineinander fließen.

Auch wenn mit einem entsprechenden Phasenmodell aufgrund der starken Kontextgebundenheit von Veränderungsprozessen keine Ideallösung geboten werden kann, so erweist sich eine Phaseneinteilung dennoch als hilfreich, da sie nicht nur die Orientierung im Implementierungsprozess erleichtert, sondern auch dezidiert das Monitoring unterstützt (vgl. Schulz 2009). Darüber hinaus folgt das Modell weitgehend dem bereits vorgestellten systemischen Implementierungsansatz, indem es sowohl Diversität als langfristige Ressource konzeptualisiert als auch den organisationalen Lernaspekt integriert.

Abbildung 5: Strategischer Implementierungsprozess von Diversity Management

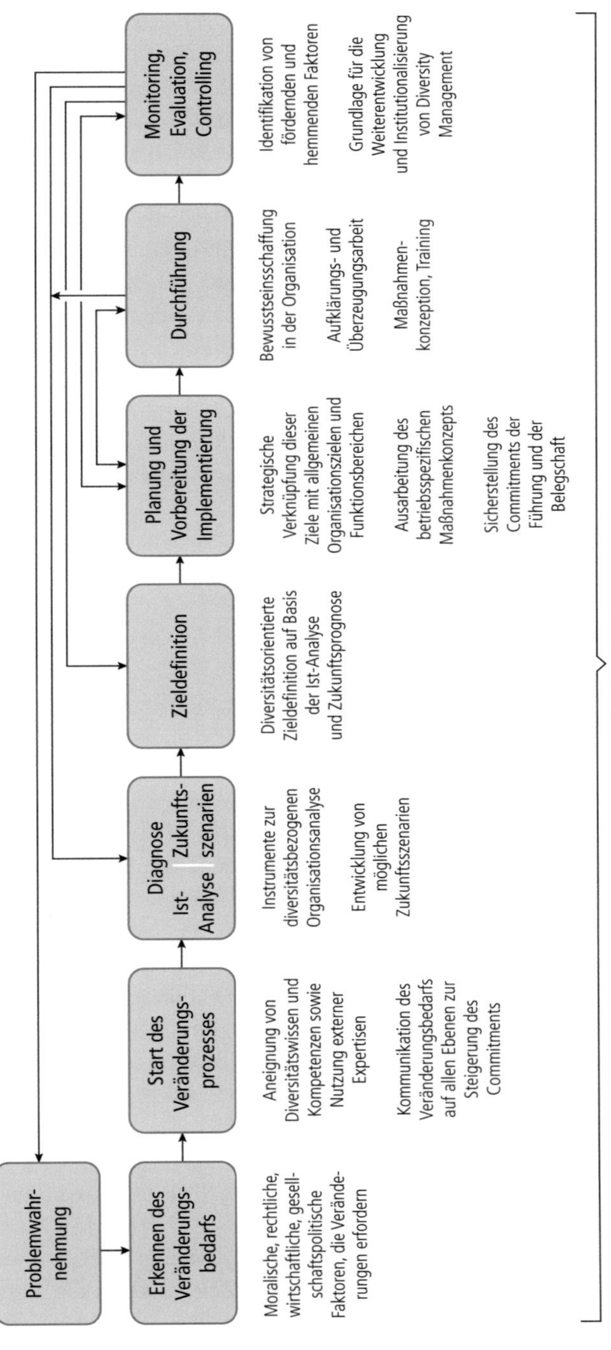

Quelle: Warmuth (2012)

Es versteht sich von selbst, dass dem eigentlichen Start des Implementierungsprozesses zunächst eine Problemwahrnehmung respektive das Erkennen eines Veränderungsbedarfs vorausgehen muss. In diesem Kontext ist eine klare Grundsatzentscheidung der Unternehmensleitung für die systematische Berücksichtigung von Diversity eine unabdingbare Voraussetzung für einen nachhaltigen Lernprozess (vgl. Lange 2006). Der Implementierungserfolg hängt in dieser Phase nicht zuletzt davon ab, inwieweit die Kompetenzen geklärt sind und die anvisierte Diversitätsorientierung in der Belegschaft kommuniziert wird. In der Diagnosephase geht es primär um eine Ist-Analyse der Organisation hinsichtlich ihrer augenblicklichen diversitätsbezogenen Strukturen und Prozesse, wobei Ivanova und Hauke (2006, S. 355f.) fünf zentrale Punkte ausgliedern:

1. Ist-Analyse der bisher umgesetzten personalpolitischen Instrumente und Praktiken einschließlich deren Überprüfung auf bestehende und potentielle Diskriminierungen;
2. Ist-Analyse der Unternehmenskultur und des Sensibilisierungsgrades der Mitarbeiter unterschiedlicher Hierarchieebenen, Abteilungen und Standorte in Bezug auf Diversity;
3. Ist-Analyse der strategischen Business-Ziele;
4. Ist-Analyse der Belegschaftsstruktur;
5. Ist-Analyse der Investoren-, Lieferanten- und Kundenstruktur.

Basierend auf der Ist-Analyse werden Zukunftsszenarien abgeleitet, die in eine verbindliche Zieldefinition münden. Diese ist zentrale Prämisse für Planung und Vorbereitung der Implementierung des Diversity Managementkonzepts, das im Idealfall passgenau auf die Bedürfnisse der Organisation zugeschnitten ist. Hanappi-Egger und Hofmann (2008, S. 23) vermerken in diesem Zusammenhang: „Ein nachhaltig trag- und entwicklungsfähiges Diversitätsmanagementkonzept basiert auf dessen Verknüpfung mit den Organisationszielen und -strategien. Das bedeutet, dass die mit dem Diversitätsmanagement verbundenen Zieldefinitionen mit jenen der gesamten Organisation abgestimmt werden. Dafür ist – ähnlich wie bei der Einführung von Qualitätsmanagementprozessen – ein langfristiger Prozess der Bewusstseinsschaffung in der gesamten Organisation nötig." Besonders wenn man eine nachhaltige Perspektive einnimmt, empfiehlt es sich, Diversity Management nicht als ein zeitlich begrenztes Projekt, sondern als eine institutionalisierte Daueraufgabe zu konzeptualisieren.

Die anschließende Durchführungsphase zählt zu den kritischsten Phasen im Verlauf der Implementierung, da von diesem Zeitpunkt an der Veränderungsprozess tatsächlich ins Rollen kommt und die anvisierten Maßnahmen umgesetzt werden. Gerade in dieser Phase drohen Widerstände und Konflikte, da unter Umständen bei der bis dato dominierenden und begünstigten Gruppe der Eindruck entsteht, früher oder später lieb gewonnene Privilegien zu verlieren (vgl. Warmuth 2012). Umgekehrt besteht die Gefahr, dass – ungeachtet aller strukturellen Reformen – die bislang benachteiligte Gruppe ihre Interessen auch zukünftig nicht richtig vertreten sieht. Will man einschlägige Friktionen vermeiden, so bedarf es – wie Sabattini und Crosby (2008, S. 294) ausführen – nicht nur einer kontinuierlichen Kommunikation, sondern auch einer forcierten Inklusion aller relevanten Akteure: „Structural change without attitude change usually tends to be short-lived and sometimes can be counterproductive. When companies create new structures and processes without clearly communicating the rationale and necessity of diversity initiatives, they are more likely to find resistance. [...] By making inclusion everyone's business, organizations are more likely to involve employees at all levels and hence sustain and implement change." Gängige Maßnahmen, die zu einer partizipativen Umsetzung von Diversity Management beitragen, sind unter anderem die gezielte Integration ausgewählter Minoritäts- wie Majoritätsmitglieder, die Bildung von Fokusgruppen bzw. Feedback-Workshops sowie eine regelmäßige Berichterstattung über den aktuellen Umsetzungsstand. Konkrete Diversitätsmaßnahmen, wie beispielsweise die Einführung flexibler Arbeitszeitmodelle, die ein möglichst breites Spektrum an Lebensmodellen berücksichtigen und die Vorteile dieses Managementkonzepts sichtbar bzw. erlebbar machen, können das *commitment* der Mitarbeiter zusätzlich erhöhen (vgl. Aretz & Hansen 2002; Schulz 2009; Warmuth 2012). Wie in kaum einer zweiten Phase wird den Akteuren deutlich, dass die Implementierung von Diversity Management auch einen Bewusstseinsbildungs- bzw. Reflexionsprozess verkörpert, bei dem auf individueller wie organisationaler Ebene explizite wie implizite Stereotype und Vorurteile einer ständigen Prüfung unterzogen werden (vgl. Böhm 2007).

Wie sich sowohl aus theoretischer als auch praktischer Perspektive zeigt, gewinnt eine kontinuierliche Begleitung des Veränderungsprozesses durch eine regelmäßige Erfolgskontrolle (Monitoring, Evaluation und Controlling), also eine Messung des Veränderungserfolgs, zunehmend an Bedeutung. So schreibt beispielsweise Hubbard (2003, S. 271f.), der in enger Anlehnung an das Balanced Scorecard-Konzept von Kaplan und Norton (1992) eine Diversity Scorecard entwickelt hat: „Assessing, measuring, and analyzing the impact of diversity initiatives is a critical link for success in diversity management and organizational performance today, and in the future. ‚You can't manage what you don't measure' and managing and leveraging diversity is fast becoming a business imperative. If diversity initiatives are not approached in a systematic, logical, and planned way, calculating diversity return on investment (DROI) will not be possible and consequently, diversity will not become integrated into the fabric of the organization." Eine entsprechende Erfolgskontrolle zwingt zur eindeutigen Definition von Zielen und hilft, rechtzeitig zu erkennen, falls der

Implementierungsprozess stocken bzw. in eine unerwünschte Richtung laufen sollte. Darüber hinaus ermöglicht sie Rückkopplungen zu anderen Phasen, um Verbesserungen, Adaptionen und notwendige Korrekturen vorzunehmen. Von zentraler Bedeutung ist daher, dass eine effektive Erfolgskontrolle nicht nur im Anschluss an die Durchführungsphase stattfindet, sondern kontinuierlich über den gesamten Implementierungszeitraum hinweg (vgl. Frey, Gerkhardt & Fischer 2008).

Der Einsatz einer Diversity Scorecard ermöglicht neben der Formulierung, Kommunikation, Steuerung und Implementierung einer auf den Unternehmenserfolg ausgerichteten Diversity-Strategie die Quantifizierung des Diversity-Beitrags zum Unternehmenserfolg sowie die kontinuierliche Verbesserung der Diversity-Initiative (vgl. Hubbard 2004; Rieger 2006). Analog zur Balanced Scorecard von Kaplan und Norton (2002) rücken mit der Finanzperspektive, der Kundenperspektive, der internen Unternehmensperspektive sowie der Lern- und Entwicklungsperspektive vier Perspektiven in den Vordergrund, die über ein komplexes Hypothesensystem von Ursache-Wirkungs-Zusammenhängen miteinander verzahnt sind und ein Netz interdependenter Interaktionsbeziehungen darstellen. Sofern es der Organisationsidentität entspricht, kann zusätzlich noch eine gesellschaftliche Perspektive integriert werden (vgl. Aretz & Hansen 2002). Insbesondere der holistische Ansatz der Diversity Scorecard und die mit diesem verbundene Perspektivenvielfalt räumen diversitätsorientierten Unternehmen die Möglichkeit ein, die strategischen Ziele des Diversity Managements zu konkretisieren und anhand ausgewählter Kennzahlen dergestalt zu operationalisieren, dass sowohl der konkrete Beitrag dieses Managementkonzepts zum Unternehmenserfolg sichtbar als auch der Optimierungsprozess besser steuerbar werden (vgl. Schulz 2009). Ungeachtet der zahlreichen Vorteile einer Diversity Scorecard sei abschließend erwähnt, dass das in engem Konnex zum positivistischen Quantifizierungsparadigma stehende *tool* nicht unumstritten ist, da es nach wie vor kaum Evaluierungsmethoden der qualitativen Sozialforschung integriert (vgl. Mensi-Klarbach 2012; Warmuth 2012).

Wie die bisherigen Ausführungen gezeigt haben, handelt es sich bei der Implementierung von Diversity Management um einen ungemein komplexen Prozess, der im Idealfall nicht als ein zeitlich befristetes Projekt, sondern vielmehr als eine inkrementelle Strategie der Unternehmensführung konzeptualisiert wird. Diese erfordert nicht nur eine auf die organisationsspezifischen Strukturen und diversitätsspezifischen Bedürfnisse ausgerichtete Planung, sondern auch eine möglichst umfassende Integration aller relevanten Akteure, um die strategische Implementierung zum Erfolg zu führen. Insbesondere aufgrund seiner ausgeprägten Kontextgebundenheit gibt es beim Implementierungsprozess keine Ideallösung, die sich eins zu eins auf jedes x-beliebige Unternehmen übertragen ließe. Gleichwohl sollen an dieser Stelle – bevor in den nachfolgenden Ausführungen noch einmal dezidiert auf die Aspekte organisationales Lernen sowie Umgang mit Widerständen bzw. Konflikten im Implementierungsprozess eingegangen wird – einige ausgewählte Erfolgsprämissen bei der Implementierung von Diversitäty Management vorgestellt werden. Arredondo (1996) hat in diesem Zusammenhang zehn Handlungsempfehlungen, die sogenannten *Guidelines for Implementing Diversity-Related Strategies*, aufgestellt, die primär als Orientierungsrahmen zu konzeptualisieren sind:

Tabelle 4: Handlungsempfehlungen im Rahmen der Implementierung eines strategischen Diversity Managements

1. Carefully plan the implementation process.
2. Recognize the different constituencies who can be part of implementation.
3. Take into account other organizational business when announcing and scheduling plans.
4. Engage leadership to model and set accountability standards.
5. Drive strategies through business units and divisions.
6. Track action and progress through designated business unit heads and a diversity committee.
7. Enable simultaneous implementation of strategies where feasible.
8. Make resource considerations: people, space, time, and money.
9. Recognize the skill, commitment, and willingness of individuals to implement planned strategies.
10. Collaborate with consultants.

Quelle: Arredondo (1996)

Da es noch immer relativ viele Unternehmen gibt, in denen die Implementierung von Diversity Management ausschließlich als ein temporäres Projekt angesehen wird, um angesichts juristischer Auflagen und gesellschaftlicher Erwartungen möglichst schnell Diskriminierungen abzubauen, soll nachfolgend verstärkt auf den Aspekt des organisationalen Lernens eingegangen werden, der untrennbar mit dem *Learning-and-Effectiveness*-Paradigma verbunden ist. Erste Forschungsarbeiten über organisationale Lernprozesse wurden Ende der 1950er, Anfang der 1960er Jahre durchgeführt, wobei eine breitere Rezeption erst in den 1970er Jahren erfolgte und die einschlägigen Werke auch heute noch zu den viel zitierten Klassikern zählen (vgl. Steiner 2009): *A Behavioral Theory of the Firm* von Cyert und March (1963), *The Uncertainty of the Past: Organizational Learning under Ambiguity* in Verbindung mit *Ambiguity and Choice in Organizations* von March und Olsen (1975/1976) sowie *Organizational Learning – A Theory of Action Perspective* von Argyris und Schön (1978). Standen zu

Beginn der wissenschaftlichen Debatte vorwiegend theoretisch-konzeptionelle Arbeiten im Vordergrund, so sind in den letzten Jahren verstärkt anwendungsorientierte Studien publiziert worden, die sich vor allem aus einer Managementperspektive mit der Frage beschäftigen, wie Lernen in Organisationen gezielt gefördert werden kann.

Im Rahmen der vorliegenden Arbeit wird organisationales Lernen – in Anlehnung an Al-Laham (2003) – als ein erfahrungsbasierter Prozess konzeptualisiert, in dessen Verlauf das Unternehmen lernt, seine Ziele sowie Such- und Entscheidungsroutinen nachhaltig an Umweltveränderungen anzupassen. Das Ergebnis dieses Prozesses stellt unternehmensweit geteiltes, validiertes und konsensfähiges Wissen dar, das von allen Entscheidungsträgern verwendet wird oder aber diesen prinzipiell offen steht. Eine entsprechende Perspektive impliziert, dass man Organisationen als relativ offene Systeme auffasst, die in kontinuierlichem Austausch mit ihrem Umfeld stehen, sich aber auch von diesem – zumindest bis zu einem bestimmten Grad – in ihrer jeweiligen zielorientierten und organisationskulturellen Eigenlogik abgrenzen (vgl. Hanappi-Egger & Hofmann 2012). Darüber hinaus geht der organisationale Lernprozess in der Regel mit einer Transformation des Wertesystems und der Unternehmenskultur einher.

Im Kontext organisationaler Lernprozesse stellt sich grundsätzlich die Frage, in welcher Wechselwirkung individuelles und organisationales Lernen zueinander stehen. Hilfreich erscheint in diesem Zusammenhang das Mehrebenen-Modell von Reber (1989), der neben Individuen und Gesamtorganisation die Gruppe in den Mittelpunkt seiner konzeptionellen Überlegungen stellt. Individuelles Lernen ist seiner Sichtweise zufolge die Prämisse dafür, dass Organisationen lernen können, wobei erst durch Interaktionen von Individuen in Gruppen die notwendige Hinterfragung und Validierung individuellen Wissens einsetzen, die schlussendlich zu einem gemeinsam geteilten, gruppenübergreifenden Wissen der Unternehmung führen. Vor diesem Hintergrund kommt – wie Argyris und Schön (1978, S. 20) aufzeigen – der Gruppen- bzw. kollektiven Ebene eine Mittlerfunktion zwischen individueller und organisationaler Ebene zu: „[T]here is no organizational learning without individual learning, and that individual learning is a necessary but insufficient condition for organizational learning. We can think of organizational learning as a process mediated by the collaborative inquiry of individual members. In their capacity as agents of organizational learning, individuals restructure the continually changing artifact called organizational theory-in-use. Their work as learning agents is unfinished until the results of their inquiry – their discoveries, inventions, and evaluations – are recorded in the media of organizational memory, the images and maps which encode organizational theory-in-use."

Wie bereits erwähnt, erschließt sich der Konnex zwischen organisationalem Lernen und Diversity Management primär über das *Learning-and-Effect-*

iveness-Paradigma; ein Faktum, das auch das nachfolgende Zitat von Foldy (2004, S. 533) unterstreicht: „The integration and learning perspective enlarges and contextualizes a group's learning beliefs and behaviors; it allows them to address the particular challenges of learning in culturally diverse groups. Just as important, the group's learning beliefs and actions enable the group to enact its perspective on diversity: They provide the tools by which a group can mutually investigate their differences." Diversity Management wird in diesem Zusammenhang – analog zu Hanappi-Egger und Hofmann (2012) – als Lern- bzw. Veränderungsstrategie begriffen, die auf die Herstellung möglichst inklusiver struktureller und prozessualer Bedingungen sowie eine langfristig stabile Implementierung abzielt. Lernen wird dabei sowohl als erfahrungsbasierter als auch wissensgenerierender Prozess konzeptualisiert, der sich – in Bezugnahme auf das Mehrebenen-Modell von Reber (1989) – auf individueller, kollektiver und organisationaler Ebene vollzieht. Organisationen lernen durch ihre Mitglieder, deren explizites Wissen sich in der Veränderung von Strukturen und Prozessen niederschlagen kann. Da sich jedoch bestimmte Vorteile von Diversity Management – in diesem Fall die Verbreiterung der Wissensbasis und damit einhergehend organisationale Lerneffekte – häufig erst nach einem längeren Zeitraum einstellen, entwickelt sich auf organisationaler Ebene der Nettonutzen dieses Managementkonzepts nur bei einer längerfristigen Ausrichtung positiv. Dementsprechend verfolgt eine diversitätsbewusste Personalentwicklung eine zeitlich möglichst großzügige Ausrichtung der organisationalen Lernprozesse, da erst durch die Gestaltung unternehmerischer Lernwelten die Voraussetzungen für ein nachhaltig erfolgreiches Diversity Management geschaffen werden (vgl. Schulz 2009).

Hanappi-Egger und Hofmann (2012) illustrieren in ihren Ausführungen zu lernenden Organisationen, dass organisationale Lernprozesse ein komplexes Zusammenspiel aus exploitativem und explorativem Lernen sind. Während exploitatives Lernen die Interpretation und Sinnstiftung von Beobachtungen auf Basis des bereits vorhandenen Wissens umfasst, verkörpert exploratives Lernen die Suche nach neuen Kenntnissen. Das entsprechende Zusammenspiel beider Lernformen basiert auf der grundlegenden Erkenntnis, dass Organisationen inhärent ‚ruhelos' sein müssen, um nachhaltig bestehen zu können. Sie stellen neue Fragen zu alten Problemen oder geben neue Antworten auf alte Fragen, wobei sie sich im Idealfall kontinuierlich und passgenau den immer komplexeren und rascher wandelnden Umweltanforderungen anpassen. Gerade aus einer Lernperspektive ist deshalb die Vorstellung von Bewegung, von Wandel und von Fluidität essenziell (vgl. Schreyögg & Noss 2000). Es versteht sich von selbst, dass sich exploitatives Lernen im Kontext adaptiver Organisationsprozesse als effizienter hinsichtlich Tempo und Beharrlichkeit erweist, da es in höherem Maße als exploratives Lernen zur Beseitigung von Unsicherheit beiträgt. Allerdings birgt ausschließlich exploitatives Lernen die

Gefahr, dass Organisationen durch die Anpassung von individuellem Wissen an das Organisationswissen ihre ‚Ruhelosigkeit' verlieren und dadurch schwerfälliger für exploratives Lernen werden. Organisationen sind daher, wie Hanappi-Egger und Hofmann (2012, S. 334) konstatieren, „immer dem Dilemma ausgesetzt, einerseits bei zu starkem Fokus auf Exploitation redundantes und damit obsoletes Wissen zu generieren und andererseits durch übermäßige Exploration operative Ineffizienz und Unsicherheit zu erzeugen und dadurch die Organisation zu destabilisieren. Für das stabile Funktionieren einer Organisation und ihrer Entwicklung ist daher ein ausgewogenes Verhältnis von exploitativem und explorativem Lernen wesentlich."

Sollen organisationale Lernprozesse, die in ihrer Vermittlungsleistung im Spannungsfeld von Vergangenheit und Zukunft sowie von Stabilisierung und Dynamisierung positioniert sind (vgl. Huzzard 2004; Bruchhagen 2007), nachhaltig erfolgreich sein, bedarf es eines inklusiven Diversitätsklimas, da sich ansonsten – primär aufgrund von Interessenkonflikten sowie aus Angst vor Machtverlust – Widerstand gegenüber diversitätsspezifischen Maßnahmen entwickeln kann. Ein inklusiver Umgang mit Diversity bedeutet konkret, dass Gemeinsamkeiten gesehen, gleichzeitig aber auch Differenzen anerkannt und nicht nivelliert sowie Ausschließung und Diskriminierung aufgrund solcher Differenzen konsequent unterbunden werden. Kennzeichnend für einen entsprechenden Umgang mit Diversität ist vor allem, dass man Stereotypisierungen, Essentialisierungen und Exklusionen – und den damit einhergehenden Konflikten und Widerständen – aktiv begegnet, indem unterschiedliche Lernformen auf organisationaler, kollektiver und individueller Ebene angeboten werden (vgl. Hofmann 2006; Rastetter 2006; Hanappi-Egger & Hofmann 2012).

In engem Konnex mit einem inklusiven Diversitätsklima steht die Etablierung einer nachhaltigen Vertrauenskultur, da Wissensaustausch nur auf Basis von Vertrauen, das in der Regel durch intensive persönliche Kontakte entsteht, gelingen kann. Vertrauen verkörpert ein elementares Prinzip im Umgang mit Anderen, wobei sich in diesem Kontext ein Rekurs auf Luhmann (1989) anbietet, der im Rahmen seiner systemtheoretischen Reflexionen die Funktion von Vertrauen für den Erhalt sozialer Systeme analysiert hat. Nach Ansicht von Luhmann sind moderne Gesellschaftssysteme dadurch gekennzeichnet, dass das einzelne Individuum in der Interaktion mit seiner Umwelt auf eine unendliche Vielzahl von Handlungsalternativen trifft, weshalb sich Menschen gezwungen sehen, Verhaltensmuster zu entwickeln, die es ihnen ermöglichen, mit dieser Komplexität adäquat umzugehen bzw. diese auf ein überschaubares Ausmaß zu reduzieren. Somit fungiert Vertrauen in erster Linie als ein Mechanismus zur Reduktion sozialer Komplexität, wobei das Entgegenbringen von Vertrauen durchaus eine riskante Vorleistung darstellt, da es prinzipiell möglich ist, dass sich derjenige, dem man Vertrauen schenkt, als vertrauensunwürdig erweist. Vor dem Hintergrund dieser Überlegungen ist auch das nachfolgende Zitat von Wengelowski (2000, S. 192) zu sehen, der darüber hinaus einen Bogen zu organisationalen Lernprozessen schlägt: „Die Mitarbeiter müssen durch das tägliche Miteinander im Unternehmen empfinden, wofür die Organisation einsteht, daß man ihr trauen kann, damit sich persönliches Engagement und besondere Anstrengungen auch rechtfertigen. Dauerhafte Potentialsicherung ist somit nur durch Vertrautheit zu gewinnen. Vertrauen ist die Basis für dauerhafte Kooperation und damit für umfassende Lernprozesse in sozialen Systemen wie Unternehmen."

Diskussionen bezüglich lernender Organisationen weisen häufig dahingehend ein Defizit auf, dass zwar das Phänomen Lernen einer genauen Analyse unterzogen wird, nicht jedoch der Gegenstand bzw. die damit verbundenen Prozesse und erwarteten Resultate. Dieser Umstand ist umso bedauerlicher, wenn man bedenkt, dass eine eingehende Reflexion, welche Wissensformen in organisationalen Lernprozessen entstehen und vor allem welche positionsbezogenen Kompetenzen entwickelt werden müssen, eine Conditio sine qua non darstellt, will man erfolgreich diversitätsorientierte und somit inklusive Organisationsstrukturen herstellen (vgl. Huber 1991; Foldy 2004; Hanappi-Egger & Hofmann 2012). Gerade eine Beschäftigung mit Wissen und Kompetenzen im Rahmen von Diversity macht die komplexen Zusammenhänge, die durch Diversity Management tangiert werden, evident. Vor diesem Hintergrund, so Hanappi-Egger und Hofmann (2012, S. 340f.), „erscheint es nicht nur notwendig, Diversität zu nutzen, um innovationsbezogenes (Fakten-)Wissen durch exploitatives und exploratives Lernen zu schaffen, welches die Performance einer (wissensbasierten) Organisation direkt positiv beeinflussen soll [...]. Für ein nachhaltiges inklusives Diversitätsmanagement sind vor allem auch der positionsbezogene Aufbau sozialen Wissens und die Entwicklung sozialer und reflexiver Kompetenzen [...] zentral."

Aus einer diversitätsbezogenen Perspektive stellt sich an dieser Stelle die Frage, welche Wissensformen und darauf aufbauend, welche Kompetenzformen für die Entwicklung eines inklusiven Diversitätsmanagements benötigt werden. Wissensbasierte Theorieansätze verweisen immer wieder auf die herausragende Funktion von Kompetenzen hinsichtlich Koordination respektive Integration isolierter Ressourcen zu Ressourcenbündeln und postulieren in diesem Kontext deren effiziente Inwertsetzung innerhalb und außerhalb von Unternehmensgrenzen (vgl. Al-Laham 2003). Vor diesem Hintergrund geht es nicht zuletzt um die Frage, welche spezifischen Kompetenzen eine Organisation nutzbar machen sollte, um strategische Vorteile und Erfolge erreichen und vor allem sichern zu können. Dazu benötigen Organisationen hervorragend ausgebildete und motivierte Mitarbeiter auf allen Hierarchieebenen, deren individuelle Fähigkeiten im Zusammenspiel mit anderen persönlichen Fertigkeiten, Kenntnissen und Erfahrungen zu überindividuellen Kompetenzen werden, die insgesamt das strategisch relevante Potential einer Organisation ausmachen (vgl. Lange 2006). Die nachfolgende Tabelle zeigt in prägnanter Form die zentralen Wissens- und Kompetenzformen für ein inklusives Diversity Management:

Tabelle 5: Zentrale Wissens- und Kompetenzformen für ein inklusives Diversity Management

Wissensform	Kompetenzform	Ausprägung
Diversitätsspezifisches Fachwissen	Fachkompetenz	Wissen über Diversitätsphänomene (Zustandekommen, Wirkungsmechanismen etc.) und die Fähigkeit, diese in konkreten Situationen zu erkennen
Diversitätsspezifisches Methodenwissen	Methodenkompetenz	Methodenkenntnisse zur konkreten Implementierung von diversitätsspezifischen Maßnahmen und Diversitätsmanagementkonzepten
Wissen über soziale Prozesse und Dynamiken	Sozialkompetenz	Kenntnisse über soziale Dynamiken, die zu Rollenübernahme, Konflikterkennung und -lösung sowie zur Unterstützung von Teambildung befähigen
Diversitätsspezifisches Identitätswissen	Reflexionskompetenz	Fähigkeit, Alltagswissen und die eigene Position bzw. Diversität im sozialen Gefüge von Organisation bzw. Gesellschaft zu reflektieren und inklusives Handeln zu fördern
Relationales Wissen	Handlungskompetenz	Verknüpfung der genannten Wissens- und Kompetenzformen und Umsetzung im konkreten organisationalen Handeln

Quelle: Hanappi-Egger & Hofmann (2012)

Basierend auf den in der vorangegangenen Tabelle vorgestellten Wissens- und Kompetenzformen stehen Unternehmen im Rahmen ihrer Implementierung von Diversity Management vor der zentralen Herausforderung, die eigene Diversitätskompetenzstärke zu identifizieren und passgenau die spezifischen Gestaltungsparameter für organisationales Lernens zu bestimmen. Dies bedarf nicht nur einer Sicherstellung diskriminierungsfreier Lern- und Kommunikationsprozesse, sondern vielmehr – wie bereits dargelegt – eines inklusiven Diversitätsklimas sowie einer nachhaltigen Vertrauenskultur, die als zentrale Prämissen für eine lernfördernde Umgebung gelten (vgl. Schulz 2009; Hofmann 2010; Hanappi-Egger & Hofmann 2012).

Angesichts der Tatsache, dass sich der globale wissensfokussierte Wettbewerb verstärkt als Prozess schöpferischer Zerstörung im Sinne von Schumpeter (1926/1946) konzeptualisieren lässt, in dem Inventionen, Innovationen und Imitationen in immer kürzeren Zyklen erfolgen, ergibt sich für Unternehmen zunehmend die Notwendigkeit, intangible Ressourcen in Wert zu setzen, mithilfe derer sie sich den ständig transformierenden Rahmenbedingungen flexibel anpassen und somit adäquat auf die Wettbewerbsdynamik reagieren können. Schulz (2009, S. 153) schreibt in diesem Zusammenhang: „Während in der Vergangenheit hauptsächlich tangible, in der Bilanz sichtbare Vermögenswerte fokussiert wurden, konzentrieren sich die global tätigen Unternehmen heutzutage zunehmend auf intangible und schwer imitierbare Ressourcen. Die Diversität der individuellen Fähigkeiten, Fertigkeiten, Erfahrungen, Qualifikationen und Kompetenzen der Mitarbeiter stellt eine derartige intangible Unternehmensressource dar, welche die Strategie des kontinuierlichen organisationalen Lernens durch die Verbreiterung der organisatorischen Wissensbasis nachhaltig forcieren kann und auf diese Weise den Unternehmen ermöglicht, den Prozess der schöpferischen Zerstörung durch das eigene Innovations- und Kreativitätspotenzial proaktiv voranzutreiben."

Bevor zum Abschluss des vorliegenden Kapitels auf Konflikte bzw. Widerstände bei der Implementierung von Diversity Management eingegangen wird, soll an dieser Stelle das Konzept der Diversity-Reife von Thomas (2001) vorgestellt werden, das in engem Konnex mit den Kompetenzformen für ein inklusives Diversity Management steht. Thomas (2001, S. 34), Gründer des renommierten *American Institute for Managing Diversity*, betont in diesem Zusammenhang vor allem den Faktor Übung: „Auch Diversity-Kompetenzen können erlernt werden, da sie relativ unkompliziert sind. Aber ihre Beherrschung erfordert Übung. Diversity-Kompetenz, auch wenn man sie einigermaßen beherrscht, reicht allein nicht aus, um wahre Diversity-Effektivität zu erreichen. [...] Ähnlich wie die Fahrpraxis beim Autofahren, erfordert auch Diversity-Effektivität beides, sowohl Reife als auch Kompetenz. Weder das eine noch das andere lässt sich schnell und mühelos erringen. Zum Glück beeinflussen sich die Entwicklung von geistiger Reife und das Einüben der Kompetenz gegenseitig: Durch das Üben der Kompetenzen gewinnen wir Reife, und mit steigender Reife merken wir, dass uns das Einüben der Kompetenz leichter fällt." Individuen mit hoher Diversity-Reife...

- akzeptieren persönliche Verantwortung in Hinblick auf die Steigerung ihrer eigenen Effektivität und der ihrer Organisation;
- demonstrieren situatives Verständnis. Das heißt, sie kennen sich und ihre Organisation und sind mit den wichtigsten konzeptionellen Anliegen von Diversity Management vertraut;

- sind sich über die Voraussetzungen im Klaren und richten sich in ihren Entscheidungen hinsichtlich Inklusion bzw. Exklusion von Unterschieden danach, inwieweit diese dazu beitragen können, den unternehmerischen Erfordernissen gerecht zu werden;
- wissen, dass Diversity in der Regel mit Komplexität und Spannung einhergeht, und sie sind darauf vorbereitet, diese zu meistern, um somit größere Diversity-Effektivität zu erlangen;
- sind bereit, konventionelle Lebenserfahrungen in Frage zu stellen;
- lassen sich auf kontinuierliches Lernen ein. (Thomas 2001, S. 35)

So idealtypisch eine entsprechende Auflistung auch sein mag, so relevant sind die genannten Aspekte im Sinne eines auf Diversity-Reife ausgerichteten kontinuierlichen Lernprozesses. In konkreten Situationen werden jedoch im Laufe des Implementierungsprozesses und angesichts der damit verbundenen Transformation der Organisationskultur immer wieder Widerstände bzw. Konflikte auftreten, die einerseits auf mögliche Defizite hinweisen, andererseits wertvolle Lern- und Optimierungschancen für die betroffenen Akteure bzw. Organisationen bieten (vgl. Bruchhagen 2007; Warmuth 2012).

Zunächst einmal sollte man sich jedoch vor Augen halten, dass Widerstände und die mit ihnen verbundenen Konflikte – die gerade bei Veränderungsprozessen besonders deutlich zutage treten – ein organisationsimmanentes Phänomen darstellen. Kanter (2009, S. 175) schreibt in diesem Kontext: „Change, and the need to manage it well, has always been with us. Business life is punctuated by necessary and expected changes: the introduction of new toothpastes, regular store remodellings, changes in information systems, reorganizations of the office staff, announcements of new benefits programs, radical rethinking of the fall product line, or a progression of new senior vice-presidents. But as common as change is, the people who work in an organization may still not like it. Each of those ‚routine' changes can be accompanied by tension, stress, squabbling, sabotage, turnover, subtle undermining, behind-the-scenes footdragging, work slowdowns, needless political battles, and a drain on money and time – in short, symptoms of that ever-present bugaboo, resistance to change."

Diese Immanenz wurde insbesondere in der klassischen und neoklassischen Betriebswirtschaftslehre lange Zeit nicht erkannt oder man reduzierte auftretende Widerstände und die mit ihnen einhergehenden Konflikte vorwiegend auf ihren dysfunktionalen Charakter: Als effizienzmindernde Krisen sollten sie möglichst gar nicht erst auftreten, häufig wurden sie unterdrückt oder sogar negiert (vgl. Kiechl 1990; Oechsler 1992; Gilbert 1998). Demnach stören und unterbrechen Widerstände bzw. Konflikte Arbeitsabläufe innerhalb und zwischen Unternehmen und führen zu negativen Auswirkungen hinsichtlich der ökonomischen und sozialen Effizienz. Klassische betriebswirtschaftliche Modelle – wie jenes des *homo oeconomicus* – schließen einschlägige ‚Störfaktoren' in der Regel von vornherein aus, da Unsicherheit keine Rolle spielt respektive spielen sollte. In diesem Kontext schien man nahezu völlig das Faktum zu übersehen, dass sich dort, wo es Interessen gibt, Gegensätze manifestieren und ein entsprechendes Widerstands- bzw. Konfliktpotential ausbilden kann. Der wissenschaftsprogrammatische Ansatz, diesen Themenkomplex in die Erklärungs- und Gestaltungsaufgabe der Betriebswirtschaftslehre zu integrieren, ist letztendlich eine Konsequenz der verhaltenswissenschaftlichen Strömung innerhalb der Disziplin: Je mehr rein ökonomistische Tendenzen zurückgedrängt werden, desto eher werden sozialwissenschaftliche Kategorien – wie die vergleichsweise ‚weichen' Erfolgsfaktoren Vertrauen oder Konfliktmanagement – übernommen (vgl. Braun 1979; Scherle 2006).

Fragt man nach den Ursachen, die im Rahmen von Veränderungsprozessen – in diesem Fall der Implementierung von Diversity Management – zu Widerstand und somit zu Konflikten führen, so wirft eine vermeintlich einfache Frage große Schwierigkeiten auf, da streng genommen jede Frage nach der Ursache zu einem unendlichen Regress führt. Letztendlich lassen sich für jede Konfliktursache weitere Ursachen bestimmen. Dabei beschreiben Ursache und Wirkungen in der Regel wechselseitige Prozesse und eine Ursachenanalyse findet keinen Anfang und kein Ende (vgl. Gilbert 1998). Weitgehend unumstritten ist nur der enge Konnex zwischen Widerstand und organisationalem Wandel. Diesbezüglich vermerken Thomas und Plaut (2008, S. 3) bei gleichzeitiger Nennung einiger potentieller Ursachen für Widerstand: „Most of what we know about resistance in organizations is actually tied to organizational change. Resistance to change often is rooted in fears about an uncertain future, the relinquishment of the familiarity of a comfortable present, and perhaps frustration over the lack of control one may experience. When related to organizations, change is often a reflection of a perceived loss of status, power, and influence as well as uncertainty [...]." Gerade der bei privilegierten Majoritäten befürchtete Machtverlust macht evident, wie wichtig eine inklusive Diversity Managementstrategie ist, will man bei den betroffenen Akteuren bzw. Gruppen nicht unnötig Widerstand evozieren. Als weitere Ursachen für Widerstand lassen sich – ohne Anspruch auf Vollständigkeit – die Furcht vor einem erhöhten Arbeits- und Zeitaufwand, die Angst vor einem Gesichtsverlust sowie die Sorge, zukünftige Herausforderungen nicht adäquat meistern zu können, anführen (vgl. Kanter 2009).

So manchem Akteur, der sich für die Implementierung von Diversity Management verantwortlich zeichnet, ist nach wie vor nicht richtig bewusst, dass aus systemischer Perspektive Widerstand eine wertvolle Lernchance für Menschen bzw. Organisationen bietet, da der zugrunde liegende Konflikt in der Regel auf wichtige dysfunktionale Aspekte in der Zusammenarbeit hinweist, die im allseitigen Interesse angegangen werden sollten. In diesem Zusammenhang ist es essenziell, Bedenken und Kritik, die den Widerstand hervorrufen, durch aktives Zuhören und eine empathische Grundhaltung aufzunehmen, um gegebenenfalls vorhandene Informationsdefizite erkennen und korrigieren zu können (vgl. Lange 2006). Vor dem Hintergrund eines effizienten Konfliktmanagements empfiehlt es sich nicht nur, auf den ubiquitären Charakter von Konflikten hinzuweisen, die bei einer konstruktiven Konfliktlösung zudem positive Effekte haben, sondern auch dezidiert darauf zu achten, dass sich keine der betroffenen Konfliktparteien benachteiligt fühlt. So schreibt Mujtaba (2010, S. 169f.): „Conflict is a reality of life, which everyone faces at one time or another. [...] If effectively handled, conflict can be a healthy way of airing differences. [...] Winning and losing are generally the goals of games, but not the goal of conflict management. Effective conflict management requires thinking ‚win-win' with the goals of jointly learning, growing, and cooperating."

Spätestens seit der bahnbrechenden Studie von Deutsch (1976) über Konfliktregelung herrscht in der *scientific community* weitgehend Konsens, dass ein unbewusster oder nicht erkannter Konflikt diffiziler zu bewältigen ist als ein Konflikt, der von den betroffenen Akteuren wahrgenommen wird. Auch das Negieren von Konflikten hat allenfalls – im Sinne einer Symptomverschiebung – eine retardierende Wirkung, die in der Regel zu weiteren Spannungen und Ressourcenbindungen führt (vgl. Werpers 1999; Butler 2009; Wilmot & Hocker 2011). Genau an dieser Stelle setzt Konfliktmanagement ein, jene konstruktive Intervention auf den Konfliktprozess, sodass Konflikte im Idealfall einen positiven Verlauf nehmen. Dabei zielt ein prozess- und entwicklungsorientiertes Konfliktmanagement nicht primär auf die Vermeidung, sondern vielmehr auf das rechtzeitige Aufdecken und das effiziente *handling* von Konflikten – stets unter der Prämisse, die Konfliktkosten respektive die Konfliktfolgekosten zu minimieren und eine Konfliktlösung herbeizuführen, die idealerweise allen betroffenen Akteuren gerecht wird (vgl. Proksch 2010; Schwarz 2010; Glasl 2013).

Die nachfolgende Tabelle subsumiert zentrale Prämissen eines kultursensiblen Konfliktmanagements, das sich nicht nur im interkulturellen Kontext bewährt hat, sondern das sich auch dezidiert gegenüber einer positiv konnotierten ‚Konfliktkultur' öffnet, die im Rahmen einer erfolgreichen Implementierung von Diversity Management eine Conditio sine qua non darstellt (vgl. Regnet 2001; Scherle 2003/2006; Davidson & Proudford 2008; Sabattini & Crosby 2008). In diesem Kontext fungieren die vorgestellten Prämissen in erster Linie als ein möglicher Orientierungsrahmen, der den Konfliktprozess im Idealfall von der Konfliktwahrnehmung über die Konfliktbearbeitung bis hin zur Konfliktlösung begleitet:

Tabelle 6: Ausgewählte Prämissen im Kontext eines kultursensiblen Konfliktmanagements

- Konflikte sind als eine alltägliche Dimension menschlicher Kommunikations- und Interaktionsprozesse zu begreifen.
- Konflikte sollten trotz ihres ambivalenten Charakters auch dezidiert hinsichtlich ihrer positiven Wirkungen gewürdigt werden, um sie, gerade im geschäftlichen Kontext, von ihrer nach wie vor deutlich negativen Konnotation zu befreien.
- Konflikte sind verstärkt aus einer holistischen Perspektive zu kontextualisieren, da sie nicht nur struktur- und strategieinduzierte, sondern auch kulturelle Ursachen aufweisen können.
- Konflikte und deren Ursachen können verständlicher werden, wenn man einen Perspektivenwechsel vornimmt, indem man sich in die Position des *counterparts* hineinversetzt.
- Konflikte und deren Lösungen erfordern nicht nur ausreichend Zeit und Ressourcen zur konstruktiven – von Offenheit geprägten – Austragung, sondern auch die Schaffung einer symmetrischen Kommunikationsbeziehung.
- Konfliktlösungen sollten weitgehend von Problemorientierung und nicht von Personalisierung geprägt sein.
- Konflikte im interkulturellen Kontext bedürfen einer kritischen Reflexion eigenkultureller Normen- und Wertesysteme sowie einer expliziten Absage an ethnozentrische Positionen.
- Konflikte, die sich – aus welchen Gründen auch immer – einer gemeinsamen Lösung entziehen, können notfalls mittels Unterstützung eines externen Mediators angegangen werden.

Quelle: Eigener Entwurf

Ein konstruktives Konfliktmanagement hilft einerseits, personale Problemlösungskompetenzen in lernenden Organisationen zu stärken, andererseits stellt es einen unverzichtbaren Bestandteil bei der Implementierung von Diversity Management dar. Vor diesem Hintergrund sind Differenzen sowie die Heterogenität von Zielen, Interessen, Ideen und Vorstellungen keine bedrohlichen Dimensionen im Veränderungsprozess, vielmehr erschließen sie nachhaltig Potentiale zur Entwicklungsfähigkeit von Organisationen (vgl. Müller-Fohrbrodt 2003; Lange 2006; Rastetter 2006). Eine Gewissheit sollte man in diesem Zusammenhang auf alle Fälle festhalten, da sie nicht nur besonders optimistisch stimmt, sondern auch eine Brücke zum nachfolgenden Kapitel baut: In dem Maße, wie es Menschen in schwierigen – häufig durch Veränderungsprozesse hervorgerufenen – Situationen gelingt, Konflikte zu kanalisieren und zu regeln, werden sie kontrollierbar und ihre schöpferische Kraft vermag sowohl auf personaler wie auf organisationaler Ebene ein großer Segen sein.

IV Jenseits von Freund-Feind-Dichotomien: Normative Konzepte einer globalen Bürgergesellschaft

1 Mehr als Laisser-faire: Toleranzkonzepte

„Toleranz sollte eigentlich nur eine vorübergehende Gesinnung sein; Sie muss zur Anerkennung führen. Dulden heißt beleidigen."
Johann Wolfgang von Goethe

„Toleranz bedeutet Respekt, Akzeptanz und Anerkennung der Kulturen unserer Welt, unserer Ausdrucksformen und Gestaltungsweisen unseres Menschseins in all ihrem Reichtum und ihrer Vielfalt. Gefördert wird sie durch Wissen, Offenheit, Kommunikation und durch Freiheit des Denkens, der Gewissensentscheidung und des Glaubens. Toleranz ist Harmonie über Unterschiede hinweg. Sie ist nicht nur moralische Verpflichtung, sondern auch eine politische und rechtliche Notwendigkeit. Toleranz ist eine Tugend, die den Frieden ermöglicht, und trägt dazu bei, den Kult des Krieges durch eine Kultur des Friedens zu überwinden." 184 Mitgliedstaaten der UNESCO verabschiedeten am 16. November 1995 eine *Deklaration über Prinzipien der Toleranz*, deren erster Absatz über die Bedeutung von Toleranz – zitiert nach Schöfthaler (1996, S. 678) – eine würdige Einleitung in eine Thematik bietet, die durchaus ganz unterschiedliche Konnotationen aufweisen kann: Für die einen bezeichnet Toleranz ein bloßes Dulden, mitunter sogar eine herablassende Haltung, für die anderen eine echte Anerkennung, die im Idealfall zur reziproken Wertschätzung führt.

Wohl nie zuvor in der Geschichte der Menschheit hat die Toleranzthematik eine derart große Bedeutung erlangt wie zu Beginn des dritten Jahrtausends. Nicht nur die rasante Entwicklung der Weltbevölkerung von inzwischen sieben Milliarden Mitmenschen, sondern vor allem auch das Schrumpfen von Raum und Zeit in einer weitgehend vernetzten Welt machen uns zunehmend bewusst, dass wir uns kaum noch – im Sinne einer *splendid isolation* und etwas überspitzt formuliert – in ein ‚Schneckenhaus' zurückziehen können. Dabei sind die Fragen, die sich in enger Wechselwirkung von Toleranz und den politischen bzw. sozio-ökonomischen Entwicklungen der letzten Jahre ergeben haben, durchaus existenzieller Natur. So schreibt Barber (2002, S. 19) in einem Beitrag mit dem bezeichnenden Titel *Dschihad kontra McWorld*: „Haben Toleranz und Vielfalt nach dem 11. September eine Zukunft in einer Welt des Terrorismus und der Globalisierung? Haben Toleranz und Vielfalt insbesondere dann eine Zukunft, wenn wir die Globalisierung der Märkte so betreiben wie bisher und an dem festhalten, was ich als ‚McWorld' bezeichne: nämlich an einer materialistischen, kommerziellen, privatisierten Weltwirtschaft, und sie mit aller Kraft gegen einen radikalen Fundamentalismus verteidigen, der Globalisierung, Moderne und Demokratie ablehnt? Wie wird dieser Konflikt ausgehen? Werden wir im Kampf um Demokratie und Vielfalt obsiegen oder werden wir ihn nach und nach verlieren? Kaum ein zivilisiertes Land stellt die Bedeutung von Vielfalt und Toleranz, von Demokratie und Gleichheit in Abrede. Doch ist es überhaupt möglich, ihren Bestand in einer Welt zu sichern, in der die Tagesordnung vom Krieg gegen den Terrorismus diktiert wird?"

Die nachfolgenden Ausführungen werden zeigen, dass es im Rahmen einer Beschäftigung mit Toleranz nicht nur um internationale Interessengegensätze geht, sondern auch um konfligierende Interaktionen, die in ausgeprägt lokale wie personale Kontexte eingebunden sind. Zunächst jedoch soll eine Annäherung an die Begrifflichkeit erfolgen: Zwecks einer erleichterten Kontextualisierung der Thematik werden einerseits zentrale Toleranzkonzeptionen aufgerollt, andererseits geht es um die Herstellung historischer Bezüge, die vielfach zu divergierenden Interpretationen von Toleranz geführt haben. In diesem Zusammenhang erfolgen immer wieder Rekurse auf die Termini Konflikt und Intoleranz, die für eine konzeptionelle Erschließung der Begrifflichkeit eine Conditio sine qua non darstellen. Da Toleranz im Idealfall nicht nur ein abstrakt-theoretisches Konstrukt ist, sondern darüber hinaus eine normativ-handlungsorientierte Dimension aufweist, erfolgen abschließend einige ausgewählte Reflexionen über Toleranzkompetenz, die eine zentrale Prämisse im konstruktiven Umgang mit Konflikten darstellt.

Essenzieller Ausgangspunkt für eine konzeptionelle Annäherung an den Toleranzbegriff ist der Mensch und sein Grundrecht auf freie Entfaltung. Dieses in den Menschenrechten verankerte Grundrecht garantiert dem Einzelnen ein Maximum an Freiheit und Vielfalt sowie der demokratischen Gesellschaft den notwendigen Pluralismus. Dieser Pluralismus macht die Auseinandersetzung mit Andersartigkeit und die Entscheidung für den eigenen Lebensentwurf möglich und erforderlich, wobei der einzelne Mensch als handelndes Subjekt grundsätzlich die Verantwortung für die Konsequenzen seiner Entscheidungen trägt (vgl. Feldmann, Henschel & Ulrich 2002). Gerade in Konfliktsituationen ist der Druck sehr hoch, sich für ein adäquates Verhalten zu entscheiden, wobei genau an dieser Stelle der enge Konnex zwischen Toleranz und Konflikt ersichtlich wird, da Toleranz eine Haltung bzw. Praxis darstellt, die nur in Konflikten erforderlich wird. Das Besondere dabei ist, dass Toleranz die Auseinandersetzung nicht auflöst, sondern nur eingrenzt und entschärft. Der Antagonismus von Überzeugungen, Interessen oder Praktiken bleibt bestehen, verliert aber aufgrund bestimmter Erwägungen seinen destruktiven Charakter. Forst (2003, S. 12), ein Schüler von Habermas und einer der führenden Vertreter der zeitgenössischen Toleranzforschung, schreibt in diesem Zusammenhang: „‚Toleranz im Konflikt' heißt: Die im Konflikt stehenden Parteien kommen zu einer Haltung der Toleranz, weil sie sehen, dass den Gründen gegenseitiger Ablehnung Gründe gegenseitiger Akzeptanz gegenüberstehen, die erstere nicht aufheben, aber gleichwohl für Toleranz sprechen bzw. sie sogar fordern. Das Versprechen der Toleranz lautet, dass ein Miteinander im Dissens möglich ist."

Wie nie zuvor in der Geschichte der Menschheit führen aktuelle soziokulturelle Transformationsprozesse zu einer wachsenden Konfrontation mit divergierenden Lebensentwürfen, Meinungen und Einstellungen und offenbaren verstärkt ihren ambivalenten Charakter: Einerseits führen sie zu einer bis dato nicht gekannten kulturellen, religiösen und ethnischen Vielfalt, andererseits konkurrieren immer mehr divergierende Werte und Normen und erhöhen somit dezidiert das gesellschaftliche Konfliktpotential. In diesem Kontext wird Toleranz zunehmend auf die Probe gestellt, wobei sich die neuen Herausforderungen zwar nicht auf die prinzipielle Anerkennung von Toleranz, wohl aber auf deren Anwendung in konkreten Fällen richten (vgl. Feldmann, Henschel & Ulrich 2002; Höffe 2004). Beispiele für potentielle Konflikte, die Toleranz erfordern, gibt es jedenfalls reichlich: Darf in öffentlichen Schulen das in manchen Gegenden übliche Kreuz hängen bleiben? Inwieweit sind Kiezbewohner aufgeschlossen genug, den Neubau einer Moschee mit Minarett zu akzeptieren? Kann eine Muslimin verbeamtet werden, die im Unterricht ihr Kopftuch tragen möchte? Und inwieweit stellen Beschneidungen unzumutbare Körperverletzungen dar, die ungeachtet religiöser Traditionen gesetzlich verboten gehören?

Toleranz steht nicht nur in dezidiertem Bezug zu Konflikten, sondern schließt – nach Forst (2003, S. 13f.) – darüber hinaus drei weitere Bedeutungen ein: Die Forderung nach Toleranz ist nicht jenseits der Auseinandersetzungen in einer Gesellschaft angesiedelt, sondern entsteht vielmehr in ihr, sodass ihre konkrete Gestalt stets situationsgebunden ist. Dabei steht Toleranz selbst im Konflikt, sie ist sozusagen Partei, auch wenn ihre normativen Grundlagen möglichst unparteilich sein sollten, um eine reziproke Toleranz zu ermöglichen. Obwohl sie einen Ausgleich anvisiert, ist die Forderung nach Toleranz nicht in dem Sinne neutral, dass sie nicht zugleich eine praktische Forderung der Konfliktparteien verkörpert – und zwar auf ganz unterschiedliche Art und

Weise: einerseits als Parteinahme für die Unparteilichkeit, andererseits als Versuch, bestehende Machtverhältnisse durch Freiheitsgewährung aufrechtzuerhalten. In engem Bezug mit der sozialen Dimension von Toleranz steht die dritte Bedeutung. Toleranz ist nicht nur in Konflikten einer bestimmten Art gefordert, und sie markiert nicht nur in sozialen Auseinandersetzungen eine spezifische Forderung konfligierender Parteien, sondern sie ist selbst Gegenstand von Konflikten. Wie die weiteren Ausführungen darlegen werden, ist die Bedeutung von Toleranz sowohl in der Geschichte als auch in der Gegenwart nicht nur unklar, sondern zutiefst umstritten. So kommt es beispielsweise vor, dass ein und dieselbe Politik oder Einzelhandlung von den einen als Ausdruck von Toleranz, von den anderen hingegen als Akt der Intoleranz wahrgenommen wird. Die vierte Bedeutung von Toleranz besagt schlussendlich, dass entsprechende Differenzen über die Verwendung und Bewertung des Terminus daher rühren, dass es zwar ein Konzept, aber verschiedene Konzeptionen von Toleranz gibt, die sich im Verlauf der Geschichte herausgebildet haben und miteinander konkurrieren. Das entsprechende Sujet wird noch einmal komplizierter, wenn man bedenkt, dass sich nicht nur divergierende Toleranzkonzeptionen, sondern auch ganz unterschiedliche Toleranzbegründungen gegenüberstehen. Diese reichen von religiösen und ethischen über politisch-pragmatische bis hin zu erkenntnistheoretischen Begründungen und stehen – wenig überraschend – miteinander in Konflikt.

Toleranz zählt zu jenen Begriffen, die im Alltag nahezu selbstverständlich gebraucht werden, deren Bedeutung jedoch umso diffuser wird, je intensiver man sich um eine Klärung bemüht. Bei genauerer Betrachtung zeigt sich nämlich, dass den unterschiedlichen Bewertungen von Toleranz unterschiedliche Begriffsverständnisse vorausgehen. Für die einen besteht Toleranz in einer Haltung des wechselseitigen Respekts, für die anderen in einer pragmatisch oder strategisch motivierten Duldung von Überzeugungen oder Praktiken, die man zugleich für falsch und beherrschbar hält (vgl. Forst 2000). Ungeachtet dieser Herausforderungen bei der Auseinandersetzung mit Toleranz, sollen der Begriff und seine Konzeptionen weiter erschlossen werden. In diesem Kontext folge ich zunächst Wierlacher (1996a, S. 21), der dezidiert Bezüge zu anthropogener Verschiedenheit herstellt und somit auch zu dem im vorherigen Kapitel aufgerollten Sujet Diversity bzw. Diversity Management: „Toleranz ist weder ein Synonym für grenzenlose Duldung von Zumutungen noch ein ideologiekritisch abzulehnender obrigkeitlicher Gnadenakt noch ein fragwürdiges Instrument zum Austarieren von Gegensätzen und Widersprüchen oder ein Privileg des Alters; Toleranz ist vielmehr ein Konzept reziproker Relation, ein weitauffächerbarer Handlungsbegriff und ein Medium der Erkenntnis kultureller Vielfalt menschlicher Verschiedenheiten."

Vor dem Hintergrund der enormen Vielschichtigkeit des Sujets erschließt Forst (2000/2003) einen konzeptuell und normativ überzeugenden Weg hin zu einem Verständnis von Toleranz für eine kulturell pluralistische Gesellschaft, die sich den komplexen Herausforderungen des 21. Jahrhunderts stellen möchte, wobei er in diesem Zusammenhang – analog zu Rawls (1975) – zwischen *concept* und *conception* unterscheidet: Während Konzept den zentralen Bedeutungsgehalt eines Begriffs umfasst, handelt es sich bei Konzeptionen um die spezifischen Interpretationen der darin enthaltenen Bestandteile. In diesem Kontext differenziert Forst (2003, S. 31ff.) zwischen sechs zentralen Bestandteilen, deren wichtigste Charakteristika nachfolgend zusammengefasst sind:

1. Zunächst ist es essenziell, den Kontext von Toleranz zu bestimmen, womit primär die Beziehung zwischen Tolerierenden und Tolerierten gemeint ist. Kontextabhängig werden sich die Gründe für oder gegen Toleranz verschieben, je nachdem, ob sie aus Liebe, aus pragmatischem Kalkül oder auf Basis wechselseitigen Respekts zum Tragen kommt. In diesem Zusammenhang stellt sich die Frage nach den Subjekten der Toleranz: Wird sie von Personen, von Gruppen, von der Gesellschaft oder vom Staat ausgeübt? Darüber hinaus stellt sich die Frage nach den Objekten der Toleranz, etwa Überzeugungen, Weltanschauungen, persönliche Eigenschaften, einzelne Handlungen bzw. Praktiken. Schließlich: Welche Überzeugungen bzw. Praktiken werden durch Toleranz geboten bzw. verboten? Ist eine primär negativ konnotierte Duldung gefordert, ein positives, aktives Anerkennen oder sogar ein Fördern des bzw. der Anderen?
2. Für den Toleranzbegriff ist von zentraler Bedeutung, dass die tolerierten Überzeugungen bzw. Praktiken in einem normativen Sinne als falsch angesehen bzw. als schlecht verurteilt werden. Ohne eine entsprechende Ablehnungskomponente würde man nicht von Toleranz sprechen, sondern von Indifferenz (dem Fehlen einer negativen oder positiven Bewertung) oder von Bejahung (dem Vorliegen einer allein positiven Bewertung).
3. Zur Toleranz gehört neben der Ablehnungskomponente auch eine Akzeptanzkomponente, der zufolge die tolerierten Überzeugungen bzw. Praktiken zwar als falsch oder schlecht, nicht jedoch als so vollkommen falsch oder schlecht beurteilt werden, dass ihre Tolerierung unmöglich wird. Wichtig ist in diesem Zusammenhang, dass die positiven Gründe, die für eine Tolerierung ausschlaggebend sind, die negativen Gründe nicht aufheben dürfen, sondern ihnen gegenübergestellt werden, sodass sie zwar die negativen Gründe (in der im entsprechenden Kontext relevanten Hinsicht) übertrumpfen und in diesem Sinne Gründe höherer Ordnung sind, die Ablehnung dabei aber bestehen lassen. In diesem Austarieren von Gründen besteht letztendlich die praktische Reflexion des Tolerierenden, wobei sich die verschiedenen Toleranzbegründungen hauptsächlich darin unterscheiden, wie sie die Art dieser Gründe und die entsprechende Reflexion rekonstruieren.

4. Der Toleranzbegriff impliziert die Notwendigkeit einer Bestimmung der Grenzen von Toleranz, sozusagen der Grenzen zum Nicht-Tolerierbaren. Angesichts eines prekären Gleichgewichts von negativen und positiven Gründen wird die Bereitschaft vorausgesetzt, Toleranz in dem Fall aufzuheben, wenn die tolerierten Überzeugungen oder Praktiken derart negativ bewertet werden, dass die positiven Gründe nicht mehr ausreichend sind.
5. Der Toleranzbegriff ist dadurch gekennzeichnet, dass Toleranz freiwillig praktiziert wird respektive nicht in einem Maße erzwungen sein darf, dass die tolerierende Partei keinerlei Möglichkeit mehr hat, ihre Ablehnung zu äußern bzw. entsprechend zu handeln. In diesem Fall würde man eher von einem Erdulden oder Ertragen von Überzeugungen bzw. Praktiken reden, gegen die man machtlos ist. Daraus jedoch den Rückschluss zu ziehen, dass sich die tolerierende Partei grundsätzlich in einer Machtposition befinden muss, aus der heraus sie die betreffenden Praktiken effektiv unterbinden kann, ist nicht begründet. Denn auch eine nicht mit Macht ausgestattete Minderheit kann eine Toleranzhaltung einnehmen und der – nicht erzwungenen – Überzeugung sein, dass sie in dem Fall, in dem sie über ausreichende Machtmittel verfügt, diese nicht zum Nachteil Anderer verwendet.
6. Schlussendlich ist zu beachten, dass mit dem Toleranzbegriff sowohl eine Praxis als auch eine Haltung bezeichnet werden kann: einerseits zum Beispiel eine rechtlich-politische Praxis innerhalb eines Staates, in dem Minderheiten bestimmte Freiheiten gewährt werden, andererseits eine persönliche Haltung, die darin besteht, Überzeugungen bzw. Praktiken, mit denen man nicht übereinstimmt, zu tolerieren.

Vor dem Hintergrund der Charakterisierung zentraler Bestandteile des Toleranzbegriffs wenden wir uns im Folgenden den unterschiedlichen Konzeptionen von Toleranz zu, wobei Forst (2003, S. 42ff.), auf den sich die nachfolgenden Ausführungen primär beziehen, vier verschiedene Typen unterscheidet: In der ersten Konzeption, der sogenannten Erlaubnis-Konzeption, bezeichnet Toleranz die Beziehung zwischen einer Autorität bzw. einer Mehrheit und einer von deren Wertvorstellungen abweichenden Minderheit, wobei Toleranz in erster Linie darin besteht, dass die Autorität (oder Mehrheit) der Minderheit die Erlaubnis einräumt, ihren Überzeugungen gemäß zu leben, solange sie die Vorherrschaft der Autorität (oder Mehrheit) nicht in Frage stellt. Als klassisches Beispiel lässt sich das 1598 verabschiedete *Edikt von Nantes* anführen, in dem der französische Monarch seinen Untertanen Gewissensfreiheit zugesichert hatte, um die Auseinandersetzungen zwischen Katholiken und der hugenottischen Minderheit zu beenden. Später verabschiedete Deklarationen und Appelle folgten weitgehend diesem Edikt, wodurch das entsprechende Dokument zu den bedeutendsten Zeugnissen der europäischen Toleranztradition zählt. Bubner (2000, S. 45) vermerkt in diesem Zusammenhang: „Die klassische europäische Idee der Toleranz ist ein *Kind der Glaubenskriege*. Die furchtbare Zerreißung der politischen Einheit im Namen einander feindlicher Glaubenshaltungen hat die Gestaltung des modernen säkularisierten Staates vorangetrieben, und zwar aus dem Bedürfnis nach Friedensstiftung und Rechtssicherheit für alle Bürger. [...] Im wegweisenden Edikt von Nantes hatte der französische König 1598 Gewissensfreiheit (liberté de conscience) versprochen, die den Protestanten das Verbleiben in Frankreich ermöglichen sollte. [...] Die Lösung des Problems latenter Bürgerkriege aufgrund von Glaubensdifferenzen wird erreicht durch planmäßige Entkoppelung der *politischen* Bürgerrolle, die konfessionell neutral ausgelegt wird, von der *subjektiven* Dimension der Überzeugungen, Glaubensbekenntnisse und Weltanschauungen."

Die zweite Konzeption, die sogenannte Koexistenz-Konzeption, gleicht der ersten darin, dass ihr zufolge Toleranz ebenfalls als ein geeignetes Mittel zur Konfliktvermeidung und zur Verfolgung eigener Interessen gilt. In ihr stellt Toleranz weder einen Wert an sich dar, noch beruht sie auf starken Werten, vielmehr wird sie pragmatisch-instrumentell begründet. Allerdings verändert sich die Konstellation zwischen Toleranzsubjekten und -objekten, stehen sich bei dieser Konzeption im Vergleich zur ersten nicht Autorität (oder Mehrheit) und Minderheit(en) gegenüber, sondern mehr oder weniger gleich starke Gruppen. Beide lassen sich von der Einsicht leiten, dass sie – um des sozialen Friedens und ihrer eigenen Interessen willen – Toleranz praktizieren sollten, wobei eine anvisierte friedliche Koexistenz dem Konflikt vorgezogenen wird. Forst (2003, S. 44) bringt das ausgesprochen pragmatische Selbstverständnis dieser Toleranzkonzeption auf den Punkt, wenn er konstatiert: „Die Toleranzrelation ist somit nicht mehr, wie in der Erlaubnis-Konzeption, vertikal, sondern horizontal: die Tolerierenden sind zugleich auch Tolerierte. Die Einsicht in die Vorzugswürdigkeit eines Zustands der Toleranz hat hier freilich keinen normativen Charakter, sie ist eine Einsicht in praktische Notwendigkeiten. Somit führt sie nicht zu einem stabilen sozialen Zustand, denn verändert sich das gesellschaftliche Machtverhältnis zugunsten der einen oder anderen Gruppe, fällt für diese der wesentliche Grund für Toleranz weg." Geradezu paradigmatisch spiegelt sich dieses Toleranzverhältnis in der frühen Neuzeit mit ihren zahlreichen konfessionellen Konflikten wider. Angesichts des Grundsatzes *cuius regio, eius religio* fand einerseits eine zunehmende räumlich-konfessionelle Fragmentierung des Heiligen Römischen Reichs Deutscher Nationen statt, andererseits sicherte dieser Politikansatz eine weitgehend friedliche Koexistenz der Konfessionen, wobei es sich eher um einen ausgesprochen fragilen Modus Vivendi als um eine wechselseitige Achtung geschweige denn nachhaltige Wertschätzung handelte. Wie problematisch ein bloßer Modus Vivendi im Kontext von Toleranz ist, zeigt das nachfolgende Zitat von Galeotti (2000, S. 256), die sich vor dem Hintergrund von Toleranz und französischem Laizismus mit dem Tragen traditioneller islamischer Kopfbedeckungen beschäftigt hat: „In einem Fall wie der Kontroverse um den Schleier kann ein Verbot nur die Feindseligkeiten zwischen der islamischen Gemeinschaft und der nationalen Mehrheit verstärken, aber auch Toleranz ist nur ein erster Schritt auf dem Weg zu einem kooperativen Pluralismus. Wenn sie als ein bloßer *Modus vivendi* wahrgenommen wird, mag sie Feindseligkeiten und Konflikte lediglich verhüllen."

Kontrastierend zum deutlich pragmatisch geprägten Toleranzverständnis der zweiten Konzeption geht die dritte Konzeption, die sogenannte Respekt-Konzeption, von einer reziproken Achtung der sich tolerierenden Individuen bzw. Gruppen aus. Ungeachtet divergierender ethischer Überzeugungen und kultureller Praktiken anerkennen sie sich gegenseitig als autonome Akteure bzw. als moralisch und rechtlich Gleiche in dem Sinne, dass in ihren Augen die allen gemeinsame Grundstruktur des sozio-kulturellen Lebens von Werten und Normen geleitet werden sollte, die sämtliche Bürger gleichermaßen akzeptieren können und die nicht eine spezifische Gruppe bevorteilen. Grundlage hierfür ist in erster Linie der Respekt vor der moralischen Autonomie von Individuen und ihres Rechts auf Rechtfertigung von Werten und Normen, die eine reziprok-allgemeine Geltung beanspruchen. Forst (2003, S. 46) schreibt in diesem Zusammenhang: „Ungeachtet der [...] Rechtfertigungsalternative zwischen einer Theorie, die – dem klassischen Liberalismus folgend – das Recht auf eine autonome Lebensgestaltung als zentral ansieht, und einem Ansatz, der den Grundsatz der unparteilichen Rechtfertigung von allgemeinen Normen der Gerechtigkeit betont, fordert die Respekt-Konzeption nicht, dass die sich tolerierenden Parteien die Konzeptionen des Guten der anderen als ebenfalls (oder teilweise) wahr und ethisch gut ansehen und schätzen müssen, sondern dass sie sie [...] als autonom gewählt bzw. als nicht unmoralisch oder ungerecht betrachten können. *Respektiert* wird die Person des Anderen, *toleriert* werden seine Überzeugungen und Handlungen."

Die vierte Konzeption, die sogenannte Wertschätzungs-Konzeption, steht in engem Zusammenhang mit den Diskursen um Multikulturalität und Interkulturalität. Sie enthält eine deutlich anspruchsvollere Form gegenseitiger Anerkennung als die Respekt-Konzeption, denn ihr zufolge bedeutet Toleranz nicht nur, die Vertreter anderer kultureller bzw. religiöser Gemeinschaften als rechtlich und sozio-kulturell gleichberechtigte Partner zu respektieren, sondern auch ihre Überzeugungen und Praktiken als ethisch wertvoll zu schätzen. Eine entsprechende Anerkennung schließt – gerade aus interkultureller Perspektive – eine Reflexion von Eigenem und Fremdem ein, wobei weder das Eigene dem Fremden noch das Fremde dem Eigenen geopfert werden darf. Vielmehr muss verstärkt aufgezeigt werden, dass keiner seine Anerkennung durch sich alleine gewinnt, Toleranz mithin auf reziproke Anerkennung angelegt ist (vgl. Wierlacher 1996b). Vor diesem Hintergrund impliziert Anerkennung das Wissen von der wechselseitigen Bedingtheit des Einen durch den Anderen, was eine Prüfung der zu tolerierenden Verhältnisse voraussetzt. Die Wertschätzungs-Konzeption und die mit ihr verbundene Anerkennung von Pluralität bedürfen aber auch dezidiert eines menschenrechtlichen Freiheits- respektive Gleichheitsanspruchs, der für ein modernes Toleranzverständnis, das über eine bloße Duldung hinausgeht, selbstverständlich sein sollte. Menschenrechte stellen somit eine Conditio sine qua non für eine zeitgemäße Toleranzkultur dar. Bielefeldt (1996, S. 121) konstatiert in diesem Zusammenhang: „Die Menschenrechte tragen dem neuzeitlichen Pluralismus dadurch Rechnung, daß sie ihn als Manifestation menschlicher Verantwortungsfreiheit affirmativ würdigen. Da der Ausgangspunkt des Menschenrechtsdenkens somit die Anerkennung von Differenzen bildet, besteht zwischen Menschenrechten und Toleranz prima facie eine innere Affinität. Zugleich ist die Differenz indes mehr als bloße Trennung; erst dadurch, daß sie als Ausdruck der allen Menschen gemeinsamen Freiheit verstehbar wird, wird sie selbst zum Anlaß möglicher *Anerkennung von Gemeinsamkeit*, verweist sie doch auf die sittliche Autonomie, die nach Kant die Würde jedes Menschen ausmacht und im Recht geschützt werden soll. Die Freiheit stellt daher das Grundprinzip der Menschenrechte dar. [...] Damit die Freiheit als ordnungsstiftendes Prinzip der Rechtsordnung zur Geltung kommen kann, muß sie mit der Gleichheit ursprünglich zusammengedacht werden. Freiheit und Gleichheit bilden somit nicht zwei verschiedene Prinzipien, die erst nachträglich zusammengebracht werden müßten, sondern gehören als zwei Aspekte *eines und desselben* Prinzips unauflöslich zusammen." Wie die bisherigen Ausführungen zur Wertschätzungs-Konzeption gezeigt haben, ist deren Toleranzverständnis im Vergleich zu den drei anderen Konzeptionen sicher am wertvollsten einzuschätzen – zumindest wenn man eine normative Perspektive einnimmt. Damit es sich allerdings überhaupt noch um eine Toleranzkonzeption handelt und die mit ihr einhergehende Ablehnungskomponente nicht verloren geht, muss die Wertschätzung eine beschränkte bzw. reservierte sein, bei der die andere Lebensform nicht als ebenso gut oder sogar besser als die eigene gilt. Während man bestimmte Aspekte der anderen Lebensform durchaus wertschätzen mag, stossen andere wiederum auf Ablehnung, wobei der Bereich des Tolerierbaren in der Regel durch jene Werte bestimmt wird, die man in einem ethischen Sinne bejaht. Folgt man Forst (2003, S. 48), so entspricht dieser Toleranzkonzeption – aus liberaler Perspektive – eine „Version des Wertepluralismus", der zufolge es innerhalb einer Gesellschaft eine Konkurrenz zwischen an sich wertvollen, jedoch inkompatiblen Lebensformen gibt bzw. – aus kommunitaristischer Perspektive – die Einsicht, dass es bestimmte, sozial geteilte Vorstellungen des guten Lebens gibt, deren partielle Variationen tolerierbar sind.

Wie sowohl die Vorstellung des Toleranzkonzepts als auch die unterschiedlichen Toleranzkonzeptionen gezeigt haben, handelt es sich nicht nur um ein ausgesprochen komplexes Phänomen, sondern vor allem auch um ein normativ aufgeladenes Desiderat, das keinesfalls eine Selbstverständlichkeit darstellt. Im Spannungsfeld erforderlicher Grenzziehungen zwischen Ablehnung einerseits und Akzeptanz andererseits wurden im Laufe der Geschichte immer wieder Entscheidungen gefällt, die eher mit Intoleranz als mit Toleranz zu tun hatten. Toleranz entspringt nämlich nicht unserer Natur, vielmehr ist sie ein Ergebnis unserer Kultur und muss erlernt werden. Dabei erfordert das Zulassen des Fremden bzw. Abweichenden von der eigenen Norm einen weit größeren kognitiv-emotionalen Bearbeitungsaufwand als dessen Abwehr und Ausgrenzung, da es grundsätzlich mit den Risiken der psychischen Destabilisierung, der kognitiven Desorientierung und der Selbstverunsicherung einhergeht (vgl. Fritzsche 1996; Thomas 1996; Mummendey, Kessler & Otten 2009). Vor diesem Hintergrund beruht Toleranz maßgeblich auf Stärke, denn die Akzeptanz von divergierenden Überzeugungen bzw. Praktiken erfordert dezidiert Selbstsicherheit und die Fähigkeit zum Perspektivenwechsel, geht es doch letztendlich um ein ‚Zulassen-können' und nicht um ein ‚Hinnehmenmüssen'.

Wer von Toleranz im Konflikt spricht, darf Intoleranz als Herausforderung nicht verschweigen. Ganz abgesehen davon, dass unbegrenzte Toleranz – im Sinne von Popper (1982) – nicht möglich ist, da sie in diesem Fall zur Paradoxie führen würde, komplett zu verschwinden. Darüber hinaus gilt: Wer in der heutigen Zeit mehr Toleranz einfordert, sollte zugleich die Gründe für Intoleranz kennen, die auch in unserer – vermeintlich aufgeklärten und liberalen – Gesellschaft ein omnipräsentes Phänomen darstellt. Ein Mangel an potentiellen Erklärungsangeboten hinsichtlich dieser Thematik liegt jedenfalls nicht vor. So bemerkt Fritzsche (1996, S. 38): „Die Erklärungsangebote der Sozialwissenschaften zu den unterschiedlichen Manifestationen der Intoleranz beginnen fast unübersichtlich zu werden, und man stellt sich die Frage: Wem gibt man den Vorzug? Liegt es an den Migranten und Minderheiten oder an der Mehrheit, daß es zu gewalttätigen Konflikten kommt? Liegt es an Forderungen und Ansprüchen der Fremden oder an der Wahrnehmung der Einheimischen, daß es zur Fremdenfeindlichkeit kommt? Ist die Intoleranz eine Frage von ökonomischen und sozialen Krisen oder von autoritären Charakterstrukturen? Oder liegt in der Individualisierung und ihren Verunsicherungspotentialen der Schlüssel zur Erklärung?" Ein erheblicher Anteil der Ursachen für intolerantes Verhalten basiert auf gravierenden sozio-ökonomischen Transformationen, die unsere gesellschaftlichen Strukturen und normativen Ordnungen nachhaltig verändert haben, verändern und auch zukünftig verändern werden (vgl. Vancea 2008; Korczak 2009; Forst & Günther 2011). In Bezugnahme auf Feldmann, Henschel und Ulrich (2002, S. 10) lassen sich vor allem nachfolgende Ursachen anführen:

- Auflösung traditioneller Bindungen (vor allem in Hinblick auf Familie, Kirche und Vereine)
- schneller Wandel von Orientierungsmustern (etwa Lebensstile und Glaubensfragen)
- erhöhte Komplexität wirtschaftlicher und sozialer Zusammenhänge (etwa Internationalisierung und Migration)
- Zuwachs und Beschleunigung des Austauschs von Informationen (vor allem durch neue Medien)

Im Kontext der skizzierten Transformationen sei angemerkt, dass gerade die Prozesse der Pluralisierung und Individualisierung noch längst nicht ihren Zenit überschritten haben; auch hier wachsen die Wahlfreiheiten sowie die Erfahrungen von Differenz und Ambivalenz in einem bis dato kaum abzuschätzenden Ausmaß (vgl. Fritzsche 1996). Der durch entsprechende Wandlungsprozesse implizierte Anstieg an Wahlmöglichkeiten geht mit einer wachsenden Unsicherheit einher, denn wer die Wahl hat, hat die Qual – und Qual haben meint in diesem Fall, dass Freiheiten im Allgemeinen ambivalent und riskant sind (vgl. Beck & Beck-Gernsheim 1994; Beck 2008). Die durch Wahlfreiheiten bedingte Vielfalt bedeutet nicht nur, aus einer immer schwieriger zu überblickenden Fülle an Alternativen auswählen zu können, sondern oftmals auswählen zu müssen. Vor diesem Hintergrund werden häufig zur Selbstvergewisserung im Anschluss an die getroffene Wahl andere Alternativen abgelehnt und im schlimmsten Fall sogar bekämpft. Intoleranz fungiert in diesem Fall als Instrument identitätsstiftender Abgrenzung respektive stellt das Resultat einer explosiven Mischung aus Frustration, Überforderung und Stress dar. „Die Vielzahl konkurrierender, identitätsstiftender Orientierungsmuster", so Feldmann, Henschel und Ulrich (2002, S. 11) in diesem Zusammenhang, „lässt zudem den Kern unstrittiger Normen kleiner erscheinen. Unter dieser Voraussetzung ist es schwierig, eine stabile Identität zu formen. Sie gehört gleichwohl zu den Grundvoraussetzungen für die unbefangene und gleichberechtigte Begegnung mit Fremdem. Die eigene Aufwertung durch die Abwertung des anderen kann mangelnde Selbstsicherheit kurzfristig kompensieren. Intolerante Einstellungen oder Handlungsmuster können dadurch attraktiv erscheinen. Die Phänomene der Intoleranz sind somit nicht die direkte Folge des gesellschaftlichen Wandels, sondern häufig die Reaktion auf die durch den gesellschaftlichen Wandel hervorgerufenen Überforderungen und Verunsicherungen."

Vor dem Hintergrund von drei zentralen Toleranzkriterien – nämlich Konflikt, Gewaltlosigkeit sowie Anerkennung von Gleichberechtigung – haben Feldmann, Henschel und Ulrich (2002) ein Modell entwickelt, das aus einer prozessualen Perspektive die Handlungsoptionen im Konflikt aufzeigt:

Abbildung 6: Handlungsoptionen im Konflikt

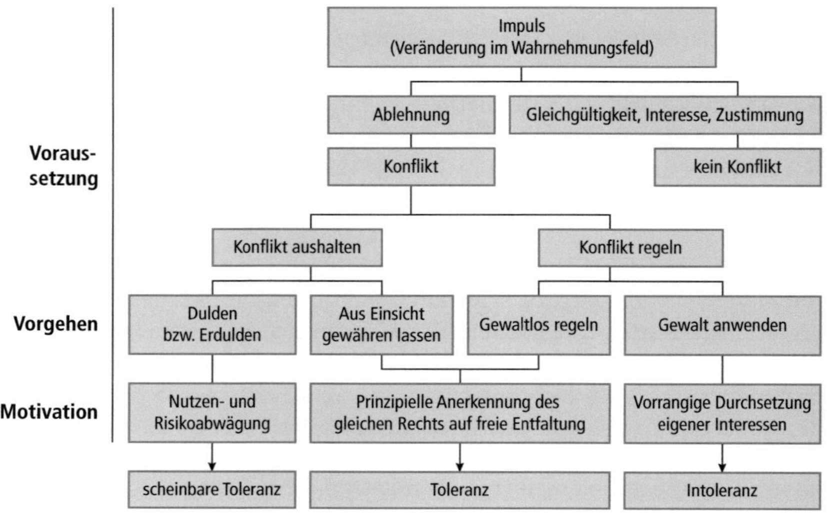

Quelle: Feldmann, Henschel & Ulrich (2002)

Im Kontext des Modells sind vor allem zwei Aspekte anzumerken: Zum einen darf als Ausgangskriterium ein Konflikt nicht fehlen, da es sich in jenen Fällen, in denen ein Individuum den Maßstäben Anderer wertneutral gegenübersteht, nicht um Toleranz, sondern um Gleichgültigkeit handelt. Gerade ein Laisser-faire oder *anything-goes* wird dem konzeptionellen Selbstverständnis von Toleranz nicht gerecht, sondern führt zu einer begrifflichen Unschärfe, die sich im Rahmen der vorliegenden Thematik als wenig hilfreich erweist. Zum anderen darf auch kein weiteres Kriterium – wie Barmherzigkeit oder das Bedürfnis nach Ausgleich von Ungerechtigkeit – ergänzt werden, da es sich sonst um Nächstenliebe oder Solidarität handelt (vgl. Bauman 1992).

Vor dem Hintergrund der ungemeinen Vielfalt an potentiellen Konflikten soll an dieser Stelle exemplarisch ein Bezug zur Interkulturalität hergestellt werden, da die Toleranzthematik angesichts einer in dieser Intensität bis dato nicht gekannten Verdichtung von Raum und Zeit besonders lebhaft unter dem Schlagwort des Fremden diskutiert wird. So konstatiert Vancea (2008, S. 21): „Im Kontext unserer krisenhaften Wirklichkeit erlebt der Toleranzdiskurs eine auffallende Intensivierung, da das wachsende Konfliktpotenzial der Gegenwart an die Toleranz immer wieder neue Anforderungen stellt. Im Rahmen dieser Problematik tut sich auch die immer wichtiger werdende Frage auf, wie tolerant eine Gesellschaft oder ein Individuum gegenüber ethnischen und religiösen Unterschieden oder kulturell nonkonformen Personen und

Gruppen sein soll und wie tolerant man gegenüber der Intoleranz sein kann oder soll."

In Bezugnahme auf Bubner (2000) sind in Anbetracht der engen Verbindung von Interkulturalität und Toleranz vor allem zwei Aspekte von zentraler Bedeutung: Einerseits zählt seit dem Zeitalter des Kolonialismus die Konfrontation mit dem Fremden zu den wichtigsten Konstanten europäischer Selbstverständigung. Andererseits erfährt – insbesondere angesichts fortschreitender Migrationsprozesse – die Verbindung der Toleranzidee mit der Reflexion des Fremden als Gegenstück zur Ideologie des Authentischen einen beachtlichen Konjunkturschub. Vor diesem Hintergrund rückt Toleranz – wenn auch aus unterschiedlichen Motiven und in deutlich divergierenden Ausprägungen – sukzessive zu einer politischen Schlüsselkategorie auf; ein Aspekt, der sich auch explizit in der Verabschiedung der EU-Antidiskriminierungsrichtlinie widerspiegelt (vgl. Kapitel III.1).

Kontrastierend zu seinen ursprünglichen Wurzeln, die primär von einem exzeptionellen Entgegenkommen am Rande der Normen geprägt waren, soll der Toleranzbegriff an der Schwelle zum dritten Jahrtausend die fortgeschrittene und politisch korrekte Grundnorm abgeben, deren konfliktentspannende Funktion zur Förderung der staatlichen Ordnung einen herausragenden Part einnimmt. Die damit einhergehenden Verflechtungen und wechselseitigen Abhängigkeiten bedingen, dass sich fremde Kontexte einschließlich ihrer Artikulationen nicht mehr ausschließlich als Gegenstand bloßer interessierter Betrachtung rezipieren lassen, vielmehr führen die komplexen Interdependenzen zu meist unmittelbaren Wirkungen auf alle Diskursbeteiligten; Schneider (1999, S. 257) konstatiert in diesem Zusammenhang: „Das Fremde und Andere ist heute [...] in vielfacher Weise ständig gegenwärtig und somit wirklich und wirksam. Vor allem aber ist es heute in anderer Weise gegenwärtig als in früheren Zeiten; denn es ist nicht länger bloßes *Objekt*, das beobachtet, analysiert, gedeutet und beurteilt wird, nicht bloß ökonomisches *Objekt*, das als Käufer oder Lieferant zu einseitig fixierten Preisen dient, nicht bloß *Objekt* der Missionierung oder der Projektion kollektiver Ängste, Wünsche und Vorurteile etc. Was sich geändert hat, sind nicht diese Strukturen und Praktiken, sondern deren Einseitigkeit. Heute muß sich jeder Europäer an den Gedanken gewöhnen, selbst in dem geschilderten Sinne *Objekt* für die Angehörigen anderer Kulturen zu sein."

Wer – wie Wierlacher (1996a/1996b) – die Interdependenz von Eigenem und Fremdem betont und in diesem Zusammenhang postuliert, dass das Nachdenken über Toleranz diese Interdependenz mitdenken müsse, muss nicht nur auf der Unterscheidung beider Begriffe bestehen, sondern auch konzedieren, dass alle kulturelle und kommunikative Assimilation ihre Grenzen hat. Vor diesem Hintergrund gilt es, zu internalisieren, dass keiner seine Anerkennung durch sich alleine gewinnt, vielmehr ist Toleranz auf reziproke Anerkennung angelegt. Gerade wenn man Toleranz als ‚Integral' kultureller Praxis begreift, ist ein hermeneutischer Zugang hilfreich. Yousefi (2010, S. 108) hält diesbezüglich fest: „Um zu wissen, wer das Andere ist oder wer die Anderen sind, müssen wir sie selbst zu Wort kommen lassen. Auf diese Weise kann die Selbsthermeneutik des Anderen mit ihrer Fremdhermeneutik und der Fremdhermeneutik des Eigenen in Beziehung gesetzt und miteinander verglichen werden. Im Rahmen dieser hermeneutischen Situation können sich die Selbstvergewisserung des Eigenen aus eigener Sicht und die Selbstvergewisserung des Fremden aus fremder Sicht gegenseitig bereichern, ohne sich gegenseitig aufeinander zu reduzieren."

Wirft man auch nur einen flüchtigen Blick in die Vergangenheit, so wird schnell evident, dass Toleranz in keiner Weise den Normalfall verkörpert. Vielmehr ist Toleranz ausgesprochen herausfordernd und ihr Mangel stellt seit jeher ein zentrales Problem der Menschheitsgeschichte dar (vgl. Fritzsche 1996; Cosgrove 2003; Hierdeis 2009). Im Kontext des Spannungsverhältnisses von Eigenem und Fremdem besteht das Spezifikum des Toleranzgedankens gerade darin, in konfliktbeladenen Situationen die Differenzen weder zuzuspitzen noch zu beseitigen, sondern zu regulieren und damit für alle Akteure erträglich zu machen (vgl. Schneider 1999). Dabei war stets die Kulmination latenten Konfliktpotentials der Auslöser für ein verstärktes Nachdenken über Toleranz; ein Umstand, der sich geradezu paradigmatisch im Zeitalter der Aufklärung manifestiert, zu dessen zentralen Charakteristika der forcierte Ruf nach Toleranz sowie der Kampf gegen religiöse Bevormundung zählten. Auch wenn die Ansichten bedeutender Vertreter dieser Epoche – etwa Voltaire, Bayle oder Kant – differieren, so stimmen sie doch weitgehend darin überein, dass die wichtigste Aufgabe der damaligen Zeit der Kampf gegen religiösen Fundamentalismus und das passende Mittel dazu eine undogmatische Religion ist, die die moralischen Pflichten aller Menschen beinhaltet (vgl. Forst 2003; Vancea 2008). In diesem Kontext ging es angesichts eines anvisierten interreligiösen Pluralismus nicht zuletzt um die Frage, inwieweit die Vertreter der drei Weltreligionen Judentum, Christentum und Islam bereit sind, dem konzeptionellen Selbstverständnis bzw. der religiösen Praxis der anderen Religionen einen Wert zuzuschreiben und im Idealfall sogar zu fördern. „Erlauben es", wie Margalit (2000, S. 162) in diesem Zusammenhang pointiert formuliert, „die drei Religionen ihren Anhängern, den konkurrierenden religiösen Lebensweisen einen intrinsischen Wert zuzuschreiben? Bei konkurrierenden Lebensweisen widerstreiten die grundlegenden Überzeugungen und Werte jenen der anderen. Das Leben einer Nonne und das einer Prostituierten stellen das Extrembeispiel eines Widerspruchs dar, der mehr ist als bloße Unvereinbarkeit. Ein Widerspruch zieht allerdings nicht notwendigerweise Ablehnung nach sich. Die Spannung von Anziehung und Abstoßung zwischen der Prostituierten und dem Heiligen, zwischen Salomé und Johannes, ist ein bekanntes Thema."

Das wohl bekannteste aufklärerische Beispiel, in dem Glauben und Toleranz eine untrennbare Einheit bilden, stellt Lessings Ringparabel in *Nathan der Weise* (1779) dar. Dabei ist – wie in Lessings früherem Lustspiel *Die Juden* (1749) – der zentrale Protagonist, ein ehrbarer Jude, bewusst gewählt, wird doch mit ihm eine Symbolfigur kreiert, mit der der Autor dezidiert die weit verbreiteten antisemitischen Stereotype und Vorurteile angreift. An mehreren Stellen des ‚dramatischen Gedichts' macht Lessing mit literarischen Mitteln deutlich, dass die trennenden Unterschiede zwischen Christen, Juden und Muslimen zwar keine vollkommen bedeutungslose Hüllen sind, die man ohne weiteres ablegen kann, dass aber alle Individuen als Menschen durch gemeinsame Bedürfnisse, Gefühle, moralische Maßstäbe und den Glauben an einen Gott miteinander verbunden sind. Geradezu paradigmatisch tritt in diesem Werk der Lessing'sche Humanismus hervor, der im Menschsein an sich eine verbindende Qualität sieht, die permanent Gefahr läuft, von religiöser Intoleranz verdeckt zu werden (vgl. Forst 2003; Vancea 2008). So lässt Lessing (1989, S. 50) Nathan zum Tempelherrn sprechen: „Kommt, Wir müssen, müssen Freunde sein! – Verachtet Mein Volk so sehr Ihr wollt. Wir haben beide Uns unser Volk nicht auserlesen. Sind Wir unser Volk? Was heißt denn Volk? Sind Christ und Jude eher Christ und Jude, Als Mensch? Ah! Wenn ich einen mehr in Euch Gefunden hätte, dem es genügt, ein Mensch zu heißen!" Das Ende des sich auch international schnell verbreitenden Dramas – in dem die Protagonisten ihre verschlungenen Verwandtschaftsbeziehungen mit Nathans Hilfe aufdecken – erschließt den Lesern, dass Lessings zentrale Botschaft eine von Vernunft und Toleranz getragene ‚Brüderlichkeit' jenseits aller historisch kontingenten Differenzen ist.

Wie kaum ein zweiter Autor des 18. Jahrhunderts hat sich Lessing – über *Nathan der Weise* hinaus – sowohl kulturgeschichtlich als auch theologisch auf den Islam eingelassen (vgl. Kuschel 1998; Horsch 2009). In diesem Zusammenhang betont Lessing nicht nur, dass die komplexe islamische Geschichte ebenso wichtig und lehrreich wie die griechische oder römische ist, sondern er setzt sich auch dezidiert mit Autoren auseinander, die aus seiner Perspektive ein unzulängliches bzw. falsches Bild vom Islam transportieren. Exemplarisch sei hier auf Lessings Auseinandersetzung mit dem Werk von Cardanus, einem Universalgelehrten der Renaissance, verwiesen, dem er vorwirft, sich nicht intensiv genug mit dem religiösen Selbstverständnis des Islams beschäftigt zu haben. In diesem Kontext stellt Lessing (1976, S. 24f.) einen eigenen Religionsvergleich an, indem er einen Muslimen auftreten lässt, der den Islam wie folgt skizziert: „Wirf einen Blick auf sein [Mohammeds; Anm. d. Verf.]

Gesetz! Was findest Du darinne, das nicht mit der allerstrengsten Vernunft übereinkomme? Wir glauben einen einigen Gott: wir glauben eine zukünftige Strafe und Belohnung, deren eine uns, nach Maßgebung unserer Taten, gewiß treffen wird. Dieses glauben wir, oder vielmehr, [...] davon sind wir überzeugt, und sonst von nichts!" Der Lessing'sche Muslim lässt den Islam zu einer Ausdrucksform der natürlichen Religion werden, die ein zeitgenössisches Konzept der Deisten war, das die christliche Lehre an das Denkmodell des Rationalismus anpassen und vom Offenbarungsgedanken lösen sollte. Verbunden ist es mit einer deutlichen Bibel- und Kirchenkritik – und genau diesen kritischen Impetus nimmt Lessing auf, wenn er den Islam als natürliche Religion darstellt (vgl. Horsch 2009).

Sowenig Toleranz den Normalfall verkörpert, sowenig ist sie integrativer Bestandteil unserer Natur, vielmehr muss sie erlernt werden, damit sich nachhaltig eine individuelle Toleranzkompetenz entwickeln kann. Dabei setzt die Vermittlung von Toleranzkompetenz primär bei folgenden Komponenten an: einem umfassenden Toleranzwissen, das idealerweise frühzeitig im Sozialisationsprozess sowohl durch elterliche Erziehung als auch durch schulische Vermittlung gefördert wird, der generellen Bereitschaft zu Toleranz sowie spezifischen Fähigkeiten im Umgang mit Konflikten. Zu einer umfassenden, individuellen Toleranzkompetenz gehören – laut Feldmann, Henschel und Ulrich (2002, S. 25) – insbesondere

- Dialog- und Kommunikationskompetenz,
- die Fähigkeit, sich in den Standpunkt eines Anderen zu versetzen,
- die Fähigkeit, Modelle konstruktiver und demokratischer Konfliktregelungen anzuwenden.

Toleranz ist aber keineswegs nur eine Folge individueller Kompetenzen, sondern auch das Ergebnis kultureller Prägung, nämlich insbesondere der politischen, sozialen und religiösen Kultur einer Gesellschaft, wobei die nachfolgenden Fragen exemplarisch ausgewählte Dimensionen aufzeigen, in denen Toleranz mit den sozio-kulturellen und politisch-kulturellen Mustern einer Gesellschaft verwoben ist (vgl. Fritzsche 1996, S. 35): Welche historischen Erfahrungen im Umgang mit Minoritäten haben sich im kollektiven Gedächtnis eingebrannt? Welche Stereotype und Vorurteile werden im Kontext einer Dialektik von Eigenem und Fremdem tradiert? Welche kollektiven Lernprozesse mit den sozialen Kosten von Intoleranz haben ihre Spuren im politischen Bewusstsein hinterlassen? Welche Identitätsangebote werden den Bürgern seitens des politischen Systems gemacht, und wie viel Raum lassen die entsprechenden Angebote für Fremde? Welches Demokratieverständnis herrscht vor, und welche Akzeptanz genießen Konflikte als unverzichtbares Element demokratischen Lebens? Welche Toleranzgrenzen gehören zum gesellschaftlichen Konsens, und wie geht man mit systemimmanenter Intoleranz um?

Wie tolerant man als Bürger sein kann, ist letztendlich nicht nur eine Frage individueller Kompetenzen, sondern auch der Toleranzkultur der Gesellschaft, in der man sozialisiert wurde. Feldmann, Henschel und Ulrich (2002, S. 27) konstatieren in diesem Zusammenhang: „Die individuelle Toleranzkompetenz wird wirkungslos bleiben, wenn sie nicht auf ein gesellschaftliches Klima der Toleranz trifft. Eine belastbare Toleranzkultur ist an den gesellschaftlichen Grundkonsens über ein friedliches, demokratisches Zusammenleben in Anerkennung der Menschen- und Bürgerrechte gebunden. Zur Sicherstellung der Nachhaltigkeit muss bestimmt werden, welche Institutionalisierung der Toleranzerziehung notwendig ist und mit welchen Mitteln die Partizipation möglichst vieler Menschen am demokratischen Entscheidungsprozess erreicht werden kann."

Bevor wir uns im nachfolgenden Kapitel Hybridisierungs- und Kreolisierungskontexten zuwenden, sei abschließend darauf hingewiesen, dass in den letzten Jahren verstärkt die Frage aufgeworfen wurde, ob gerade in liberalen Gesellschaften mitunter die Grenzen der Toleranz überschritten werden, indem sich eine Toleranzkultur ausbreitet, die zu Lasten der Mehrheit geht (vgl. Ricœur 2000; Forst 2003; Höffe 2004). In diesem Zusammenhang hat insbesondere das Buch *Kritik der reinen Toleranz* Aufsehen erregt, in dem sein Autor, der Publizist und Ludwig-Börne-Preisträger Broder (2009, S. 23), scharfzüngig falsch verstandene Toleranz anprangert: „Dass ‚Toleranz' ein Instrument ist, das der Rücksichtslosigkeit den Weg ebnet, dass es die Stärkeren vor den Schwächeren schützt und nicht umgekehrt, ist eine Erfahrung, die man inzwischen täglich machen kann. Ob es ein plärrendes Kleinkind ist, das eine Tischrunde terrorisiert, während seine Eltern darauf vertrauen, dass es niemand wagen wird, sie an ihre erzieherischen Pflichten zu erinnern, oder ein Handy-Benutzer, der mit seinem Gerede einen ganzen ICE-Waggon vom Lesen und Schlafen abhält – wer in einer solchen Situation ein Wort riskiert, der macht sich der Intoleranz verdächtig." Sowenig Toleranz ein bloßes Laisser-faire verkörpert, das letztendlich nicht weit von Gleichgültigkeit entfernt ist, sowenig kann Toleranz grenzenlos sein. „Sie ist es so wenig", wie Schneider (1999, S. 273) zu Recht konstatiert, „wie es die Freiheit eines Jeden ist. So wie die Freiheit eines Jeden da ihre Grenze findet, wo die gleichberechtigte Freiheit eines Anderen beschnitten wird, so findet auch die Toleranz ihre Grenze an jener Stelle, an der sie die Aufhebung gegenseitiger Anerkennung zur Folge hätte."

2 Globale Melangen: Hybridisierungs- und Kreolisierungskontexte

„I am what I am.
A child of the Americas.
A light-skinned mestiza of the Caribbean.
A child of many diaspora, born into this continent at a crossroads.
I am Puerto Rican. I am U.S. American.
I am New York Manhattan and the Bronx.
A mountain-born, country-bred, homegrown jíbara child,
up from the shtetl, a California Puerto Rican Jew."
Aurora Levins Morales und Rosario Morales

Als Salman Rushdie im Jahr 1988 *The Satanic Verses* veröffentlichte, ahnte er wohl kaum, dass dieses Werk sein Leben von Grund auf verändern würde. Kaum waren die Satanischen Verse auf dem Markt, zwang eine im Iran ausgesprochene Fatwa den prononciert säkularen Autor in den Untergrund, da vor allem konservative Muslime seine sozialkritischen Ausführungen über die von Entfremdung und Desorientierung gekennzeichnete Migrantenwelt im neoliberalen Großbritannien der Thatcher-Jahre als einen verbalen Frontalangriff auf die moralischen Grundwerte des Islams interpretierten. In ihrer eindrücklichen Bildkraft spiegelt Rushdies heterotopische, polykontexturale, aus Sammelsurium und Polyphonie gebastelte Schilderung die ontologische Grundsituation postmoderner Zeitgenossen wider, in der die Kategorien ‚Entweder-oder' und die Trennungen und Polarisierungen zwischen ‚reinen', abgeschlossenen Systemen sukzessive an Bedeutung verlieren und durch eine Logik des ‚Sowohl-als-auch' bzw. des ‚Entweder-und-oder' abgelöst werden (vgl. Bronfen & Marius 1997; Gugenberger 2011). Eingedenk der teilweise massiven Kritik an seinem Roman, der gleichzeitig zu einem beachtlichen Aufschwung des Hybriditätskonzepts führte, bemerkte Rushdie (1991, S. 394) einige Jahre später: „Those who oppose the novel most vociferously today are of the opinion that intermingling with a different culture will inevitably weaken and ruin their own. I am of the opposite opinion. *The Satanic Verses* celebrates hybridity, impurity, intermingling, the transformation that comes of new and unexpected combinations of human beings, cultures, ideas, politics, movies, songs. It rejoices in mongrelization and fears the absolutism of the Pure. *Mélange*, hotchpotch, a bit of this and a bit of that is *how newness enters the world*. It is the great possibility that mass migration gives the world, and I have tried to embrace it. *The Satanic Verses* is for change-by-fusion, change-by-conjoining. It is a love-song to our mongrel selves."

Jede Frage, die sich mit Aspekten wie Diversität, Dialektik von Eigenem und Fremdem, Identität oder Migration beschäftigt, hängt nolens volens mit dem übergeordneten Hybriditätsphänomen zusammen; einem Phänomen, das in engem Konnex mit den kulturtheoretischen Diskursen um Postmoderne und Postkolonialismus steht (vgl. De Toro 2002) und das Nederveen Pieterse (2005, S. 399) aus einer kulturwissenschaftlichen Perspektive als ein „weites Feld der Mehrfachzugehörigkeit, des Crossover, des Pick-‚n'-mix, der grenzüberschreitenden Erfahrungen und Stile" bezeichnet und somit einer Welt der anschwellenden Migration und Diasporaexistenzen, der intensiven interkulturellen Kommunikation sowie der zunehmenden Verwischung von Grenzen entspricht. Gerade die postkoloniale Literatur, zu deren prominentesten Repräsentanten der eingangs erwähnte Rushdie zählt, führt uns vor, wie aus dem inkohärenten Durcheinander und den kontingenten Überlagerungen verschiedener Kulturelemente eine hochkomplexe Ordnung des Nicht-Beliebigen entstehen kann: Bindestrich-Personen, Collage- und Pastiche-Identitäten, migrante Zeichensets, flottierende Semantiken und nicht zuletzt hybride, heterotopische Räume (vgl. Bronfen & Marius 1997; Dahlman 2004; Whatmore 2006). Alle Dämonen und Phantome, die aus den ‚Klüften des Dazwischen' aufsteigen, können sich, so eine der zentralen Positionen postkolonialer Literatur, zu einem harmonischen Arrangement fügen. Das macht, wie Bronfen und Marius (1997, S. 24) in diesem Zusammenhang schreiben, „Hoffnung, daß das Zusammenleben von semiotischen und physischen Fragmenten und Mischlingen aus den verschiedensten Kultur- und Traditionsresten auch in der Realität gelingen kann." Seine stärkste Verbreitung hat hybriditätsorientiertes Denken – das Denken in Transdifferenzen im Sinne von polysemen, einander überlagernden Zugehörigkeitsstrukturen (vgl. Lösch 2005) – seit den 1980er Jahren in den sogenannten *Postcolonial Studies* gefunden. In diesem Kontext verkörpern – sowohl in der sozialen Praxis als auch in der diskursiven Repräsentation postkolonialer Literatur – hybride Identitäten von Migranten, von ethnischen Minderheiten innerhalb von Mehrheitskulturen, von Fremden, die in einem komplexen Verhältnis zum Eigenen stehen, geradezu paradigmatisch Beispiele für kulturelle Transdifferenzen (vgl. De Toro 2008; Reckwitz 2008).

Insbesondere in Anbetracht fortschreitender Globalisierungsprozesse, aber auch eingedenk der Implikationen des *cultural turns* hat das Thema komplex zusammengesetzter Kulturen – die sich mit ihren ambivalenten Überschneidungen von Geschichte, Identität und Macht jenseits organischer und linearer Konzeptionen bewegen – in den letzten Jahren verstärkt Aufmerksamkeit seitens der *scientific community* erlangt. So konstatiert Kraidy (2005, S. 1): „Hybridity is one of the emblematic notions of our era. It captures the spirit of the times with its obligatory celebration of cultural difference and fusion, and it resonates with the globalization mantra of unfettered economic exchanges and the supposedly inevitable transformation of all cultures." In diesem Zusammenhang erweist sich das Globalisierungsphänomen gerade aus kultureller Perspektive als ein zutiefst dialektischer Prozess: Homogenisierung und Ausdifferenzierung, Kulturkonflikt und Kulturmelange, Globalisierung und Regionalisierung stellen keine einander ausschließenden Entwicklungen dar, sondern bedingen und verstärken sich gegenseitig. Diese aus scheinbar paradoxen Prozessen resultierende Unübersichtlichkeit macht es ausgesprochen schwierig, wenn nicht sogar unmöglich, Kultur auf einen nur annähernd gemeinsamen Nenner zu bringen; ein Umstand, der sich auch trefflich im nachfolgenden Zitat von Geertz (1996, S. 29) widerspiegelt: „Es gibt, um auf ein berühmtes Bild von Wittgenstein zurückzugreifen, den einzigen Faden nicht, der durch sie alle hindurchliefe, sie definieren und zu einem Ganzen machen würde. Es gibt nur Überlagerungen verschiedener sich kreuzender, verschlungener Fäden, deren einer ansetzt, wo der andere abreißt, die in Spannung zueinander stehen und einen zusammengefügten, lokal disparaten und global integralen Körper bilden."

Angesichts der skizzierten Entwicklungen hat das Hybriditätskonzept nicht nur Konjunktur, vielmehr wird das entsprechende Forschungssujet inzwischen von einem zunehmend unübersichtlichen Angebot an alternativen bzw. konkurrierenden Terminologien geprägt. Neben Hybridität werden auch postkolonial gewendete Begriffe und Metaphern wie Kreolisierung, Melange, Méstissage, Rhizom, Synkretismus oder Kulturkontaktzone verwendet, die die vielfältigen Deutungen und umstrittenen Bedeutungen kultureller Entgrenzungen und Vermischungen im Rahmen ihrer kulturgeschichtlichen Entwicklung reflektieren (vgl. Ha 2008). Ungeachtet aller terminologischen Unterschiede weisen die erwähnten Konzepte in die gleiche heuristische Richtung: in jene einer forcierten Sensibilisierung der kulturwissenschaftlichen Analytik für die Normalität der simultanen Wirkung divergierender, mitunter auch einander widersprechender kultureller Sinnmuster verschiedener Provenienz in den gleichen sozio-kulturellen Praktiken und Diskursen. Diese Interferenz divergierender Codes in der Praxis wie im Diskurs impliziert systematisch polysemische Konstellationen, die die Formierung von Subjekten mit ihren jeweiligen Identitäten nicht eindeutig, sondern vielmehr mehrdeutig macht. Daraus resultiert eine ausgesprochen komplexe Uneindeutigkeit, die in scheinbar fixe kulturelle Strukturen fundamentale Instabilitäten implantiert (vgl. Reckwitz 2008).

Die zunehmende Hybridisierung heutiger Gesellschaften, in denen sich verschiedene Differenzierungslinien kreuzen und überlagern, bedarf auch eines modifizierten Verständnisses von Kultur, da Eigen- und Fremdrepräsentationen – im Sinne von Authentizität – nach und nach ihren gesicherten Status verlieren und hinsichtlich einer doppelten Alteritätserfahrung – dem Eigenen und Fremden gegenüber – neu verhandelt werden müssen. In diesem Aushandlungsprozess erweist sich – laut Lösch (2005, S. 35) – „einerseits das Andere als nicht nostrifizierbar und andererseits das Eigene als gekennzeichnet durch die ‚Spur des Anderen'." Vor diesem Hintergrund werden Differenzen nicht nur pluralisiert, sondern gleichfalls als veränderlich angesehen, wobei die Trennschärfe zwischen Eigen- und Fremdkultur sukzessive schwächer wird (vgl. Welsch 2005).

In hybriden Kontexten bietet sich – im Sinne von Geisen (2008) – ein Kulturverständnis an, das als ‚menschliches Bezugsgewebe' fungiert und das sich durch eine synchrone und diachrone Strukturiertheit auszeichnet: Ein derartiges Kulturverständnis beruht auf den diskrepanten Wirkungen von historischen, vergegenständlichten kulturellen Praxen, den traditionellen, diachronen Momenten von Kultur sowie den aktuellen Formen gesellschaftlicher Praxis, in denen die diachronen Momente von Kultur stets neu und anders angeeignet und mit gegenwärtigen, synchronen Momenten der Vielfalt ‚menschlicher Bezugsgewebe' angereichert und somit verändert bzw. restrukturiert werden. Dabei fußt das Potential zur Gestaltung bzw. Modifikation menschlicher Praxis sowohl auf der Anlage des Menschen zu Kommunikation und Bildung als auch auf der Fähigkeit zum gemeinsamen Handeln mit anderen Menschen. Die gerade in der postkolonialen Literatur zu konstatierende Integration biographischer Momente, die sowohl konkrete individuelle Lernprozesse als auch die Partizipation an gesellschaftlichen Lernprozessen einschließen, verweist auf ein umfassendes, von Ambivalenzen geprägtes Kulturverständnis, das sich nicht von Menschen und ihrem jeweiligen Handeln loslösen lässt. Sie verweist aber auch auf ein Kulturverständnis, das sich kaum noch auf eine räumlich-territoriale Dimension reduzieren lässt, sondern vielmehr zeitlich-biographisch bestimmt wird.

Die in den letzten Jahren deutlich gestiegene Popularität von Hybridität sowie die mit ihr einhergehende Auf- und Umwertung der Begrifflichkeit stellen einen Vorgang dar, der in einem bemerkenswerten Gegensatz zur bisherigen Kulturgeschichte von Hybridität steht (vgl. Ha 2005/2010). Vor dem Hintergrund der auf den ersten Blick ungewöhnlich erscheinenden Entlehnung des Begriffs aus der Biologie – in der man von Hybridität spricht, wenn es sich um Nachkommen handelt, die aus einer Hybrid- bzw. Heterosiszüchtung hervorgegangen sind – konstatiert Leggewie (2000, S. 882): „Derzeit fragt man sich allenthalben, ob das, was in Flora und Fauna geschieht und dort von Menschenhand bewirkt wird, per Züchtungstechniken auf den ‚Menschenpark' übertragbar ist. Manches, was sogenannte Lebenswissenschaftler diesbezüglich aushecken, erinnert der Etymologie des Wortes zufolge an das griechische *hybris*: Hochmut. Meist ohne genauere Kenntnis dieser Ambiguität ist das Konzept der Hybridkulturen von der Pflanzen- und Tierzucht ins Soziokulturelle übertragen worden. Als hybrid bezeichnet man dort Verbindungen von Artefakten, Symbolen und Identitäten, deren kulturelle Determinanten und Prägungen sich ebenfalls beträchtlich unterscheiden. Erfolgskriterien nach Art der Fortpflanzung lassen sich hier nicht aufbieten, und ob eine ungewöhnliche Kulturverbindung gelungen ist, bleibt Geschmacksurteilen überlassen, für die bekanntlich keine allseits anerkannten Standards vorliegen. Stets haben Puristen gegen allzu wilde Kreuzungen und Stilbrüche Bedenken ins Feld geführt, doch neuerdings werden Fusionen kultureller Artefakte aus allen Weltregionen eher begrüßt, auch alte Barrieren zwischen *high* und *low* geschleift."

Im Rahmen einer wissenschaftlichen Verortung von Hybridität wird nicht nur evident, dass der Terminus lange Zeit deutlich mehr in den Natur- und Ingenieurwissenschaften als in den Kultur- und Sozialwissenschaften Widerhall fand, sondern dass Hybridisierung als Prozess so alt ist wie die Menschheitsgeschichte selbst. In erster Linie hat sich die Geschwindigkeit von Crossover und grenzüberschreitenden Erfahrungen verändert, wobei als wichtige Sujets der derzeit auftretenden ‚Mischungen' die neuen Mittelschichten und ihre sozio-kulturellen, aus dem Kontext von Migration und Diaspora entstehenden Praktiken sowie die neuen Modernitäten der *emerging markets* gelten. Das Resultat entsprechender Entwicklungen bilden ausgesprochen komplexe Fusionskulturen, in denen sich auf vielfältige Art und Weise neue Technologien mit bestehenden sozialen Praktiken und kulturellen Werten verbinden (vgl. Schulte 1997; Nederveen Pieterse 2005; Ha 2010). Dass einschlägige Vermischungspraktiken nicht nur neue, vermeintlich ungewöhnliche Horizonte eröffnen, sondern im Idealfall sogar gängige Klischees erschüttern, zeigt das nachfolgende Zitat von Göle (2000, S. 94ff.), die sich mit Hybridisierung im Spannungsfeld von Modernität und Islam beschäftigt hat: „As can be observed in the Turkish context, not only are Islamists using the latest model of Macintosh computers, writing best-selling books, becoming part of the political and cultural elite, winning elections, and establishing private universities, but they are also carving out new public spaces, affirming new public visibilities, and inventing new Muslim lifestyles and subjectivities. [...] An Islamic service sector offers luxury hotels that advertise facilities for an Islamic way of vacationing; they feature separate beaches and nonalcoholic beverages. Islamic dress and fashion shows, Islamic civil societal associations, Islamic pious foundations, associations of Islamic entrepreneurs, and Islamic women's platforms all attest to a vibrant and rigorous social presence."

Angesichts einschlägiger Entwicklungen wird eine Unterscheidung zwischen Eigenem und Fremdem zunehmend schwieriger, vielmehr erfolgt im Kontext fortlaufender Horizontverschmelzungen eine verstärkte Aneignung des Fremden, die das Fremde sukzessive in Eigenes verwandelt. Damit einher geht eine forcierte Logik des ‚Sowohl-als-auch', die seit geraumer Zeit den Hybriditätsdiskurs begleitet und auf eine Entwicklung verweist, über deren Implikationen viel spekuliert wird (vgl. Schneider 1997): Unterscheidungen und Trennungen, die bis dato als verbindlich galten, verlieren immer mehr an

Gültigkeit. Dies bezieht sich insbesondere auf basale Dichotomien wie ‚eigenes' versus ‚fremdes', ‚wahr' versus ‚falsch', ‚weiblich' versus ‚männlich' oder ‚psychisch' versus ‚physisch'. Eine solche Revision von Unterscheidungen verweist auf Transformationen, die vor allem durch die immer zahlreicheren Innovationen in den Informations- und Kommunikationstechnologien ausgelöst wurden und verstärkt die Erfahrungen und Vorstellungen von Wirklichkeit durchdringen (vgl. McLuhan 1994; Kramer 2001; Kleinsteuber 2004). Vor diesem Hintergrund muss eine Theorie des Hybriden komplex genug sein, um derartige Entwicklungen adäquat beschreiben zu können, die – laut Schneider (1997, S. 58) – „tief in die philosophischen Systeme und die Philosophie der Systeme hineinreichen."

Hybridität richtet sich grundsätzlich gegen eine monolithische Auffassung von Kultur, in der das Vermischte als ‚unrein' abgewertet wird. Dieser Umstand hängt nicht zuletzt damit zusammen, dass zeitgenössische Kulturen generell durch Hybridisierung gekennzeichnet sind, wobei tendenziell für jede einzelne Kultur alle anderen Kulturen zu Binnengehalten bzw. Trabanten geworden sind (vgl. Welsch 2005). Dabei wird Hybridisierung insbesondere in postkolonialen Literaturen und Theorien als eine positive und wünschenswerte Entwicklung angesehen, die den Keim des Neuen und Innovativen in sich trägt. In diesem Zusammenhang subsumiert ein Perspektivenwechsel im Hybriditätsdiskurs primär zwei Komponenten: zum einen eine Veränderung der Betrachtungsweise, zum anderen eine Veränderung der Bewertung stattfindender Kontaktprozesse. Die universelle Vermischung und Verflechtung von zuvor Getrenntem sollen Fortschritt ermöglichen, der vor allem aus der Verbindung struktureller Unterschiede einen entscheidenden – im Idealfall nachhaltigen – Mehrwert bringt (vgl. Gugenberger 2011). Eine entsprechende Sichtweise steht nicht zuletzt in engem Konnex mit der strategischen Inwertsetzung von Diversität durch aktuelle Managementpraktiken (vgl. Kapitel III). Prinzipiell lässt das Hybriditätskonzept zahllose Kombinationen und Mischungsverhältnisse zu, die wiederum unendlich variiert werden können. Vor diesem Hintergrund handelt es sich um ein ausgesprochen offenes Konzept, das – vermeintlich – keinen Anschluss, kein Außen und keine Grenzen kennt (vgl. Ha 2005).

Die spezifische Bedeutung des Hybriditätskonzepts arbeitet Nederveen Pieterse (1999) heraus, indem er drei prädominierende Paradigmen kultureller Differenz unterscheidet: den kulturellen Differentialismus, die kulturelle Konvergenz sowie die kulturelle Hybridisierung (vgl. Bucakli & Reuter 2004): Der kulturelle Differentialismus als erstes Paradigma unterstellt – im Sinne von Huntington (1993) und seinem *Clash of Civilizations*, der immer dann besonders gerne rezipiert wird, wenn wieder einmal ein terroristischer Anschlag auf das Konto muslimischer Glaubensanhänger zurückgeführt wird – anhaltende kulturelle Differenzen, die als Triebkraft für Rivalitäten und Konflikte betrachtet werden. Kulturen seien – analog zu einschlägigen Darlegungen in geographischen Vorgängerkonzepten (vgl. Hettner 1923; Schmitthenner 1951; Kolb 1963) – weitgehend homogene, separierte, distinkte, ganzheitliche und vor allem territorial konstituierte Einheiten, an deren Verwerfungslinien Konflikte entstünden. Im zweiten Paradigma wird davon ausgegangen, dass eine wachsende globale Interdependenz zu einer verstärkten kulturellen Angleichung führe. Der weltweite Siegeszug elektronischer Medien in Verbindung mit der Verbreitung primär westlich geprägter – materieller und symbolischer – Güter und Praktiken impliziere eine verstärkte kulturelle Homogenisierung der Welt. Als gängige Umschreibungen für dieses ausgesprochen kontrovers diskutierte Paradigma fungieren insbesondere Etikettierungen wie ‚McDonaldization' (Ritzer 1993) oder ‚McWorld' (Barber 1996), wobei sich sukzessive die Erkenntnis durchgesetzt hat, dass die Ausbreitung westlicher Konsummuster und Kulturgüter mit einer forcierten Rückbesinnung auf regionale kulturelle Kontexte einhergeht. So schreibt etwa Wagner (2001, S. 15): „In Anbetracht des Vereinheitlichungsdrucks weltweit gleicher Kulturangebote werden die Besonderheiten der eigenen Kultur gegenüber anderen Kulturen hervorgehoben. Kulturelle Identitätssuche in lokalen, regionalen und nationalen Bezügen zur Selbstvergewisserung bildet nicht nur bei Migranten, nationalen Minderheiten und in Ländern des Südens die andere Seite der kulturellen Internationalisierung. Lokal- und Nationalkulturen als Ausdruck kultureller Traditionen sollen dabei ein Zusammengehörigkeitsgefühl vermitteln und dadurch den Menschen in den kulturellen Globalisierungsprozessen einen Orientierungspunkt und Identitätsanker bieten." Im dritten Paradigma werden vor allem Prozesse der kulturellen Hybridisierung als konstituierend für die heutige Welt angesehen. Die Perspektive der Hybridisierung verweist in diesem Zusammenhang auf eine postmoderne bzw. postkoloniale Rezeption von Kultur im Sinne der *Traveling Cultures* von Clifford (1992). Kontrastierend zu Vertretern der Differentialismus- und der Konvergenzthese betonen insbesondere postkoloniale Theoretiker, dass kulturelle Transformationsprozesse einer wesentlich komplexeren, bisweilen konfliktreichen Dynamik folgen, wobei globale Waren und Botschaften nicht umstandslos übernommen, sondern vielmehr im Lichte sozio-kultureller Praktiken angeeignet und modifiziert werden.

Sowohl im internationalen als auch im deutschen Kontext ist das Hybriditätskonzept maßgeblich durch die Arbeiten von Bhabha (1997a; 1997b; 2002), einem der renommiertesten Theoretiker des Postkolonialismus, in die Kultur- und Sozialwissenschaften eingeführt worden, wobei seine Herangehensweise an den entsprechenden Problemkomplex primär diskursiv ist (vgl. Mill 2005; Ha 2010). „Es ist Homi Bhabha", so Bronfen und Marius (1997, S. 7f.) in einem grundlegenden Beitrag über hybride Kulturen vor dem Hintergrund der anglo-amerikanischen Multikulturalismusdebatte, „der am prägnantesten die Problematik, die sich um die ‚Verortung von Kultur' in kollektiven Identitäten dreht, auf den Punkt gebracht hat. [...] Sein Interesse an Momenten des Übergangs und des Bruches eher als an Konzepten von Ursprung und Einheit reiht sich in eine umfassende Tendenz aktueller Theoriebildung ein, die – ganz allgemein formuliert – *von Identität auf Differenz als Grundlegung* umstellt. Statt Gegenwart als volle Anwesenheit zu denken und Gemeinschaft kollektiv und einheitlich zu konzipieren, betont Bhabha den Bruch, den jede Gegenwart in das Kontinuum zwischen Vergangenheit und Gegenwart einfügt, und die daraus resultierende Hybridität jeder imaginären Gemeinschaft."

Bhabhas zentrales Anliegen ist das Aushandeln von ,Andersheit'. Zur Untermauerung seiner Thesen zieht Bhabha primär literarische Beispiele aus kolonialen und postkolonialen Texten heran, wobei er von der Prämisse ausgeht, dass die Etablierung kultureller Differenz erst im Moment ihrer Äußerung bzw. ihrer symbolischen Repräsentation erfolgt. Eine liminale Position einnehmend, widmet sich Bhabha den Momenten und Prozessen, die in der Artikulation von kultureller Differenz auftreten, also an den Rändern der *master narratives*, in den Erzählungen von Diaspora, Exil und Vertreibung. An diesen Rändern lässt sich aus seiner Perspektive die Rückkehr der unterdrückten Geschichte postkolonialer Bevölkerungen an die Oberfläche der Metropolen ablesen, dort werden die großen Geschichten von Fortschritt und Ordnung verschoben und deren Authentizität und Autorität hinterfragt (vgl. De Toro 2002; Mill 2005). Als Metapher des Hybriden prägt Bhabha (2002, S. 217) – in Bezugnahme auf Jameson (1991) – den Terminus des sogenannten ,dritten Raums' und spricht in diesem Zusammenhang von durch Überlappung bzw. Deplatzierung von Differenzbereichen entstehenden Zwischenräumen: „The space of ,thirdness' in postmodern politics opens up an area of ,interfection' (to use Jameson's term) where the newness of cultural practices and historical narratives are registered in ,generic discordance', ,unexpected juxtaposition', ,the semiautomization of reality', ,postmodern schizo-fragmentation as opposed to modern or modernist anxieties or hysterias' [...]. Figured in the disjointed signifier of the present, this supplementary third space introduces a structure of ambivalence into the very construction of Jameson's internationalism. There is, on the one hand, a recognition of the interstitial, disjunctive spaces and signs crucial for the emergence of the new historical subjects of the transnational phase of late capitalism. However, having located the image of the historical present in the signifier of a ,disintegrative' narrative, Jameson disavows the temporality of displacement which is, quite literally, its medium of communication."

In der Genese solcher Zwischenräume werden intersubjektive und kollektive Erfahrungen von nationalem Sein (*nationness*), gemeinschaftlichem Interesse und kulturellem Wert verhandelt, wobei sich die Bedingungen kultureller Bindung – gleichgültig, ob diese antagonistisch oder integrativ sind – performativ ergeben (vgl. Bhabha 1997b). Für Bhabha verkörpern Menschen mit hybrider Identität interkulturelle Makler in den Zwischenräumen von Nation und britischem Empire, die unterdrückte Lebensäußerungen von den Rändern der Nation an die totalisierenden Grenzen der Nation übermitteln (vgl. Nederveen Pieterse 1998). In diesem Kontext darf die Repräsentation von Differenz nicht voreilig als Widerspiegelung vorgegebener kultureller respektive ethnischer Merkmale gedeutet werden, die in der Tradition festgeschrieben sind, vielmehr ist die gesellschaftliche Artikulation von Differenz aus der Perspektive von Minderheiten ein ausgesprochen komplexes und kontinuierliches Verhandeln, mit dem die Absicht verfolgt wird, kulturelle Hybriditäten zu autorisieren, die in Augenblicken historischen Wandels aufkommen (vgl. Bhabha 1997b).

Bhabha erhebt mit der Verwendung des Hybriditätsbegriffs den normativ konnotierten Anspruch, Konzeptionen zu überdenken, die bei homogenen nationalen Kulturen als Basis eines kulturellen Vergleichs ansetzen (vgl. Gugenberger 2011). Dabei lässt er sich von der Annahme leiten, dass eine inhärente ‚Reinheit' oder Ursprünglichkeit von Kulturen nicht haltbar ist, da kulturelle Äußerungen immer schon in sich gespalten und vom ‚Anderen' durchdrungen – folglich hybrid – waren (vgl. Mill 2005). Vor dem Hintergrund seiner Reflexionen zum bereits erwähnten ‚dritten Raum' konstatiert Bhabha (2002, S. 37): „The intervention of the Third Space of enunciation, which makes the structure of meaning and reference an ambivalent process, destroys this mirror of representation in which cultural knowledge is customarily revealed as an integrated, open, expanding code. Such an intervention quite properly challenges our sense of the historical identity of culture as a homogenizing, unifying force, authenticated by the originary Past, kept alive in the national tradition of the People. [...] It is only when we understand that all cultural statements and systems are constructed in this contradictory and ambivalent space of enunciation, that we begin to understand why hierarchical claims to the inherent originality or ‚purity' of cultures are untenable, even before we resort to empirical historical instances that demonstrate their hybridity."

Mit dem vorgestellten Hybriditätskonzept verbindet sich auch dezidiert ein politischer Anspruch, wobei es Bhabha (1996, S. 58) primär um eine Analyse von kultureller Autorität unter den Lebenskontexten ungleicher politischer Machtverteilung geht: „In my own work I have developed the concept of hybridity to describe the construction of cultural authority within conditions of political antagonism or inequity. Strategies of hybridization reveal an estranging movement in the ‚authoritative', even authoritarian inscription of the cultural sign. At the point at which the precept attempts to objectify itself as a generalized knowledge or a normalizing, hegemonic practice, the hybrid strategy or discourse opens up a space of negotiation where power is unequal but its articulation may be equivocal. Such negotiation is neither assimilation nor collaboration. It makes possible the emergence of an ‚interstitial' agency that refuses the binary representation of social antagonism. Hybrid agencies find their voice in a dialectic that does not seek cultural supremacy or sovereignty. They deploy the partial culture from which they emerge to construct visions of community, and versions of historic memory, that give narrative form to the minority positions they occupy; the outside of the inside: the part in the whole."

Nach Ansicht von Bhabha (1997b) hängen soziale und interkulturelle Anliegen genauso wie der Aspekt der politischen Machtaneignung ein gutes Stück davon ab, ob man aus der Zwischenperspektive Fragen nach Gemeinschaft bzw. Solidarität aufwirft. Dabei werden gerade soziale Disparitäten nicht einfach durch eine bereits als authentisch verbürgte kulturelle Tradition übermittelt. Sie sind vielmehr konkrete Zeichen für die Genese einer Gemeinschaft, die als Projekt angesehen wird, das einen über sich selbst hinaus führt, damit man dann mit einer Haltung, die auf Rekonstruktion und Revision abzielt, zu den politischen Bedingungen der Gegenwart zurückkehren kann. Indem Bhabha die inhärente Ambivalenz und Unsicherheit kultureller Kontexte dekuvriert, situiert er jede Kultur in einem prekären, instabilen und schwer zu lokalisierenden Grenzraum, in welchem kulturelle Äußerungen neu verhandelt werden, sodass eine Neubewertung kultureller Hierarchien möglich wird (vgl. Mill 2005). In letzter Konsequenz verkörpert kulturelle Hybridisierung vor allem einen diskursiven Machteffekt, bei dem das Untergeordnete erst durch die Anwesenheit des Dominanten erzeugt wird. Ha (2010, S. 70) konstatiert in diesem Zusammenhang: „Hybridität als jene unheimliche Ähnlichkeit, die im kolonialen Diskurs als Überlagerungsphänomen kultureller Differenzen entsteht, konfrontiert den dominanten Diskurs mit seiner Gegenstimme, die nicht mit eindeutiger Sicherheit als die authentische Stimme des fremden, unterlegenen Anderen identifiziert werden kann. Diese Uneindeutigkeit verweist auf die grundlegende Arbeitsweise von Kultur, die jede Vorstellung von Homogenität, Authentizität und Essentialismus als unmöglich zurückweist. Der Nimbus kultureller Abgeschlossenheit und Überlegenheit hat daher außer der ideologischen keine weiteren Grundlagen."

Während Bhabha aus einer postkolonialen Perspektive Hybridität vergleichsweise abstrakt und theoretisch konzipiert, orientiert sich der niederländische Soziologe Nederveen Pieterse primär an empirisch nachweisbaren Aspekten der kulturellen Hybridisierung (vgl. Mill 2005). In seinem viel beachteten Artikel *Hybridity, So What?* erschließt Nederveen Pieterse (2001) nicht nur die Omnipräsenz von Hybridität in alltäglichen Kontexten, sondern er legt darüber hinaus die multiplen historischen Schichten dieses Phänomens offen; Letzteres ist ihm hauptsächlich deswegen ein zentrales Anliegen, da er bei zahlreichen Vertretern der ‚Anti-Hybriditäts-Bewegung' eine historische Fundierung vermisst. Die nachfolgende Tabelle dokumentiert zunächst die von Nederveen Pieterse ausgegliederten Hybriditätsarten, bevor anschließend näher auf die ‚Anti-Hybriditäts-Bewegung' eingegangen wird.

Tabelle 7: Hybriditätsarten

Neue Hybridität: neuere Kombinationen aus kulturellen und/oder institutionellen Formen	Bestehende oder alte Hybridität: bestehende kulturelle und institutionelle Formen sind bereits translokale und kulturübergreifende Kombinationen
Dynamik: Migration, Handel, Informations- und Kommunikationstechnologie, Multikulturalismus, Globalisierung	Dynamik: kulturübergreifender Handel, Eroberung und Kontakt
Analytik: neue Modernitäten	Analytik: Geschichte als Collage
Beispiele: Punjab Pop, Mandarin Pop, islamische Modeschauen	Beispiele: zu viele
Objektiv: wie von Außenstehenden gesehen	Subjektiv: als Erfahrung und Selbsterkenntnis
Als Prozess: Hybridisierung Als Ergebnis: Hybridphänomene	Als Diskurs und Perspektive: Hybriditätsbewusstsein

Quelle: Nederveen Pieterse (2005)

Nederveen Pieterse begreift seine Auseinandersetzung mit der ‚Anti-Hybriditäts-Bewegung' in erster Linie als Chance, tiefer in die Hybriditätsperspektive einzusteigen und sie dadurch zu entfalten. In diesem Kontext greift Nederveen Pieterse (2001, S. 221) – vor allem in Bezugnahme auf die Arbeiten von Friedman (1997/1999) – zentrale Kritikpunkte am Hybriditätsdenken auf und nimmt im Verlauf seiner weiteren Ausführungen zu diesen Stellung: „Hybridity thinking has been criticized for being a ‚dependent' thinking that makes sense only on the assumption of purity [...]. In addition, of late there has been a polemical backlash against hybridity thinking. Hybridity, it is argued, is inauthentic, without roots, for the elite only, does not reflect social realities on the ground. It is multiculturalism lite, highlights superficial confetti culture and glosses over deep cleavages that exist on the ground. The downside of this anti-hybridity backlash is that it recycles the 19th-century parochialism of an ethnically and culturally compartmentalized world, whose present revival and re-articulation are baffling." Tabelle 8 listet in komprimierter Form die wichtigsten Pro- und Contra-Argumente hinsichtlich Hybridität auf.

Aus Perspektive von Nederveen Pieterse stellt das eigentliche Problem nicht die alltägliche Hybridität dar, sondern Grenzen respektive die systemimmanente Neigung von Gesellschaften zum Grenzfetischismus. Vor diesem Hintergrund geht der niederländische Soziologe davon aus, dass einer der zentralen Effekte von Hybridität darin besteht, ein verstärktes gesellschaftliches Bewusstsein für die in der Regel nach binären Vorstellungen konstruierten

Grenzen zu schaffen (vgl. Mill 2005). In diesem Kontext ist Hybridität für Kultur das, was Dekonstruktion für den Diskurs ist: das Transzendieren binärer Grenzen. Hybridität fungiert daher als ein problemzentriertes Konzept, um binäre Kategorien zu transzendieren und nicht zuletzt – mittels der Anerkennung von Zwischenräumen – über Dualismus und aristotelische Logik hinauszugehen. Den Blick explizit auf die Kritiker des Hybriditätskonzepts gerichtet, konstatiert Nederveen Pieterse (2001, S. 239): „Acknowledging the contingency of boundaries and the significance and limitations of hybridity as a theme and approach means engaging hybridity politics. This is where critical hybridity comes in, which involves a new awareness of and new take on the dynamics of group formation and social inequality. This critical awareness is furthered by acknowledging rather than by suppressing hybridity."

Tabelle 8: Pro- und Contra-Argumente bezüglich Hybridität

Contra Hybridität	**Pro Hybridität**
Hybridität ist nur als Kritik am Essentialismus von Bedeutung.	Es gibt jede Menge Essentialismus.
Waren die kolonialen Zeiten wirklich so essentialistisch?	Ausreichend für die Verachtung von Mischlingen.
Hybridität ist ein abhängiger Begriff.	Grenze auch.
Die Behauptung, dass alle Kulturen und Sprachen Mischungen sind, ist trivial.	Reinheitsansprüche sind lange Zeit vorherrschend gewesen.
Hybridität hat insoweit Bedeutung, als sie Selbstidentifizierung ist.	Hybride Selbstidentifizierung wird durch Klassifikationsgrenzen verhindert.
Hybriditätsgerede ist das Resultat des Niedergangs der westlichen Hegemonie.	Es destabilisiert außerdem andere Hegemonien.
Hybriditätsgerede wird von einer neuen kulturellen Schicht von Kosmopoliten getragen.	Würde dies die alte kulturelle Schicht der Grenzpolizei rechtfertigen?
‚Die wirklichen Grenzüberschreiter des Lumpenproletariats leben in ständiger Furcht vor der Grenze.'	Grenzüberschreitendes Wissen ist Überlebenswissen.
‚Hybridität ist nicht Gleichheit.'	Grenzen sind normalerweise auch nicht hilfreich.

Quelle: Nederveen Pieterse (2005)

Ungeachtet seiner weitgehend normativ geprägten Reflexionen bezüglich Hybridität bietet Nederveen Pieterse keine weiterführenden Erläuterungen, wie binäres Denken angesichts einer zunehmenden Normalität von Vermischungsprozessen durchbrochen werden könnte. Vergleichsweise allgemein fordert Nederveen Pieterse in erster Linie eine Anerkennung von Hybridität, wobei ihm durchaus bewusst ist, dass Grenzüberschreitungen kein generelles Verschwinden von Grenzen implizieren, sondern lediglich das Entstehen neuer (vgl. Mill 2005). In diesem Kontext sollte man auch berücksichtigen, dass das ‚Denken an der Grenze' (vgl. Hall 1997) selten eindeutig ist und der Hybriditätsdiskurs eine kaum zu übersehende Tendenz aufweist, sich selbst zu hybridisieren und seinen Gegenstandsbereich immer weiter aufzuspalten; ein Umstand, der sich geradezu paradigmatisch in einer immer schwieriger zu überblickenden Begriffsvielfalt widerspiegelt. „Sicherlich", so Ha (2008, S. 44) in diesem Zusammenhang, „befördert diese produktive Begriffsvielfalt das fröhliche Neben- und Durcheinander von Interpretationsspielräumen in einem unabgeschlossenen und unabschließbaren Signifikationsprozess, der die unendliche Varianz eines poststrukturalistischen und nicht-essenzialistischen Kulturbegriffs auch auf der sprachlichen Ebene reflektiert. Der Preis für dieses Konglomerat, das sich jeder Form der Vereinheitlichung zu entziehen scheint, liegt jedoch in der Unmöglichkeit, für die Hybridisierung von Kultur einen präzisen Begriff zu extrahieren – was sicherlich auch als Chance und nicht nur als operativer Nachteil zu begreifen ist."

Exemplarisch für die zunehmende Fragmentierung dieses ausgesprochen komplexen kulturtheoretischen Diskursfeldes lässt sich das Konzept der Kreolisierung anführen, das sich – analog zu Hybridisierung – explizit gegen „abendländische Einheits- und Ordnungsobsessionen" (Bucakli & Reuter 2004, S. 174) wendet. Als dynamischer Begriff – im Sinne einer Prozessbezeichnung – wird Kreolisierung eher sprachlich konnotiert, wohingegen bei den statisch-referenziellen Wörtern Kreole bzw. kreolisch in erster Linie die soziale Komponente im Vordergrund steht (vgl. Ludwig 2010). Während in den Sprachwissenschaften der Kreolisierungsbegriff – dessen Wurzeln in enger Verbindung mit der Genese des europäischen Kolonialismus stehen (vgl. Sidbury 2007; Stewart 2007) – vorwiegend mit Sprachkontaktsituationen im karibischen Kontext assoziiert wird, gibt es vor allem in den Kultur- und Sozialwissenschaften etliche Vertreter, die den Terminus vor dem Hintergrund kultureller Globalisierungsprozesse in einen erweiterten räumlichen Kontext rücken und als ein umfassendes theoretisches Konzept betrachten (vgl. Halbmayer 2011). So schreibt beispielsweise Hannerz (2006, S. 563), der Kreolisierung primär als ein anthropologisches Konzept begreift, um den Prozess der sozialen Organisation eines mehr oder weniger offenen Kontinuums der Vielfalt im Kontext der globalen Ökumene zu analysieren: „One has focused on the Caribbean, on Plantation America, the historical home region of creole society and creolist scholarship. The other, to which my own few writings on creolization belong, makes creole concepts travel into a wider variety of settings, in which they usually have something to do with global or transnational cultural interconnectedness."

In eine ähnliche Richtung weist Cohen (2007, S. 379f.), der Kreolisierung nicht nur als soziologische Kategorie, sondern auch als intellektuelle Bewegung interpretiert, durch die das entsprechende Konzept seinen ‚kolonialen Käfig' sprengt: „Through such intellectual movements, creolization has escaped its colonial cage [...]. The universal virtues of Créolité as a form of cultural politics and creolization as a sociological category now become apparent. They allow us to include all population groups, including later migrant arrivals in addition to the original trichotomy (the colonial, Creole, and indigene). They allow us also to escape the political cage and unscientific trap of racial, phenotypical, and biological categorisations, thereby avoiding such expressions as coloured, half-caste, mixed race, mixed-blood, mestizo, mulatto, quadroon, octoroon, *gens de couleur,* half-breed, zambo, griffe, and many other descriptions that are even less flattering like baster (South Africa), dougla/h (Trinidad), mud-people (used by the Ku Klux Klan), or ox-head (southern China)."

Als programmatischer Vordenker des Kreolisierungskonzepts gilt der auf der Karibikinsel Martinique geborene Romancier und Kulturtheoretiker Glissant, der in seinem komplexen Œuvre einerseits die spezifische Lebenswelt seiner Heimat aufgreift, andererseits die vor Ort gesammelten Erfahrungen auf einen im Laufe der Zeit immer weiter gefassten Raum projiziert. In diesem Kontext wird die Wahrnehmung konkreter geographischer Räume hin zu Kommunikations- und Gesellschaftsmodellen transzendiert (vgl. Ludwig & Röseberg 2010): Spricht Glissant etwa von ‚Archipelisierung', so schlägt er zunächst einen Bogen mittels Eingliederung seiner Heimatinsel Martinique in einen Inselverbund, der Kohärenz in besonderen sprachlich-kommunikativen und kulturellen ‚Inter-Prozessen' findet. In einem zweiten Schritt wird ‚Archipelisierung' schließlich zu einem räumlich ‚entgrenzten' Modell, das als Metapher für die Überwindung geschlossener, nationaler Grenzen im Sinne einer Konstruktion transnationaler Regionen fungiert. Die nachfolgenden Zitate spiegeln exemplarisch dieses ausgesprochen räumliche Denkmodell, das Raum „nicht nur geographisch, sondern gleichzeitig historisch-kulturell" (Ludwig & Röseberg 2010, S. 12) konzeptualisiert, wider:

„Ce que je vois aujourd'hui, c'est que les continents ‚s'archipélisent', du moins du point de vue d'un regard extérieur. Les Amériques s'archipélisent, elles se constituent en régions par-dessus les frontières nationales. Et je crois que c'est un terme qu'il faut rétablir dans sa dignité, le terme de *région*. L'Europe s'archipélise. Les régions linguistiques, les régions culturelles, par-delà les barrières des nations, sont des îles, mais des îles ouvertes, c'est leur principale condition de survie." (Glissant 1996, S. 44)

„Ma proposition est qu'aujourd'hui le monde entier s'archipélise et se créolise." (Glissant 1997, S. 194)

„La créolisation est le non-Être enfin en acte: enfin le sentiment que la résolution des identités n'est pas le bout du petit matin. Que la Relation, cette résultante en contact et procès, change et échange, sans vous perdre ni vous dénaturer." (Glissant 1997, S. 238)

In Glissants Werk wird stets die dynamische Komponente der Berührung respektive Begegnung von Kulturen betont, die in letzter Konsequenz zur Auflösung von einzelnen kulturellen Gebilden führen muss. Zugleich jedoch bedingt ein kontinuierlicher Kreolisierungsprozess lokale Distinktionen von kulturellen Einheiten, die einander reziprok beeinflussen bzw. durchdringen. Die dadurch implizierten Knotenpunkte eines globalen Diversifizierungsgeschehens können grundsätzlich wechseln, sich immer wieder neu bilden und neuartige osmotische Grenzen aufmachen (vgl. Febel 2010). Glissants differenztheoretischer Ansatz weist vor dem Hintergrund intra- und intergemeinschaftlicher kultureller Berührungen und Mischungen weitgehend transkulturelle Züge auf, wobei die letzte und umfassendste Stufe in seinem Denken die sogenannte *Tout-Monde* darstellt. In dieser Stufe macht Glissant, wie Ludwig und Röseberg (2010, S. 9f.) in diesem Zusammenhang schreiben, „eine Sicht der Welt zur Leitvorstellung, die die negativen Globalisierungstendenzen durch ein positiv verstandenes Chaos-Modell ersetzt, welches nicht-hierarchisierte Beziehungen zwischen den Elementen des Diversen stiftet, wobei dieses Netz nicht starr, sondern vielmehr ein beständiger Prozess ist." Die kulturphilosophisch geprägte Weltsicht Glissants geht nicht nur mit einer vom Odium des Negativen befreiten Heterogenität an Kommunikations- und Interaktionsmustern einher, sondern impliziert – abstrakter formuliert und zum Gesellschaftsmodell erweitert – eine konsequente Ablehnung eines hierarchisch-strukturierten Kulturverständnisses sowie einer abgeschlossenen, kohärenten Gesellschaftsordnung. So konstatiert Glissant:

„Le Tout-monde, c'est le mouvement tourbillonnant par lequel changent perpétuellement – en se mettant en rapport les uns avec les autres – les cultures, les peuples, les individus, les notions, les esthétiques, les sensibilités etc. [...] Le Tout-monde, c'est la conception du monde sans axe et sans visée, avec seulement l'idée de la prolifération tourbillonnante, nécessaire et irrépressible, de tous ces contacts, de tous ces changements, de tous ces échanges." (Zitiert nach Ludwig & Röseberg 2010, S. 10)

Das Bestechende an Glissants Reflexionen zu *Tout-Monde* ist der Umstand, dass sich mit diesem Ansatz elegant eine Überwindung der Dichotomie zwischen ‚alten' und ‚neuen' Räumen unter Wahrung des Diversen bewerkstelligen lässt. Glissants Konzept – das durchaus einen programmatischen Charakter aufweist und sich treffend als eine ‚Poetik des Diversen' konzeptualisieren lässt (vgl. Febel 2010) – leistet nicht nur eine Auflösung der Hierarchisierungen zwischen ‚Alter Welt' und ‚Neuer Welt', sondern auch eine Aufhebung mancher Beschränkungen dazugehöriger Begriffskonstruktionen, wenn es beispielsweise den Terminus Kreolisierung geographisch, historisch und sozial ‚entterritorialisiert', gleichzeitig aber Alterität als Diverses bestehen lässt. Dass es Regionen, Grenzen und divergierende Gesellschaften gibt, wird von Glissant nicht bestritten, ausgeprägt ist jedoch sein Plädoyer für eine möglichst vernetzte, im Idealfall grenzfreie und transkulturelle Weltgesellschaft (vgl. Ludwig & Röseberg 2010; Ludwig 2010). Immer wieder hat man sowohl beim Kreolisierungs- als auch beim Hybriditätskonzept das Anliegen betont, kulturelle Grenzen und Identitäten zu nivellieren oder schlicht eurozentrische durch postkoloniale Modelle zu ersetzen (vgl. Brüning 2010). Glissants Ansatz scheint, so Ludwig und Röseberg (2010, S. 11), „diesen Gefahren zumindest ein Stück weit vorzubeugen."

Die im Rahmen dieses Kapitels vorgestellten Konzepte – die vor allem in enger Verbindung zu jüngeren Diskursen um Postmoderne und Postkolonialismus stehen – entwickeln sich zunehmend zu einer festen Größe im immer komplexeren Identitätsspektrum des 21. Jahrhunderts. Längst sind hybride Kulturen und Identitäten kein Sonderfall mehr, vielmehr verkörpern sie weitgehend den Normalzustand in einer globalisierten Welt. Dabei beinhalten sie ein ausgesprochen subversives und kreatives Potential, das sich dezidiert aus Widersprüchen, inneren Differenzen und Fragmentierungen speist (vgl. Bucakli & Reuter 2004). Die Aneignung und Verflechtung von Elementen divergierender Provenienz beinhalten gleichzeitig auch ihre Transformation und schaffen somit Konstruktionsmöglichkeiten von noch nicht ‚Dagewesenem', das mehr ist als die Summe seiner ursprünglichen Bestandteile (vgl. Gugenberger 2011). Selbst Gesellschaften, die ein weitgehend essentialistisches und statisches Gesellschaftsbild propagieren und ihr kulturelles Selbstverständnis durch laufende Globalisierungsprozesse bedroht sehen, bedienen sich vielfach, wie Zukrigl (2001, S. 57) treffend bemerkt, „einer eklektischen Mischung aus Eigenem und Fremdem. So werden im Hizbollah-eigenen Fernsehen Aufrufe zur Unterstützung der Märtyrer unmittelbar nach der Sendung ‚Donald Duck' ausgestrahlt. Und selbst die Vertreter der ‚reinen Kultur' leben häufig de facto ein kreolisiertes Leben, wenn sie sich einen großen Teil ihres Alltags zwischen UN-Versammlungen, Universitätssälen und der eigenen Gemeinschaft hin und her bewegen, um für ihre Ideen und politischen Anliegen Gehör zu finden."

Obwohl Vermischung seit jeher ein immanenter Bestandteil von Kulturentwicklung darstellt (vgl. Bachtin 1979; Schulte 1997), ist die normative Aufwertung, die derzeit vor allem der Hybridisierungsdiskurs durchläuft, eine einzigartige Erfahrung in der europäischen Moderne. Ha (2010, S. 212) konstatiert in diesem Zusammenhang: „Hinter der Wertschätzung von Hybridkonzepten verbirgt sich eine weitreichende, keine zwangsläufig nur instrumentelle Neuorientierung westlicher Kognitions- und Wahrnehmungsmuster. Galt die binäre Logik des ‚Entweder-oder' in der Moderne unangefochten, entsteht mit dem hybriden Prinzip des ‚Sowohl-als-auch' eine nachmoderne Weltsicht, die längerfristig andere Formen der (Wissens-)Produktion hervorbringen und somit auch neue Arten des Wissens freisetzen könnte. Ein solcher Ansatz, der das Homogenitätsstreben in der Moderne unterbricht, könnte ein anderes Verhältnis zur Differenz entwickeln. Hybridisierung verweist auf ein Weltbild, das auf ‚unreinem Denken' und indefinitiven Mischkategorien beruht. Dabei fungiert Hybridisierung als vielschichtiges Denkgebäude für ein postmodernes Bedeutungsensemble." Kontrastierend zu tradierten Ideen und Ansätzen der europäisch geprägten Moderne basiert das konzeptionelle Selbstverständnis von Hybridisierung nicht auf exkludierenden Prinzipien wie Singularität oder Totalität, sondern es geht vielmehr von einer irreduziblen Differenz und Uneinheitlichkeit aus. In diesem Kontext gewinnen – wie auch die bisherigen Ausführungen gezeigt haben – liminale Konzepte der Grenzauflösung sowie die sogenannten *third spaces* verstärkt an Bedeutung, während binäre Einheits- und Ordnungsobsessionen sukzessive in den Hintergrund treten.

Mögen in der Menschheitsgeschichte die Möglichkeiten, hybride Kultur hervorzubringen, noch nie so vielfältig gewesen sein wie in der heutigen Zeit, so sind die Optionen, sich als Individuum oder Gruppe mit hybrider Identität auch tatsächlich Gehör zu verschaffen, eher begrenzter Natur. Während die Erzeugnisse hybrider Intellektueller häufig auf eine geradezu euphorische Anerkennung stoßen, führen die lebensweltlichen und populärkulturellen Hervorbringungen hybrider Jugendlicher nach wie vor ein ausgeprägtes Schattendasein. Selbst wenn, wie Bucakli und Reuter (2004, S. 176f.) in diesem Zusammenhang bemerken, „populärkulturelle hybride Formen medial aufgegriffen werden, bleibt immer noch die Frage, ob diese *per se* widerständigen und transgressiven Charakter haben. So ist zwar eine (assimilatorische) Hybridität in der Medien- und Konsumkultur – angesichts von *Daily Soaps* bzw. Werbeplakaten, welche die kulturelle Vielfalt als Visitenkarte nutzen – nicht zu leugnen, diese ‚Salonfähigkeit' bedeutet aber keineswegs notwendigerweise, dass ‚Fremde' auf dieser Bühne ihre Repräsentation selbst in der Hand hätten. [...] Unter dem Vorwand der postmodernen Gleichzeitigkeit verschiedener Bedeutungssysteme bleibt den ‚Anderen' aus der Perspektive des Zentrums meist lediglich eine Unterhaltungsqualität. Ihre Repräsentation ist in der Regel auf eine für den Massenkonsum innerhalb einer ‚Differenzkonsummaschine' [...] zurechtgestutzte Klischee-Fremdheit reduziert, die nicht frei von einem ‚rassistischen Exotismus' ist." Sowenig wie für progressive Intellektuelle Hybridität als bloßer „Ersatz für den herkömmlichen Multikulturalismus" (Terkessidis 2002, S. 32) fungieren sollte, sowenig wird es dem entsprechenden Ansatz gerecht, würde er lediglich im Rahmen einer falsch verstandenen *political correctness* oder aus marktstrategischen Gesichtspunkten instrumentalisiert. Vor diesem Hintergrund dürfte es auch zukünftig noch ein langer und vielfach beschwerlicher Weg sein, dass die in diesem Kapitel vorgestellten Konzepte ihren deutlich normativ geprägten ‚Konjunktur'- (Schneider 1997) und ‚Hype'-Charakter (Ha 2005) abstreifen und tatsächlich ‚gelebte Normalität' werden.

3 „I am a citizen of the world" – Kosmopolitismus

> „Was ist Aufklärung? Habe den Mut, dich deines kosmopolitischen Blicks zu bedienen, das heißt, dich zu deinen vielfältigen Identitäten zu bekennen: die aus Sprache, Hautfarbe, Nationalität oder Religion erwachsenen Lebensformen mit dem Bewußtsein zu verbinden, daß in der radikalen Unsicherheit der Welt alle gleich sind und jeder anders ist."
> Ulrich Beck

„Cosmopolitanism is back" – mit diesen prägnanten Worten leitet Harvey (2000, S. 529) seine Auseinandersetzung mit dem Kosmopolitismuskonzept in seinem viel beachteten Artikel *Cosmopolitanism and the Banality of Geographical Evils* ein. In der Tat ist es alles andere als selbstverständlich, dass ein Konzept, dessen Wurzeln weit in die Antike zurückreichen, an der Schwelle zum dritten Jahrtausend eine derart bemerkenswerte Renaissance erlebt (vgl. Beck 2000; Skrbis, Kendall & Woodward 2004; Dobson 2006; Schueth & O'Loughlin 2008; Kozlarek 2011) – insbesondere wenn man bedenkt, dass der Terminus im Laufe der Geschichte nicht immer positiv konnotiert war. Das vorliegende Kapitel gewährt einerseits aus historisch-genetischer Perspektive einen konzisen Einblick in die Rezeption eines vergleichsweise schillernden Begriffs – der nicht zuletzt für ein glamouröses Frauenmagazin in Wert gesetzt wird –, andererseits geht es der Frage nach, welche zentralen Aspekte Kosmopolitismus in der heutigen Zeit kennzeichnen und das entsprechende Konzept so attraktiv erscheinen lassen.

1996 eröffnete Derrida (1997, S. 11) seinen Appell *Cosmopolites de tous les pays, encore un effort!* – der nicht nur eine kritische Standortbestimmung hinsichtlich der kosmopolitischen Tradition Europas, sondern auch ein Plädoyer für eine Neubestimmung der europäischen Asyl- und Migrationspolitik beinhaltete – mit den nachdenklichen Fragen: „La figure du cosmopolitisme, d'où nous arrive-t-elle? Et que lui arrive-t-il? Comme à celle de citoyen du monde, on ne sait si quelque avenir lui reste réservé." Während entsprechende Fragen in der *scientific community* ausgesprochen kontroverse Diskussionen auslösen und keine einfachen Antworten zulassen, gestaltet sich die etymologische Ableitung von Kosmopolitismus vergleichsweise unkompliziert (vgl. Gunesch 2004; Albrecht 2005; Appiah 2009). Der Begriff lässt sich bis ins vierte Jahrhundert vor Christus zurückverfolgen, wobei in der altgriechischen Sprache *kosmos*

Weltall bzw. Weltordnung und *polis* Stadt bzw. Staat bedeuten. Als Kosmopoliten bezeichneten sich in dieser Zeit vor allem jene Bürger, die die geltende Dichotomie von ‚Polis-Mitglied' versus ‚Polis-Nichtmitglied' auflösen wollten und sich stattdessen in der die *polis* übergreifenden Ordnung des *kosmos* verorteten (vgl. Albrecht 2005). Vor diesem Hintergrund implizierte Kosmopolitismus eine explizite Ablehnung traditioneller Auffassungen, wonach jeder zivilisierte Mensch einer politisch bzw. administrativ institutionalisierten Einheit – im konkreten Fall einer der zahlreichen griechischen Stadtstaaten – angehören sollte (vgl. Appiah 2009). Vielmehr rückte verstärkt das Ideal eines Weltbürgertums in den Fokus, das in engem Konnex mit dem Aufkommen eines politisch konnotierten Kosmopolitismus steht, der primär von der normativen These geleitet wird, dass eine transnationale respektive globale Ordnung geschaffen werden sollte, in der alle Menschen gleichberechtigte Mitbürger sind. Schueth und O'Loughlin (2008, S. 927) schreiben in diesem Zusammenhang unter Bezugnahme auf Diogenes, der zu den wichtigsten Nestoren des Kosmopolitismus zählt: „Political cosmopolitanism can be traced to the Cynic, Diogenes, in the 4th century BCE who said, ‚I am a citizen of the world' whenever someone asked from where he came. By declaring himself to be a world citizen Diogenes was denying his citizenship obligations to his Greek city-state."

Dieser Gedanke wurde dann ab dem dritten Jahrhundert vor Christus verstärkt von zahlreichen Stoikern – insbesondere Cicero, Seneca, Epiktet und Marc Aurel – aufgegriffen und sukzessive ausgearbeitet. In diesem Kontext vertraten Stoiker vor allem einen moralisch konnotierten Kosmopolitismus, der von der Ansicht getragen wurde, dass alle Menschen einer universellen moralischen Gemeinschaft angehören, wobei diese Sichtweise nicht notwendigerweise mit dem Ideal einer politischen Weltgemeinschaft einhergehen musste (vgl. Appiah 2009; Kleingeld 2012). Es ist aber durchaus ersichtlich, so Kleingeld (1997, S. 334), „wie moralischer Kosmopolitismus und das verwandte *politische* Ideal einer transnationalen, globalen politischen Ordnung, in der alle Menschen Mitbürger sind, miteinander verbunden werden können." Konstitutiv für die stoische Lehre war die Auffassung, dass Menschen nicht nur *nomoi* – die Gesetze ihrer jeweiligen Stadtstaaten – teilen, sondern vor allem auch *logos* – Verstand –, aufgrund dessen sie zu einer vernünftigen Lebensführung befähigt sind. Die Idee einer Ordnung, die die Unterschiede zwischen dem Recht der Bürger in den verschiedenen Stadtstaaten transzendiert und stattdessen in einer rational begreiflichen Ordnung der Natur verwurzelt ist, sollte sich in den darauffolgenden Jahrhunderten schließlich mit der christlichen Lehre der allgemeinen Gleichheit verbinden (vgl. Benhabib 2009).

Im Verlauf der europäischen Geschichte spielte Kosmopolitismus immer dann eine besonders herausgehobene Rolle, wenn gesellschaftliche Umbrüche anstanden (vgl. Erskine 2002; Linklater 2006; Beck & Grande 2007). Vor diesem Hintergrund ist hauptsächlich das Zeitalter der Aufklärung zu nennen, in dem Kosmopolitismus sowohl in seiner moralischen als auch in seiner politischen Dimension unter dem Einfluss der Stoiker sowie universalistischer Elemente der christlichen Tradition eine bemerkenswerte Renaissance erlebte. Insbesondere im Rahmen öffentlicher Diskussionen über politische Reformen, Menschenrechte und das zunehmend virulente Anliegen, Kriege zu verhindern, gab es verstärkt Vorschläge, die politische Ordnung dergestalt zu verändern, dass Einzelpersonen tatsächlich Weltbürger genannt werden konnten (vgl. Kleingeld 1997). Den sicherlich wichtigsten Beitrag zum Kosmopolitismus im Zeitalter der Aufklärung steuerte Kant – nicht zuletzt mit seiner auch heute noch viel zitierten Schrift *Zum ewigen Frieden* – bei. In diesem Kontext verdanken wir Kant, der geradezu paradigmatisch sowohl einen moralischen als auch einen politischen Kosmopolitismus repräsentiert, vor allem die Unterscheidung zwischen Staatsrecht, das die Rechtsbeziehungen zwischen Personen innerhalb eines Staates regelt, Völkerrecht, in dem es um die Rechtsbeziehungen zwischen Staaten geht, sowie Weltbürgerrecht – dem *ius cosmopoliticum* –, das die Rechtsbeziehungen zwischen Personen kodifiziert, die nicht als Bürger bestimmter menschlicher Gemeinschaften angesehen werden, sondern als Mitglieder einer globalen Zivilgesellschaft. Indem Kant explizierte, dass auf internationaler Ebene nicht nur Staaten respektive Staatsoberhäupter relevante Akteure sind, sondern auch Bürger und ihre zur damaligen Zeit zunehmend ausdifferenzierten und grenzüberschreitenden Organisationsstrukturen, verlieh er dem Begriff *kosmopolites* eine neue Bedeutung, nämlich die des Weltbürgers (vgl. Benhabib 2009). Das Weltbürgerrecht betrifft dabei insbesondere den internationalen Verkehr im weitesten Sinne und greift mit Kommunikation, Interaktion und Handel auch Aspekte auf, die in enger Verbindung mit heutigen Globalisierungsdiskursen stehen. Angesichts einer entsprechenden Zeitlosigkeit überrascht es kaum, dass Kants kosmopolitisches Konzept auch heute noch relativ häufig rezipiert wird. So stellt etwa der US-amerikanische Geograph Popke (2007, S. 509) fest: „If Kant's cosmopolitan ideal still resonates today, this is perhaps because Kant's era was witness to the emergence, in nascent form, of the political and economic relationships that have come to characterize our own global modernity. Writing at the apogee of the mercantile trading system and on the cusp of the industrial revolution, Kant was able to capture both the challenges and the opportunities posed by a truly global community of nations, and to articulate the need thereby to rethink the grounds for political and ethical thought."

Von zentraler Relevanz im Kontext von Kants kosmopolitischen Ausführungen ist vor allem das sogenannte Hospitalitätskonzept, das „Recht eines Fremdlings, seiner Ankunft auf dem Boden eines andern wegen, von diesem nicht feindselig behandelt zu werden." (Kleingeld 1997, S. 339) Die in dezidiertem Bezug zum Weltbürgerrecht stehende Idee einer Weltbürgerschaft beinhaltete zudem die utopische Erwartung eines Weltfriedens, der durch zunehmende Kommunikation und Interaktion – die sich zur damaligen Zeit vorwiegend in grenzüberschreitenden Handelsbeziehungen manifestierten – erreicht werden sollte (vgl. Benhabib 2009), wobei es keinen Widerspruch mehr darstellte, sowohl Bürger eines Nationalstaats als auch Weltbürger zu sein. Held (2010, S. 43) konstatiert in diesem Zusammenhang: „Cosmopolitan right is a ‚necessary complement' to the codes of existing national and international law, the basis on which cultural, religious and political dogmas can be tested in order to help construct a cosmopolitan order – where all relationships, political and social, should be bound by a willingness to enter into dialogue and interaction constrained only by elementary principles of reason, impartiality and the possibility of intersubjective agreement. [...] In this sense, individuals can be citizens of the world as well as of existing states; citizenship can become an attribute not just of national communities, but of a universal system of ‚cosmo-political' governance in which the freedom of each person underpins the freedom of all others."

So progressiv Kants Reflexionen im 18. Jahrhundert zum Weltbürgerrecht bzw. zum Kosmopolitismus auch gewesen sein mögen, so sehr blieb der Königsberger Universalgelehrte im Rahmen seiner ‚räumlichen Ausführungen' ein Kind seiner Zeit. Harvey (2000, S. 533) zeigt anhand ausgewählter Zitate Kants räumliches Weltbild auf, das deutlich im Spannungsfeld von Naturdeterminismus und stereotypen Differenzkonstruktionen oszilliert:

„In hot countries men mature more quickly in every respect but they do not attain the perfection of the temperate zones. Humanity achieves its greatest perfection with the white race. The yellow Indians have somewhat less talent. The negroes are much inferior and some of the peoples of the Americas are well below them."

„All inhabitants of hot lands are exceptionally lazy; they are also timid and the same two traits characterize also folk living in the far north. Timidity engenders superstition and in lands ruled by Kings leads to slavery. Ostoyaks, Samoyeds, Lapps, Greenlanders, etc. resemble people of hot lands in their timidity, laziness, superstition and desire for strong drink, but lack the jealousy characteristic of the latter since their climate does not stimulate their passion greatly."

Diese Aussagen stehen – zumindest aus heutiger Sicht – in eigentümlichem Kontrast zu Kants aufklärerischem Weltbild, das für damalige Zeitgenossen vielfach Vorbildcharakter hatte (vgl. Fine & Cohen 2002; Albrecht 2005); ein Eindruck, der sich noch verstärkt, wenn man bedenkt, dass Kants Vita nicht unbedingt durch eine besonders ausgeprägte räumliche Mobilität aufgefallen wäre und ihm somit die unmittelbare Anschauung respektive Erfahrung fehlte. Ungeachtet Kants großer Verdienste, würde man es sich zu einfach machen, ließe man einschlägige Ausführungen, die primär in seinen Geographievorlesungen zum Einsatz kamen, außer Acht. Vielmehr ist Harvey (2000, S. 534f.) zuzustimmen, der in diesem Zusammenhang schreibt: „Indeed, this is precisely what makes it so interesting, particularly when set against his much-vaunted universal ethics and cosmopolitanism. [...] Even if it is accepted, as Kant himself held, that the universality of ethics is immune to any challenge from empirical science, the problem of the application of such ethical principles to historical-geographical conditions remains. What happens when normative ideals get inserted as a principle of political action into a world in which some people are considered inferior and others are thought indolent, smelly, or just plain ugly? [...] This contrast between the universality of Kant's cosmopolitanism and ethics and the awkward and intractable particularities of his geography is important. If (as Kant himself held) knowledge of geography defines the conditions of possibility of all other forms of practical knowledge of the world, and if his geographical groundings are so suspect, then on what grounds can we trust Kant's cosmopolitanism?"

Kontrastierend zu Kants deutlich juristisch-politisch konnotiertem Kosmopolitismusverständnis etablierten sich im Übergangszeitraum vom 18. zum 19. Jahrhundert zunehmend Vertreter im Spektrum kosmopolitischer Interessen, die unter Kosmopolitismus – weitgehend unabhängig von verfassungspolitischen Aspekten – in erster Linie eine grenzüberschreitende Vermittlung kultureller Güter verstanden. Zu dieser Gruppe zählten insbesondere August Wilhelm Schlegel, Friedrich Schlegel sowie Friedrich Bouterwek (vgl. Albrecht 2005). Im Folgenden soll in Grundzügen das konzeptionelle Selbstverständnis dieser geistesgeschichtlich ausgesprochen wichtigen Strömung, die man dem kulturellen respektive literarischen Kosmopolitismus zuordnet, erschlossen werden. Angesichts der ungemeinen Komplexität der Thematik erfolgt eine inhaltliche Beschränkung auf August Wilhelm Schlegel und Friedrich Bouterwek, wobei in diesem Zusammenhang primär auf die äußerst kenntnis- und detailreiche historisch-semantische Diskursanalyse des Kosmopolitismus um 1800 von Albrecht (2005, S. 302ff.) zurückgegriffen wird.

Zunächst zu Bouterwek, der in seinen *Fünf kosmopolitischen Briefen* angesichts der diffizilen historisch-politischen Rahmenbedingungen um die Jahrhundertwende für einen Rückzug der Kosmopoliten aus der Politik eintrat und sich stattdessen der unverfänglicheren Geschichtsphilosophie zuwandte. In dem als universalhistorischer Abriss der Menschheitsgeschichte konzipierten Werk versuchte der Göttinger Professor für Beredsamkeit darzulegen, dass die vom Schicksal abhängige Menschheit vor allem dann erfolgreich zu einem weltbürgerlichen Zustand komme, wenn der Mensch auf seinen von unkalkulierbaren Risiken bedrohten Mitgestaltungswillen verzichte. Der anvisierte Zustand war universal gedacht, umfasste die gesamte Menschheit und sollte im Idealfall alle relevanten gesellschaftlichen Bereiche durchdringen:

„Die Gattung muß Menschheit, muß eine Gesellschaft werden, das heißt, alle ihre Glieder in allen Klimaten und Particulargesellschaften müssen voneinander wissen und auf einander wirken, und das Resultat der Gemeinwirkung aller Particulargesellschaften auf die Universalgesellschaft, das wäre denn die Bestimmung der Menschheit." (Bouterwek 1794, S. 55)

Angesichts der damaligen innereuropäischen Konflikte – insbesondere als Reflex auf die napoleonische Kriegspolitik und die sich anschließende Restaurationsphase – trat Bouterwek für eine forcierte europäische Perspektive ein. Durch grenzüberschreitende kulturelle Austauschprozesse versprach sich Bouterwek eine verstärkte europäische Integration, wobei keine Nation – im Gegensatz zu den hegemonialen Positionen der Griechen und Römer in der Antike – eine prädominierende Stellung einnehmen sollte. Vielmehr plädierte er für die Kreierung einer ‚Welt-Cultur', die nicht von Vereinheitlichungs-, sondern von Pluralisierungsprozessen geprägt ist, indem die einzelnen Nationen ihren spezifischen kosmopolitischen Beitrag beisteuern:

„Es sollte nicht mehr Eine Nation seyn, die der intellectuellen und moralischen Bildung der übrigen ihren Typus als einzigen Muster-Typus entweder nach griechischer Art empfehlen, oder, nach römischer Art, aufdringen dürfe. Zu dieser neuen Wendung der Welt-Cultur war schon durch die Zerstörung der Alten die Vorbereitung getroffen." (Bouterwek 1805, S. 62)

Nicht unähnlich zu aktuellen Diskursen über ein ‚Europa der zwei Geschwindigkeiten' geht Bouterwek davon aus, dass den damals führenden politischen Mächten eine Ankerfunktion zufällt; ein Umstand, dessen Implikationen man – zumindest aus heutiger Sicht – keinesfalls idealisieren sollte:

„Vier große Nationen leiten also jetzt die Welt-Cultur. Alle übrigen Nationen schließen sich an jene nur an. Zwei jener Nationen, die französische und die englische, geben den großen Ton laut genug an, daß man ihn rund um die Erde vernehme. Die dritte, die deutsche, geht still ihren Gang, ohne politische Macht, aber mit unverdrossener Kraft immer fortschreitend auf dem Wege der Geistes-Cultur, und unverkennbar bestimmt, künftig die Lehrerin der Welt zu werden. Die russische Macht begünstigt den Europäismus überhaupt; und sie verspricht, ihn, wenn er in ihr Inneres eingedrungen seyn wird, auch in einen asiatischen Staat, der schon entstehen wird, zu verpflanzen." (Bouterwek 1805, S. 74f.)

Zentrales Anliegen der kosmopolitischen Orientierung in Bouterweks Œuvre war in letzter Konsequenz eine pluralistische europäische Synthese, die sich im Verlauf einer forcierten kulturellen Vernetzung der um politische Vormacht ringenden Nationalstaaten entwickeln sollte, ohne dass dabei die mit den jeweiligen Nationen assoziierten Spezifika verloren gehen. Während Bouterwek – wie auch das vorangegangene Zitat deutlich macht – Deutschlands

Rolle im kosmopolitischen Kontext primär auf die Wissenschaften respektive die Wissensvermittlung reduzierte, sah August Wilhelm Schlegel die ‚deutschen Handlungsmöglichkeiten' auch im künstlerisch-ästhetischen Bereich und traute seinen Landsleuten, die aufgrund der ausgeprägten räumlichen Fragmentierung des Heiligen Römischen Reichs deutscher Nationen weit von einem homogenen Nationalstaat entfernt waren, ein kosmopolitisches Engagement auf fast allen ‚geistigen Gebieten' zu (vgl. Albrecht 2005). Der einem ästhetisch-literarischen Kosmopolitismus verpflichtete Schlegel rezipierte Europa in erster Linie als eine kulturelle Traditionsgemeinschaft, die sich nicht nur durch eine ‚Verwandtschaft der Sprachen', sondern vor allem auch durch historische, religiöse, rechtliche und nicht zuletzt mentalitätsspezifische Gemeinsamkeiten auszeichnet. In diesem Kontext war ihm durchaus bewusst, dass Europa nur einen kleinen, wenn auch wichtigen Bestandteil einer größeren, letztendlich globalen räumlichen Einheit bildet:

„Was ist das heutige Europa gegen den Umfang des Menschengeschlechtes in den verschiedensten Himmelsstrichen und Zeitaltern? Europäischer Geschmack ist nur ein erweiterter Nationalgeschmack. [...] Ich habe ja die Welt umwandert und umflogen: habe an den schönen Ufern des Ganges und Ohio geweilt, die Wüsten Afrikas und die Steppen Sibiriens besucht und mich unter den Nebeln des schottischen Hochlandes wie unter dem ewig unbewölkten Himmel der Südsee-Hesperiden gelagert. [...] Keinem Volke, wie roh und beschränkt es sein mochte, verschmähte ich durch meine Töne die Mühen des Lebens zu lindern." (Schlegel 1798/1962, S. 227f.)

Nicht zuletzt vor diesem Hintergrund widmete sich Schlegel zeit seines Lebens der Übersetzung, Erforschung und Verbreitung außereuropäischer Literaturen, wobei ihm insbesondere das Übersetzen als eine essenzielle Tätigkeit kulturkosmopolitischer Aktivitäten erschien, da es ...

„auf nichts Geringeres angelegt [sei], als die Vorzüge der verschiedensten Nationalitäten zu vereinigen, sich in alle hineinzudenken und hineinzufühlen, und so einen kosmopolitischen Mittelpunkt für den menschlichen Geist zu stiften." (Schlegel 1802/1965, S. 36)

Im Rahmen seiner kulturkosmopolitischen Vermittlungen – im Zeichen einer universalistisch gedachten paneuropäischen Vereinigungsbewegung – ging es Schlegel weniger um die Profilierung nationaler Spezifika, sondern vielmehr um eine sukzessive Unterminierung nationaler Grenzen durch die Etablierung eines transnationalen und in diesem Sinne kosmopolitischen Kulturbewusstseins. Aus heutiger Perspektive eher befremdlich wirkt die nationalbewusste Grundierung des Schlegel'schen Kosmopolitismus, in der das entsprechende Konzept explizit als eine ‚deutsche Eigentümlichkeit' rezipiert wird:

> „Universalität, Kosmopolitismus ist die wahre deutsche Eigentümlichkeit. Was uns so lange im äußeren Glanze gegen die einseitige, beschränkte, aber eben darum entschiedene Wirksamkeit anderer Nationen hat zurückstehen lassen: der Mangel einer Richtung, welcher in ein Positives verwandelt, zur Allseitigkeit der Richtungen wird: muß in der Folge die Überlegenheit auf unsere Seite bringen. Es ist daher wohl keine zu sanguinische Hoffnung, anzunehmen, daß der Zeitpunkt nicht so gar entfernt ist, wo das Deutsche allgemeines Organ der Mitteilung für die gebildeten Nationen sein wird." (Schlegel 1802/1965, S. 36)

Die ausgeprägte Verzahnung von Kosmopolitismus auf der einen und von nationalem Sendungsbewusstsein auf der anderen Seite fand kurz darauf ihre protestantische Entsprechung in Fichtes *Reden an die deutsche Nation*. August Wilhelm Schlegel erhoffte sich – ähnlich wie sein Bruder Friedrich – durch sein schriftstellerisches Schaffen, einen Beitrag zum Erfolg der nachkantischen Philosophie zu leisten und setzte in diesem Kontext auf eine ‚geistige Revolution', die der politischen Revolution in Frankreich an die Seite gestellt werden sollte. In diesem Zusammenhang ist das mitunter deutlich idealistische und utopische Verständnis von Kosmopolitismus kaum zu übersehen, wobei im deutschen Konnex auch die von zahlreichen Zeitgenossen beklagte und bis zum damaligen Zeitpunkt nicht erfolgte Nationalstaatsbildung eine wichtige Rolle gespielt haben dürfte. Keupp (2008, S. 154) vermerkt diesbezüglich: „Kosmopolitisches Weltbürgertum ist meist als utopische Figur entworfen worden und – gerade in der deutschen Geistesgeschichte – als kompensatorisches Gegenbild auf dem Hintergrund einer nationalstaatlich verspäteten Strukturbildung. In dieser phantasmatischen Konstruktion schwingen meist euphorische Töne mit."

Kosmopolitismus fungierte nicht nur häufig als bloße utopische Denkfigur, sondern der Terminus an sich war im Laufe der Geschichte immer wieder negativ besetzt; ein Umstand, der insbesondere auf totalitäre politische Systeme wie den Nationalsozialismus oder den Stalinismus zutrifft. In beiden Systemen galten Kosmopoliten als heimatlose, entwurzelte und unzuverlässige Zeitgenossen, die als gefährlich eingestuft und damit vielfach der Vernichtung preisgegeben wurden. Häufig wurde Kosmopolitismus auch mit ‚dem Juden' gleichgesetzt, dem eine eindeutige Verortung respektive Zugehörigkeit prinzipiell abgestritten wurde (vgl. Keupp 2008; Appiah 2009). Kosmopolit war, wie Beck (2004, S. 9) in diesem Zusammenhang schreibt, „im kollektiven Symbolsystem der Nazis ein anderes Wort für Todesurteil. Alle Opfer des planmäßigen Massenmordes galten als ‚Kosmopoliten'; und dieses Todesurteil hat sich auf das Wort übertragen, wurde an diesem gleichsam mit vollstreckt. Die Nazis sagten Juden und meinten Kosmopoliten. Die Stalinisten sagten Kosmopoliten und meinten Juden. Insofern sind ‚Kosmopoliten' bis heute in vielen Ländern zwischen Entwurzelten, Feinden und Insekten angesiedelt, die man vertreiben, verteufeln, vernichten kann oder sogar muß." In diesem Kontext sei auch auf Nederveen Pieterse (2005, S. 409) verwiesen, der vor dem Hintergrund der nationalsozialistischen Blut-und-Boden-Ideologie konstatiert: „Die Aversion gegenüber dem Weltbürgertum und der Dekadenz des städtischen Lebens war Teil von Hitlers Lebensauffassung und der nationalsozialistischen Blut-und-Boden-Ideologie. Sie wurde begleitet von der nationalsozialistischen Idealisierung des deutschen Bauern und, auf der anderen Seite, dem Antisemitismus. Ich zitiere eine deutsche Quelle aus dem Jahr 1935: ‚Gefahr droht der Nation, wenn sie in die Städte zieht. Innerhalb weniger Generationen welkt sie dahin, denn ihr fehlt die vitale Verbindung zur Erde. Der Deutsche muss im Boden verwurzelt sein, wenn er überleben will.'"

In Anbetracht der vorangegangenen Ausführungen sollte man sich stets vor Augen halten, dass in bestimmten Zeiten eine kosmopolitische Einstellung alles andere als selbstverständlich war und auch heutzutage keinesfalls ist. Ein Kosmopolit weiß, dass Menschen verschieden sind und dass man aus den entsprechenden Unterschieden eine Menge lernen kann. In gewisser Weise verkörpert Kosmopolitismus nicht den Namen einer Lösung, sondern vielmehr eine komplexe Herausforderung; gerade in jenen Zeiten, in denen zwei zentrale Ideale dieses Konzepts – die universelle Sorge um Andere bei gleichzeitiger Achtung der legitimen Unterschiede – miteinander kollidieren (vgl. Appiah 2009). Dabei geht ein zeitgemäßer Kosmopolitismus über eine bloße Offenheit gegenüber Fremdem – so zentral diese auch sein mag – hinaus und integriert Verantwortung genauso wie die Anerkennung globaler Involvierung. Drei Maximen sind in diesem Zusammenhang konstitutiv, nämlich dass das Individuum im Fokus ethischer Entscheidungen steht (Individualismus), dass der herausgehobene Status des Individuums jedem Menschen gleichermaßen zukommt (Universalität) und dieser Status von jedem zu respektieren ist (Generalität), nicht nur von den Mitgliedern der eigenen Kultur (vgl. Antweiler 2011).

In den letzten Jahren ist Kosmopolitismus seitens der *scientific community* auf eine immer größere Resonanz gestoßen, wobei zu den treibenden Kräften für eine Beschäftigung mit diesem Forschungsfeld vor allem die – deutlich räumlich geprägten – Diskurse um Globalisierung, Migration, das Ende der bipolaren Weltordnung sowie die Etablierung transnationaler sozialer Räume zählen (vgl. Vertovec & Cohen 2002; Beck & Grande 2007; Schueth & O'Loughlin 2008; Held 2010). In diesem Kontext sei noch einmal auf den eingangs zitierten Harvey (2000, S. 529) verwiesen, dessen Ausführungen zum ‚Comeback' des Kosmopolitismus nicht nur die damit einhergehenden positiven und negativen Implikationen aufrollen, sondern auch die normative Dimension des entsprechenden Konzepts unterstreichen: „For some that is the good news. Shaking off the negative connotations of its past (when Jews, communists, and cosmopolitans were so frequently cast as traitors to national solidarities), it is now portrayed by many [...] as a unifying vision for democracy and governance in a world so dominated by a globalizing capitalism that it seems there is no viable political-economic alternative for the next millennium. The bad news is that cosmopolitanism has acquired so many nuances and meanings as to negate its putative role as a unifying ethic around which to build the requisite international regulatory institutions that would ensure global economic, ecological, and political security in the face of an out-of-control free-market liberalism."

Kosmopolitismus ist inzwischen für fast alle kultur- und sozialwissenschaftlichen Disziplinen ein zentraler Orientierungspunkt, wobei manch einer bereits von einem *cosmopolitan turn* respektive von einem *age of cosmopolitanism* spricht, dessen konzeptionelles Selbstverständnis Kozlarek (2011) – unter dezidierter Bezugnahme auf Fine (2006) – in drei Punkten zusammenfasst: Erstens geht es um die explizite Überwindung eines ‚methodologischen Nationalismus'; einer Vorstellung, dass sich die Welt des Sozialen adäquat beschreiben, erklären und kritisieren ließe, wenn sie primär aus einer nationalstaatlichen Perspektive betrachtet wird. Fine (2006, S. 243) konstatiert in diesem Zusammenhang: „If social theory is to escape from the traditional ‚container theory of society', its research-agenda and conceptual tools must match the ways in which the world itself is being transformed." Im Rahmen einer Substitution des ‚methodologischen Nationalismus' durch einen ‚methodologischen Kosmopolitismus' eröffnet sich ein ungemein diversifiziertes Spektrum an akuten sozialwissenschaftlichen Fragen, mit denen heutige Gesellschaften konfrontiert werden: Wie sollen wir Ungleichheit und Gerechtigkeit im globalen Raum verstehen? Welche Handlungsspielräume ergeben sich für die jeweiligen Akteure? Woran machen sich Verantwortlichkeiten fest? (vgl. Poferl & Sznaider 2004). Zweitens wird davon ausgegangen, dass das *age of cosmopolitanism* in vielfacher Hinsicht einen geradezu paradigmatischen Bruch zu früheren Epochen verkörpert, in denen Menschen ihre Identität fast ausschließlich aus nationaler, ethnischer oder religiöser Zugehörigkeit schöpften. Ein anspruchsvoller, humanistisch verstandener Kosmopolitismus besagt, dass es möglich ist, sich mit der Menschheit in toto zu identifizieren, auch wenn diese ausgesprochen fragmentiert ist und sich zukünftig – nicht zuletzt angesichts fortschreitender Individualisierungs- und Pluralisierungsprozesse – noch deutlich stärker fragmentieren dürfte (vgl. Antweiler 2011). Drittens wird Kosmopolitismus als ein normativer Horizont konzeptualisiert, wonach sich Bürger immer häufiger als Weltbürger sehen. Kosmopolitismus impliziert in diesem Fall, dass sich Menschen aus der engen Innensicht ihrer Nation bzw. Kultur befreien. Im Kern geht es um eine Anerkennung von Andersheit im Inneren wie im Äußeren, wobei kulturelle Unterschiede weder in einer Hierarchie der Andersartigkeit geordnet noch universalistisch aufgelöst, sondern einfach nur akzeptiert werden. Damit wird, wie Beck (2004, S. 92) im Kontext des gesellschaftlichen Umgangs mit Alterität schreibt, „zugleich die Falschheit der Alternative zwischen hierarchischer Verschiedenartigkeit und universeller Gleichheit aufgedeckt. Denn damit werden zwei Positionen überwunden, der Rassismus wie der apodiktische Universalismus. Kosmopolitisch heißt: scheinbar zeitlosem und damit zukunftsfähigem Rassismus die Zukunft streitig zu machen. Das heißt aber auch: den ethnozentristischen Universalismus des Westens als einen überwindbaren Anachronismus darzustellen."

Alle Begriffe, in denen sich – wie bei Kosmopolitismus – ein ganzer Prozess semiotisch widerspiegelt, entziehen sich in der Regel einer intentionalen Definition, will man nicht normierende und reduzierende Festschreibungen in Kauf nehmen (vgl. Albrecht 2005). Vor diesem Hintergrund erweist es sich als ausgesprochen hilfreich, dass Vertovec und Cohen (2002, S. 8ff.) den verdienstvollen Versuch unternommen haben, die komplexe Vielfalt an konzeptionellen Zugängen zu strukturieren. Dabei unterscheiden sie zwischen sechs verschiedenen, teilweise sich überlappenden Zugängen: 1. ein sozio-kultureller Zustand, 2. eine philosophische Richtung bzw. Weltsicht, 3. ein politisches Projekt in Bezug auf die Implementierung transnationaler Institutionen, 4. ein politisches Projekt zur Anerkennung der Vielfalt von Identitäten, 5. eine Haltung oder Disposition sowie 6. eine Praxis bzw. Kompetenz.

Der erste Zugang – Kosmopolitismus als sozio-kultureller Zustand – steht in engem Konnex mit den in ihrer Vielfalt kaum noch zu überblickenden Diskursen um kulturelle Globalisierung bzw. Weltkultur und den mit beiden Phänomenen assoziierten Strukturen und Prozessen, die mit ausgesprochen widersprüchlichen Formen, Reichweiten und Ausdrucksformen einhergehen und sich einer eindeutigen Kennzeichnung entziehen (vgl. Wagner 2001; Lechner & Boli 2005; Antweiler 2011). Die Essenz des entsprechenden Zugangs bringen Vertovec und Cohen (2002, S. 9) wie folgt auf den Punkt: „For many, such a socio-cultural condition, loosely called ‚cosmopolitanism' is to be celebrated for its vibrant cultural creativity as well as its political challenges to various ethnocentric, racialized, gendered and national narratives. There are critics, on the other hand, who are highly sceptical of what is perceived to be an emergent global, hybrid and ‚rootless' cosmopolitan culture marked by a pastiche of traditional, local, folk and national motifs and styles; a culture of mass consumerism consisting of standardized mass commodities, images, practices and slogans; and an interdependence of all these elements across the globe, based upon the unifying pressures of global telecommunications and computerized information systems."

Der zweite Zugang – Kosmopolitismus als philosophische Richtung bzw. Weltsicht – wird primär mit den Weltbürgerdiskursen im 18. Jahrhundert in Verbindung gebracht. Insbesondere im Kontext der europäischen Aufklärung entwickelte sich Kosmopolitismus zu einem politisch, rechtlich, pädagogisch, kulturell, ökonomisch und nicht zuletzt moralisch kodierten Programmbegriff, wobei Universalismus zu einem allgemeinen Legitimationskriterium für theoretische Konzepte und Programme jedweder Art avancierte (vgl. Pogge

2002; Albrecht 2005). Exemplarisch sei in diesem Zusammenhang auf Kant verwiesen, dessen konzeptionelles Verständnis von Kosmopolitismus bereits vorgestellt wurde. Im Rückgriff auf die kosmopolitischen Traditionsbestände der Antike, des mittelalterlichen Imperiumgedankens und des Humanismus entstanden zu jener Zeit in den unterschiedlichsten Diskurskontexten und Praxisbereichen kosmopolitische Konzepte, wobei kosmopolitische Forderungen immer wieder mit politischen Forderungen – etwa in Hinblick auf eine Reform des Ständestaates – einhergingen (vgl. Albrecht 2005). Als einer der prominentesten zeitgenössischen Vertreter dieses Zugangs gilt Appiah (2009), der in seiner *Philosophie des Weltbürgertums* unter anderem nach einer Balance zwischen unserem Glauben an universelle Werte und dem Respekt vor der Alterität nicht-westlicher Welterfahrung sucht.

Als dritter Zugang zu Kosmopolitismus lässt sich die Implementierung transnationaler Institutionen anführen, wobei als typische Beispiele insbesondere die Europäische Union (EU) sowie die Vereinten Nationen (UN) gelten. Dieser Zugang folgt in erster Linie der Erkenntnis, dass die politisch-ökonomischen genauso wie die sozio-kulturellen und ökologischen Herausforderungen im 21. Jahrhundert derart komplex sind, dass sich diese – zumindest aus einer nachhaltigen Perspektive – nur durch transnationale Organisationsstrukturen lösen lassen. Held (2010, S. 13f.) konstatiert in diesem Zusammenhang: „Today, there is a newfound recognition that global problems cannot be solved by any one nation-state acting alone, nor by states just fighting their corner in regional blocs. As demands on the state have increased, a whole series of policy problems have arisen which cannot be adequately resolved without cooperation with other states and non-state actors. There is a growing recognition that individual states are no longer the only appropriate political units for either resolving key policy problems or managing a broad range of public functions. [...] The old threat was the ‚other'; the new threat is shared problems and collective threats. Here are clear clues as to how to proceed in the future. We need to follow these clues and learn from the mistakes of the past if democracy, effective governance and a renewed multilateral order are to be advanced. Or, to sum up, realism is dead; long live cosmopolitanism!" Vertreter dieses Zugangs gehen davon aus, dass eine Ethik der reinen pluralen Koexistenz angesichts fortschreitender globaler Verflechtungen und der weltweiten Implikationen menschlichen Handelns überholt und im schlimmsten Fall sogar gefährlich ist. Vor diesem Hintergrund entwickelt sich die Menschheit zunehmend zu einer globalen Interessengemeinschaft, die im Idealfall ihre immer komplexeren Herausforderungen konzertiert angeht (vgl. Antweiler 2011).

Kontrastierend zum dritten rückt der vierte Zugang zu Kosmopolitismus nicht die institutionelle, sondern primär die personale bzw. individuelle Dimension in den Erkenntnisfokus, wobei es aus einer normativen Perspektive primär um eine Anerkennung der Vielfalt von Identitäten geht. Vertreter dieses Zugangs – der nicht nur in engem Konnex mit neueren, identitätskritischen Theorien, sondern vor allem auch mit dem Themenkomplex Diversity steht – gehen davon aus, dass Menschen in der Regel nicht nur aus einer Eigenschaft bzw. einem Attribut ihre Identität beziehen, sondern aus mehreren, die zudem kontextspezifisch gelebt und politisch instrumentalisiert werden (vgl. Hofmann 2012). Vertovec und Cohen (2002, S. 12) schreiben in diesem Zusammenhang: „In this view, each circle is considered to represent a different kind or level of attachment or identification: from self, family, group, city and country, to humanity at large. Accordingly, a person's specific political interests and activity are bound to shift from one ‚circle' or another. Present-day processes, however, such as diasporic identification and the rise of identity politics, have multiplied people's interests and affiliations. Now gender, sexuality, age, disability, ‚homeland', locality, race, ethnicity, religion – even cultural hybridity itself – are among the key identifications around which the same person might at one time or another politically mobilize." Die dadurch implizierte Multiplizität, Relationalität und Fluidität, die sich je nach Interaktionssituation und sozialem Umfeld verändern können, zeigen nicht zuletzt die Limitationen kategorialer Sichtweisen auf Diversitäten (vgl. Hofmann 2012).

Der fünfte Zugang konzeptualisiert Kosmopolitismus als eine Art Haltung oder Disposition, die – wie das nachfolgende Zitat des schwedischen Sozialanthropologen Hannerz (1992, S. 252f.) illustriert – vergleichsweise eng mit dem sechsten Zugang, der Praxis bzw. Kompetenz, verzahnt ist: „There is, first of all, a willingness to engage with the Other, an intellectual and aesthetic stance of openness toward divergent cultural experiences. There can be no cosmopolitans without locals, representatives of more circumscribed territorial cultures. But apart from this appreciative orientation, cosmopolitanism tends also to be a matter of competence, of both a generalized and a more specialized kind. There is the aspect of a personal ability to make one's way into other cultures, through listening, looking, intuiting, and reflecting, and there is cultural competence in the stricter sense of the term, a built-up skill in maneuvering more or less expertly with a particular system of meanings. In its concern with the Other, cosmopolitanism thus becomes a matter of varieties and levels. Cosmopolitans can be dilettantes as well as connoisseurs, and are often both, at different times." Wie die Ausführungen von Hannerz deutlich machen, erfordert Kosmopolitismus einerseits eine entsprechende Haltung bzw. Disposition – wobei dezidiert eine Interdependenz zwischen *cosmopolitans* und *locals* besteht (vgl. Gunesch 2004) –, andererseits interkulturelle Kompetenz, deren Aneignung einen nicht enden wollenden Prozess darstellt. Nur wer über eine entsprechende Schlüsselqualifikation verfügt, kann vermitteln, kann zum Mediator zwischen divergierenden kulturellen Systemen werden, wobei sich in letzter Konsequenz ein kosmopolitischer Lebensstil herauskristallisiert, dessen Mosaiksteinchen unterschiedlicher kultureller Provenienz keinesfalls ein harmonisches Gesamtbild ergeben müssen. „If we live the cosmopolitan life", so Waldron (1992, S. 788f.) in diesem Zusammenhang, „we draw our allegiances from here, there, and everywhere. Bits of cultures come into our lives from different sources, and there is no guarantee that they will all fit together." Dabei kann es sich auch für einen Kosmopoliten nur um ein graduelles Annähern an andere Kulturen handeln, das – wie Hannerz (1992, S. 253) darlegt – von einer scheinbar paradoxen Dialektik zwischen *mastery* und *surrender* überlagert wird: „Competence with regard to alien cultures for the cosmopolitan entails a sense of mastery. His understandings have expanded, a little more of the world is under control. Yet there is a curious, apparently paradoxical interplay between mastery and surrender here. It may be one kind of cosmopolitanism where the individual picks from other cultures only those pieces which suit himself. In the long term, this is likely to be the way a cosmopolitan constructs his own unique personal perspective out of an idiosyncratic collection of experiences, although such selectivity can operate in the short term, situationally, as well. In another mode, however, the cosmopolitan does not make invidious distinctions among the particular elements of the alien culture in order to admit some of them into his repertoire and refuse others; he does not negotiate with the other culture but accepts it as a package deal. But even this surrender is a part of the sense of mastery. The cosmopolitan's surrender to the alien culture implies personal autonomy vis-à-vis the culture where he originated. He has his obvious competence with regard to it, but he can choose to disengage from it. He possesses it, it does not possess him. Cosmopolitanism becomes proteanism."

Als einigende Klammer der sechs vorgestellten Ansätze fungiert die Prämisse, dass Kosmopolitismus die Wertschätzung von Differenz bzw. Andersartigkeit mit ausgewählten – in der Regel normativ aufgeladenen – Prinzipien wie Toleranz, partizipatorische Legitimität oder Effektivität kombiniert. Damit einher geht die Erkenntnis, dass wir längst in einer Weltgesellschaft leben, in der die Vorstellung von Kulturen im Sinne abgeschotteter und statischer Monaden weitgehend fiktiv geworden ist (vgl. Harvey 2009). Das Nebeneinander von Globalem und Lokalem, von differenten kulturellen, sozio-ökonomischen und politischen Lebens- und Organisationsformen löst sukzessive traditionelle Dichotomien wie ‚national' versus ‚international', ‚innen' versus ‚außen' oder ‚eigen' versus ‚fremd' ab (vgl. Poferl & Sznaider 2004; Roudometof 2005; Beck & Grande 2007). Vielmehr ist – im Sinne von Beck (2004, S. 10) – ein ‚kosmopolitischer Blick' vonnöten, will man sich erfolgreich den immer komplexeren Herausforderungen des 21. Jahrhunderts stellen: „Was also meint ‚kosmopolitischer Blick'? Weltsinn, Grenzenlosigkeitssinn. Ein alltäglicher, ein historisch wacher, ein reflexiver Blick, ein dialogischer Blick für Ambivalenzen im Milieu verschwimmender Unterscheidungen und kultureller Widersprüche. Er zeigt nicht nur die ‚Zerrissenheit', sondern auch die Möglichkeiten auf, das eigene Leben und Zusammenleben in kultureller Melange zu gestalten. Er ist zugleich ein skeptischer, illusionsloser, selbstkritischer Blick." In diesem Kontext wird das Fremde nicht als bedrohlich, desintegrierend und fragmentierend, sondern zunehmend als bereichernd erfahren und bewertet. Es ist, wie Beck und Grande (2007, S. 28) in diesem Zusammenhang vermerken, „die Neugierde auf mich selbst und das Anderssein, die die Anderen für mich unersetzbar macht. Es gibt einen Egoismus des kosmopolitischen Interesses. Wer die Sicht der Anderen im eigenen Lebenszusammenhang integriert, erfährt mehr über sich selbst *und* die Anderen."

Konstituierend für den ‚kosmopolitischen Blick' sind fünf eng miteinander verwobene Prinzipien, die man sowohl normativ-philosophisch als auch empirisch-soziologisch konzeptualisieren kann (vgl. Beck 2004, S. 16):

- Erstens das Prinzip der weltgesellschaftlichen Krisenerfahrung, das heißt der durch globale Risiken und Krisen wahrgenommenen Interdependenz und der daraus resultierenden ‚zivilisatorischen Schicksalsgemeinschaft', die zunehmend die Grenzen von ‚innen' und ‚außen', ‚Wir' und ‚den Anderen', ‚national' und ‚international' unterminiert;
- zweitens das Prinzip der Anerkennung weltgesellschaftlicher Differenzen und der daraus folgende weltgesellschaftliche Konfliktcharakter sowie die – mitunter ausgesprochen verhaltene – Neugierde für die Alterität der Anderen;
- drittens das Prinzip der kosmopolitischen Empathie und des Perspektivenwechsels und damit der virtuellen Austauschbarkeit der Lagen (als Chance und als Bedrohung);
- viertens das Prinzip der ‚Unlebbarkeit' einer grenzenlosen Weltgesellschaft und der daraus resultierende Drang, neu-alte Grenzen zu ziehen und zu fixieren;
- fünftens das ‚Melange'-Prinzip, das heißt: lokale, nationale, ethnische, religiöse und kosmopolitische Kulturen und Traditionen durchdringen, verbinden und mischen sich: Kosmopolitismus ohne Provinzialismus ist leer, Provinzialismus ohne Kosmopolitismus ist blind.

Die Welt des ‚kosmopolitischen Blicks' ist angesichts einer zunehmenden Intensivierung weltweiter sozialer Beziehungen nicht nur eine gläserne Welt, in der permanent die Unterschiede, Gegensätze und Grenzen um die prinzipielle Gleichartigkeit der Anderen definiert und fixiert werden, sondern es handelt sich auch um eine Welt, in der es gilt, kontinuierlich die unterschiedlichen Modi des Umgangs mit Alterität auszubalancieren. In diesem Kontext bestimmt nicht das ‚Entweder-oder', sondern das ‚Sowohl-als-auch' das dem ‚kosmopolitischen Blick' eigene Verhältnis zwischen den verschiedenen Umgangsformen mit kultureller Differenz (vgl. Giddens 1995; Beck 2004). Vor diesem Hintergrund muss Kosmopolitismus zumindest als partiell wirksame reale Utopie entdeckt und bewusst gemacht werden; ein Umstand, den Beck und Grande (2007, S. 32) als reflexiven Kosmopolitismus konzeptualisieren: „Wenn der Kosmopolitismus seiner Fähigkeit inne wird, die verschiedenen Modi des Umgangs mit dem Fremden und Anderen zu verbinden und auszubalancieren, dann läßt sich dies als *reflexiver* Kosmopolitismus begreifen und sowohl theoretisch als auch empirisch entfalten. Reflexiver Kosmopolitismus wäre damit, soziologisch definiert, das regulative Prinzip, mit dessen Hilfe das Zusammenwirken universalistischer, nationaler und kosmopolitischer Prinzipien in der Zweiten Moderne begriffen und geregelt werden muß."

Bei aller Unterschiedlichkeit der im Rahmen dieses Kapitels vorgestellten kosmopolitischen Ansätze, Konzepte und Wahrnehmungen ist weitgehend unumstritten, dass Kosmopolitismus in enger Verbindung mit Mobilität und Tourismus steht (vgl. Clifford 1992; Brennan 1997/2001; Gunesch 2004; Frank 2011). Speziell Tourismus wird relativ häufig als konkretes Fallbeispiel herangezogen, da dieser in vielfacher Hinsicht geradezu idealtypisch sowohl globalisierte als auch kosmopolitische Strukturen und Prozesse widerspiegelt: So sind nicht nur Angebot und Nachfrage weitestgehend globalisiert, sondern es gehört auch wesentlich zum Selbstverständnis des entsprechenden Phänomens, dass Grenzen überwunden werden, wobei in diesem Zusammenhang vor allem innovative Technologien im Transport- und Kommunikationsbereich eine zentrale Rolle spielen und für die relevanten Akteure Raum und Zeit schrumpfen lassen (vgl. Sheller & Urry 2004; Hopfinger 2007; Schmude & Namberger 2014). Zudem manifestieren sich – wie auch immer wieder tourismusgeographische Arbeiten zeigen – in der weltweiten Inwertsetzung touristischer Potentiale geradezu paradigmatisch die komplexen Prozesse einer kulturellen Globalisierung, unter deren Einfluss sich bestimmte Erwartungshaltungen, Leitbilder und Stereotype ausbilden sowie vorhandene transformiert werden (vgl. Bartha 2006; Scherle 2006; Rodrian 2009). Inwieweit Tourismus tatsächlich eine kosmopolitische Haltung bzw. Disposition begünstigt, bleibt nicht nur umstritten, sondern hängt, wie Hannerz (1992, S. 252) konstatiert, auch stark von der jeweiligen Persönlichkeit ab: „For many, however, entering other cultures is first and foremost a personal journey of discovery. There is to begin with those clashes between perspectives, that undermining of the taken for granted, to which the somewhat dramatic term culture shock primarily applies, an undermining for which one may to some extent be prepared. Beyond this, there is the varying readiness to enter more deeply into another structure of meaning. To repeat, not everybody who moves about may want to be immersed in alien culture: the tourist in pursuit of sunshine, the exile relocated more or less against his will. No doubt the willingness to seize such opportunities is also often a very personal character trait. But the individuals involved with the transnational cultures are often in an advantageous position to make the choice. They have the time, during long stays or many of short duration, to explore another local culture, or several of them. Through contacts made by way of the transnational cultures, they can find points of entry. Moreover, always knowing where the exit is, they need not to be anxious about preserving some comfortable sense of ‚at home'. There is an opportunity here, in other words, to become a cosmopolitan."

Während noch vor knapp einem halben Jahrhundert Reisen in außereuropäische Destinationen zu den großen Ausnahmen zählten, gehören sie zu Beginn des dritten Jahrtausends zu jenen Selbstverständlichkeiten, die unsere heutige Gesellschaft nicht mehr missen möchte. Das immer schwierigere Unterfangen, von gesättigten Destinationen auf weniger frequentierte Räume auszuweichen, aber auch die Marktgesetzlichkeiten, welche die Suche nach immer neuen profitablen Objekten anheizen, führen zur Überwindung riesiger Distanzen und zur touristischen Erschließung letzter Reservate, sodass im Zeitalter müheloser Fortbewegung und globaler Verflechtung selbst periphersten Orte verstärkt touristisch in Wert gesetzt werden (vgl. Bausinger 1991; Luger, Baumgartner & Wöhler 2004). Vor diesem Hintergrund verwundert es kaum, dass das Attribut kosmopolitisch längst nicht mehr ausschließlich im Kontext von Menschen, sondern auch von Räumen verwendet wird, die primär als pittoreskes *setting* mobiler Zeitgenossen fungieren. „In this ‚touring' world", so schreibt Urry (2004, S. 208) in diesem Zusammenhang, „places come and go, some speed up and others slow down. [...] Many places are thus cosmopolitan, detached from nature and the environment and comprising, for their visitors, *images* or *signs* of trees, meadows, and mountains. Places are known about, compared, evaluated, possessed, but not ‚dwelt within'. There is a tendency for *all* places on the global stage to become cosmopolitan and nomadic, known by the connoisseur whether of good clubs, views, walks, historic remains, landmark buildings, genuine *favelas*, and so on."

Sollte es eine Berufsgruppe geben, die – zumindest in Ansätzen – dem von Welsch (2000/2005) postulierten Konzept der Transkulturalität gerecht wird, so ist es jene der Reiseleiter, deren Akteure sich sowohl in ihrem Arbeits- als auch in ihrem Privatleben permanent im Spannungsfeld divergierender Kulturen und ihrer jeweiligen Strömungen befinden (vgl. Scherle & Nonnenmann 2008; Jonasson & Scherle 2012). Eingedenk ihres Pendelns zwischen den Kulturen formt sich bei Reiseleitern eine spezifische Identität aus, die sie zu klassischen Grenzgängern zwischen ‚Heimat' und Fremde macht. Diese Identität ist im Sinne von Friedman (1994, S. 204) durch ein dezidiertes „participating in many worlds, without becoming part of them" gekennzeichnet, wobei ein entsprechendes Grenzgängertum mitunter dazu führt, dass ‚Heimat' fremd und Fremde – vermeintlich – vertraut erscheint. Während ihrer Auslandsaufenthalte pendeln Reiseleiter – wie es Hauptdarstellern zusteht – zwischen Vorder- und Hinterbühne (vgl. Goffman 1959), genießen die Einblicke hinter die Kulissen, kennen die Spielregeln und im Notfall – wie Hannerz (1996, S. 103) aus kosmopolitischer Perspektive vermerkt – den richtigen Ausgang: „The cosmopolitan may embrace the alien culture, but he does not become commited to it. All the time he knows where the exit is.“ Ein einschlägiger Lebensstil mag ungewöhnlich, von Zeit zu Zeit gewöhnungsbedürftig und für manchen räumlich gebundenen Zeitgenossen sogar abstoßend wirken. Letztendlich basiert das besondere Kapital eines weltweit eingesetzten Reiseleiters vor allem auf seinem ausgesprochen entkontextualisierten Wissen, das – im Gegensatz zum ortsgebundenen Wissen – weitgehend unabhängig von Raum und Zeit einsetzbar ist (vgl. Löfgren 1999): ein Kapital mit globaler Funktion, das in Ansätzen transkulturelle Züge trägt und die entsprechenden Akteure geradezu paradigmatisch zu „cosmopolitans of the 21st century“ (Scherle & Nonnenmann 2008, S. 133) macht, die hervorragend für einen zunehmend flexiblen und mobilen Lebens- und Arbeitsstil gerüstet sind. Wer zwischen den Kulturen interagiert, kann – nicht zuletzt aufgrund der damit verbundenen Perspektivenwechsel – vermitteln, kann zum Mediator werden und im Idealfall für eine gewisse Normalität des Fremden eintreten, wobei jede grenzüberschreitende Begegnung einem spannungsgeladenen Oszillieren gleicht. Gleichwohl bleiben kulturelle Differenzen markiert, wodurch sie aber auch – im Sinne von Aderhold und Heideloff (2001) sowie Appiah (2009) – verhandelbar werden.

Ungeachtet aller erfreulichen Aspekte, die mit Kosmopolitismus assoziiert werden, darf man nicht vergessen, dass kosmopolitische Haltungen grundsätzlich auch Risiken bergen. So eilt Kosmopolitismus traditionell der Ruf voraus, ein ausgesprochen elitäres Phänomen zu sein, das sich primär auf jene Personengruppen beschränkt, die über hinreichende finanzielle und zeitliche Ressourcen verfügen, um sich überhaupt einen entsprechenden Lebensstil – gerade in Hinblick auf das Reisen – leisten zu können (vgl. Vertovec & Cohen 2002). Darüber hinaus besteht die Gefahr, dass Kosmopolitismus schnell zu einem puren Konsum von Vielfalt degradiert, der im schlimmsten Fall mit der Aufgabe von Verantwortung für lokale Belange einhergeht. Antweiler (2011, S. 70) bemerkt in diesem Zusammenhang: „Wenn ein moderner Kosmopolitismus Menschen anderer Kultur einschließen will, darf er nicht elitär sein wie es kosmopolitische Positionen oft waren, indem sie nur den Eliten die weite Welt öffneten. Vielfalt ist ein kosmopolitisches Ideal schlechthin, aber Diversität sollte nicht nur ästhetisch gesehen oder konsumiert werden, so wie das oft bei Kosmopoliten der Fall ist. Die entwurzelte und weltmännische Haltung wird schnell elitär und androzentrisch. Lokale Sichten, Erfahrungen, Praktiken und Probleme werden leicht ausgeblendet. Mit der kulturellen Entwurzelung und mobilen Lebensweise bleibt dann auch die Verantwortung für lokale Belange leicht auf der Strecke, so wie mit der Konsumorientierung das emanzipatorische Ziel vergessen wird.“ Es versteht sich von selbst, dass eine derartige Ausprägung von Kosmopolitismus, die Urry (2004) treffend mit *aesthetic cosmopolitanism* umschreibt, den normativ-philosophischen Prinzipien dieses Konzepts in keiner Weise gerecht werden kann.

Erfreulicherweise öffnet sich – zumindest in westlichen Gesellschaften – die ‚weite Welt' des Kosmopolitismus nicht mehr nur auf grenzüberschreitenden Reisen, sondern zunehmend auch in lokalen respektive alltäglichen Kontexten, weswegen man in der *scientific community* forciert von einem sogenannten *everyday* oder *ordinary cosmopolitanism* spricht (vgl. Vertovec & Cohen 2002). Ein entsprechender Kosmopolitismus spielt sich, wenn man so will, vor unserer eigenen Haustür ab und hat alles andere als eine elitäre Konnotation, was man geradezu paradigmatisch an den Ausführungen von Hiebert (2002, S. 212) über transnationale Nachbarschaften in Vancouver ablesen kann: „In particular, I think of cosmopolitanism as a way of living based on an ‚openness to all forms of otherness', associated with an appreciation of, and interaction with, people from other cultural backgrounds. This lifestyle is exemplified in the vignette of my back lane, where men and women from different origins create a society where diversity is accepted and is rendered ordinary. I use the term not in the sense of an uncaring, disconnected elite, but as the capacity to interact across cultural lines. [...] Using this logic, I prefer to equate cosmopolitanism with cultural ‚outreach', with the everyday practices of hospitality [...] between people of different cultural backgrounds." Eine Gewissheit sollte man in diesem Zusammenhang unbedingt festhalten, da sie einerseits besonders optimistisch stimmt, andererseits durchaus als Aufforderung zu verstehen ist: Noch nie war es – gerade aus räumlicher Perspektive – in der Geschichte der Menschheit derart einfach, *otherness* als alltägliche kulturelle Praxis zu erleben. Gleichwohl müssen wir diese tagtäglich neu entdecken, umwerben, bewahren und vertiefen, kurzum wir müssen an ihr arbeiten, wollen wir über eine abstrakte Toleranz hinauskommen und einen echten *everyday cosmopolitanism* erreichen.

V Nachwort oder die Logik von Diversität jenseits abstrakter Toleranz

> „If we cannot end now our differences, at least we can help make the world safe for diversity."
> John F. Kennedy

Zu den inspirierendsten, seit jeher aber auch herausforderndsten Aufgaben einer wissenschaftlichen Arbeit zählt das Verfassen eines Resümees, in dem noch einmal aus problemzentrierter Perspektive zentrale Aspekte gewürdigt werden, die den Forschungsprozess begleitet haben. Dabei stellt sich angesichts der ungemeinen Komplexität des behandelten Sujets die Frage, welche Aspekte besonders wertvoll sind, um im Rahmen des vorliegenden Nachworts in den Fokus zu rücken: Soll der Schwerpunkt eher auf die im Kontext von Eigenem und Fremdem systemimmanenten Grenzziehungen, Konstruktionen und Komplexitätsreduktionen gelegt werden oder doch lieber auf den gerade aus anwendungsorientierter Perspektive immer wichtigeren Umgang mit organisationaler Heterogenität, der sich auf strategischer Ebene im Konzept des Diversity Managements widerspiegelt? Oder verdienen nicht doch noch einmal die im letzten Kapitel erörterten normativen Konzepte einer globalen Bürgergesellschaft besondere Aufmerksamkeit, da sie dezidiert die Intention verfolgen, heutige Gesellschaftsstrukturen jenseits traditioneller Dichotomien zu konzeptualisieren? Das folgende Nachwort gleicht gewissermaßen einer Quadratur des Kreises, denn es versucht, allen drei Themenkomplexen gerecht zu werden – nicht zuletzt durch das Aufzeigen vorhandener Bezüge. Wohl wissend, dass eine komplexitätsbedingte Auswahl von Aspekten bedauerliche Reduktionen impliziert, erscheint es mir vor allem relevant, noch einmal mittels ausgewählter Reflexionen zum Nachdenken anzuregen und im Idealfall – im Sinne eines Ausblicks – weiterführende Fragen anzustoßen.

Zunächst einmal kann als eindeutigste und sicherlich auch erfreulichste Einsicht festgehalten werden, dass unsere Gesellschaft noch nie so vielfältig war wie zu Beginn des dritten Jahrtausends. Vor diesem Hintergrund ist Terkessidis (2011) uneingeschränkt zuzustimmen, wenn er einen Beitrag über die Vielschichtigkeit gesellschaftlicher Strukturen mit der programmatischen Überschrift ‚Integration ist von gestern, ‚Diversity' für morgen' versieht. Dies gilt umso mehr, wenn man bedenkt, dass dem Terminus Integration traditionell eine eher heikle Konnotation vorauseilt: Einhergehend mit einer negativen Diagnose sollen sich Minderheiten an den Idealen und Konzepten der Mehrheit orientieren, wobei als Ausgangspunkt ein Gesellschaftsverständnis fungiert, wie es aus Sicht der Majorität sein sollte, und nicht, wie es konkret anzutreffen ist. Angesichts der Heterogenität unserer Gesellschaft, die sich in den kommenden Jahren eingedenk immer komplexerer sozio-kultureller Transformationsprozesse noch einmal deutlich steigern respektive ausdifferenzieren dürfte, ist es nur zu konsequent, wenn der Zukunftsforscher Horx (2001, S. 68) Diversity als einen ‚Mega-Mega-Trend' etikettiert, der alle anderen sozialen und ökonomischen Trends in einer Art Meta-Prinzip zusammenfasst. So weit, so gut, möchte man meinen, doch es lohnt sich ein genauerer Blick hinter die Kulissen, wobei sich in diesem Fall ein Rekurs auf die sogenannten ‚Big 6'-Diversitätsdimensionen anbietet, die konstitutiver Bestandteil der EU-Antidiskriminierungsrichtlinie sind (vgl. Kapitel III.1): Zum einen erschließen sie die ungemeine Komplexität von Diversität, die keinesfalls nur auf ethnische Vielfalt reduziert werden sollte, zum anderen lassen sich an ihnen geradezu paradigmatisch die virulenten Defizite ablesen, die nach wie vor unsere Gesellschaft im Umgang mit ihrer zunehmend fragmentierten Wirklichkeit kennzeichnen.

Beginnen wir zunächst mit der Diversitätsdimension Alter, die spätestens in Anbetracht aktueller demographischer Transformationsprozesse verstärkt ins öffentliche Bewusstsein gerückt ist. In der Tat haben insbesondere Wirtschaftsakteure ältere Mitbürger als interessante Zielgruppe entdeckt, umgekehrt stellt es jedoch nach wie vor für ältere Arbeitnehmer ein ausgesprochen schwieriges Unterfangen dar, sich in bestehende Arbeitsmärkte zu integrieren (vgl. Rump 2003; von Kondratowitz 2007; Bendl, Eberherr & Mensi-Klarbach 2012); von Altersdiskriminierung ganz zu schweigen, wie etwa das Beispiel eines früheren medizinischen Geschäftsführers der städtischen Kliniken Köln zeigt, dem als 62-Jährigen bei seiner anvisierten Vertragsverlängerung ein 41 Jahre alter Bewerber vorgezogen wurde, was seitens des Bundesgerichtshofs als klare Form von Altersdiskriminierung gewertet wurde und zu einer hohen Entschädigungszahlung seitens des Klinikbetreibers führte.

In Hinblick auf die Diversitätsdimension Behinderung, die von Schriner (2001, S. 643) als „emerging paradigm" bezeichnet wird, bleibt Inklusion meistens in ausgewählten Pilotprojekten stecken oder wird immer wieder von Unternehmen genauso wie etwa von Schulen als bürokratische Gängelungsmaßnahme empfunden, die sich nur bedingt mit den eigenen Interessen verbinden lässt (vgl. Clutterbuck & Ragins 2002; Braun 2003; von Kondratowitz 2007). Spezifische Inszenierungen wie die Paralympics führen öffentlichkeitswirksam – über einen wohldosierten Zeitraum – körperliche und geistige ‚Abweichungen' gegenüber der Majorität und ihrem ‚gesunden Referenzkörper' vor, ohne dabei wirklich effektiv und vor allem nachhaltig bestehende Strukturen, Prozesse und Rahmenbedingungen zu verändern.

Die bezüglich Diversity zweifelsfrei stärkste Aufmerksamkeit erlangt traditionell Ethnizität, was sich unter anderem darin manifestiert, dass man Verschiedenheit nach wie vor primär mit dieser Diversitätsdimension in Verbindung bringt. Doch auch in diesem Fall muss man sich eingestehen, dass eine zunehmend postulierte Normalität des Fremden keineswegs so selbstverständlich ist, wie man es sich vor dem Hintergrund der Diskurse um Globalisierung und Weltbürgertum wünschen mag. Trauriger Höhepunkt dieses Befunds sind mit Sicherheit die perfiden NSU-Morde, die im konkreten Fall durchaus Zweifel an bestimmten Strukturen und Prozessen unseres Rechtsstaats evozieren. Nicht weniger gefährlich – da nur bedingt öffentlichkeitswirksam und somit schwieriger greifbar – sind die eher versteckten Vorbehalte gegenüber Mitmenschen mit Migrationshintergrund, die in alltäglichen Situationen daherkommen und zu einer Entsolidarisierung, im schlimmsten Fall sogar zu einer schleichenden Zersetzung unserer Gesellschaft führen können, in der Toleranz nur denjenigen zuteilwird, die zur eigenen Referenzgruppe gehören. Bauman (1992, S. 317) äußert sich zu dieser Gefahr aus einer durchaus apokalyptisch anmutenden Perspektive: „Die postmoderne Welt des fröhlichen Durcheinander wird an den Grenzen sorgfältig von Söldnertruppen bewacht, die nicht weniger grausam sind als die, die von den Verwaltern der jetzt aufgegebenen Globalordnung angeheuert worden waren. [...] Höfliche Toleranz gilt nur für diejenigen, die hereingelassen werden. Und so scheint die Grenzziehung zwischen dem Drinnen und dem Draußen nichts von ihrer Gewalttätigkeit und genozidalen Kraft verloren zu haben. Wenn überhaupt, ist die Gewalt gewachsen, weil keine missionarischen, bekehrenden Aussichten die Außenstehenden vor der totalen und endgültigen Verdammung retten."

Kaum weniger herausfordernd erscheint der Umgang mit der Diversitätsdimension Religion, wie uns besonders eindringlich die leidenschaftlichen Auseinandersetzungen bezüglich der in mehr oder weniger regelmäßigen Abständen auftauchenden Mohammed-Karikaturen vor Augen führen. Dabei stehen sich Apologeten von Meinungsfreiheit als menschlichem Grundrecht und Vertreter, die religiöse Gefühle in nicht mehr tolerierbarer Art und Weise verletzt sehen und wahrlich nicht nur auf Seiten dogmatischer Islamisten zu finden sind, diametral gegenüber, ohne dass sich eine gegenseitige Annäherung abzeichnet. Gerade im Kontext interreligiöser Diskurse drängt sich immer wieder der Eindruck auf, dass man eher auf Unterschiede als auf Gemeinsamkeiten zwischen den Religionen hinweist oder – wie Horsch (2009, S. 49f.) anhand der umstrittenen Rede von Papst Benedikt XVI. über Glaube, Vernunft und Universalität an seiner ehemaligen Alma Mater, der Universität Regensburg, aufzeigt – zur Verdrängung neigt: „Was zum ‚Anderen' geworden ist, kann nicht zugleich Teil der eigenen Tradition sein, sondern muss verdrängt werden. [...] In der Rede von Papst Benedikt im September 2006 [...] ging diese Verdrängung der islamischen Philosophie etwas subtiler vonstatten: Indem er den byzantinischen Kaiser Manuel II. zitierte, um die Verbindung von griechischer Vernunft und christlichem Glauben zu belegen – also einen Vertreter des *östlichen* Christentums wählte –, war es ihm möglich, von der islamischen Philosophie zu schweigen, die für das westliche, lateinische Christentum gerade den *missing link* zwischen beiden darstellt." Mag eine einschlägige Verdrängungspraxis – wie die Autorin in diesem Zusammenhang anführt – ,aus Berufsinteresse' noch verständlich erscheinen, so ist sie vor dem Hintergrund des wissenschaftlichen Anspruchs eines habilitierten Theologen durchaus kritisch zu hinterfragen.

Die für Differenzkonstruktionen respektive soziale Kategorisierungen sicherlich anfälligste Diversitätsdimension markiert seit jeher Geschlecht; ein Umstand, der nicht zuletzt darauf zurückzuführen ist, dass eine Unterteilung in Mann und Frau das persistenteste und am tiefsten verwurzelte Denkschema zum Erhalt der Vorstellung darstellt, menschliche Ungleichheiten seien ein natürliches und unabänderliches Phänomen (vgl. Ewen & Ewen 2009). Wie in Kapitel II.4 deutlich wurde, ist dieses Phänomen weitgehend unabhängig von divergierenden religiösen Traditionen, was es einerseits besonders interessant, andererseits aber auch – gerade für säkulare Gesellschaften – besonders herausfordernd macht. Die seit etlichen Jahren geplante Einführung einer sogenannten ,Frauenquote', die nachhaltig den prozentualen Anteil von Frauen in Führungspositionen erhöhen soll, stößt nach wie vor auf massive Vorbehalte; und das nicht nur bei Vertretern des männlichen Geschlechts, sondern auch bei Frauen, die ohne eine spezifische Quotenförderung Karriere gemacht haben. In diesem Zusammenhang hat sich zwischenzeitlich vor allem bei Anhängern von Gender Mainstreaming eine deutliche Ernüchterung ausgebreitet. So konstatiert von Braunmühl (2009, S. 56f.): „Der sicht- und messbare Ertrag von Gender Mainstreaming ist eher bescheiden. Klassische Instrumente der Frauenförderung geraten unter Hinweis auf die sehr viel weit reichendere Kategorie Gender ins Hintertreffen, während diese dann doch eingeengt wird auf in geschlechtsspezifischen Zuweisungen formulierte Problemlagen, wie z.B. auf die auf Frauen zentrierte Vereinbarkeit von Familie und Beruf. Der Versuch, die soziale Platzanweiserfunktion von Geschlecht aufzubrechen, wird zunehmend verdrängt durch eine passförmigere und anstoßfreiere Reformulierung von Gleichstellung im Rahmen neoliberaler Verwaltungsmodernisierung vom Typus New Public Management. [...] Dass im operativen Geschehen notwendigerweise Geschlechterdichotomien reaktiviert werden und Differenzierungen verblassen, ist ein von feministischen Wissenschaftler/innen wie von den Anhängern und Anhängerinnen der Diversitätsansätze gleichermaßen erhobener Vorwurf. Die Anklage indes übersieht das Erfordernis jeglicher auf strukturellen Wandel zielender Politik, bestehende Asymmetrien auszuleuchten und strategisch zu fokussieren." Dabei sind einschlägige Asymmetrien keineswegs statisch, sondern durchlaufen strukturelle Metamorphosen, die man besonders eindrucksvoll anhand benachteiligter Gruppen im föderalen bundesdeutschen Schulsystem nachvollziehen kann: Verkörperte noch bis weit in die 1960er Jahre die katholische Arbeitertochter vom Lande das ‚bildungspolitische Sorgenkind', so hat diese Rolle längst der Migrantensohn aus dem großstädtischen Problemkiez eingenommen (vgl. Dahrendorf 1965; Geißler 2005).

Zu guter Letzt seien noch einige Anmerkungen zur Diversitätsdimension sexuelle Orientierung gemacht, die im öffentlichen Bewusstsein immer dann besonders in den Blickpunkt rückt, wenn es zu einem – vermeintlich spektakulären – Outing eines Prominenten kommt oder der inzwischen auch in konservativen Kreisen zunehmend populäre *Christopher Street Day* stattfindet, wobei Letzterer immer mehr Gefahr läuft, die hehren emanzipatorischen Anliegen der homosexuellen *community* einer verstärkten Folklorisierung und Kommerzialisierung zu opfern. Bisheriger Höhepunkt dieses Befunds war die 2010 auf dem Berliner *Christopher Street Day* erfolgte Ablehnung eines Zivilcourage-Preises durch die renommierte US-amerikanische Gender-Theoretikerin Butler, die der Veranstaltung in diesem Zusammenhang einen zu kommerziellen und oberflächlichen Charakter attestierte, der nur noch bedingt mit deren ursprünglichen Wurzeln und Zielen in Einklang zu bringen sei. Unter Umständen mag man den kommerziellen Erfolg dieser einst klassischen ‚Nischenveranstaltung' als ein sukzessives Ankommen einer immer wieder diskriminierten Minderheit in der Mitte der Gesellschaft deuten, doch läuft eine entsprechende Interpretation Gefahr, zu übersehen, dass sich eine tiefgründige und vor allem nachhaltige Akzeptanz von Minoritäten nicht in *Flagship-Events* manifestiert, sondern vielmehr im gelebten Alltag. Und genau in diesem Kontext können wir nach wie vor viel zu häufig beobachten, dass unsere Gesellschaft hinsichtlich sexueller Orientierung weiterhin ziemlich weit von einer ‚gelebten Normalität' entfernt ist, denn wie sonst ließe sich erklären, dass – um nur zwei Beispiele zu nennen – die mit dieser Diversitätsdimension assoziierten Kraftausdrücke zum ausgesprochen beliebten Beleidigungsvokabular auf Schulhöfen und in Fußballstadien zählen; nicht zu vergessen, dass so mancher Arbeitnehmer noch immer viel zu viel Energie darauf verwenden muss, seine sexuelle Orientierung zu verbergen und dadurch zwangsläufig wertvolles organisationales Humankapital geschwächt wird (vgl. Badgett 1996; Powers 1996; Lubensky et al. 2004).

Die vorangegangenen Ausführungen erschließen einerseits die ungemeine Komplexität der im Rahmen der vorliegenden Arbeit aufgerollten Diversitätsdimensionen, andererseits führen sie uns eindringlich vor Augen, dass gesellschaftliche Vielfalt in ihrer gelebten Alltagspraxis noch deutliche Defizite aufweist, auf die es sich – im Sinne eines pro-aktiven Sensibilisierungsprozesses – immer wieder lohnt, explizit hinzuweisen. Bukow (2011, S. 228) bringt die damit verbundenen Implikationen und Herausforderungen auf den Punkt: „Vielfalt prägt die gesellschaftliche Wirklichkeit nicht nur bis in die formalen Systeme hinein, sondern vor allem auch bis in die Tiefe der Lebenswelt. Die Vielen als Viele sind die Agenten in diesem Prozess auf allen Ebenen. Das betrifft sowohl das damit Gemeinte (Kultur?, Religion?, Gender?, Disability?, Wissen?...) als auch das dabei Empfundene (beunruhigend?, spannend?, mobilisierend?, befreiend? – diskriminierend?, ausgrenzend?...), sowohl die darauf bezogenen Einschätzungen (modern?, emanzipatorisch?, desorientierend?...) als auch den Umgang damit (assimilieren?, sich umstellen bzw. akkommodieren?, ignorieren?, tabuisieren?, sanktionieren?...). Und das ist noch längst nicht alles. Denn sobald man sich unterschiedlichen Aspekten von Vielfalt zuwendet, wird sehr schnell deutlich, dass man sie nicht alle gleich behandeln kann (z.B. soziale Vielfalt hat andere Implikationen als religiöse Vielfalt) und dass sie sich gegenseitig beeinflussen (wie verhalten sich z.B. religiöse und sexuelle Vielfalt zueinander?), was es noch einmal komplizierter macht.“ In diesem Zusammenhang geht es – wie der Gründer des Kölner *Center for Diversity Studies* weiter ausführt – nicht nur um Vielfalt, sondern vielmehr um soziale Wirklichkeiten sowie die Frage, wie man in divergierenden gesellschaftlichen Segmenten, in denen Heterogenität an Relevanz gewinnt, mit der ansteigenden Vielfalt an Vielfalt umgeht und wie man dabei adäquat die Vielen als Viele berücksichtigt.

Wenn wir – aus psychologischer Perspektive – andere Menschen erleben, die sich in ihrem Aussehen, ihrem Verhalten, ihren Dispositionen sowie hinsichtlich ihrer Einstellungen, Normen und Werte von uns unterscheiden, dann werden Andere schnell zu Fremden. Um jedoch überhaupt Andere wahrnehmen und erleben zu können, bedarf es grundsätzlich der Fähigkeit zur Unterscheidung; eine dem Menschen immanente Eigenschaft, die sich bei Kindern im ersten Lebensjahr ausbildet, indem sie Teile der Mutter- und der Selbst-Repräsentanz abspalten und mittels Projektionen in die Repräsentanz eines Anderen verlagern (vgl. Ruff 1993); ein Phänomen, das umgangssprachlich unter dem Terminus ‚fremdeln‘ bekannt ist. Konstituierend für den entsprechenden Differenzierungsprozess – der in letzter Konsequenz einen multidimensionalen Konstruktionsprozess widerspiegelt – ist das Faktum, dass das Unvertraute und somit Fremde seit jeher zwischen den Polen Faszination und Schrecken oszilliert. Diese Ambivalenz lässt sich – wie in Kapitel II.2 deutlich wurde – besonders eindrucksvoll aus historisch-genetischer Perspektive nachvollziehen, wobei Eigenes und Fremdes grundsätzlich interdependente Ordnungskategorien darstellen, die einen relationalen Charakter aufweisen. Ein zeitgemäßes Verständnis von Eigenem und Fremdem impliziert, dass ein entsprechendes Beziehungsverhältnis keiner ausschließlichen Abgrenzung entspringt, sondern vielmehr einem komplexen Prozess von Ein- und Ausgrenzung, dessen Grenzlinien labil und verschiebbar sind (vgl. Kapitel II.3).

Symptomatisch für die im Kontext einer Dialektik des Verständnisses von Eigenem und Fremdem vorgestellten Strukturen und Prozesse sind – im wahrsten Sinne des Wortes – Differenzkonstruktionen, die untrennbar mit den Phänomenen Othering und soziale Kategorisierungen verbunden sind, denen in der Regel eine eher negative, zumindest jedoch ambivalente Konnotation vorauseilt. Bei aller berechtigten Kritik hinsichtlich der mit Othering und sozialen Kategorisierungen verbunden Implikationen darf man freilich nicht vergessen, dass einschlägige Phänomene – zumindest aus sozialpsychologischer Perspektive – eine nicht zu unterschätzende Orientierungsfunktion einnehmen, indem sie durch Simplifizierungen Komplexität reduzieren (vgl. Kapitel II.4). Man mag den damit einhergehenden Verlust feinerer Schattierungen bedauern, viel wichtiger ist jedoch, dass man diesen Umstand reflektiert, denn eines ist schon jetzt sicher: Angesichts der zunehmenden Komplexität unseres Lebens wird das Bedürfnis nach Orientierung deutlich ansteigen. Abels (2009, S. 274ff.) konstatiert in diesem Zusammenhang: „Der soziale Wandel in der Moderne ist durch eine fortschreitende Differenzierung der Gesellschaft und damit Vervielfältigung ihrer Teilsysteme gekennzeichnet. Parallel zu dieser sozialen Differenzierung vollzog sich eine kulturelle Differenzierung. [...] Jede Teilwelt funktioniert nach ihrer eigenen Logik. Indem wir uns auf die entsprechenden Rollen einstellen, die in den Teilwelten existieren, hoffen wir, den Wechsel zwischen den Welten zu bewältigen. Doch das wird aus zwei Gründen immer schwieriger. Erstens haben die Menschen das Gefühl, dass die ökonomische, politische und soziale Welt immer komplexer, sachlicher und letztlich unüberschaubar wird. An die Stelle einheitlicher kultureller Orientierungen, die das ganze Leben betreffen, treten die Logiken der zahlreichen Teilsysteme. [...] Zweitens beanspruchen die Teilsysteme ihre Mitglieder unausweichlich mit ihrer spezifischen Logik, die auch nicht beim Pförtner abgelegt wird. [...] Pluralisierung bedeutet Auflösung einer einheitlichen symbolischen Sinnwelt zugunsten einer Vervielfältigung der kulturellen Orientierungen. Damit können die wenigsten souverän umgehen, im Gegenteil, viele spüren, dass damit das Fundament ihres Lebens zerbröckelt. [...] Wenn kulturelle Orientierungen in eine Krise geraten, dann ist eine häufig zu beobachtende Reaktion des Individuums, sich auf scheinbar sichere, alte Werte und Traditionen zu besinnen. Das hat fast immer *soziale* Konsequenzen: Individuen schließen sich mit denen zusammen, die nach einer ähnlichen Lösung für ihre Sinnkrise suchen."

Aus pragmatischer Perspektive erscheint in einer zunehmend globalisierten und fragmentierten Welt vor allem entscheidend, dass wir lernen, mit Differenzen zu leben, wobei erst Kenntnis und Akzeptanz von Unterschiedlichkeit nachhaltig zu Verständigung und Sympathie führen; ein Standpunkt, der insbesondere von Wissenschaftlern aus den *Diversity Studies* und der Interkulturellen Kommunikation vertreten wird (vgl. Thomas 2001; Bukow 2007; Moosmüller 2009; Krell & Sieben 2011). Dabei müssen wir gerade in interkulturellen Kontexten stets aufs Neue bereit sein, sowohl den eigenkulturellen Hintergrund zu reflektieren als auch die Perspektive des Gegenübers einzufangen. Die insbesondere von Transkulturalisten immer wieder vertretene Ansicht, von einem Zustand jenseits kultureller Differenzen auszugehen und die Begriffe Eigenes und Fremdes ad acta zu legen, ignoriert letztendlich die Grundstruktur des menschlichen Verstehensprozesses, der auf beide Termini angewiesen ist. Wie Bredella (2010) in diesem Zusammenhang aufgezeigt hat, dient die Differenz zwischen Eigenem und Fremdem weder der Ausgrenzung des Fremden noch der Verabsolutierung des Eigenen, sondern vielmehr dem Verstehen des Fremden in seiner Andersheit. Zeichnet sich der Transkulturalitätsansatz in erster Linie dadurch aus, Differenzen anders zu denken, so verfolgt der Interkulturalitätsansatz das eher anwendungsorientierte Ziel, adäquat, effektiv und im Idealfall kultursensibel mit Differenzen umzugehen. Dies verbindet Letzteren auch dezidiert mit den in Kapitel II.5 erörterten Differenzansätzen im Spannungsfeld von Ökonomie und Raum, die vor dem Hintergrund einer fortschreitenden Internationalisierung der Wirtschaftsstrukturen vor allem ein *managing across cultures* fokussieren und in diesem Zusammenhang ihre meistens aus Wirtschaftskreisen stammende Leserschaft für sogenannte *global competencies* sensibilisieren wollen. Das sicherlich größte Verdienst entsprechender Ansätze ist das Faktum, dass sie den Wirtschaftswissenschaften – durch die explizite Integration kulturspezifischer Aspekte – einen Weg jenseits eines rein technizistischen Paradigmas erschlossen und somit eine Brücke zu anderen Sozialwissenschaften gebaut haben. Dabei sind jedoch nach wie vor zwei Punkte kritisch zu werten: Zum einen weisen die relevanten Ansätze fast ausschließlich eine quantitative Ausrichtung auf, die noch immer relativ selten Erkenntnisse und Instrumentarien der qualitativen Sozialforschung integriert, zum anderen können sie – sofern keine kritische Rezeption erfolgt – einem Denken in homogenen ‚Container'-Kulturen Vorschub leisten, das nur bedingt dem Faktum gerecht wird, dass es letztendlich nicht räumliche Konstrukte sind, die miteinander interagieren, sondern Individuen.

Der entscheidende Vorteil des Diversity Konzepts gegenüber anderen Ansätzen, die sich mit menschlicher Vielfalt beschäftigen, ist die Tatsache, dass es deutlich stärker die Individualität von Personen und weniger ihre spezifischen Gruppenzugehörigkeiten betont. Eine entsprechende Logik impliziert, Diversity als eine komplexe, sich ständig transformierende Mischung von Eigenschaften, Verhaltensweisen und Talenten aufzufassen, wobei – kontrastierend zum politischen Integrationsdiskurs – eine positive Diagnose im Vordergrund steht, die dezidiert mit einer Wertschätzung von Vielfalt einhergeht. Auch wenn der Entstehungskontext von Diversity Management deutlich stärker mit staatlichen Auflagen als mit intrinsischer organisationaler Motivation in Verbindung steht (vgl. Kapitel III.2), so erkennen in letzter Zeit immer mehr Unternehmen den strategischen Mehrwert dieses in enger Verbindung mit Corporate Social Responsibility stehenden Managementkonzepts, in dem ein ‚homogenes Ideal' durch ein ‚heterogenes Ideal' substituiert wird (vgl. Kapitel III.3). Wie im Rahmen von Kapitel III.4 deutlich wurde, ist der Ausbreitungsprozess von Diversity Management in ein komplexes Spannungsgefüge aus Globalisierung, Postmoderne und pragmatischer Nutzenorientierung eingebunden, wobei – wie Hanappi-Egger (2012b, S. 186) aus betriebswirtschaftlichem Blickwinkel konstatiert – ein nachhaltiges Diversitätsmanagement nur dann erfolgreich realisiert werden kann, „wenn es als Teil eines Veränderungsmanagements betrachtet wird, in dem es neben den ökonomischen Nutzenkalkülen immer auch um wirtschaftsethische Perspektiven geht. Es macht also kaum Sinn, Diversitätsmanagement entweder als ‚business case' ODER ‚business ethics'-Frage zu sehen. Vielmehr braucht es beides: Die Abkehr von einer auf stereotypen Zuschreibungen beruhenden Personalpolitik versachlicht entsprechende Entscheidungen und nimmt Qualifikationen und Fähigkeiten verstärkt in den Blick. Die Schaffung diskriminierungsfreier Unternehmensstrukturen vermeidet kostenverursachende Probleme wie hohe Fehlzeiten, Fluktuationen und unter Umständen gerichtliche Verfolgungen." Vor diesem Hintergrund erlaubt letztendlich nur eine diversitätsaffine Organisationskultur, dass Mitarbeiter ihre Fähigkeiten entfalten und – im Sinne einer *win-win*-Situation – für sich und das Unternehmen in Wert setzen können. In diesem Kontext sollte man allerdings bei der Implementierung von Diversity Management keinesfalls übersehen, dass Veränderungsprozesse nicht nur eine Transformation der Organisationskultur einleiten, sondern häufig auch von Widerständen und Konflikten begleitet werden, da die Gefahr besteht, dass die bis dato privilegierten Majoritäten einen Einfluss- respektive Machtverlust befürchten (vgl. Kapitel III.5).

Die in Kapitel IV aufgerollten Konzepte einer globalen Bürgergesellschaft zeichnen sich vor allem dadurch aus, dass sie – teils auf impliziter, teils auf expliziter Ebene – den Anspruch erheben, die durch Grenzziehungen hervorgerufenen Dichotomien zu überwinden. In diesem Kontext beziehen sie sich einerseits auf aktuelle sozio-kulturelle Transformationsprozesse, die unsere Welt in immer rascherem Tempo verändern, andererseits können sie – zumindest die Toleranz- und Kosmopolitismuskonzepte – auf eine jahrhundertealte Tradition zurückblicken. Dieses Faktum macht sie in gewisser Art und Weise zeitlos und nimmt ihnen dadurch den Status eines neumodischen Trends. Kontrastierend zu *Diversity Studies* und Interkultureller Kommunikation stehen dabei nicht anwendungsorientierte Fragestellungen im Vordergrund, sondern theoretische Reflexionen, die meistens einen philosophischen oder politischen, mitunter einen sprach- und literaturwissenschaftlichen sowie nicht zuletzt einen räumlichen Hintergrund aufweisen. Gerade letztgenannter Aspekt macht die vorgestellten Konzepte zunehmend auch für Geographen attraktiv, wohl wissend, dass das entsprechende Forschungsfeld noch längst nicht ausgeschöpft ist.

Die gerade aus normativer Perspektive ausgesprochen interessanten Konzepte lassen sich vielfach als Plädoyer für eine möglichst vernetzte, im Idealfall grenzfreie und transkulturelle Weltgesellschaft rezipieren, wobei sich durchaus die Frage stellt, ob der primär von einer intellektuellen Avantgarde geführte Diskurs möglicherweise weiter ist als die von der Majorität gelebte Realität. So schreibt Antweiler (2011, S. 58f.): „Identitäten werden aber nicht gewechselt wie Hemden. Es ist noch immer nicht die Regel, dass die Menschen im Flugzeug über dem Pazifik oder in Flughafenhotels gezeugt werden. Die wenigsten haben eine Mutter, die aus der Mongolei stammt, als feministische Wissenschaftlerin *Queer Studies* in Berkeley lehrt, und einen Vater, der gemischt puertoricanisch-afrikanischen Ursprungs ist und als Repräsentant einer internationalen Organisation um den Globus jettet und dessen Heimat in einem Netz von weit gestreuten Flughafenlounges besteht. Lernen und Sozialisation haben langfristige Auswirkungen auf Individuen. Menschen haben ein psychisches Bedürfnis an Stabilität und Standardisierung. [...] Die Feier der Mobilität, wie sie manches postmoderne Kulturkonzept zeigt [...], vergisst, dass die meisten Menschen eine starke psychische Orientierung und auch physische Beschränkung auf lokale Räume haben. Migration und Diasporae werden auf diesem Planeten zwar ein immer normaleres Phänomen, aber derzeit leben immer noch nur etwa 3% der Weltbevölkerung dauerhaft außerhalb ihres Heimatlandes [...].“

So unterschiedlich die konzeptionellen Zugänge der im Rahmen dieser Arbeit vorgestellten Ansätze auch sein mögen, als einigende Klammer fungiert letztendlich die Suche nach kulturübergreifenden Orientierungen in einer zunehmend diversifizierten und fragmentierten Welt. Der Blickwinkel reicht in diesem Zusammenhang vom Business Case bis zum humanistischen Leitbild, wobei die dadurch implizierte – nicht zuletzt interdisziplinäre – Forschungsvielfalt nur zu begrüßen ist, denn eines ist sicher: Die Schatten in Platons Höhle als Abbilder der Wirklichkeit sind niemals deckungsgleich, variieren sie doch stets nach der subjektiven Qualität unseres geistigen Auges. Selbstreflexion sollte in diesem Konnex – wie Fuchs (2007, S. 32) schreibt – ein stetiger Begleiter sein: „Wir können nicht neutral oder metatheoretisch über Diversität und Differenz verhandeln. Wir sind, wie immer wir auch analytisch Stellung beziehen, selbst in das Feld an kontroversen Positionen zu Diversität und Differenz verwoben und produzieren selbst neue Differenzen. Was wir machen können und machen sollten, ist, reflexiv mit dieser Situation und unserer Position umzugehen.“ Entsprechende Einsicht geht mit der expliziten Forderung einher, unsere Reflexionen kontinuierlich in den diversitätsorientierten Dialog einzuspeisen, denn nur so wirken wir der Gefahr entgegen, dass wir doch wieder nur unser eigenes Weltverständnis in die Anderen hineinlegen, ohne jedoch deren Perspektiven Gehör zu verschaffen.

Annäherung an Andere – an uns nicht Vertrautes, Fremdes – wird für Menschen wohl immer ein ambivalentes Phänomen bleiben. Zu einigen Dimensionen menschlicher Diversität wird man leichter Zugang finden, zu anderen weniger. Annäherung kann gelingen und somit zu einer Bereicherung des Eigenen werden. Sie kann aber auch scheitern und somit sowohl das Fremd- als auch das Eigenverständnis belasten, im schlimmsten Fall sogar zerstören (vgl. Wulf 1999). Essenziell ist stets die Bereitschaft, sich auf einen empathischen und symmetrischen Dialog einzulassen, der – nach Todorov (2010, S. 251) – primär zwei Anforderungen erfüllen muss: „Zum einen muss die Unterschiedlichkeit der an dem Austausch Beteiligten anerkannt werden; es darf nicht von vornherein angenommen werden, dass die Position der einen Seite die Norm darstellt, während die der anderen als Abweichung, Zurückgebliebenheit oder Böswilligkeit gewertet wird. Wenn man nicht bereit ist, seine eigenen Gewissheiten und selbstverständlichen Annahmen infrage zu stellen, sich vorübergehend in den anderen hineinzuversetzen – auch auf die Gefahr hin, zuzugeben, dass er aus seiner Sicht recht hat –, kann ein Dialog nicht stattfinden. Zum anderen kann er kein Ergebnis bringen, wenn sich die Beteiligten nicht über einen formalen gemeinsamen Rahmen verständigen, wenn sie sich nicht einigen können, welche Argumente zulässig sind, und ob überhaupt die Möglichkeit besteht, gemeinsam nach Wahrheit und Gerechtigkeit zu suchen."

Der im Rahmen dieser Arbeit immer wieder erfolgte Blick zurück hat illustriert, dass sich Fremdes in der Geschichte – gerade in Hinblick auf die Diversitätsdimension Ethnizität – allzu häufig stellvertretender Rede fügen musste, gemeinhin diskriminiert und im schlimmsten Fall sogar bekämpft wurde. Als Maßstab fungierte in der Regel die mit Macht ausgestattete eigene Zentralität, die nur wenig Platz für jene ließ, die sich von der Majorität unterschieden. Auch wenn sich in den letzten Jahren vieles zum Positiven verändert hat, so ist unsere Gesellschaft noch weit von einer ‚gelebten Vielfalt' jenseits *political correctness*, strategischer Personal- respektive Marktüberlegungen oder abstrakter Toleranz entfernt. Gerade vor diesem Hintergrund wird es auch zukünftig unerlässlich sein, entsprechende Thematik, deren gesellschaftliche Relevanz noch nie so bedeutend war wie in der heutigen Zeit, kritisch zu begleiten. Dabei sollten wir uns nicht zu schade sein, immer wieder – im Sinne von Page (2007, S. 374f.) – auf die ungemein vielschichtigen Vorteile hinzuweisen, die uns menschliche Vielfalt in der heutigen Welt bietet: „What each of us has to offer, what we can contribute to the vibrancy of our worlds, depends on our being different in some way, in having combinations of perspectives, interpretations, heuristics, and predictive models that differ from those of others. These differences aggregate into a collective ability that exceeds what we possess individually. [...] People often speak of the importance of tolerating difference. We must move beyond tolerance and toward making the world a better place. [...] We should recognize that a talented ‚I' and a talented ‚they' can become an even more talented ‚we'. That happy vision rests not on blind optimism, or catchy mantras. It rests on logic. A logic of diversity."

Literaturverzeichnis

Abels, H. (2009): Wirklichkeit: Über Wissen und andere Definitionen der Wirklichkeit, über uns und Andere, Fremde und Vorurteile. Wiesbaden: Verlag für Sozialwissenschaften.

Aderhold, J. & Heideloff, F. (2001): Kultur als Problem der Weltgesellschaft? Ein Diskurs über Globalität, Grenzbildung und kulturelle Konfliktpotenziale. Stuttgart: Lucius & Lucius.

Agnew, J. (1998): Geopolitics: Re-visioning World Politics. New York: Routledge.

Albrecht, A. (2005): Kosmopolitismus: Weltbürgerdiskurse in Literatur, Philosophie und Publizistik um 1800. Berlin: De Gruyter.

Albrecht, C. (1997): Der Begriff der, die, das Fremde: Zum wissenschaftlichen Umgang mit dem Thema Fremde. Ein Beitrag zur Klärung einer Kategorie. – In: Bizeul, Y., Bliesener, U. & Prawda, M. (Hrsg.): Vom Umgang mit dem Fremden: Hintergrund – Definitionen – Vorschläge. Weinheim: Beltz, S. 80-93.

Al-Laham, A. (2003): Organisationales Wissensmanagement: Eine strategische Perspektive. München: Vahlen.

Allolio-Näcke, L. & Kalscheuer, B. (2005): Wege der Transdifferenz. – In: Allolio-Näcke, L., Kalscheuer, B. & Manzeschke, A. (Hrsg.): Differenzen anders denken: Bausteine zu einer Kulturtheorie der Transdifferenz. Frankfurt am Main: Campus, S. 15-25.

Allport, G.W. (1954): The Nature of Prejudice. Cambridge: Addison-Wesley.

Alsheimer, R., Moosmüller, A. & Roth, K. (Hrsg.) (2000): Lokale Kulturen in einer globalisierenden Welt: Perspektiven auf interkulturelle Spannungsfelder. Münster: Waxmann.

Altvater, E. & Mahnkopf, B. (2007): Grenzen der Globalisierung: Ökonomie, Ökologie und Politik in der Weltgesellschaft. Münster: Westfälisches Dampfboot.

Antweiler, C. (2003): Kulturelle Vielfalt – Ein ethnologischer Forschungsüberblick zu inter- und intrakultureller Diversität. – In: Wächter, H., Vedder, G. & Führing, M. (Hrsg.): Personelle Vielfalt in Organisationen. Mering: Hampp, S. 45-69.

Antweiler, C. (2011): Mensch und Weltkultur: Für einen realistischen Kosmopolitismus im Zeitalter der Globalisierung. Bielefeld: transcript.

Apfelthaler, G. (1998): Interkulturelles Management als Soziales Handeln. Wien: Service-Fachverlag.

Appadurai, A. (1990): Disjuncture and Difference in the Global Cultural Economy. – In: Featherstone, M. (Hrsg.): Global Culture: Nationalism, Globalization and Modernity. London: SAGE, S. 295-310.

Appiah, K.A. (2009): Der Kosmopolit: Philosophie des Weltbürgertums. München: Beck.

Aretz, H.-J. (2006): Strukturwandel in der Weltgesellschaft und Diversity Management in Unternehmen. – In: Becker, M. & Seidel, A. (Hrsg.): Diversity Management: Unternehmens- und Personalpolitik der Vielfalt. Stuttgart: Schäffer-Poeschel, S. 51-74.

Aretz, H.-J. & Hansen, K. (2002): Diversity und Diversity-Management im Unternehmen: Eine Analyse aus systemtheoretischer Sicht. Münster: LIT.

Aretz, H.-J. & Hansen, K. (2003): Erfolgreiches Management von Diversity: Die multikulturelle Organisation als Strategie zur Verbesserung einer nachhaltigen Wettbewerbsfähigkeit. – In: Zeitschrift für Personalforschung 17 (1), S. 9-36.

Argyris, C. & Schön, D.A. (1978): Organizational Learning: A Theory of Action Perspective. Reading: Addison-Wesley.

Arredondo, P. (1996): Successful Diversity Management Initiatives: A Blueprint for Planning and Implementation. Thousand Oaks: SAGE.

Assal, M. (2005): A Source of Difference or a Repository of Support: Islam and the Lives of Somalis and Sudanese in Norway. – In: Adogame, A. & Weissköppel, C. (Hrsg.): Religion in the Context of African Migration. Bayreuth: Thielmann & Breitinger, S. 191-215.

Bacharach, S.B. & Lawler, E.J. (1981): Power and Politics in Organizations: The Social Psychology of Conflict, Coalitions, and Bargaining. San Francisco: Jossey-Bass.

Bachtin, M.M. (1979): Die Ästhetik des Wortes. Frankfurt am Main: Suhrkamp.

Badgett, M.V.L. (1996): Employment and Sexual Orientation: Disclosure and Discrimination in the Workplace. – In: Ellis, A.L. & Riggle, E.D.B. (Hrsg.): Sexual Identity on the Job: Issues and Services. Binghamton: Haworth Press, S. 29-52.

Balme, C.B. (2007): Schaulust und Schauwert: Zur Umwertung von Visualität und Fremdheit um 1900. – In: Bayerdörfer, H.-P. et al. (Hrsg.): Bilder des Fremden: Mediale Inszenierung von Alterität im 19. Jahrhundert. Berlin: LIT, S. 63-78.

Bamberger, I. & Wrona, T. (2002): Ursachen und Verläufe von Internationalisierungsentscheidungen mittelständischer Unternehmen. – In: Macharzina, K. & Oesterle, M.-J. (Hrsg.): Handbuch Internationales Management: Grundlagen – Instrumente – Perspektiven. Wiesbaden: Gabler, S. 273-313.

Bannys, F. (2012): Interkulturelles Management: Konzepte und Werkzeuge für die Praxis. Weinheim: Wiley-VCH.

Barber, B.R. (1996): Coca-Cola und Heiliger Krieg: Wie Kapitalismus und Fundamentalismus Demokratie und Freiheit abschaffen. Bern: Scherz.

Barber, B.R. (2002): Dschihad kontra McWorld. – In: Alfred-Herrhausen-Gesellschaft für internationalen Dialog (Hrsg.): Toleranz: Vielfalt – Identität – Anerkennung. Frankfurt am Main: Frankfurter Allgemeine Buch, S. 19-27.

Barnes, T.J. (2001): Retheorizing Economic Geography: From the Quantitative Revolution to the ‚Cultural Turn'. – In: Annals of the Association of American Geographers 91 (3), S. 546-565.

Barnes, T.J. (2006): Lost in translation: Wirtschaftsgeographie als ‚trading zone'. – In: Berndt, C. & Glückler, J. (Hrsg.): Denkanstöße zu einer anderen Geographie der Ökonomie. Bielefeld: transcript, S. 25-46.

Barnes, T.J. (2012): A Short Cultural History of Anglo-American Economic Geography: Bodies, Books, Machines, and Places. – In: Warf, B. (Hrsg.): Encounters and Engagements between Economic and Cultural Geography. Dordrecht: Springer, S. 19-37.

Barnett, C., Robinson, J. & Rose, G. (Hrsg.) (2008): Geographies of Globalisation: A Demanding World. London: SAGE.

Bartha, I. (2006): Ethnotourismus in Südmarokko: Touristische Präsentation, Wahrnehmung und Inszenierung der Berber. Bayreuth: Naturwissenschaftliche Gesellschaft Bayreuth.

Bartmann, S. (2012): Nicht das Fremde ist so fremd, sondern das Vertraute so vertraut. Ein Beitrag zum Verständnis von kultureller Differenz. – In: Bartmann, S. & Immel, O. (Hrsg.): Das Vertraute und das Fremde: Differenzerfahrung und Fremdverstehen im Interkulturalitätsdiskurs. Bielefeld: transcript, S. 21-34.

Bartmann, S. & Immel, O. (Hrsg.) (2012): Das Vertraute und das Fremde: Differenzerfahrung und Fremdverstehen im Interkulturalitätsdiskurs. Bielefeld: transcript.

Bauman, Z. (1991): Moderne und Ambivalenz. – In: Bielefeld, U. (Hrsg.): Das Eigene und das Fremde: Neuer Rassismus in der Alten Welt? Hamburg: Junius, S. 23-49.

Bauman, Z. (1992): Moderne und Ambivalenz: Das Ende der Eindeutigkeit. Hamburg: Junius.

Bausinger, H. (1988): Stereotypie und Wirklichkeit. – In: Wierlacher, A. et al. (Hrsg.): Jahrbuch Deutsch als Fremdsprache (Bd. 14). München: Iudicium, S. 157-170.

Bausinger, H. (1991): Grenzenlos ... Ein Blick auf den modernen Tourismus. – In: Bausinger, H., Beyrer, K. & Korff, G. (Hrsg.): Reisekultur: Von der Pilgerfahrt zum modernen Tourismus. München: Beck, S. 343-353.

Beck, U. (2000): The cosmopolitan perspective: sociology of the second age of modernity. – In: British Journal of Sociology 51 (1), S. 79-105.

Beck, U. (2004): Der kosmopolitische Blick oder: Krieg ist Frieden. Frankfurt am Main: Suhrkamp.

Beck, U. (2008): Weltrisikogesellschaft: auf der Suche nach der verlorenen Sicherheit. Frankfurt am Main: Suhrkamp.

Beck, U. & Beck-Gernsheim, E. (Hrsg.) (1994): Riskante Freiheiten: Individualisierung in modernen Gesellschaften. Frankfurt am Main: Suhrkamp.

Beck, U. & Grande, E. (2007): Das kosmopolitische Europa: Gesellschaft und Politik in der Zweiten Moderne. Frankfurt am Main: Suhrkamp.

Becker, M. (2006): Wissenschaftstheoretische Grundlagen des Diversity Management. – In: Becker, M. & Seidel, A. (Hrsg.): Diversity Management: Unternehmens- und Personalpolitik der Vielfalt. Stuttgart: Schäffer-Poeschel, S. 3-48.

Belinszki, E. (2003): Umgang mit personeller Vielfalt. Ergebnisse einer Untersuchung in Unternehmen und in Non-Profit-Organisationen. – In: Belinszki, E., Hansen, K. & Müller, U. (Hrsg.): Diversity Management: Best Practices im internationalen Feld. Münster: LIT, S. 206-236.

Bell, M.P. (2012): Diversity in Organizations. Mason: South-Western Cengage Learning.

Bendl, R. (2007): Betriebliches Diversitätsmanagement und neoliberale Wirtschaftspolitik – Verortung eines diskursiven Zusammenhangs. – In: Koall, I., Bruchhagen, V. & Höher, F. (Hrsg.): Diversity Outlooks: Managing Diversity zwischen Ethik, Profit und Antidiskriminierung. Hamburg: LIT, S. 10-28.

Bendl, R., Eberherr, H. & Mensi-Klarbach, H. (2012): Vertiefende Betrachtungen zu ausgewählten Diversitätsdimensionen. – In: Bendl, R., Hanappi-Egger, E. & Hofmann, R. (Hrsg.): Diversität und Diversitätsmanagement. Wien: Facultas, S. 79-135.

Bendl, R., Fleischmann, A. & Hofmann, R. (2009): Queer theory and diversity management: Reading codes of conduct from a queer perspective. – In: Journal of Management and Organization 15 (5), S. 625-638.

Bendl, R., Hanappi-Egger, E. & Hofmann, R. (2012): Diversität und Diversitätsmanagement: Ein vielschichtiges Thema. – In: Bendl, R., Hanappi-Egger, E. & Hofmann, R. (Hrsg.): Diversität und Diversitätsmanagement. Wien: Facultas, S. 11-21.

Benhabib, S. (2009): Kosmopolitismus und Demokratie: Von Kant zu Habermas. – In: Blätter für deutsche und internationale Politik 6/2009, S. 65-74.

Berg, E. & Fuchs, M. (Hrsg.) (1993): Kultur, soziale Praxis, Text: Die Krise der ethnographischen Repräsentation. Frankfurt am Main: Suhrkamp.

Berger, R. (2002): Chancen und Risiken der Internationalisierung aus Sicht des Standortes Deutschland. – In: Krystek, U. & Zur, E. (Hrsg.): Handbuch Internationalisierung: Globalisierung – eine Herausforderung für die Unternehmensführung. Berlin: Springer, S. 21-33.

Bergler, R. (1966): Psychologie stereotyper Systeme. Ein Beitrag zur Sozial- und Entwicklungspsychologie. Bern: Huber.

Berndt, C. & Boeckler, M. (2007): Kulturelle Geographien der Ökonomie: Zur Performativität von Märkten. – In: Berndt, C. & Pütz, R. (Hrsg.): Kulturelle Geographien: Zur Beschäftigung mit Raum und Ort nach dem Cultural Turn. Bielefeld: transcript, S. 213-258.

Berndt, C. & Glückler, J. (Hrsg.) (2006a): Denkanstöße zu einer anderen Geographie der Ökonomie. Bielefeld: transcript.

Berndt, C. & Glückler, J. (2006b): Einleitung. – In: Berndt, C. & Glückler, J. (Hrsg.): Denkanstöße zu einer anderen Geographie der Ökonomie. Bielefeld: transcript, S. 9-24.

Berndt, C. & Pütz, R. (Hrsg.) (2007a): Kulturelle Geographien: Zur Beschäftigung mit Raum und Ort nach dem Cultural Turn. Bielefeld: transcript.

Berndt, C. & Pütz, R. (2007b): Kulturelle Geographien nach dem Cultural Turn. – In: Berndt, C. & Pütz, R. (Hrsg.): Kulturelle Geographien: Zur Beschäftigung mit Raum und Ort nach dem Cultural Turn. Bielefeld: transcript, S. 7-25.

Bhabha, H.K. (1996): Culture's In-Between. – In: Hall, S. & Du Gay, P. (Hrsg.): Questions of Cultural Identity. London: SAGE, S. 53-60.

Bhabha, H.K. (1997a): Die Frage der Identität. – In: Bronfen, E., Marius, B. & Steffen, T. (Hrsg.): Hybride Kulturen: Beiträge zur anglo-amerikanischen Multikulturalismusdebatte. Tübingen: Stauffenburg, S. 97-122.

Bhabha, H.K. (1997b): Verortungen der Kultur. – In: Bronfen, E., Marius, B. & Steffen, T. (Hrsg.): Hybride Kulturen: Beiträge zur anglo-amerikanischen Multikulturalismusdebatte. Tübingen: Stauffenburg, S. 123-148.

Bhabha, H.K. (2000): Die Verortung der Kultur. Tübingen: Stauffenburg.

Bhabha, H.K. (2002): The Location of Culture. London: Routledge.

Bielefeld, U. (1991): Das Konzept des Fremden und die Wirklichkeit des Imaginären. – In: Bielefeld, U. (Hrsg.): Das Eigene und das Fremde: Neuer Rassismus in der Alten Welt? Hamburg: Junius, S. 97-128.

Bielefeld, U. (2001): Exklusive Gesellschaft und inklusive Demokratie: Zur gesellschaftlichen Stellung und Problematisierung des Fremden. – In: Janz, R.-P. (Hrsg.): Faszination und Schrecken des Fremden. Frankfurt am Main: Suhrkamp, S. 19-51.

Bielefeldt, H. (1996): Menschenrechte und Toleranz. – In: Wierlacher, A. (Hrsg.): Kulturthema Toleranz: Zur Grundlegung einer interdisziplinären und interkulturellen Toleranzforschung. München: Iudicium, S. 117-128.

Bierhoff, H.-W. & Rohmann, E. (2008): Sozialisation. – In: Petersen, L.-E. & Six, B. (Hrsg.): Stereotype, Vorurteile und soziale Diskriminierung: Theorien, Befunde und Interventionen. Weinheim: Beltz, S. 301-310.

Bilstein, J., Ecarius, J. & Keiner, E. (Hrsg.) (2011): Kulturelle Differenzen und Globalisierung: Herausforderungen für Erziehung und Bildung. Wiesbaden: Verlag für Sozialwissenschaften.

Bing, J.W. (2004): Hofstede's consequences: The impact of his work on consulting and business practices. – In: Academy of Management Executive 18 (1), S. 80-87.

Bird, A. & Osland, J.S. (2004): Global Competencies: An Introduction. – In: Lane, H.W. et al. (Hrsg.): The Blackwell Handbook of Global Management: A Guide to Managing Complexity. Malden: Blackwell, S. 57-80.

Bissels, S., Sackmann, S. & Bissels, T. (2001): Kulturelle Vielfalt in Organisationen. Ein blinder Fleck muß sehen lernen. – In: Soziale Welt 52, S. 403-426.

Bitterli, U. (1986): Alte Welt – neue Welt: Formen des europäisch-überseeischen Kulturkontakts vom 15. bis zum 18. Jahrhundert. München: Beck.

Bitterli, U. (1991): Die ‚Wilden' und die ‚Zivilisierten': Grundzüge einer Geistes- und Kulturgeschichte der europäisch-überseeischen Begegnung. München: Beck.

Blotevogel, H.H. (2003): ‚Neue Kulturgeographie' – Entwicklung, Dimensionen, Potenziale und Risiken einer kulturalistischen Humangeographie. – In: Berichte zur deutschen Landeskunde 77 (1), S. 7-34.

Bochner, S. (1982): The social psychology of cross-cultural relations. – In: Bochner, S. (Hrsg.): Cultures in Contact: Studies in Cross-cultural Interaction. Oxford: Pergamon Press, S. 5-44.

Boeckler, M. & Berndt, C. (2005): Kulturelle Geographien der Ökonomie. – In: Zeitschrift für Wirtschaftsgeographie 49 (2), S. 67-80.

Böhm, J. (2007): Wie gelingt Diversity-Management in Unternehmen? Erfolgsfaktoren am Beispiel Shell-Austria. – In: Koall, I., Bruchhagen, V. & Höher, F. (Hrsg.): Diversity Outlooks: Managing Diversity zwischen Ethik, Profit und Antidiskriminierung. Hamburg: LIT, S. 29-48.

Bosch, B. (1996): Interkulturelles Management: Eine kultursoziologische Fallstudie über die Führung deutscher Niederlassungen in Malta. Darmstadt: DDD.

Bosch, B. (1997): Interkulturelles Management. – In: Reimann, H. (Hrsg.): Weltkultur und Weltgesellschaft: Aspekte globalen Wandels; zum Gedenken an Horst Reimann (1929–1994). Opladen: Westdeutscher Verlag, S. 268-292.

Bouterwek, F. (1794): Fünf kosmopolitische Briefe. Berlin: Hartmann.

Bouterwek, F. (1805): Die vier großen Nationen des neunzehnten Jahrhunderts. Ein Fragment zur Philosophie der Weltgeschichte. – In: Bouterwek, F. (Hrsg.): Neues Museum der Philosophie und Litteratur (Bd. 3). Leipzig: Martini, S. 49-86.

Boyacigiller, N.A. et al. (2004): The Crucial Yet Elusive Global Mindset. – In: Lane, H.W. et al. (Hrsg.): The Blackwell Handbook of Global Management: A Guide to Managing Complexity. Malden: Blackwell, S. 81-93.

Boyacigiller, N.A., Goodman, R.A. & Phillips, M.E. (Hrsg.) (2003): Crossing Cultures: Insights from Master Teachers. New York: Routledge.

Bradley, H. & Fenton, S. (1999): Reconciling Culture and Economy: Ways Forward in the Analysis of Ethnicity and Gender. – In: Ray, L. & Sayer, A. (Hrsg.): Culture and Economy After the Cultural Turn. London: SAGE, S. 112-134.

Braun, C. (2009): Von der Andersheit: Zur Subjektgenese bei Julia Kristeva. – In: Heiter, B. & Kupke, C. (Hrsg.): Andersheit, Fremdheit, Exklusion. Berlin: Parodos, S. 55-82.

Braun, G.E. (1979): Das liberalistische Modell als konzeptioneller Bezugsrahmen für Konfliktanalyse und Konflikthandhabung. – In: Dlugos, G. (Hrsg.): Unternehmungsbezogene Konfliktforschung: Methodologische und forschungsprogrammatische Grundfragen. Stuttgart: Poeschel, S. 89-114.

Braun, H. (2003): Personelle Vielfalt in Organisationen: Der Tatbestand ‚Behinderung'. – In: Wächter, H., Vedder, G. & Führing, M. (Hrsg.): Personelle Vielfalt in Organisationen. Mering: Hampp, S. 139-151.

Braun, W. & Warner, M. (2002): The ‚culture-free' versus ‚culture-specific' management debate. – In: Warner, M. & Joynt, P. (Hrsg.): Managing Across Cultures: Issues and Perspectives. London: Thomson, S. 13-25.

Braunmühl, C. von (2009): Diverse Gender – Gendered Diversity: Eine Gewinn-und-Verlust-Rechnung. – In: Andresen, S., Koreuber, M. & Lüdke, D. (Hrsg.): Gender und Diversity: Albtraum oder Traumpaar? Interdisziplinärer Dialog zur ‚Modernisierung' von Geschlechter- und Gleichstellungspolitik. Wiesbaden: Verlag für Sozialwissenschaften, S. 53-64.

Brazzel, M. (2003): Historical and Theoretical Roots of Diversity Management. – In: Plummer, D.L. (Hrsg.): Handbook of Diversity Management: Beyond Awareness to Competency Based Learning. New York: University Press of America, S. 51-93.

Bredella, L. (2010): Das Verstehen des Anderen: Kulturwissenschaftliche und literaturdidaktische Studien. Tübingen: Narr.

Breinig, H. & Lösch, K. (2005): Lost in Transdifference: Thesen und Anti-Thesen. – In: Allolio-Näcke, L., Kalscheuer, B. & Manzeschke, A. (Hrsg.): Differenzen anders denken: Bausteine zu einer Kulturtheorie der Transdifferenz. Frankfurt am Main: Campus, S. 454-455.

Brennan, T. (1997): At Home in the World: Cosmopolitanism Now. Cambridge: Harvard University Press.

Brennan, T. (2001): Cosmopolitanism and Internationalism. – In: New Left Review 7, S. 75-84.

Brief, A.P. & Barsky, A. (2000): Establishing a climate for diversity: The inhibition of prejudiced reactions in the workplace. – In: Research in Personnel and Human Resources Management 19, S. 91-129.

Broden, A. & Mecheril, P. (2007): Migrationsgesellschaftliche Re-Präsentationen: Eine Einführung. – In: Broden, A. & Mecheril, P. (Hrsg.): Re-Präsentationen: Dynamiken der Migrationsgesellschaft. Düsseldorf: IDA-NRW, S. 7-28.

Broder, H.M. (2009): Kritik der reinen Toleranz. München: Pantheon.

Bronfen, E. & Marius, B. (1997): Hybride Kulturen. Einleitung zur anglo-amerikanischen Multikulturalismusdebatte. – In: Bronfen, E., Marius, B. & Steffen, T. (Hrsg.): Hybride Kulturen: Beiträge zur anglo-amerikanischen Multikulturalismusdebatte. Tübingen: Stauffenburg, S. 1-29.

Bruchhagen, V. (2007): Diversity-Lernen? Shake it, Baby! Anstrengungen und ZuMutungen im Umgang mit Komplexität. – In: Koall, I., Bruchhagen, V. & Höher, F. (Hrsg.): Diversity Outlooks: Managing Diversity zwischen Ethik, Profit und Antidiskriminierung. Hamburg: LIT, S. 49-67.

Brüning, A. (2010): Creolisation and its Limits in Contemporary Anglophone and Francophone Caribbean Discourse and Fiction. – In: Ludwig, R. & Röseberg, D. (Hrsg.): Tout-Monde: Interkulturalität, Hybridisierung, Kreolisierung: Kommunikations- und gesellschaftstheoretische Modelle zwischen ‚alten' und ‚neuen' Räumen. Frankfurt am Main: Lang, S. 197-208.

Bubner, R. (2000): Zur Dialektik der Toleranz. – In: Forst, R. (Hrsg.): Toleranz: Philosophische Grundlagen und gesellschaftliche Praxis einer umstrittenen Tugend. Frankfurt am Main: Campus, S. 45-59.

Bucakli, Ö. & Reuter, J. (2004): Bedingungen und Grenzen der Hybridisierung. – In: Kollmann, S. & Schödel, K. (Hrsg.): PostModerne De/Konstruktionen: Ethik, Politik und Kultur am Ende einer Epoche. Münster: LIT, S. 171-182.

Buchanan, D.A. & Badham, R.J. (2008): Power, Politics, and Organizational Change: Winning the Turf Game. Los Angeles: SAGE.

Buck, H., Kistler, E. & Mendius, H.G. (2002): Demographischer Wandel in der Arbeitswelt: Chancen für eine innovative Arbeitsgestaltung. Stuttgart: Fraunhofer-IRB-Verlag.

Bukow, W.-D. (1999): Fremdheitskonzepte in der multikulturellen Gesellschaft. – In: Kiesel, D., Messerschmidt, A. & Scherr, A. (Hrsg.): Die Erfindung der Fremdheit: Zur Kontroverse um Gleichheit und Differenz im Sozialstaat. Frankfurt am Main: Brandes & Apsel, S. 37-48.

Bukow, W.-D. (2007): Vom interkulturellen Lernen zum lebenspraktischen Umgang mit Differenzen. – In: Antor, H. (Hrsg.): Fremde Kulturen verstehen – fremde Kulturen lehren: Theorie und Praxis der Vermittlung interkultureller Kompetenz. Heidelberg: Winter, S. 91-110.

Bukow, W.-D. (2011): Vielfalt in der postmodernen Stadtgesellschaft: Eine Ortsbestimmung. – In: Bukow, W.-D. et al. (Hrsg.): Neue Vielfalt in der urbanen Stadtgesellschaft. Wiesbaden: Verlag für Sozialwissenschaften, S. 207-231.

Butler, J. (1999): Körper von Gewicht: Die diskursiven Grenzen des Geschlechts. Frankfurt am Main: Suhrkamp.

Butler, J. (2001): Das Unbehagen der Geschlechter. Frankfurt am Main: Suhrkamp.

Butler, J. (2009): Die Macht der Geschlechternormen und die Grenzen des Menschlichen. Frankfurt am Main: Suhrkamp.

Butler, M.J. (2009): International Conflict Management. Milton Park: Routledge.

Carnall, C.A. (2007): Managing Change in Organizations. Harlow: Prentice Hall.

Carpenter, S. & Trentham, S. (1998): Subtypes of Women and Men: A New Taxonomy and an Exploratory Categorical Analysis. – In: Journal of Social Bahavior and Personality 13 (4), S. 679-696.

Casmir, F.L. & Asuncion-Lande, N. (1989): Intercultural Communication Revisited: Conceptualization, Paradigm Building, and Methodological Approaches. – In: Anderson, J.A. (Hrsg.): Communication Yearbook 12. Newbury Park: SAGE, S. 278-309.

Chandler, A.D. (1989): Die Entwicklung des zeitgenössischen globalen Wettbewerbs. – In: Porter, M.E. (Hrsg.): Globaler Wettbewerb: Strategien der neuen Internationalisierung. Wiesbaden: Gabler, S. 467-514.

Chhabra, D., Healy, R. & Sills, E. (2003): Staged authenticity and heritage tourism. – In: Annals of Tourism Research 30 (3), S. 702-719.

Child, J. (1981): Culture, Contingency and Capitalism in the Cross-National Study of Organizations. – In: Cummings, L.L. & Staw, B. (Hrsg.): Research in Organizational Behavior (Bd. 3). Greenwich: JAI Press, S. 303-356.

Clifford, J. (1992): Traveling Cultures. – In: Grossberg, L., Nelson, C. & Treichler, P.A. (Hrsg.): Cultural Studies. New York: Routledge, S. 96-116.

Clutterbuck, D. & Ragins, B.R. (Hrsg.) (2002): Mentoring and Diversity: An international perspective. Oxford: Butterworth-Heinemann.

Coats, S. & Smith, E.R. (1999): Perceptions of Gender Subtypes: Sensitivity to Recent Exemplar Activation and In-Group/Out-Group Differences. – In: Personality and Social Psychology Bulletin 25 (4), S. 515-526.

Cohen, R. (2007): Creolization and Cultural Globalization: The Soft Sounds of Fugitive Power. – In: Globalizations 4 (3), S. 369-384.

Connell, R.W. (2006): Der gemachte Mann: Konstruktion und Krise von Männlichkeiten. Wiesbaden: Verlag für Sozialwissenschaften.

Corbey, R. (1993): Ethnographic Showcases, 1870–1930. – In: Cultural Anthropology 8 (3), S. 338-369.

Cosgrove, D. (2003): Globalism and Tolerance in Early Modern Geography. – In: Annals of the Association of American Geographers 93 (4), S. 852-870.

Cox, T. (1991): The multicultural organization. – In: Academy of Management Executive 5 (2), S. 34-47.

Cox, T. (1993): Cultural Diversity in Organizations: Theory, Research and Practice. San Francisco: Berrett-Koehler.

Cox, T. & Blake, S. (1991): Managing cultural diversity: implications for organizational competitiveness. – In: Academy of Management Executive 5 (3), S. 45-56.

Crang, P. (1997): Cultural Turns and the Re(constitution) of Economic Geography. – In: Lee, R. & Wills, J. (Hrsg.): Geographies of Economies. London: Arnold, S. 3-15.

Cyert, R.M. & March, J.G. (1963): A Behavioral Theory of the Firm. Englewood Cliffs: Prentice Hall.

Dahlman, C. (2004): Diaspora. – In: Duncan, J.S., Johnson, N.C. & Schein, R.H. (Hrsg.): A Companion to Cultural Geography. Malden: Blackwell, S. 485-498.

Dahrendorf, R. (1965): Bildung ist Bürgerrecht: Plädoyer für eine aktive Bildungspolitik. Hamburg: Nannen.

Därmann, I. (2002): Fremderfahrung und Repräsentation. Einleitung. – In: Därmann, I. & Jamme, C. (Hrsg.): Fremderfahrung und Repräsentation. Weilerswist: Velbrück, S. 7-46.

Dass, P. & Parker, B. (1999): Strategies for managing human resource diversity: From resistance to learning. – In: Academy of Management Executive 13 (2), S. 68-80.

Daus, R. (2001): Körperliche Erstkontakte in der Kolonisierung Außereuropas: Neugier und Vereinnahmung. – In: Gernig, K. (Hrsg.): Fremde Körper: Zur Konstruktion des Anderen in europäischen Diskursen. Berlin: Dahlem University Press, S. 95-115.

Davidson, M.N. & Proudford, K.L. (2008): Cycles of Resistance: How Dominants and Subordinants Collude to Undermine Diversity Efforts in Organizations. – In: Thomas, K.M. (Hrsg.): Diversity Resistance in Organizations. New York: Lawrence Erlbaum Associates, S. 249-272.

Dawson, P. (2003): Understanding Organizational Change: The Contemporary Experience of People at Work. London: SAGE.

Deaux, K. & LaFrance, M. (1998): Gender. – In: Gilbert, D.T., Fiske, S.T. & Lindzey, G. (Hrsg.): The Handbook of Social Psychology. Boston: McGraw-Hill, S. 788-827.

Derrida, J. (1997): Cosmopolites de tous les pays, encore un effort! Paris: Galilée.

Deutsch, M. (1976): Konfliktregelung: Konstruktive und destruktive Prozesse. München: Reinhardt.

Dietz, J. & Petersen, L.-E. (2005): Diversity Management als Management von Stereotypen und Vorurteilen am Arbeitsplatz. – In: Stahl, G.K., Mayrhofer, W. & Kühlmann, T.M. (Hrsg.): Internationales Personalmanagement: neue Aufgaben, neue Lösungen. Mering: Hampp, S. 249-269.

Dobson, A. (2006): Thick Cosmopolitanism. – In: Political Studies 54 (1), S. 165-184.

Dodds, K.J. (1994): Geopolitics and foreign policy: recent developments in Anglo-American political geography and international relations. – In: Progress in Human Geography 18 (2), S. 186-208.

Dolles, H. (2003): Trust in Intercultural Cooperative Ventures between Japanese and German Small and Mediumsized Companies. – In: Kopp, H. (Hrsg.): Area Studies, Business and Culture: Results of the Bavarian Research Network forarea. Münster: LIT, S. 372-382.

Domsch, M.E. & Ladwig, D.H. (2003): Management Diversity: Das Hidden-Cost-Benefit-Phänomen. – In: Pasero, U. (Hrsg.): Gender – From Costs to Benefits. Wiesbaden: Westdeutscher Verlag, S. 253-270.

Dören, M. (2007): Gender, Diversity und Intersektionalität als Herausforderung für die Medizin. – In: Krell, G. et al. (Hrsg.): Diversity Studies: Grundlagen und disziplinäre Ansätze. Frankfurt am Main: Campus, S. 109-122.

Dreher, J. & Stegmaier, P. (2007): Einleitende Bemerkungen: ‚Kulturelle Differenz' aus wissenssoziologischer Sicht. – In: Dreher, J. & Stegmaier, P. (Hrsg.): Zur Unüberwindbarkeit kultureller Differenz: Grundlagentheoretische Reflexionen. Bielefeld: transcript, S. 7-20.

Duala-M'bedy, M. (1977): Xenologie: Die Wissenschaft vom Fremden und die Verdrängung der Humanität in der Anthropologie. Freiburg: Alber.

Dülfer, E. (2002): Zur Geschichte der internationalen Unternehmenstätigkeit – Eine unternehmerbezogene Perspektive. – In: Macharzina, K. & Oesterle, M.-J. (Hrsg.): Handbuch Internationales Management: Grundlagen – Instrumente – Perspektiven. Wiesbaden: Gabler, S. 69-95.

Dülfer, E. & Jöstingmeier, B. (2008): Internationales Management in unterschiedlichen Kulturbereichen. München: Oldenbourg.

Duncan, J. (1993): Sites of Representation: Place, Time and the Discourse of the Other. – In: Duncan, J. & Ley, D. (Hrsg.): Place, Culture, Representation. London: Routledge, S. 39-56.

Dürbeck, G. (2006): Samoa als inszeniertes Paradies: Völkerausstellungen um 1900 und die Tradition der populären Südseeliteratur. – In: Grewe, C. (Hrsg.): Die Schau des Fremden: Ausstellungskonzepte zwischen Kunst, Kommerz und Wissenschaft. Stuttgart: Steiner, S. 69-94.

Earley, P.C. (2006): Leading cultural research in the future: a matter of paradigms and taste. – In: Journal of International Business Studies 37 (6), S. 922-931.

Eberherr, H. (2012): Intersektionalität und Stereotypisierung: Grundlegende Theorien und Konzepte in der Organisationsforschung. – In: Bendl, R., Hanappi-Egger, E. & Hofmann, R. (Hrsg.): Diversität und Diversitätsmanagement. Wien: Facultas, S. 61-78.

Eberherr, H., Fleischmann, A. & Hofmann, R. (2007): Altern im gesellschaftlichen Wandel – Alternsmanagement als integrative organisationale Strategie. – In: Koall, I., Bruchhagen, V. & Höher, F. (Hrsg.): Diversity Outlooks: Managing Diversity zwischen Ethik, Profit und Antidiskriminierung. Hamburg: LIT, S. 82-96.

Eckes, T. (2008): Geschlechterstereotype: Von Rollen, Identitäten und Vorurteilen. – In: Becker, R. & Kortendieck, B. (Hrsg.): Handbuch Frauen- und Geschlechterforschung: Theorie, Methoden, Empirie. Wiesbaden: Verlag für Sozialwissenschaften, S. 178-189.

Eco, U. (1998): The Miracle of San Baudolino. – In: Eco, U.: How to Travel With a Salmon and Other Essays. London: Minerva, S. 216-229.

Eden, H. (2002): Kleine und mittlere Unternehmen im Prozess der Internationalisierung. – In: Krystek, U. & Zur, E. (Hrsg.): Handbuch Internationalisierung: Globalisierung – eine Herausforderung für die Unternehmensführung. Berlin: Springer, S. 35-80.

Eissenberger, G. (1996): Entführt, verspottet und gestorben: Lateinamerikanische Völkerschauen in deutschen Zoos. Frankfurt am Main: Verlag für Interkulturelle Kommunikation.

Ellis, A.L. (1996): Sexual Identity Issues in the Workplace: Past and Present. – In: Ellis, A.L. & Riggle, E.D.B. (Hrsg.): Sexual Identity on the Job: Issues and Services. Binghamton: Haworth Press, S. 1-16.

Emrich, C. (2011): Interkulturelles Management: Erfolgsfaktoren im globalen Business. Stuttgart: Kohlhammer.

Engel, R. (2007): Die Vielfalt der Diversity Management Ansätze – Geschichte, praktische Anwendungen in Organisationen und zukünftige Herausforderungen in Europa. – In: Koall, I., Bruchhagen, V. & Höher, F. (Hrsg.): Diversity Outlooks: Managing Diversity zwischen Ethik, Profit und Antidiskriminierung. Hamburg: LIT, S. 97-110.

Erdheim, M. (1996): Das Eigene und das Fremde. Ethnizität, kulturelle Unverträglichkeit und Anziehung. – In: Haase, H. (Hrsg.): Ethnopsychoanalyse: Wanderungen zwischen den Welten. Stuttgart: Verlag Internationale Psychoanalyse, S. 173-190.

Erskine, T. (2002): ‚Citizen of nowhere' or the ‚point where circles intersect'? Impartialist and embedded cosmopolitanisms. – In: Review of International Studies 28 (3), S. 457-478.

Escher, A. (1999): Das Fremde darf fremd bleiben! Pragmatische Strategien des ‚Handlungsverstehens' bei sozialgeographischen Forschungen im ‚islamischen Orient'. – In: Geographische Zeitschrift 87 (3+4), S. 165-177.

Ewen, S. & Ewen, E. (2009): Typen und Stereotype: Die Geschichte des Vorurteils. Berlin: Parthas.

Fabian, J. (1983): Time and the Other: How Anthropology Makes its Object. New York: Columbia University Press.

Faes, U. (2000): Vom Lesen. – In: Faes, U. & Ziegler, B. (Hrsg.): Das Eigene und das Fremde: Festschrift für Urs Bitterli. Zürich: NZZ-Verlag, S. 13-31.

Febel, G. (2010): Von Victor Segalen zu Édouard Glissant: Überlegungen zu einer Poetik des Diversen. – In: Ludwig, R. & Röseberg, D. (Hrsg.): Tout-Monde: Interkulturalität, Hybridisierung, Kreolisierung: Kommunikations- und gesellschaftstheoretische Modelle zwischen ‚alten' und ‚neuen' Räumen. Frankfurt am Main: Lang, S. 49-66.

Feldmann, E., Henschel, T.R. & Ulrich, S. (2002): Toleranz: Grundlage für ein demokratisches Miteinander. Gütersloh: Bertelsmann-Stiftung.

Fine, R. (2006): Cosmopolitanism: A social science research agenda. – In: Delanty, G. (Hrsg.): Handbook of Contemporary European Social Theory. London: Routledge, S. 242-253.

Fine, R. & Cohen, R. (2002): Four Cosmopolitanism Moments. – In: Vertovec, S. & Cohen, R. (Hrsg.): Conceiving Cosmopolitanism: Theory, Context, and Practice. Oxford: Oxford University Press, S. 137-162.

Fink, G. & Mayrhofer, W. (2001): Management in einer kulturell heterogenen Umgebung: eine kultursensitive ressourcenorientierte Sicht der Unternehmung. – In: Fink, G. & Meierewert, S. (Hrsg.): Interkulturelles Management: Österreichische Perspektiven. Wien: Springer, S. 249-271.

Fischer, W. (1998): Expansion – Integration – Globalisierung: Studien zur Geschichte der Weltwirtschaft. Göttingen: Vandenhoeck & Ruprecht.

Fiske, S.T. et al. (2002): A Model of (Often Mixed) Stereotype Content: Competence and Warmth Respectively Follow From Perceived Status and Competition. – In: Journal of Personality and Social Psychology 82 (6), S. 878-902.

Foldy, E.G. (2004): Learning from Diversity: A Theoretical Exploration. – In: Public Administration Review 64 (5), S. 529-538.

Forst, R. (2000): Toleranz, Gerechtigkeit und Vernunft. – In: Forst, R. (Hrsg.): Toleranz: Philosophische Grundlagen und gesellschaftliche Praxis einer umstrittenen Tugend. Frankfurt am Main: Campus, S. 119-143.

Forst, R. (2003): Toleranz im Konflikt: Geschichte, Gehalt und Gegenwart eines umstrittenen Begriffs. Frankfurt am Main: Suhrkamp.

Forst, R. & Günther, K. (2011): Die Herausbildung normativer Ordnungen: Zur Idee eines interdisziplinären Forschungsprogramms. – In: Forst, R. & Günther, K. (Hrsg.): Die Herausbildung normativer Ordnungen: Interdisziplinäre Perspektiven. Frankfurt am Main: Campus, S. 11-30.

Francillon, R. (2000): Reiseberichte: Realität und Utopie. – In: Faes, U. & Ziegler, B. (Hrsg.): Das Eigene und das Fremde: Festschrift für Urs Bitterli. Zürich: NZZ-Verlag, S. 180-193.

Frank, S. & Schwenk, J. (Hrsg.) (2010): Turn Over: Cultural Turns in der Soziologie. Frankfurt am Main: Campus.

Frank, T. (2011): Begegnungen: Eine kritische Hommage an das Reisen. Wien: LIT.

Frey, D., Gerkhardt, M. & Fischer, P. (2008): Erfolgsfaktoren und Stolpersteine bei Veränderungen. – In: Fisch, R., Müller, A. & Beck, D. (Hrsg.): Veränderungen in Organisationen: Stand und Perspektiven. Wiesbaden: Verlag für Sozialwissenschaften, S. 281-300.

Frey, R. (2007): Zur Kategorie Gender im Managing Diversity: Anforderungen aus Sicht des Genderdiskurses. – In: Koall, I., Bruchhagen, V. & Höher, F. (Hrsg.): Diversity Outlooks: Managing Diversity zwischen Ethik, Profit und Antidiskriminierung. Hamburg: LIT, S. 128-139.

Friedman, J. (1994): Cultural Identity and Global Process. London: SAGE.

Friedman, J. (1997): Global Crises, the Struggle for Cultural Identity and Intellectual Porkbarrelling: Cosmopolitans versus Locals, Ethnics and Nationals in an Era of De-hegemonisation. – In: Werbner, P. & Modood, T. (Hrsg.): Debating Cultural Hybridity: Multi-Cultural Identities and the Politics of Anti-Racism. London: Zed Books, S. 70-89.

Friedman, J. (1999): The Hybridization of Roots and the Abhorrence of the Bush. – In: Featherstone, M. & Lash, S. (Hrsg.): Spaces of Culture: City – Nation – World. London: SAGE, S. 230-256.

Friesen, H. (1995): Die philosophische Ästhetik der postmodernen Kunst. Würzburg: Königshausen & Neumann.

Fritzsche, K.P. (1996): Toleranz im Umbruch – Über die Schwierigkeit, tolerant zu sein. – In: Wierlacher, A. (Hrsg.): Kulturthema Toleranz: Zur Grundlegung einer interdisziplinären und interkulturellen Toleranzforschung. München: Iudicium, S. 31-49.

Frohnen, A. (2005): Diversity in Action: Multinationalität in globalen Unternehmen am Beispiel Ford. Bielefeld: transcript.

Fuchs, M. (1999): Kampf um Differenz. Repräsentation, Subjektivität und soziale Bewegungen: Das Beispiel Indien. Frankfurt am Main: Suhrkamp.

Fuchs, M. (2007): Diversity und Differenz – Konzeptionelle Überlegungen. – In: Krell, G. et al. (Hrsg.): Diversity Studies: Grundlagen und disziplinäre Ansätze. Frankfurt am Main: Campus, S. 17-34.

Galani-Moutafi, V. (2000): The Self and the Other: Traveler, Ethnographer, Tourist. – In: Annals of Tourism Research 27 (1), S. 203-224.

Galeotti, A.E. (2000): Zu einer Neubegründung liberaler Toleranz: Eine Analyse der ‚Affaire du foulard'. – In: Forst, R. (Hrsg.): Toleranz: Philosophische Grundlagen und gesellschaftliche Praxis einer umstrittenen Tugend. Frankfurt am Main: Campus, S. 231-256.

Gardenswartz, L. & Rowe, A. (2008): Diverse Teams at Work: Capitalizing on the Power of Diversity. Alexandria: Society for Human Resource Management.

Gardenswartz, L. & Rowe, A. (2010): Managing Diversity: A Complete Desk Reference and Planning Guide. Alexandria: Society for Human Resource Management.

Geertz, C. (1993): The Interpretation of Cultures: Selected Essays. New York: Basic Books.

Geertz, C. (1996): Welt in Stücken: Kultur und Politik am Ende des 20. Jahrhunderts. Wien: Passagen Verlag.

Geertz, C. (1997): Vom Sinn der kulturellen Differenz. – In: Trickster Jahrbuch 1. Wuppertal: Peter Hammer Verlag, S. 221-243.

Geisen, T. (2008): Kultur und Identität – Zum Problem der Thematisierung von Gleichheit und Differenz in modernen Gesellschaften. – In: Kalscheuer, B. & Allolio-Näcke, L. (Hrsg.): Kulturelle Differenzen begreifen: Das Konzept der Transdifferenz aus interdisziplinärer Sicht. Frankfurt am Main: Campus, S. 167-187.

Geißler, R. (2013): Die Metamorphose der Arbeitertochter zum Migrantensohn: Zum Wandel der Chancenstruktur im Bildungssystem nach Schicht, Geschlecht, Ethnie und deren Verknüpfungen. – In: Berger, P.A. & Kahlert, H. (Hrsg.): Institutionalisierte Ungleichheiten: Wie das Bildungswesen Chancen blockiert. Weinheim: Beltz Juventa, S. 71-100.

Gerndt, H. (1988): Zur kulturwissenschaftlichen Stereotypenforschung. – In: Gerndt, H. (Hrsg.): Stereotypvorstellungen im Alltagsleben: Beiträge zum Themenkreis Fremdbilder – Selbstbilder – Identität. München: Münchner Vereinigung für Volkskunde, S. 9-12.

Gibson, C.B. (2003): Building multicultural teams: Learning to manage the challenges of homogeneity and heterogeneity. – In: Boyacigiller, N.A., Goodman, R.A. & Phillips, M.E. (Hrsg.): Crossing Cultures: Insights from Master Teachers. New York: Routledge, S. 221-234.

Giddens, A. (1988): Die Konstitution der Gesellschaft: Grundzüge einer Theorie der Strukturierung. Frankfurt am Main: Campus.

Giddens, A. (1995): Konsequenzen der Moderne. Frankfurt am Main: Suhrkamp.

Gieler, W. (2009): Spiegelschau der ‚Eingeborenen' – Ein Diskurs zum Fremdverstehen. – In: Gieler, W. & Bellers, J. (Hrsg.): Fremdes Verstehen: Entwicklungspolitische und ethnologische Beiträge. Baden-Baden: Nomos, S. 69-86.

Gilbert, D.U. (1998): Konfliktmanagement in international tätigen Unternehmen: Ein diskursethischer Ansatz zur Regelung von Konflikten im interkulturellen Management. Sternenfels: Verlag Wissenschaft & Praxis.

Gingrich, A. (2006): Conceptualising Identities: Anthropological Alternatives to Essentialising Difference and Moralizing about Othering. – In: Baumann, G. & Gingrich, A. (Hrsg.): Grammars of Identity/Alterity: A Structural Approach. New York: Berghahn, S. 3-17.

Gingrich, A. (2008): Ethnizität für die Praxis: Drei Bereiche, sieben Thesen und ein Beispiel. – In: Wernhart, K.R. & Zips, W. (Hrsg.): Ethnohistorie: Rekonstruktion und Kulturkritik. Eine Einführung. Wien: Promedia, S. 99-111.

Glasl, F. (2013): Konfliktmanagement: Ein Handbuch für Führungskräfte, Beraterinnen und Berater. Bern: Haupt.

Glissant, É. (1996): Introduction à une Poétique du Divers. Paris: Gallimard.

Glissant, É. (1997): Traité du Tout-Monde. Poétique IV. Paris: Gallimard.

Gluesing, J.C. (2003): Teaching culture ‚on the fly‘ and ‚learning in working‘ with global teams. – In: Boyacigiller, N.A., Goodman, R.A. & Phillips, M.E. (Hrsg.): Crossing Cultures: Insights from Master Teachers. New York: Routledge, S. 235-252.

Goffman, E. (1959): The Presentation of Self in Everyday Life. New York: Doubleday.

Göle, N. (2000): Snapshots of Islamic Modernities. – In: Daedalus 129 (1), S. 91-117.

Görner, R. (1997): Das Fremde und das Eigene. Zur Geschichte eines Wertkonflikts. – In: Breuer, I. & Sölter, A.A. (Hrsg.): Der fremde Blick: Perspektiven interkultureller Kommunikation und Hermeneutik. Bozen: Edition Sturzflüge, S. 13-23.

Gottowik, V. (1997): Konstruktionen des Anderen: Clifford Geertz und die Krise der ethnographischen Repräsentation. Berlin: Reimer.

Graen, G.B. (2006): In the Eye of the Beholder: Cross-Cultural Lesson in Leadership from Project GLOBE: A Response Viewed from the Third Culture Bonding (TCB) Model of Cross-Cultural Leadership. – In: Academy of Management Perspectives 20 (4), S. 95-101.

Grayson, D. & Hodges, A. (2004): Corporate Social Opportunity! Seven Steps to Make Corporate Social Responsibility Work for Your Business. Sheffield: Greenleaf Publishing.

Greenblatt, S. (1994): Wunderbare Besitztümer. Die Erfindung des Fremden: Reisende und Entdecker. Berlin: Wagenbach.

Grewe, C. (2006): Between Art, Artifact, and Attraction: The Ethnographic Object and its Appropriation in Western Culture. – In: Grewe, C. (Hrsg.): Die Schau des Fremden: Ausstellungskonzepte zwischen Kunst, Kommerz und Wissenschaft. Stuttgart: Steiner, S. 9-43.

Gugenberger, E. (2011): Hybridität und Translingualität: lateinamerikanische Sprachen im Wandel. – In: Gugenberger, E. & Sartingen, K. (Hrsg.): Hybridität – Transkulturalität – Kreolisierung: Innovation und Wandel in Kultur, Sprache und Literatur Lateinamerikas. Wien: LIT, S. 11-49.

Gunesch, K. (2004): Education for cosmopolitanism? Cosmopolitanism as a personal cultural identity model for and within international education. – In: Journal of Research in International Education 3 (3), S. 251-275.

Günther, T. (2010): Die demografische Entwicklung und ihre Konsequenzen für das Personalmanagement. – In: Preißing, D. (Hrsg.): Erfolgreiches Personalmanagement im demografischen Wandel. München: Oldenbourg, S. 1-40.

Gupta, C. & Chattopadhyaya, D.P. (Hrsg.) (1998): Cultural Otherness and Beyond. Leiden: Brill.

Guthke, K.S. (2000): Der Blick in die Fremde: Das Ich und das andere in der Literatur. Tübingen: Francke.

Gyr, U. (1988): Touristenkultur und Reisealltag: Volkskundlicher Nachholbedarf in der Tourismusforschung. – In: Zeitschrift für Volkskunde 84 (2), S. 224-239.

Ha, K.N. (2005): Hype um Hybridität: Kultureller Differenzkonsum und postmoderne Verwertungstechniken im Spätkapitalismus. Bielefeld: transcript.

Ha, K.N. (2008): Transdifferenz und postkoloniale Hybridität: Kritische Anmerkungen. – In: Kalscheuer, B. & Allolio-Näcke, L. (Hrsg.): Kulturelle Differenzen begreifen: Das Konzept der Transdifferenz aus interdisziplinärer Sicht. Frankfurt am Main: Campus, S. 41-57.

Ha, K.N. (2010): Unrein und vermischt: Postkoloniale Grenzgänge durch die Kulturgeschichte der Hybridität und der kolonialen ‚Rassenbastarde'. Bielefeld: transcript.

Habermas, J. (1992): Die Moderne – ein unvollendetes Projekt: Philosophisch-politische Aufsätze, 1977 – 1992. Leipzig: Reclam.

Habisch, A. et. al. (Hrsg.) (2005): Corporate Social Responsibility Across Europe. Berlin: Springer.

Habisch, A., Wildner, M. & Wenzel, F. (2008): Corporate Citizenship (CC) als Bestandteil der Unternehmensstrategie. – In: Habisch, A., Schmidpeter, R. & Neureiter, M. (Hrsg.): Handbuch Corporate Citizenship: Corporate Social Responsibility für Manager. Berlin: Springer, S. 3-43.

Hahn, A. (1994): Die soziale Konstruktion des Fremden. – In: Sprondel, W.M. (Hrsg.): Die Objektivität der Ordnungen und ihre kommunikative Konstruktion. Frankfurt am Main: Suhrkamp, S. 140-163.

Hahn, H.H. & Hahn, E. (2002): Nationale Stereotypen: Plädoyer für eine historische Stereotypenforschung. – In: Hahn, H.H. (Hrsg.): Stereotyp, Identität und Geschichte: Die Funktion von Stereotypen in gesellschaftlichen Diskursen. Frankfurt am Main: Lang, S. 17-56.

Halbmayer, E. (2011): Indigene Kreolisierung, Kosmopolitismus und millenaristische Diskurse. – In: Gugenberger, E. & Sartingen, K. (Hrsg.): Hybridität – Transkulturalität – Kreolisierung: Innovation und Wandel in Kultur, Sprache und Literatur Lateinamerikas. Wien: LIT, S. 51-71.

Hälker, M.A. (1999): Reiseführer im Spannungsfeld von Kulturvermittlung und ‚Dienstleistung'. – In: Franzmann, B. (Hrsg.): Reisezeit – Lesezeit: Dokumentation der Reiseliteratur-Fachtagungen der Stiftung Lesen in Apolda, Weimar und Leipzig (1996–1999). München: Profil, S. 82-85.

Hall, E.T. & Hall, M. (1990): Understanding Cultural Differences. Yarmouth: Intercultural Press.

Hall, S. (1997): Wann war ‚der Postkolonialismus'? Denken an der Grenze. – In: Bronfen, E., Marius, B. & Steffen, T. (Hrsg.): Hybride Kulturen: Beiträge zur anglo-amerikanischen Multikulturalismusdebatte. Tübingen: Stauffenburg, S. 219-246.

Hammerschmidt, A.C. (1997): Fremdverstehen: Interkulturelle Hermeneutik zwischen Eigenem und Fremdem. München: Iudicium.

Hanappi-Egger, E. (2012a): Die Rolle von Gender und Diversität in Organisationen: Eine organisationstheoretische Einführung. – In: Bendl, R., Hanappi-Egger, E. & Hofmann, R. (Hrsg.): Diversität und Diversitätsmanagement. Wien: Facultas, S. 175-201.

Hanappi-Egger, E. (2012b): Diversitätsmanagement und CSR. – In: Schneider, A. & Schmidpeter, R. (Hrsg.): Corporate Social Responsibility: Verantwortungsvolle Unternehmensführung in Theorie und Praxis. Berlin: Springer, S. 177-189.

Hanappi-Egger, E. & Hofmann, R. (2008): Wissen und Kompetenzentwicklung für Diversitätsmanagement. – In: Kasper, H. & Mühlbacher, J. (Hrsg.): Wettbewerbsvorteile durch organisationales und individuelles Kompetenzmanagement. Wien: Linde, S. 15-28.

Hanappi-Egger, E. & Hofmann, R. (2012): Diversitätsmanagement unter der Perspektive organisationalen Lernens: Wissens- und Kompetenzentwicklung für inklusive Organisationen. – In: Bendl, R., Hanappi-Egger, E. & Hofmann, R. (Hrsg.): Diversität und Diversitätsmanagement. Wien: Facultas, S. 327-349.

Hannerz, U. (1992): Cultural Complexity: Studies in the Social Organization of Meaning. New York: Columbia University Press.

Hannerz, U. (1996): Transnational Connections: Culture, people, places. London: Routledge.

Hannerz, U. (2006): Theorizing through the New World? Not really. – In: American Ethnologist 33 (4), S. 563-565.

Hansen, K. (2006): Umgang mit personeller Vielfalt. Alltagskonstruktionen von Verschiedenheit in deutschen Unternehmen. – In: Becker, M. & Seidel, A. (Hrsg.): Diversity Management: Unternehmens- und Personalpolitik der Vielfalt. Stuttgart: Schäffer-Poeschel, S. 333-348.

Harlow, B. & Carter, M. (Hrsg.) (1999): Imperialism and Orientalism. A Documentary Sourcebook. Oxford: Blackwell.

Harvey, D. (1994): Die Postmoderne und die Verdichtung von Raum und Zeit. – In: Kuhlmann, A. (Hrsg.): Philosophische Ansichten der Kultur der Moderne. Frankfurt am Main: Fischer, S. 48-78.

Harvey, D. (2000): Cosmopolitanism and the Banality of Geographical Evils. – In: Public Culture 12 (2), S. 529-564.

Harvey, D. (2009): Cosmopolitanism and the Geographies of Freedom. New York: Columbia University Press.

Hasenstab, M. (1999): Interkulturelles Management: Bestandsaufnahme und Perspektiven. Sternenfels: Verlag Wissenschaft & Praxis.

Hatzer, B. & Layes, G. (2003): Interkulturelle Handlungskompetenz. – In: Thomas, A., Kinast, E.-U. & Schroll-Machl, S. (Hrsg.): Handbuch Interkulturelle Kommunikation und Kooperation (Bd. 1). Göttingen: Vandenhoeck & Ruprecht, S. 138-148.

Hayes, J. (2010): The Theory and Practice of Change Management. Houndmills: Palgrave Macmillan.

Hays-Thomas, R. (2004): Why Now? The Contemporary Focus on Managing Diversity. – In: Stockdale, M.S. & Crosby, F.J. (Hrsg.): The Psychology and Management of Workplace Diversity. Malden: Blackwell, S. 3-30.

Held, D. (2010): Cosmopolitanism: Ideals and Realities. Cambridge: Polity Press.

Hennig, C. (1999): Reiselust: Touristen, Tourismus und Urlaubskultur. Frankfurt am Main: Suhrkamp.

Hentze, J. & Kammel, A. (1994): Erfolgsfaktoren im internationalen Management: Zur Bedeutung der interkulturellen Personalführung in der multinationalen Unternehmung. – In: Die Unternehmung 48 (4), S. 265-275.

Heringer, H.J. (2010): Interkulturelle Kommunikation: Grundlagen und Konzepte. Tübingen: Francke.

Herrmann-Pillath, C. (2007): Diversity: Management der offenen Unternehmung. – In: Koall, I., Bruchhagen, V. & Höher, F. (Hrsg.): Diversity Outlooks: Managing Diversity zwischen Ethik, Profit und Antidiskriminierung. Hamburg: LIT, S. 202-222.

Hess, R. & Wulf, C. (Hrsg.) (1999): Grenzgänge: Über den Umgang mit dem Eigenen und dem Fremden. Frankfurt am Main: Campus.

Hettner, A. (1923): Der Gang der Kultur über die Erde. Leipzig: Teubner.

Hettstedt, N. (2010): Strategisches Management – Implikationen des demografischen Wandels. – In: Preißing, D. (Hrsg.): Erfolgreiches Personalmanagement im demografischen Wandel. München: Oldenbourg, S. 41-57.

Hiebert, D. (2002): Cosmopolitanism at the Local Level: The Development of Transnational Neighbourhoods. – In: Vertovec, S. & Cohen, R. (Hrsg.): Conceiving Cosmopolitanism: Theory, Context, and Practice. Oxford: Oxford University Press, S. 209-223.

Hierdeis, H. (2009): Fremdheit – Entfremdung – Selbstentfremdung: Annäherungen. – In: Korczak, D. (Hrsg.): Das Fremde, das Eigene und die Toleranz. Kröning: Asanger, S. 11-32.

Hoefer, C.-H. (1999): Herausforderung und Entgegnung: Xenographie und Xenologie im Museum. – In: Duala-M'bedy, L.J. (Hrsg.): Die Entgegnung des Fremden im Museum: Xenologie und Museumspädagogik. Oberhausen: Athena, S. 81-91.

Höffe, O. (2004): Wirtschaftsbürger, Staatsbürger, Weltbürger: Politische Ethik im Zeitalter der Globalisierung. München: Beck.

Hofmann, R. (2006): Lernen, Wissen und Kompetenz im Gender- und Diversitätsmanagement. – In: Bendl, R., Hanappi-Egger, E. & Hofmann, R. (Hrsg.): Agenda Diversität: Gender- und Diversitätsmanagement in Wissenschaft und Praxis. Mering: Hampp, S. 10-24.

Hofmann, R. (2010): Lernperspektiven für ein nachhaltigkeitsorientiertes Gender- und Diversitätsmanagement. – In: Gender 2 (2), S. 56-68.

Hofmann, R. (2012): Gesellschaftstheoretische Grundlagen für einen reflexiven und inklusiven Umgang mit Diversitäten in Organisationen. – In: Bendl, R., Hanappi-Egger, E. & Hofmann, R. (Hrsg.): Diversität und Diversitätsmanagement. Wien: Facultas, S. 23-60.

Hofstede, G. (1980): Culture's Consequences: International Differences in Work-Related Values. Beverly Hills: SAGE.

Hofstede, G. (1996): Riding the Waves of Commerce: A Test of Trompenaars' ‚Model' of National Culture Differences. – In: International Journal of Intercultural Relations 20 (2), S. 189-198.

Hofstede, G. (2006): What did GLOBE really measure? Researchers' minds versus respondents' minds. – In: Journal of International Business Studies 37 (6), S. 882-896.

Holvino, E. (2010): Intersections: The Simultaneity of Race, Gender and Class in Organization Studies. – In: Gender, Work and Organization 17 (3), S. 248-277.

Holzmüller, H.H. (1995): Konzeptionelle und methodische Probleme in der interkulturellen Management- und Marketingforschung. Stuttgart: Schäffer-Poeschel.

Holzmüller, H.H. (2009): Prozedurale Herausforderungen in der Forschung zum Interkulturellen Management und Ansätze zu deren Handhabung. – In: Oesterle, M.-J. & Schmid, S. (Hrsg.): Internationales Management: Forschung, Lehre, Praxis. Stuttgart: Schäffer-Poeschel, S. 251-282.

Holzner, L. (1996): Stadtland USA: Die Kulturlandschaft des American Way of Life. Gotha: Perthes.

Hopfinger, H. (2007): Geographie der Freizeit und des Tourismus: Versuch einer Standortbestimmung. – In: Becker, C., Hopfinger, H. & Steinecke, A. (Hrsg.): Geographie der Freizeit und des Tourismus: Bilanz und Ausblick. München: Oldenbourg, S. 1-24.

Hopfinger, H. & Scherle, N. (2003): International Co-operation and Competition in Tourist Enterprises: Cultural and Economic Aspects of their Behaviour. – In: Kopp, H. (Hrsg.): Area Studies, Business and Culture: Results of the Bavarian Research Network forarea. Münster: LIT, S. 397-409.

Horatschek, A. (1998): Alterität und Stereotyp: Die Funktion des Fremden in den ‚International Novels' von E.M. Forster und D.H. Lawrence. Tübingen: Narr.

Hormel, U. (2011): Differenz und Diskriminierung: Mechanismen der Konstruktion von Ethnizität und sozialer Ungleichheit. – In: Bilstein, J., Ecarius, J. & Keiner, E. (Hrsg.): Kulturelle Differenzen und Globalisierung: Herausforderungen für Erziehung und Bildung. Wiesbaden: Verlag für Sozialwissenschaften, S. 91-111.

Hörner, K. (2001): Verborgene Körper – verbotene Schätze: Haremsfrauen im 18. und 19. Jahrhundert. – In: Gernig, K. (Hrsg.): Fremde Körper: Zur Konstruktion des Anderen in europäischen Diskursen. Berlin: Dahlem University Press, S. 177-207.

Horsch, S. (2009): Die Verdrängung des Islams aus der europäischen Kultur – Nathan der Weise als Alternative. – In: Korczak, D. (Hrsg.): Das Fremde, das Eigene und die Toleranz. Kröning: Asanger, S. 43-66.

Horx, M. (2001): Smart Capitalism: Das Ende der Ausbeutung. Frankfurt am Main: Eichborn.

House, R.J. et al. (Hrsg.) (2004): Culture, Leadership, and Organizations. The GLOBE Study of 62 Societies. Thousand Oaks: SAGE.

House, R.J. et al. (2006): A Failure of Scholarship: Response to George Graen's Critique of GLOBE. – In: Academy of Management Perspectives 20 (4), S. 102-114.

Hubbard, E.E. (2003): Assessing, Measuring, and Analyzing the Impact of Diversity Initiatives. – In: Plummer, D.L. (Hrsg.): Handbook of Diversity Management: Beyond Awareness to Competency Based Learning. New York: University Press of America, S. 271-305.

Hubbard, E.E. (2004): The Diversity Scorecard: Evaluating the Impact of Diversity on Organizational Performance. Burlington: Elsevier.

Huber, G.P. (1991): Organizational Learning: The Contributing Processes and the Literatures. – In: Organization Science 2 (1), S. 88-115.

Hult, G.T.M. et al. (2008): Data equivalence in cross-cultural international business research: assessment and guidelines. – In: Journal of International Business Studies 39 (6), S. 1027-1044.

Hunfeld, H. (1996): Zur Normalität des Fremden: Voraussetzungen eines Lehrplanes für interkulturelles Lernen. – In: BMW AG (Hrsg.): LIFE – Ideen und Materialien für interkulturelles Lernen. Lichtenau: AOL-Verlag, S. 1-10.

Hunfeld, H. (2003): Einige Bemerkungen zur Normalität des Fremden. – In: Bieswanger, M. et al. (Hrsg.): Abgrenzen oder Entgrenzen: Zur Produktivität von Grenzen. Frankfurt am Main: Verlag für Interkulturelle Kommunikation, S. 13-18.

Huntington, S.-P. (1993): The Clash of Civilizations? – In: Foreign Affairs 72 (3), S. 22-49.

Huntington, S.P. (1996): The Clash of Civilizations and the Remaking of World Order. New York: Simon & Schuster.

Hutzschenreuter, T. & Voll, J. (2007): Internationalisierungspfad und Unternehmenserfolg – Implikationen kultureller Distanz in der Internationalisierung. – In: Zeitschrift für betriebswirtschaftliche Forschung 59 (11), S. 814-846.

Huzzard, T. (2004): Communities of domination? Reconceptualising organisational learning and power. – In: Journal of Workplace Learning 16 (6), S. 350-361.

Immel, O. (2012): Von der Leere des Vertrauten: Überlegungen zur Rolle des kulturell Fremden in Prozessen der Selbstaneignung. – In: Bartmann, S. & Immel, O. (Hrsg.): Das Vertraute und das Fremde: Differenzerfahrung und Fremdverstehen im Interkulturalitätsdiskurs. Bielefeld: transcript, S. 109-134.

Inglehart, R. (1998): Modernisierung und Postmodernisierung: Kultureller, wirtschaftlicher und politischer Wandel in 43 Gesellschaften. Frankfurt am Main: Campus.

Ivanova, F. & Hauke, C. (2006): Diversity Management – Lösung zur Steigerung der Wettbewerbsfähigkeit. – In: Becker, M. & Seidel, A. (Hrsg.): Diversity Management: Unternehmens- und Personalpolitik der Vielfalt. Stuttgart: Schäffer-Poeschel, S. 349-361.

Jackson, S.E. & Alvarez, E.B. (1992): Working Through Diversity as a Strategic Imperative. – In: Jackson, S.E. & Associates (Hrsg.): Diversity in the Workplace: Human Resources Initiatives. New York: Guilford Press, S. 13-29.

James, A., Martin, R.L. & Sunley, P.J. (2006): The rise of cultural economic geography. – In: Martin, R.L. & Sunley, P.J. (Hrsg.): Economic Geography: Critical Concepts in the Social Sciences (Bd. 4). London: Routledge, S. 3-18.

Jameson, F. (1991): Postmodernism, or, the cultural logic of late capitalism. Durham: Duke University Press.

Jammal, E. (2003): Kulturelle Befangenheit und Anpassung: Deutsche Auslandsentsandte in arabisch-islamischen Ländern. Wiesbaden: Deutscher Universitäts-Verlag.

Janz, R.-P. (2001): Einleitung. – In: Janz, R.-P. (Hrsg.): Faszination und Schrecken des Fremden. Frankfurt am Main: Suhrkamp, S. 7-18.

Javidan, M. et al. (2006): Conceptualizing and measuring cultures and their consequences: a comparative review of GLOBE's and Hofstede's approaches. – In: Journal of International Business Studies 37 (6), S. 897-914.

Johnston, W.B. & Packer, A.E. (1987): Workforce 2000: Work and Workers for the Twenty-first Century. Indianapolis: Hudson Institute.

Jonasson, M. & Scherle, N. (2012): Performing Co-produced Guided Tours. – In: Scandinavian Journal of Hospitality and Tourism 12 (1), S. 55-73.

Jones, W.R. (1971): The Image of the Barbarian in Medieval Europe. – In: Comparative Studies in Society and History 13 (4), S. 376-407.

Judd, C.M. & Park, B. (1988): Out-Group Homogeneity: Judgments of Variability at the Individual and Group Levels. – In: Journal of Personality and Social Psychology 54 (5), S. 778-788.

Kalscheuer, B. (2005): Die raum-zeitliche Ordnung des Transdifferenten. – In: Allolio-Näcke, L., Kalscheuer, B. & Manzeschke, A. (Hrsg.): Differenzen anders denken: Bausteine zu einer Kulturtheorie der Transdifferenz. Frankfurt am Main: Campus, S. 68-85.

Kanter, R.M. (1995): The Change Masters: Corporate Entrepreneurs at Work. London: Routledge.

Kanter, R.M. (2009): Managing the Human Side of Change. – In: Price, D.L. (Hrsg.): The Principles and Practice of Change. Houndmills: Palgrave Macmillan, S. 175-183.

Kaplan, R.S. & Norton, D.P. (1992): The Balanced Scorecard – Measures that Drive Performance. – In: Harvard Business Review 70 (1), S. 71-79.

Kaplan, R.S. & Norton, D.P. (2002): The Balanced Scorecard: Translating Strategy Into Action. Boston: Harvard Business School Press.

Kast, V. (1994): Angst und Faszination: Emotionen in bezug auf das Fremde. – In: Egner, H. (Hrsg.): Das Eigene und das Fremde: Angst und Faszination. Solothurn: Walter, S. 214-237.

Kealey, D.J. & Ruben, B.D. (1983): Cross-Cultural Personnel Selection Criteria, Issues and Methods. – In: Landis, D. & Brislin, R.W. (Hrsg.): Handbook of Intercultural Training: Issues in Theory and Design (Bd. 1). New York: Pergamon Press, S. 155-175.

Kellner, D. (1989): Jameson, Marxism, and Postmodernism. – In: Kellner, D. (Hrsg.): Postmodernism, Jameson, Critique. Washington: Maisonneuve Press, S. 1-42.

Kelly, E. & Dobbin, F. (1998): How Affirmative Action Became Diversity Management. – In: American Behavioral Scientist 41 (7), S. 960-984.

Keupp, H. (2008): Identitätspolitik zwischen kosmopolitischer Euphorie und fremdenfeindlicher Ausnutzung. – In: Kalscheuer, B. & Allolio-Näcke, L. (Hrsg.): Kulturelle Differenzen begreifen: Das Konzept der Transdifferenz aus interdisziplinärer Sicht. Frankfurt am Main: Campus, S. 147-166.

Kiechl, R. (1990): Wirksam Konflikte lösen. – In: io Management Zeitschrift 59 (7/8), S. 47-50.

Kimmel, M.S., Hearn, J. & Connell, R.W. (Hrsg.) (2005): Handbook of Studies on Men and Masculinities. Thousand Oaks: SAGE.

Kimmerle, H. (2000): Philosophien der Differenz: Eine Einführung. Würzburg: Königshausen & Neumann.

Klauer, K.C. (2008): Soziale Kategorisierung und Stereotypisierung. – In: Petersen, L.-E. & Six, B. (Hrsg.): Stereotype, Vorurteile und soziale Diskriminierung: Theorien, Befunde und Interventionen. Weinheim: Beltz, S. 23-32.

Kleingeld, P. (1997): Kants politischer Kosmopolitismus. – In: Jahrbuch für Recht und Ethik 5, S. 333-348.

Kleingeld, P. (2012): Kant and Cosmopolitanism: The Philosophical Ideal of World Citizenship. Cambridge: Cambridge University Press.

Kleinsteuber, H.J. (2004): Weltkulturen zwischen Glokalität und Transkulturalität. – In: Hanika, K. & Wagner, B. (Hrsg.): Kulturelle Globalisierung und regionale Identität: Beiträge zum kulturpolitischen Diskurs. Essen: Klartext Verlag, S. 64-84.

Kluckhohn, F.R. & Strodtbeck, F.L. (1973): Variations in Value Orientations. Westport: Greenwood Press.

Kohl, K.-H. (2000): Ethnologie – die Wissenschaft vom kulturell Fremden: Eine Einführung. München: Beck.

Kohl, K.-H. (2001): Antike in der Südsee. Körperdarstellungen in den Illustrationen von Reiseberichten des 18. und frühen 19. Jahrhunderts. – In: Gernig, K. (Hrsg.): Fremde Körper: Zur Konstruktion des Anderen in europäischen Diskursen. Berlin: Dahlem University Press, S. 147-175.

Köhler, R. (1998): Internationale Kooperationsstrategien kleinerer Unternehmen. – In: Bruhn, M. & Steffenhagen, H. (Hrsg.): Marktorientierte Unternehmensführung: Reflexionen – Denkanstöße – Perspektiven. Wiesbaden: Gabler, S. 181-204.

Kolb, A. (1963): Ostasien: China – Japan – Korea. Geographie eines Kulturerdteils. Heidelberg: Quelle & Meyer.

Kondratowitz, H.-J. von (2007): Diversity in alternden Gesellschaften – Beiträge der Alternsforschung. – In: Krell, G. et al. (Hrsg.): Diversity Studies: Grundlagen und disziplinäre Ansätze. Frankfurt am Main: Campus, S. 123-142.

Konrad, J. (2006): Stereotype in Dynamik: Zur kulturwissenschaftlichen Verortung eines theoretischen Konzepts. Tönning: Der Andere Verlag.

Korczak, D. (Hrsg.) (2009): Das Fremde, das Eigene und die Toleranz. Kröning: Asanger.

Kosnick, K. (2011): Gender and Diversity. – In: Allemann-Ghionda, C. & Bukow, W.-D. (Hrsg.): Orte der Diversität: Formate, Arrangements und Inszenierungen. Wiesbaden: Verlag für Sozialwissenschaften, S. 161-169.

Köstlin, K. (1988): Die Erfahrung des Fremden. – In: Greverus, I.-M., Köstlin, K. & Schilling, H. (Hrsg.): Kulturkontakt, Kulturkonflikt: Zur Erfahrung des Fremden. Frankfurt am Main: Institut für Kulturanthropologie und Europäische Ethnologie, S. 17-26.

Koujou, S. (2003): Warum soll ich dem Fremden zuhören? Überlegungen zu einer Ethik der Normalität des Fremden. – In: Bieswanger, M. et al. (Hrsg.): Abgrenzen oder Entgrenzen: Zur Produktivität von Grenzen. Frankfurt am Main: Verlag für Interkulturelle Kommunikation, S. 43-54.

Kozlarek, O. (2011): Moderne als Weltbewusstsein: Ideen für eine humanistische Sozialtheorie in der globalen Moderne. Bielefeld: transcript.

Kraidy, M.M. (2005): Hybridity, or the Cultural Logic of Globalization. Philadelphia: Temple University Press.

Kramer, D. (2001): Macht, Recht und Kampf um kulturelle Hegemonie im Zeichen von Globalisierung. – In: Wagner, B. (Hrsg.): Kulturelle Globalisierung – Zwischen Weltkultur und kultureller Fragmentierung. Essen: Klartext Verlag, S. 62-81.

Kramer, W. (1999): Zum Profil des Euro-Managers – Aufgabe und Anforderungen. – In: Bolten, J. (Hrsg.): Cross Culture – Interkulturelles Handeln in der Wirtschaft. Sternenfels: Verlag Wissenschaft & Praxis, S. 83-98.

Krell, G. (1996): Mono- oder multikulturelle Organisationen? ‚Managing Diversity' auf dem Prüfstand. – In: Industrielle Beziehungen. Zeitschrift für Arbeit, Organisation und Management 3 (4), S. 334-350.

Krell, G. (2006): Zum Management von Gender und von Diversity: Generell und speziell bei der Deutschen Bank. – In: Bendl, R., Hanappi-Egger, E. & Hofmann, R. (Hrsg.): Agenda Diversität: Gender- und Diversitätsmanagement in Wissenschaft und Praxis. Mering: Hampp, S. 64-82.

Krell, G. et al. (2007): Einleitung – Diversity Studies als integrierende Forschungsrichtung. – In: Krell, G. et al. (Hrsg.): Diversity Studies: Grundlagen und disziplinäre Ansätze. Frankfurt am Main: Campus, S. 7-16.

Krell, G., Ortlieb, R. & Sieben, B. (Hrsg.) (2011): Chancengleichheit durch Personalpolitik: Gleichstellung von Frauen und Männern in Unternehmen und Verwaltungen: Rechtliche Regelungen – Problemanalysen – Lösungen. Wiesbaden: Gabler.

Krell, G., Pantelmann, H. & Wächter, H. (2006): Diversity (-Dimensionen) und deren Management als Gegenstände der Personalforschung in Deutschland, Österreich und der Schweiz. – In: Krell, G. & Wächter, H. (Hrsg.): Diversity Management: Impulse aus der Personalforschung. Mering: Hampp, S. 25-56.

Krell, G. & Sieben, B. (2011): Diversity Management: Chancengleichheit für alle und auch als Wettbewerbsvorteil. – In: Krell, G., Ortlieb, R. & Sieben, B. (Hrsg.): Chancengleichheit durch Personalpolitik: Gleichstellung von Frauen und Männern in Unternehmen und Verwaltungen: Rechtliche Regelungen – Problemanalysen – Lösungen. Wiesbaden: Gabler, S. 155-174.

Kristeva, J. (1990): Fremde sind wir uns selbst. Frankfurt am Main: Suhrkamp.

Krystek, U. & Zur, E. (2002): Internationalisierung als Herausforderung für die Unternehmensführung: Eine Einführung. – In: Krystek, U. & Zur, E. (Hrsg.): Handbuch Internationalisierung: Globalisierung – eine Herausforderung für die Unternehmensführung. Berlin: Springer, S. 3-19.

Kühlmann, T.M. & Schumann, O. (2003): Trust in German-Mexican Business Relationships. – In: Kopp, H. (Hrsg.): Area Studies, Business and Culture: Results of the Bavarian Research Network forarea. Münster: LIT, S. 356-371.

Kühlmann, T.M. & Stahl, G.K. (1998): Diagnose interkultureller Kompetenz: Entwicklung und Evaluierung eines Assessment Centers. – In: Barmeyer, C.I. & Bolten, J. (Hrsg.): Interkulturelle Personalorganisation. Sternenfels: Verlag Wissenschaft & Praxis, S. 213-224.

Kühne, O. (2012): Stadt – Landschaft – Hybridität: Ästhetische Bezüge im postmodernen Los Angeles mit seinen modernen Persistenzen. Wiesbaden: VS Springer.

Kuschel, K.-J. (1998): Vom Streit zum Wettstreit der Religionen: Lessing und die Herausforderung des Islam. Düsseldorf: Patmos.

Kutschker, M. & Schmid, S. (2011): Internationales Management. München: Oldenbourg.

Labucay, I. (2006): Diversity Management – Eine Analyse aus Sicht der systemtheoretischen und der postmodernen Organisationsforschung. – In: Becker, M. & Seidel, A. (Hrsg.): Diversity Management: Unternehmens- und Personalpolitik der Vielfalt. Stuttgart: Schäffer-Poeschel, S. 75-103.

Lackner, M. & Werner, M. (1998): Der *cultural turn* in den Humanwissenschaften: *Area Studies* im Auf- oder Abwind des Kulturalismus? Bad Homburg: Werner-Reimers-Stiftung.

Lane, H.W., Maznevski, M.L. & Mendenhall, M.E. (2004): Globalization: Hercules Meets Buddha. – In: Lane, H.W. et al. (Hrsg.): The Blackwell Handbook of Global Management: A Guide to Managing Complexity. Malden: Blackwell, S. 3-25.

Lange, R. (2006): Gender-Kompetenz für das Change-Management. Gender und Diversity als Erfolgsfaktoren für organisationales Lernen. Bern: Haupt.

Lechner, F.J. & Boli, J. (2005): World Culture: Origins and Consequences. Malden: Blackwell.

Leed, E.J. (1993): Die Erfahrung der Ferne: Reisen von Gilgamesch bis zum Tourismus unserer Tage. Frankfurt am Main: Campus.

Leenen, W.R., Scheitza, A. & Wiedemeyer, M. (2006a): Diversität nutzen. Münster: Waxmann.

Leenen, W.R., Scheitza, A. & Wiedemeyer, M. (2006b): Kulturelle Diversität in Unternehmen. Zur Diversitätsorientierung von Personalverantwortlichen. – In: Becker, M. & Seidel, A. (Hrsg.): Diversity Management: Unternehmens- und Personalpolitik der Vielfalt. Stuttgart: Schäffer-Poeschel, S. 125-146.

Leggewie, C. (2000): Hybridkulturen. – In: Merkur: Deutsche Zeitschrift für europäisches Denken 617/618, S. 878-889.

Lessing, G.E. (1976): Theologiekritische Schriften I. – In: Göpfert, H.G. (Hrsg.): Gotthold Ephraim Lessing Werke (Bd. 7). München: Hanser, S. 7-309.

Lessing, G.E. (1989): Nathan der Weise. Stuttgart: Reclam.

Leyshon, A. & Lee, R. (2003): Introduction: Alternative Economic Geographies. – In: Leyshon, A., Lee, R. & Williams, C.C. (Hrsg.): Alternative Economic Spaces. London: SAGE, S. 1-26.

Linklater, A. (2006): Cosmopolitanism. – In: Dobson, A. & Eckersley, R. (Hrsg.): Political Theory and the Ecological Challenge. Cambridge: Cambridge University Press, S. 109-127.

Lippmann, W. (1964): Die öffentliche Meinung. München: Rütten & Loening.

Loden, M. & Rosener, J.B. (1991): Workforce America! Managing Employee Diversity as a Vital Resource. Homewood: Irwin.

Löfgren, O. (1999): Crossing Borders. The Nationalization of Anxiety. – In: Ethnologica Scandinavica 29, S. 5-27.

Lösch, K. (2005): Begriff und Phänomen der Transdifferenz: Zur Infragestellung binärer Differenzkonstrukte. – In: Allolio-Näcke, L., Kalscheuer, B. & Manzeschke, A. (Hrsg.): Differenzen anders denken: Bausteine zu einer Kulturtheorie der Transdifferenz. Frankfurt am Main: Campus, S. 26-49.

Losert, A. (2007): Die Diversity Dimension ‚sexuelle Orientierung' in Theorie und Praxis – eine Bestandsaufnahme mit Ausblick. – In: Koall, I., Bruchhagen, V. & Höher, F. (Hrsg.): Diversity Outlooks: Managing Diversity zwischen Ethik, Profit und Antidiskriminierung. Hamburg: LIT, S. 320-336.

Loew, P.O. (2011): Molwanîen ist überall. Die imaginären Welten Ostmitteleuropas, das reisende Individuum und der unaufhörliche Schwall der Erzählungen. – In: Jaworski, R., Loew, P.O. & Pletzing, C. (Hrsg.): Der genormte Blick aufs Fremde: Reiseführer in und über Ostmitteleuropa. Wiesbaden: Harrassowitz, S. 13-17.

Lubensky, M.E. et al. (2004): Diversity and Sexual Orientation: Including and Valuing Sexual Minorities in the Workplace. – In: Stockdale, M.S. & Crosby, F.J. (Hrsg.): The Psychology and Management of Workplace Diversity. Malden: Blackwell, S. 206-223.

Ludwig, R. (2010): Kreolisierung – ein entgrenzter Begriff? – In: Ludwig, R. & Röseberg, D. (Hrsg.): Tout-Monde: Interkulturalität, Hybridisierung, Kreolisierung: Kommunikations- und gesellschaftstheoretische Modelle zwischen ‚alten' und ‚neuen' Räumen. Frankfurt am Main: Lang, S. 93-127.

Ludwig, R. & Röseberg, D. (2010): Tout-Monde: Kommunikations- und gesellschaftstheoretische Modelle zwischen ‚alten' und ‚neuen' Räumen? – In: Ludwig, R. & Röseberg, D. (Hrsg.): Tout-Monde: Interkulturalität, Hybridisierung, Kreolisierung: Kommunikations- und gesellschaftstheoretische Modelle zwischen ‚alten' und ‚neuen' Räumen. Frankfurt am Main: Lang, S. 9-30.

Lufthansa Group (2012): Soziale Verantwortung: Diversity – Verpflichtung und Chance. – In: http://verantwortung.lufthansa.com/soziale-verantwortung/diversity.html. [Zugriff am 6. Juni 2012]

Luger, K. (2004): Horizontverschiebungen: Imagination und Erfahrung von Fremdheit im Tourismus. – In: Luger, K., Baumgartner, C. & Wöhler, K. (Hrsg.): Ferntourismus wohin? Der globale Tourismus erobert den Horizont. Innsbruck: Studien-Verlag, S. 39-55.

Luger, K., Baumgartner, C. & Wöhler, K. (Hrsg.) (2004): Ferntourismus wohin? Der globale Tourismus erobert den Horizont. Innsbruck: Studien-Verlag.

Luhmann, N. (1989): Vertrauen: Ein Mechanismus der Reduktion sozialer Komplexität. Stuttgart: Enke.

Luig, U. (2007): Diversity als Lebenszusammenhang – Ethnizität, Religion und Gesundheit im transnationalen Kontext. – In: Krell, G. et al. (Hrsg.): Diversity Studies: Grundlagen und disziplinäre Ansätze. Frankfurt am Main: Campus, S. 87-108.

Lutz, H. & Wenning, N. (Hrsg.) (2001): Unterschiedlich verschieden: Differenz in der Erziehungswissenschaft. Opladen: Leske & Budrich.

Lyotard, J.-F. (1984): The Postmodern Condition: A Report on Knowledge. Manchester: Manchester University Press.

MacCannell, D. (1973): Staged Authenticity: Arrangements of Social Space in Tourist Settings. – In: American Journal of Sociology 79 (3), S. 589-603.

Macharzina, K. (1995): Interkulturelle Perspektiven einer management- und führungsorientierten Betriebswirtschaftslehre. – In: Wunderer, R. (Hrsg.): Betriebswirtschaftslehre als Management- und Führungslehre. Stuttgart: Schäffer-Poeschel, S. 265-283.

Macharzina, K. & Oesterle, M.-J. (2002): Das Konzept der Internationalisierung im Spannungsfeld zwischen praktischer Relevanz und theoretischer Unschärfe. – In: Macharzina, K. & Oesterle, M.-J. (Hrsg.): Handbuch Internationales Management: Grundlagen – Instrumente – Perspektiven. Wiesbaden: Gabler, S. 3-21.

Macharzina, K., Oesterle, M.-J. & Wolf, J. (1998): Europäische Managementstile – Eine kulturorientierte Analyse. – In: Berger, R. & Steger, U. (Hrsg.): Auf dem Weg zur Europäischen Unternehmensführung: Ein Lesebuch für Manager und Europäer. München: Beck, S. 137-164.

Macrae, C.N. & Bodenhausen, G.V. (2000): Social Cognition: Thinking Categorically about Others. – In: Annual Review of Psychology 51, S. 93-120.

Maletzke, G. (1996): Interkulturelle Kommunikation: Zur Interaktion zwischen Menschen verschiedener Kulturen. Opladen: Westdeutscher Verlag.

March, J.G. & Olsen, J.P. (1975): The Uncertainty of the Past: Organizational Learning under Ambiguity. – In: European Journal of Political Research 3 (2), S. 147-171.

March, J.G. & Olsen, J.P. (1976): Ambiguity and Choice in Organizations. Bergen: Universitetsforlaget.

Marcuse, H. (1968): Bemerkungen zu einer Neubestimmung der Kultur. – In: Marcuse, H. (Hrsg.): Kultur und Gesellschaft (Bd. 2). Frankfurt am Main: Suhrkamp, S. 147-171.

Margalit, A. (2000): Der Ring: Über religiösen Pluralismus. – In: Forst, R. (Hrsg.): Toleranz: Philosophische Grundlagen und gesellschaftliche Praxis einer umstrittenen Tugend. Frankfurt am Main: Campus, S. 162-176.

Marx, K. (1842): Debatten über Preßfreiheit und Publikation der Landständischen Verhandlungen. – In: Rheinische Zeitung Nr. 130 vom 10. Mai 1842.

Maseland, R. & Hoorn, A. van (2009): Explaining the negative correlation between values and practices: A note on the Hofstede-GLOBE debate. – In: Journal of International Business Studies 40 (3), S. 527-532.

Maugham, S. (1972): The Razor's Edge. London: Penguin.

Maznevski, M.L. & Lane, H.W. (2003): Shaping the global mindset: Designing educational experiences for effective global thinking and action. – In: Boyacigiller, N.A., Goodman, R.A. & Phillips, M.E. (Hrsg.): Crossing Cultures: Insights from Master Teachers. New York: Routledge, S. 171-184.

McCall, L. (2005): The Complexity of Intersectionality. – In: Signs: Journal of Women in Culture and Society 30 (3), S. 1771-1800.

McLuhan, M. (1994): Die magischen Kanäle: Understanding Media. Dresden: Verlag der Kunst.

Meissner, H.G. (1997): Der Kulturschock in der Betriebswirtschaftslehre. – In: Engelhard, J. (Hrsg.): Interkulturelles Management: Theoretische Fundierung und funktionsbereichsspezifische Konzepte. Wiesbaden: Gabler, S. 1-14.

Mensi-Klarbach, H. (2012): Der Business Case für Diversität und Diversitätsmanagement. – In: Bendl, R., Hanappi-Egger, E. & Hofmann, R. (Hrsg.): Diversität und Diversitätsmanagement. Wien: Facultas, S. 299-326.

Menzel, U. (1998): Globalisierung versus Fragmentierung. Frankfurt am Main: Suhrkamp.

Meuser, M. (2009): Humankapital Gender. Geschlechterpolitik zwischen Ungleichheitssemantik und ökonomischer Logik. – In: Andresen, S., Koreuber, M. & Lüdke, D. (Hrsg.): Gender und Diversity: Albtraum oder Traumpaar? Interdisziplinärer Dialog zur ‚Modernisierung' von Geschlechter- und Gleichstellungspolitik. Wiesbaden: Verlag für Sozialwissenschaften, S. 95-109.

Mey, W. (1999): Nach der Toleranz – Anleitungen zur Gleich-Gültigkeit: Anmerkungen zu einem fälligen Perspektivenwechsel in der Museumspädagogik. – In: Duala-M'bedy, L.J. (Hrsg.): Die Entgegnung des Fremden im Museum: Xenologie und Museumspädagogik. Oberhausen: Athena, S. 114-126.

Meyer, P. (1999): Methodologische Überlegungen zu einer kulturvergleichenden Geographie oder: ‚Auf der Suche nach dem Orient'. – In: Geographische Zeitschrift 87 (3+4), S. 148-164.

Mill, S. (2005): Transdifferenz und Hybridität – Überlegungen zur Abgrenzung zweier Konzepte. – In: Allolio-Näcke, L., Kalscheuer, B. & Manzeschke, A. (Hrsg.): Differenzen anders denken: Bausteine zu einer Kulturtheorie der Transdifferenz. Frankfurt am Main: Campus, S. 431-442.

Moebius, S. (2008): Identitäten im Sinne der *différance*. Transdifferente Subjektpositionen im Ausgang einer poststrukturalistischen Sozialwissenschaft. – In: Kalscheuer, B. & Allolio-Näcke, L. (Hrsg.): Kulturelle Differenzen begreifen: Das Konzept der Transdifferenz aus interdisziplinärer Sicht. Frankfurt am Main: Campus, S. 189-211.

Montaigne, M. de (1957): Essais. Zürich: Manesse.

Moon, J., Crane, A. & Matten, D. (2008): Citizenship als Bezugsrahmen für politische Macht und Verantwortung der Unternehmen. – In: Backhaus-Maul, H. et al. (Hrsg.): Corporate Citizenship in Deutschland: Bilanz und Perspektiven. Wiesbaden: Verlag für Sozialwissenschaften, S. 45-67.

Moosmüller, A. (1997): Kulturen in Interaktion: Deutsche und US-amerikanische Firmenentsandte in Japan. Münster: Waxmann.

Moosmüller, A. (2009): Kulturelle Differenz: Diskurse und Kontexte. – In: Moosmüller, A. (Hrsg.): Konzepte kultureller Differenz. Münster: Waxmann, S. 13-45.

Moran, R.T., Harris, P.R. & Moran, S.V. (2011): Managing Cultural Differences: Leadership Skills and Strategies for Working in a Global World. Amsterdam: Elsevier.

Moscucci, O. (1993): The Science of Woman: Gynaecology and Gender in England, 1800–1929. Cambridge: Cambridge University Press.

Mujtaba, B.G. (2010): Workforce Diversity Management: Challenges, Competencies and Strategies. Davie: ILEAD Academy Publications.

Mulder, M. (1971): Power Equalization through Participation? – In: Administrative Science Quarterly 16 (1), S. 31-38.

Müller, B.-D. (1993): Interkulturelle Kompetenz: Annäherung an einen Begriff. – In: Wierlacher, A. et al. (Hrsg.): Jahrbuch Deutsch als Fremdsprache (Bd. 19). München: Iudicium, S. 63-76.

Müller-Fohrbrodt, G. (2003): Konflikte und Konfliktmanagement. – In: Wächter, H., Vedder, G. & Führing, M. (Hrsg.): Personelle Vielfalt in Organisationen. Mering: Hampp, S. 87-99.

Mummendey, A., Kessler, T. & Otten, S. (2009): Sozialpsychologische Determinanten – Gruppenzugehörigkeit und soziale Kategorisierung. – In: Beelmann, A. & Jonas, K.J. (Hrsg.): Diskriminierung und Toleranz: Psychologische Grundlagen und Anwendungsperspektiven. Wiesbaden: Verlag für Sozialwissenschaften, S. 43-60.

Münkler, H. & Ladwig, B. (1997): Dimensionen der Fremdheit. – In: Münkler, H. (Hrsg.): Furcht und Faszination: Facetten der Fremdheit. Berlin: Akademie Verlag, S. 11-44.

Murray, W.E. (2011): Geographies of Globalization. London: Routledge.

Nadler, D.A. & Tushman, M.L. (2009): Organizational Frame Bending: Principles for Managing Reorientation. – In: Price, D.L. (Hrsg.): The Principles and Practice of Change. Houndmills: Palgrave Macmillan, S. 74-92.

Nassehi, A. (1995): Der Fremde als Vertrauter. Soziologische Beobachtungen zur Konstruktion von Identitäten und Differenzen. – In: Kölner Zeitschrift für Soziologie und Sozialpsychologie 47 (3), S. 443-463.

Nederveen Pieterse, J. (1998): Der Melange-Effekt: Globalisierung im Plural. – In: Beck, U. (Hrsg.): Perspektiven der Weltgesellschaft. Frankfurt am Main: Suhrkamp, S. 87-124.

Nederveen Pieterse, J. (1999): Globale/lokale Melange: Globalisierung und Kultur – Drei Paradigmen. – In: Kossek, B. (Hrsg.): Gegen-Rassismen: Konstruktionen – Interaktionen – Interventionen. Hamburg: Argument Verlag, S. 167-185.

Nederveen Pieterse, J. (2001): Hybridity, So What? The Anti-Hybridity Backlash and the Riddles of Recognition. – In: Theory, Culture & Society 18 (2-3), S. 219-245.

Nederveen Pieterse, J. (2005): Hybridität, na und? – In: Allolio-Näcke, L., Kalscheuer, B. & Manzeschke, A. (Hrsg.): Differenzen anders denken: Bausteine zu einer Kulturtheorie der Transdifferenz. Frankfurt am Main: Campus, S. 396-430.

Nell, W. (2006): Diversity Management vor migrationsgesellschaftlichem Hintergrund. – In: Becker, M. & Seidel, A. (Hrsg.): Diversity Management: Unternehmens- und Personalpolitik der Vielfalt. Stuttgart: Schäffer-Poeschel, S. 277-294.

Newman, D. & Paasi, A. (1998): Fences and neighbours in the postmodern world: boundary narratives in political geography. – In: Progress in Human Geography 22 (2), S. 186-207.

Nicklas, H. & Ostermann, Ä. (1989): Die Rolle von Images in der Politik: Die Ideologie und ihre Bedeutung für die Imagebildung am Beispiel des Ost-West-Konflikts. – In: Bundeszentrale für politische Bildung (Hrsg.): Völker und Nationen im Spiegel der Medien. Bonn: Schriftenreihe der Bundeszentrale für politische Bildung, S. 22-35.

Nothnagel, D. (1989): Der Fremde im Mythos: Kulturvergleichende Überlegungen zur gesellschaftlichen Konstruktion einer Sozialfigur. Frankfurt am Main: Lang.

Ó Tuathail, G. & Dalby, S. (1998): Rethinking Geopolitics. London: Routledge.

Obrecht, A., Prinz, M. & Svoboda, A. (Hrsg.) (1992): Kultur des Reisens: Notizen, Berichte, Reflexionen. Wien: Verlag für Gesellschaftskritik.

Oechsler, W.A. (1992): Konflikt. – In: Frese, E. (Hrsg.): Handwörterbuch der Organisation. Stuttgart: Poeschel, Sp. 1131-1143.

Ohle, K. (1978): Das Ich und das Andere: Grundzüge einer Soziologie des Fremden. Stuttgart: Fischer.

Ortu, M. (1999): Die Xenologie als Bezugswissenschaft der Postmoderne. – In: Duala-M'bedy, L.J. (Hrsg.): Die Entgegnung des Fremden im Museum: Xenologie und Museumspädagogik. Oberhausen: Athena, S. 41-58.

Osterloh, M. (1994): Kulturalismus versus Universalismus: Reflektionen zu einem Grundlagenproblem des interkulturellen Managements. – In: Schiemenz, B. & Wurl, H.-J. (Hrsg.): Internationales Management: Beiträge zur Zusammenarbeit. Wiesbaden: Gabler, S. 95-116.

Otten, S. & Matschke, C. (2008): Dekategorisierung, Rekategorisierung und das Modell wechselseitiger Differenzierung. – In: Petersen, L.-E. & Six, B. (Hrsg.): Stereotype, Vorurteile und soziale Diskriminierung: Theorien, Befunde und Interventionen. Weinheim: Beltz, S. 292-300.

Ouchi, W.G. (1981): Theory Z: How American Business Can Meet the Japanese Challenge. Reading: Addison-Wesley.

Oudshoorn, N. (2004): Die natürliche Ordnung der Dinge? Reproduktionswissenschaften und die Politik des ‚Othering'. – In: Lenz, I., Mense, L. & Ullrich, C. (Hrsg.): Reflexive Körper? Zur Modernisierung von Sexualität und Reproduktion. Opladen: Leske & Budrich, S. 241-254.

Paatsch, U. (1999): Begegnung mit dem Fremden: Museumspädagogischer Modellversuch der Bund-Länderkommission für Bildungsplanung und Forschungsförderung. – In: Duala-M'bedy, L.J. (Hrsg.): Die Entgegnung des Fremden im Museum: Xenologie und Museumspädagogik. Oberhausen: Athena, S. 73-80.

Page, S.E. (2007): The Difference: How the Power of Diversity Creates Better Groups, Firms, Schools, and Societies. Princeton: Princeton University Press.

Park, R.E. (1964): Race and Culture: Essays in the Sociology of Contemporary Man. New York: Free Press.

Pascale, R.T. & Athos, A.G. (1982): The Art of Japanese Management. Harmondsworth: Penguin.

Peck, J. (2005): Economic Sociologies in Space. – In: Economic Geography 81 (2), S. 129-175.

Perko, G. & Czollek, L.C. (2007): ‚Diversity' in außerökonomischen Kontexten: Bedingungen und Möglichkeiten der Umsetzung. – In: Broden, A. & Mecheril, P. (Hrsg.): Re-Präsentationen: Dynamiken der Migrationsgesellschaft. Düsseldorf: IDA-NRW, S. 161-180.

Petersen, C. (2007): Von der Moderne zur Postmoderne: Aspekte des Epochenwandels. – In: Sagmo, I. (Hrsg.): Moderne, Postmoderne – und was noch? Frankfurt am Main: Lang, S. 9-27.

Petersen, L.-E. & Dietz, J. (2005): Prejudice and Enforcement of Workforce Homogeneity as Explanations for Employment Discrimination. – In: Journal of Applied Social Psychology 35 (1), S. 144-159.

Petersen, L.-E. & Dietz, J. (2006): Die Bedeutung von Stereotypen und Vorurteilen für das Diversity Management. – In: Becker, M. & Seidel, A. (Hrsg.): Diversity Management: Unternehmens- und Personalpolitik der Vielfalt. Stuttgart: Schäffer-Poeschel, S. 105-122.

Petersen, L.-E. & Six, B. (Hrsg.) (2008): Stereotype, Vorurteile und soziale Diskriminierung: Theorien, Befunde und Interventionen. Weinheim: Beltz.

Plett, A. (2002): Managing Diversity – Theorie und Praxis der Arbeit von Lee Gardenswartz und Anita Rowe. – In: Koall, I., Bruchhagen, V. & Höher, F. (Hrsg.): Vielfalt statt Lei(d)tkultur: Managing Gender und Diversity. Münster: LIT, S. 99-112.

Plummer, D.L. (2003): Overview of the Field of Diversity Management. – In: Plummer, D.L. (Hrsg.): Handbook of Diversity Management: Beyond Awareness to Competency Based Learning. New York: University Press of America, S. 1-49.

Poferl, A. & Sznaider, N. (2004): Auf dem Weg in eine andere Soziologie. Einleitung. – In: Poferl, A. & Sznaider, N. (Hrsg.): Ulrich Becks kosmopolitisches Projekt: Auf dem Weg in eine andere Soziologie. Baden-Baden: Nomos, S. 9-16.

Pogge, T. (2002): Kosmopolitanismus und Souveränität. – In: Lutz-Bachmann, M. & Bohman, J. (Hrsg.): Weltstaat oder Staatenwelt? Für und wider die Idee einer Weltrepublik. Frankfurt am Main: Suhrkamp, S. 125-171.

Popke, J. (2007): Geography and ethics: spaces of cosmopolitan responsibility. – In: Progress in Human Geography 31 (4), S. 509-518.

Popper, K. (1945): The Open Society and Its Enemies. London: Routledge & Kegan Paul.

Popper, K. (1982): Duldsamkeit und intellektuelle Verantwortlichkeit. – In: Stuhlmacher, D. & Abramowski, L. (Hrsg.): Toleranz. Tübingen: Attempto, S. 173-185.

Powers, B. (1996): The Impact of Gay, Lesbian, and Bisexual Workplace Issues on Productivity. – In: Ellis, A.L. & Riggle, E.D.B. (Hrsg.): Sexual Identity on the Job: Issues and Services. Binghamton: Haworth Press, S. 79-90.

Prengel, A. (2007): Diversity Education – Grundlagen und Probleme der Pädagogik der Vielfalt. – In: Krell, G. et al. (Hrsg.): Diversity Studies: Grundlagen und disziplinäre Ansätze. Frankfurt am Main: Campus, S. 49-67.

Prinz, G. (1970): Heterostereotype durch Massenkommunikation. – In: Publizistik 15 (3), S. 195-210.

Proksch, S. (2010): Konfliktmanagement im Unternehmen: Mediation als Instrument für Konflikt- und Kooperationsmanagement am Arbeitsplatz. Berlin: Springer.

Purtschert, P. (2007): Diversity Management: Mehr Gewinn durch weniger Diskriminierung? Von der Differenz im Umgang mit Differenzen. – In: Femina Politica 1/2007, S. 88-96.

Pütz, R. (2004): Transkulturalität als Praxis: Unternehmer türkischer Herkunft in Berlin. Bielefeld: transcript.

Quindeau, I. (1999): Psychoanalytische Sicht auf Fremdheit: Fremde – Andere – Dritte. – In: Kiesel, D., Messerschmidt, A. & Scherr, A. (Hrsg.): Die Erfindung der Fremdheit: Zur Kontroverse um Gleichheit und Differenz im Sozialstaat. Frankfurt am Main: Brandes & Apsel, S. 167-183.

Radtke, F.-O. (1991): Lob der Gleich-Gültigkeit: Zur Konstruktion des Fremden im Diskurs des Multikulturalismus. – In: Bielefeld, U. (Hrsg.): Das Eigene und das Fremde: Neuer Rassismus in der Alten Welt? Hamburg: Junius, S. 79-96.

Rastetter, D. (2006): Managing Diversity in Teams: Erkenntnisse aus der Gruppenforschung. – In: Krell, G. & Wächter, H. (Hrsg.): Diversity Management: Impulse aus der Personalforschung. Mering: Hampp, S. 81-108.

Rawls, J. (1975): Eine Theorie der Gerechtigkeit. Frankfurt am Main: Suhrkamp.

Reber, G. (1989): Lernen und Planung. – In: Szyperski, N. (Hrsg.): Handwörterbuch der Planung. Stuttgart: Poeschel, Sp. 960-972.

Reckwitz, A. (2008): Generalisierte Hybridität und Diskursanalyse: Zur Dekonstruktion von ‚Hybriditäten' in spätmodernen populären Subjektdiskursen. – In: Kalscheuer, B. & Allolio-Näcke, L. (Hrsg.): Kulturelle Differenzen begreifen: Das Konzept der Transdifferenz aus interdisziplinärer Sicht. Frankfurt am Main: Campus, S. 17-39.

Regnet, E. (2001): Konflikte in Organisationen: Formen, Funktionen und Bewältigung. Göttingen: Hogrefe.

Reuber, P. & Wolkersdorfer, G. (2004): Auf der Suche nach der Weltordnung? Geopolitische Leitbilder und ihre Rolle in den Krisen und Konflikten des neuen Jahrtausends. – In: Petermanns Geographische Mitteilungen 148 (2), S. 12-19.

Reuter, J. (2002): Ordnungen des Anderen: Zum Problem des Eigenen in der Soziologie des Fremden. Bielefeld: transcript.

Rhodes, J.M. (1999): Making the Business Case for Diversity in American Companies. – In: Personalführung 32 (5), S. 22-26.

Ricken, N. & Balzer, N. (2007): Differenz: Verschiedenheit – Andersheit – Fremdheit. – In: Straub, J., Weidemann, A. & Weidemann, D. (Hrsg.): Handbuch interkulturelle Kommunikation und Kompetenz: Grundbegriffe – Theorien – Anwendungsfelder. Stuttgart: Metzler, S. 56-69.

Ricœur, P. (2000): Toleranz, Intoleranz und das Nicht-Tolerierbare. – In: Forst, R. (Hrsg.): Toleranz: Philosophische Grundlagen und gesellschaftliche Praxis einer umstrittenen Tugend. Frankfurt am Main: Campus, S. 26-44.

Riegel, C. (2012): Folgenreiche Unterscheidungen. Repräsentationen des ‚Eigenen und Fremden' im interkulturellen Bildungskontext. – In: Bartmann, S. & Immel, O. (Hrsg.): Das Vertraute und das Fremde: Differenzerfahrung und Fremdverstehen im Interkulturalitätsdiskurs. Bielefeld: transcript, S. 203-217.

Rieger, C. (2006): Die Diversity Scorecard als Instrument zur Bestimmung des Erfolges von Diversity-Maßnahmen. – In: Becker, M. & Seidel, A. (Hrsg.): Diversity Management: Unternehmens- und Personalpolitik der Vielfalt. Stuttgart: Schäffer-Poeschel, S. 257-273.

Riehle, W. (1997): Internationalisierung von Unternehmen: Strategische Hintergründe und Wirkungen am Standort Deutschland. – In: Heidelberger Club für Wirtschaft und Kultur e.V. (Hrsg.): Globalisierung: Der Schritt in ein neues Zeitalter. Berlin: Springer, S. 157-166.

Ritzer, G. (1993): The McDonaldization of Society: An Investigation Into the Changing Character of Contemporary Social Life. Thousand Oaks: Pine Forge Press.

Rodrian, P. (2009): Das Erbe der deutschen Kolonialzeit im Fokus des ‚Tourist Gaze' deutscher Touristen. Würzburg: Selbstverlag des Instituts für Geographie der Universität Würzburg.

Rosa, H. (2005): Beschleunigung: Die Veränderung der Zeitstrukturen in der Moderne. Frankfurt am Main: Suhrkamp.

Rössner, M. (2008): Ein Blick auf Weltordnungen und Zwischenwelten. Vom 16. bis zum 20. Jahrhundert. – In: Toro, A. de (Hrsg.): Andersheit: Von der Eroberung bis zu New World Borders. Das Eigene und das Fremde. Globalisierungs- und Hybriditätsstrategien in Lateinamerika. Hildesheim: Olms, S. 41-60.

Rothlauf, J. (1999): Interkulturelles Management: mit Beispielen aus Vietnam, China, Japan, Rußland und Saudi-Arabien. München: Oldenbourg.

Roudometof, V. (2005): Transnationalism and Cosmopolitanism: Errors of Globalism. – In: Appelbaum, R.P. & Robinson, W.I. (Hrsg.): Critical Globalization Studies. New York: Routledge, S. 65-74.

Rozbicki, M.J. & Ndege, G.O. (Hrsg.) (2012): Cross-cultural history and the domestication of otherness. New York: Palgrave Macmillan.

Ruben, B.D. (1989): The Study of Cross-Cultural Competence: Traditions and Contemporary Issues. – In: International Journal of Intercultural Relations 13 (3), S. 229-240.

Ruff, W. (1993): Das Fremde. Anlaß zur Verführung und Verurteilung. – In: Streeck, U. (Hrsg.): Das Fremde in der Psychoanalyse: Erkundungen über das ‚Andere' in Seele, Körper und Kultur. München: Pfeiffer, S. 280-292.

Rufin, J.-C. (1993): Das Reich und die neuen Barbaren. Berlin: Volk und Welt.

Rump, J. (2003): Alter und Altern: Die Berücksichtigung der Intergenerativität und der Lebensphasenorientierung. – In: Wächter, H., Vedder, G. & Führing, M. (Hrsg.): Personelle Vielfalt in Organisationen. Mering: Hampp, S. 153-171.

Rushdie, S. (1991): Imaginary Homelands: Essays and Criticism 1981–1991. New York: Viking.

Sabattini, L. & Crosby, F. (2008): Overcoming Resistance: Structures and Attitudes. – In: Thomas, K.M. (Hrsg.): Diversity Resistance in Organizations. New York: Lawrence Erlbaum Associates, S. 273-301.

Said, E.W. (1981): Orientalismus. Frankfurt am Main: Ullstein.

Said, E.W. (1994): Kultur und Imperialismus: Einbildungskraft und Politik im Zeitalter der Macht. Frankfurt am Main: Fischer.

Said, E.W. (1995): Orientalism: Western Conceptions of the Orient. London: Penguin.

Sander, S. (2012): Fremdverstehen als Gestaltung von Kultur? Interkulturelle Hermeneutik im Kontext von Sozialtheorie und Kulturphilosophie. – In: Bartmann, S. & Immel, O. (Hrsg.): Das Vertraute und das Fremde: Differenzerfahrung und Fremdverstehen im Interkulturalitätsdiskurs. Bielefeld: transcript, S. 35-51.

Sayer, A. (1999): Valuing Culture and Economy. – In: Ray, L. & Sayer, A. (Hrsg.): Culture and Economy After the Cultural Turn. London: SAGE, S. 53-75.

Scarborough, J. (1998): The origins of cultural differences and their impact on management. Westport: Quorum Books.

Schäffter, O. (1991): Modi des Fremderlebens: Deutungsmuster im Umgang mit Fremdheit. – In: Schäffter, O. (Hrsg.): Das Fremde: Erfahrungsmöglichkeiten zwischen Faszination und Bedrohung. Opladen: Westdeutscher Verlag, S. 11-42.

Scharfetter, C. (1994): Im Fremden das Eigene erkennen – Erfahrungen aus der Psychiatrie. – In: Egner, H. (Hrsg.): Das Eigene und das Fremde: Angst und Faszination. Solothurn: Walter, S. 13-27.

Scharrer, J. (2000): Internationalisierung und Länderselektion: Eine empirische Analyse mittelständischer Unternehmen in Bayern. München: VVF.

Scherle, N. (2003): Interkulturelle Unternehmenskooperationen im Tourismussektor im Spannungsfeld von Konflikten und deren Lösungsansätzen. – In: Peripherie 23 (89), S. 89-110.

Scherle, N. (2006): Bilaterale Unternehmenskooperationen im Tourismussektor: Ausgewählte Erfolgsfaktoren. Wiesbaden: Gabler.

Scherle, N. (2011): Nichts Fremdes ist mir fremd. Reiseführer im Kontext von Raum und der systemimmanenten Dialektik des Verständnisses von Eigenem und Fremdem. – In: Jaworski, R., Loew, P.O. & Pletzing, C. (Hrsg.): Der genormte Blick aufs Fremde: Reiseführer in und über Ostmitteleuropa. Wiesbaden: Harrassowitz, S. 53-70.

Scherle, N. & Coles, T. (2008): International business networks and intercultural communications in the production of tourism. – In: Coles, T. & Hall, C.M. (Hrsg.): International Business and Tourism: Global issues, contemporary interactions. London: Routledge, S. 124-142.

Scherle, N. & Hopfinger, H. (2007): Tourismus und Medien zu Beginn des 21. Jahrhunderts. – In: Günther, A. et al. (Hrsg.): Tourismusforschung in Bayern: Aktuelle sozialwissenschaftliche Beiträge. München: Profil, S. 363-370.

Scherle, N. & Nonnenmann, A. (2008): Swimming in Cultural Flows: Conceptualising Tour Guides as Intercultural Mediators and Cosmopolitans. – In: Journal of Tourism and Cultural Change 6 (2), S. 120-137.

Schissler, H. (2006): Toleranz ist nicht genug. Migration in deutschen Schulbüchern und Curricula. – In: Boatcă, M., Neudecker, C. & Rinke, S. (Hrsg.): Des Fremden Freund, des Fremden Feind: Fremdverstehen in interdisziplinärer Perspektive. Münster: Waxmann, S. 51-64.

Schlegel, A.W. (1798/1962): Kritische Schriften und Briefe I: Sprache und Poetik. Stuttgart: Kohlhammer.

Schlegel, A.W. (1802/1965): Kritische Schriften und Briefe IV: Geschichte der romantischen Literatur. Stuttgart: Kohlhammer.

Schmid, S. (1996): Multikulturalität in der internationalen Unternehmung: Konzepte – Reflexionen – Implikationen. Wiesbaden: Gabler.

Schmid, S. & Kotulla, T. (2010): Die GLOBE-Studie: Kultur und erfolgreiches Leadership in Zeiten der Globalisierung. – In: Wirtschaftswissenschaftliches Studium 39 (2), S. 61-67.

Schmid, S. & Thomas, A. (2008): Transdifferenz aus der Perspektive der interkulturellen Psychologie. – In: Kalscheuer, B. & Allolio-Näcke, L. (Hrsg.): Kulturelle Differenzen begreifen: Das Konzept der Transdifferenz aus interdisziplinärer Sicht. Frankfurt am Main: Campus, S. 117-128.

Schmitthenner, H. (1951): Lebensräume im Kampf der Kulturen. Heidelberg: Quelle & Meyer.

Schmude, J. & Namberger, P. (2014): Tourismusgeographie. Darmstadt: Wissenschaftliche Buchgesellschaft.

Schneider, I. (1997): Von der Vielsprachigkeit zur ‚Kunst der Hybridation'. Diskurse des Hybriden. – In: Schneider, I. & Thomsen, C.W. (Hrsg.): Hybridkultur: Medien, Netze, Künste. Köln: Wienand, S. 13-66.

Schneider, N. (1999): Über Toleranz und ihre Grenzen. – In: Drechsel, P. et al. (Hrsg.): Interkulturalität: Grundprobleme der Kulturbegegnung. Mainz: Universität Mainz, S. 255-282.

Schneider, S.C. & Barsoux, J.-L. (2003): Managing Across Cultures. London: Prentice Hall.

Schöfthaler, T. (1996): Prinzipien der Toleranz – eine Deklaration der UNESCO. – In: Wierlacher, A. (Hrsg.): Kulturthema Toleranz: Zur Grundlegung einer interdisziplinären und interkulturellen Toleranzforschung. München: Iudicium, S. 673-682.

Schreyögg, G. (1988): Zu den problematischen Konsequenzen starker Unternehmenskulturen. Hagen: Diskussionsbeiträge des Fachbereichs Wirtschaftswissenschaft der Fernuniversität Hagen.

Schreyögg, G. & Noss, C. (2000): Von der Episode zum fortwährenden Prozess: Wege jenseits der Gleichgewichtslogik im organisatorischen Wandel. – In: Schreyögg, G. & Conrad, P. (Hrsg.): Organisatorischer Wandel und Transformation. Wiesbaden: Gabler, S. 33-62.

Schriner, K. (2001): A Disability Studies Perspective on Employment Issues and Policies for Disabled People. An International View. – In: Albrecht, G.L., Seelman, K.D. & Bury, M. (Hrsg.): Handbook of Disability Studies. Thousand Oaks: SAGE, S. 642-662.

Schröter, S. (2009): Gender und Diversität. Kulturwissenschaftliche und historische Annäherungen. – In: Andresen, S., Koreuber, M. & Lüdke, D. (Hrsg.): Gender und Diversity: Albtraum oder Traumpaar? Interdisziplinärer Dialog zur ‚Modernisierung' von Geschlechter- und Gleichstellungspolitik. Wiesbaden: Verlag für Sozialwissenschaften, S. 79-94.

Schulte, B. (1997): Kulturelle Hybridität: Kulturanthropologische Anmerkungen zu einem ‚Normalzustand'. – In: Schneider, I. & Thomsen, C.W. (Hrsg.): Hybridkultur: Medien, Netze, Künste. Köln: Wienand, S. 245-263.

Schultz, P. (2006): 1000 places to see before you die. Königswinter: Tandem.

Schulz, A. (2009): Strategisches Diversitätsmanagement: Unternehmensführung im Zeitalter der kulturellen Vielfalt. Wiesbaden: Gabler.

Schulz, P. (2003): Möglichkeiten und Grenzen einer ‚Ethik der Normalität des Fremden'. – In: Bieswanger, M. et al. (Hrsg.): Abgrenzen oder Entgrenzen: Zur Produktivität von Grenzen. Frankfurt am Main: Verlag für Interkulturelle Kommunikation, S. 55-63.

Schumpeter, J.A. (1926): Theorie der wirtschaftlichen Entwicklung: Eine Untersuchung über Unternehmergewinn, Kapital, Kredit, Zins und den Konjunkturzyklus. München: Duncker & Humblot.

Schumpeter, J.A. (1946): Kapitalismus, Sozialismus und Demokratie. Bern: Francke.

Schueth, S. & O'Loughlin, J. (2008): Belonging to the world: Cosmopolitanism in geographic contexts. – In: Geoforum 39 (2), S. 926-941.

Schütz, A. (1944/1972): Der Fremde: Ein sozialpsychologischer Versuch. – In: Brodersen, A. (Hrsg.): Alfred Schütz: Gesammelte Aufsätze II – Studien zur soziologischen Theorie. Den Haag: Nijhoff, S. 53-69.

Schütze, J.K. (1998): Es gibt keinen Grund, das Reisen den Büchern vorzuziehen. – In: Gohlis, T. et al. (Hrsg.): Voyage – Jahrbuch für Reise- & Tourismusforschung. Köln: DuMont, S. 50-52.

Schütze, J.K. (1999): Erfindung des Fremden beim Verreisen. – In: Franzmann, B. (Hrsg.): Reisezeit – Lesezeit: Dokumentation der Reiseliteratur-Fachtagungen der Stiftung Lesen in Apolda, Weimar und Leipzig (1996–1999). München: Profil, S. 26-32.

Schwarz, G. (2010): Konfliktmanagement: Konflikte erkennen, analysieren, lösen. Wiesbaden: Gabler.

Schwarz, T. (2010): Bedrohung, Gastrecht, Integrationspflicht: Differenzkonstruktionen im deutschen Ausweisungsdiskurs. Bielefeld: transcript.

Schwenker, B. (2009): Globalisierung oder Regionalisierung – Quo vadis, Internationales Management? – In: Oesterle, M.-J. & Schmid, S. (Hrsg.): Internationales Management: Forschung, Lehre, Praxis. Stuttgart: Schäffer-Poeschel, S. 471-483.

Sepehri, P. (2002): Diversity und Managing Diversity in internationalen Organisationen: Wahrnehmungen zum Verständnis und ökonomischer Relevanz; Dargestellt am Beispiel einer empirischen Untersuchung in einem Unternehmensbereich der Siemens AG. Mering: Hampp.

Sheller, M. & Urry, J. (Hrsg.) (2004): Tourism Mobilities: Places to play, places in play. London: Routledge.

Shimada, S. (2007): Kulturelle Differenz und Probleme der Übersetzung. – In: Dreher, J. & Stegmaier, P. (Hrsg.): Zur Unüberwindbarkeit kultureller Differenz: Grundlagentheoretische Reflexionen. Bielefeld: transcript, S. 113-127.

Sidbury, J. (2007): Globalization, Creolization, and the Not-So-Peculiar-Institution. – In: Journal of Southern History 73 (3), S. 617-630.

Simmel, G. (1908/1983): Soziologie: Untersuchungen über die Formen der Vergesellschaftung. Berlin: Duncker & Humblot.

Six-Materna, I. (2008): Sexismus. – In: Petersen, L.-E. & Six, B. (Hrsg.): Stereotype, Vorurteile und soziale Diskriminierung: Theorien, Befunde und Interventionen. Weinheim: Beltz, S. 121-130.

Skrbis, Z., Kendall, G. & Woodward, I. (2004): Locating Cosmopolitanism: Between Humanist Ideal and Grounded Social Category. – In: Theory, Culture & Society 21 (6), S. 115-136.

Smith, P.B. (2006): When elephants fight, the grass gets trampled: The GLOBE and Hofstede projects. – In: Journal of International Business Studies 37 (6), S. 915-921.

Soeffner, H.-G. (2000): Gesellschaft ohne Baldachin: Über die Labilität von Ordnungskonstruktionen. Weilerswist: Velbrück.

Sölter, A.A. (1997): Die Einbeziehung des Fremden. Reflexionen zur kulturellen Fremdheit bei Simmel, Habermas und Huntington. – In: Breuer, I. & Sölter, A.A. (Hrsg.): Der fremde Blick: Perspektiven interkultureller Kommunikation und Hermeneutik. Bozen: Edition Sturzflüge, S. 25-51.

Spehl, H. (2003): Zur Bedeutung von Vielfalt in Ökonomie und Ökologie. – In: Wächter, H., Vedder, G. & Führing, M. (Hrsg.): Personelle Vielfalt in Organisationen. Mering: Hampp, S. 1-11.

Speiser, S. (2008): Management unter den Bedingungen von Globalisierung und Diversität. – In: Koch, E. & Speiser, S. (Hrsg.): Interkulturelles Management: Neue Ansätze – Erfahrungen – Erkenntnisse. Mering: Hampp, S. 35-60.

Spengler, O. (1923): Der Untergang des Abendlandes: Umrisse einer Morphologie der Weltgeschichte (Bd. 1). München: Beck.

Spivak, G.C. (1985): The Rani of Sirmur. – In: Barker, F. et al. (Hrsg.): Europe and its Others. Proceedings of the Essex Conference on the Sociology of Literature. Colchester: University of Essex Press.

Spivak, G.C. (2000): A Critique of Postcolonial Reason: Toward a History of the Vanishing Present. Cambridge: Harvard University Press.

Stagl, J. (1981): Die Beschreibung des Fremden in der Wissenschaft. – In: Duerr, H.P. (Hrsg.): Der Wissenschaftler und das Irrationale (Bd. 1). Frankfurt am Main: Syndikat, S. 273-295.

Stangel-Meseke, M., Hahn, P. & Steuer, L. (2015): Diversity Management und Individualisierung: Maßnahmen und Handlungsempfehlungen für den Unternehmenserfolg. Wiesbaden: Springer Gabler.

Steiner, C. (2009): Tourismuskrisen und organisationales Lernen: Akteursstrategien in der Hotelwirtschaft der Arabischen Welt; Eine Pragmatische Geographie. Bielefeld: transcript.

Stenger, G. (2012): ‚Fruchtbare Differenz': Dimensionen der Fremderfahrung. – In: Bartmann, S. & Immel, O. (Hrsg.): Das Vertraute und das Fremde: Differenzerfahrung und Fremdverstehen im Interkulturalitätsdiskurs. Bielefeld: transcript, S. 135-156.

Stenger, H. (1997): Deutungsmuster der Fremdheit. – In: Münkler, H. (Hrsg.): Furcht und Faszination: Facetten der Fremdheit. Berlin: Akademie Verlag, S. 159-221.

Steppan, R. (1999): ‚Diversity makes good business sense'. – In: Personalführung 32 (5), S. 28-34.

Stewart, C. (Hrsg.) (2007): Creolization: History, Ethnography, Theory. Walnut Creek: Left Coast Press.

Stichweh, R. (2010): Der Fremde: Studien zu Soziologie und Sozialgeschichte. Frankfurt am Main: Suhrkamp.

Stichweh, R. (2012): Der Fremde. Zur Soziologie der Indifferenz. – In: Bartmann, S. & Immel, O. (Hrsg.): Das Vertraute und das Fremde: Differenzerfahrung und Fremdverstehen im Interkulturalitätsdiskurs. Bielefeld: transcript, S. 79-94.

Straub, J. (2007): Kompetenz. – In: Straub, J., Weidemann, A. & Weidemann, D. (Hrsg.): Handbuch interkulturelle Kommunikation und Kompetenz: Grundbegriffe – Theorien – Anwendungsfelder. Stuttgart: Metzler, S. 5-46.

Struppe, U. (2006): Vielfalt fördern, Zusammenhalt stärken – Diversity Management am Beispiel der MA 17 der Stadt Wien. – In: Bendl, R., Hanappi-Egger, E. & Hofmann, R. (Hrsg.): Agenda Diversität: Gender- und Diversitätsmanagement in Wissenschaft und Praxis. Mering: Hampp, S. 83-94.

Stuber, M. (2008): Diversity: Das Potenzial-Prinzip; Ressourcen aktivieren – Zusammenarbeit gestalten. Köln: Luchterhand.

Stüdlein, Y. (1997): Management von Kulturunterschieden: Phasenkonzept für internationale strategische Allianzen. Wiesbaden: Deutscher Universitäts-Verlag.

Sumner, W.G. (1906): Folkways: A study of the sociological importance of usages, manners, customs, mores, and morals. Boston: Ginn & Company.

Sundermeier, T. (1996): Den Fremden verstehen: Eine praktische Hermeneutik. Göttingen: Vandenhoeck & Ruprecht.

Syndram, K.U. (1989): Der erfundene Orient in der europäischen Literatur vom 18. bis zum Beginn des 20. Jahrhunderts. – In: Sievernich, G. & Budde, H. (Hrsg.): Europa und der Orient: 800-1900. Gütersloh: Bertelsmann, S. 324-341.

Tajfel, H. & Turner, J.C. (1986): The Social Identity Theory of Intergroup Behavior. – In: Worchel, S. & Austin, W.G. (Hrsg.): Psychology of Intergroup Relations. Chicago: Nelson-Hall, S. 7-24.

Taylor, F.W. (1911/1998): The Principles of Scientific Management. New York: Harper.

Terkessidis, M. (2001): Globalisierung und das Bild vom Fremden. – In: Wagner, B. (Hrsg.): Kulturelle Globalisierung: Zwischen Weltkultur und kultureller Fragmentierung. Essen: Klartext Verlag, S. 132-141.

Terkessidis, M. (2002): Der lange Abschied von der Fremdheit: Kulturelle Globalisierung und Migration. – In: Aus Politik und Zeitgeschichte (B 12), S. 31-38.

Terkessidis, M. (2010): Interkultur. Berlin: Suhrkamp.

Terkessidis, M. (2011): Integration ist von gestern, ‚Diversity' für morgen – Ein Vorschlag für eine gemeinsame Zukunft. – In: Bukow, W.-D. et al. (Hrsg.): Neue Vielfalt in der urbanen Stadtgesellschaft. Wiesbaden: Verlag für Sozialwissenschaften, S. 189-205.

Thomas, A. (1996): Ist Toleranz ein Kulturstandard? – In: Wierlacher, A. (Hrsg.): Kulturthema Toleranz: Zur Grundlegung einer interdisziplinären und interkulturellen Toleranzforschung. München: Iudicium, S. 181-204.

Thomas, A. (2003): Das Eigene, das Fremde, das Interkulturelle. – In: Thomas, A., Kinast, E.-U. & Schroll-Machl, S. (Hrsg.): Handbuch Interkulturelle Kommunikation und Kooperation (Bd. 1). Göttingen: Vandenhoeck & Ruprecht, S. 44-59.

Thomas, A., Hagemann, K. & Stumpf, S. (2003): Training interkultureller Kompetenz. – In: Bergemann, N. & Sourisseaux, A.L.J. (Hrsg.): Interkulturelles Management. Berlin: Springer, S. 237-272.

Thomas, D.A. & Ely, R.J. (1996): Making Differences Matter: A New Paradigm for Managing Diversity. – In: Harvard Business Review 74 (5), S. 79-90.

Thomas, K.M. & Plaut, V.C. (2008): The Many Faces of Diversity Resistance in the Workplace. – In: Thomas, K.M. (Hrsg.): Diversity Resistance in Organizations. New York: Lawrence Erlbaum Associates, S. 1-22.

Thomas, R.R. (1990): From Affirmative Action to Affirming Diversity. – In: Harvard Business Review 68 (2), S. 107-117.

Thomas, R.R. (1996): Redefining Diversity. New York: AMACOM.

Thomas, R.R. (2001): Management of Diversity: Neue Personalstrategien für Unternehmen. Wiesbaden: Gabler.

Thrift, N. (2000): Pandora's Box? Cultural Geographies of Economies? – In: Clark, G.L., Feldman, M.P. & Gertler, M.S. (Hrsg.): The Oxford Handbook of Economic Geography. Oxford: Oxford University Press, S. 689-704.

Thrift, N. (2002): Performing cultures in the new economy. – In: Du Gay, P. & Pryke, M. (Hrsg.): Cultural Economy: Cultural Analysis and Commercial Life. London: SAGE, S. 201-233.

Ting-Toomey, S. (2003): Teaching mindful intercultural conflict management. – In: Boyacigiller, N.A., Goodman, R.A. & Phillips, M.E. (Hrsg.): Crossing Cultures: Insights from Master Teachers. New York: Routledge, S. 253-268.

Todorov, T. (2010): Die Angst vor den Barbaren: Kulturelle Vielfalt versus Kampf der Kulturen. Hamburg: Hamburger Edition.

Toro, A. de (2002): Jenseits von Postmoderne und Postkolonialität. Materialien zu einem Modell der Hybridität und des Körpers als transrelationalem, transversalem und transmedialem Wissenschaftskonzept. – In: Hamann, C. & Sieber, C. (Hrsg.): Räume der Hybridität: Postkoloniale Konzepte in Theorie und Literatur. Hildesheim: Olms, S. 15-52.

Toro, A. de (2008): Die Rekodifizierung der Andersheit: Die ‚Latinokultur'. Kartographien der Hybridität: Anerkennung – Differenz – Globalisierung. – In: Toro, A. de (Hrsg.): Andersheit: Von der Eroberung bis zu New World Borders: Das Eigene und das Fremde. Globalisierungs- und Hybriditätsstrategien in Lateinamerika. Hildesheim: Olms, S. 11-40.

Triandis, H.C. (1982): Review of Culture's Consequences: International Differences in Work-Related Values. – In: Human Organization 41 (1), S. 86-90.

Triandis, H.C. (1994): Theoretical and Methodological Approaches to the Study of Collectivism and Individualism. – In: Kim, U. et al. (Hrsg.): Individualism and Collectivism: Theory, Method, and Applications. Thousand Oaks: SAGE, S. 41-51.

Trompenaars, F. & Hampden-Turner, C. (2009): Riding the Waves of Culture: Understanding Cultural Diversity in Business. London: Brealey.

Tsurumi, Y. (1976): The Japanese are Coming: A Multinational Interaction of Firms and Politics. Cambridge: Ballinger.

Tu, H.S., Kim, S.Y. & Sullivan, S.E. (2002): Global strategy lessons from Japanese and Korean business groups. – In: Business Horizons 45 (2), S. 39-46.

Turk, H. (1993): Alienität und Alterität als Schlüsselbegriffe einer Kultursemantik. Zum Fremdheitsbegriff der Übersetzungsforschung. – In: Wierlacher, A. (Hrsg.): Kulturthema Fremdheit: Leitbegriffe und Problemfelder kulturwissenschaftlicher Fremdheitsforschung. München: Iudicium, S. 173-197.

Urry, J. (2004): Death in Venice. – In: Sheller, M. & Urry, J. (Hrsg.): Tourism Mobilities: Places to play, places in play. London: Routledge, S. 205-215.

Vancea, G. (2008): Toleranz und Konflikt: Interkulturelle Dimensionen der deutschsprachigen Gegenwartsliteratur. Heidelberg: Winter.

Varisco, D.M. (2007): Reading Orientalism: Said and the Unsaid. Seattle: University of Washington Press.

Vedder, G. (Hrsg.) (2004): Diversity Management und Interkulturalität. Mering: Hampp.

Vedder, G. (2006a): Die historische Entwicklung von Diversity Management in den USA und in Deutschland. – In: Krell, G. & Wächter, H. (Hrsg.): Diversity Management: Impulse aus der Personalforschung. Mering: Hampp, S. 1-23.

Vedder, G. (2006b): Diversity Management in der Organisationsberatung. – In: Gruppendynamik und Organisationsberatung 37 (1), S. 7-17.

Vedder, G. (2009): Diversity Management: Grundlagen und Entwicklung im internationalen Vergleich. – In: Andresen, S., Koreuber, M. & Lüdke, D. (Hrsg.): Gender und Diversity: Albtraum oder Traumpaar? Interdisziplinärer Dialog zur ‚Modernisierung' von Geschlechter- und Gleichstellungspolitik. Wiesbaden: Verlag für Sozialwissenschaften, S. 111-131.

Veit-Wild, F. (2001): Gebrochene Körper: Körperwahrnehmungen in der kolonialen und afrikanischen Literatur. – In: Gernig, K. (Hrsg.): Fremde Körper: Zur Konstruktion des Anderen in europäischen Diskursen. Berlin: Dahlem University Press, S. 337-355.

Vertovec, S. & Cohen, R. (2002): Introduction: Conceiving Cosmopolitanism. – In: Vertovec, S. & Cohen, R. (Hrsg.): Conceiving Cosmopolitanism: Theory, Context, and Practice. Oxford: Oxford University Press, S. 1-22.

Vester, H.-G. (1993): Soziologie der Postmoderne. München: Quintessenz.

Wagner, B. (2001): Kulturelle Globalisierung: Weltkultur, Glokalität und Hybridisierung. Einleitung. – In: Wagner, B. (Hrsg.): Kulturelle Globalisierung: Zwischen Weltkultur und kultureller Fragmentierung. Essen: Klartext Verlag, S. 9-38.

Waldenfels, B. (1995): Das Eigene und das Fremde. – In: Deutsche Zeitschrift für Philosophie 43 (4), S. 611-620.

Waldenfels, B. (1997): Topographie des Fremden: Studien zur Phänomenologie des Fremden I. Frankfurt am Main: Suhrkamp.

Waldenfels, B. (2000): Zwischen den Kulturen. – In: Wierlacher, A. et al. (Hrsg.): Jahrbuch Deutsch als Fremdsprache (Bd. 26). München: Iudicium, S. 245-261.

Waldenfels, B. (2002): Paradoxien ethnographischer Fremddarstellung. – In: Därmann, I. & Jamme, C. (Hrsg.): Fremderfahrung und Repräsentation. Weilerswist: Velbrück, S. 151-182.

Waldenfels, B. (2006): Grundmotive einer Phänomenologie des Fremden. Frankfurt am Main: Suhrkamp.

Waldron, J. (1992): Minority Cultures and the Cosmopolitan Alternative. – In: University of Michigan Journal of Law Reform 25 (3), S. 751-793.

Walgenbach, K. (2011): Intersektionalität als Analyseparadigma kultureller und sozialer Ungleichheiten. – In: Bilstein, J., Ecarius, J. & Keiner, E. (Hrsg.): Kulturelle Differenzen und Globalisierung: Herausforderungen für Erziehung und Bildung. Wiesbaden: Verlag für Sozialwissenschaften, S. 113-130.

Walther, W. (2001): Die Stellung der Frau im Islam: Frauen, Sexualität, Ehe und Familie in der islamischen Welt. – In: Der Bürger im Staat 51 (4), S. 212-220.

Walzer, M. (1998): Über Toleranz: Von der Zivilisierung der Differenz. Hamburg: Rotbuch.

Wang, N. (1999): Rethinking authenticity in tourism experiences. – In: Annals of Tourism Research 26 (2), S. 349-370.

Ward, C., Bochner, S. & Furnham, A. (2011): The Psychology of Culture Shock. London: Routledge.

Warf, B. (2012): Introduction: Fusing Economic and Cultural Geography. – In: Warf, B. (Hrsg.): Encounters and Engagements between Economic and Cultural Geography. Dordrecht: Springer, S. 1-17.

Warmuth, G.-S. (2012): Die strategische Implementierung von Diversitätsmanagement in Organisationen. – In: Bendl, R., Hanappi-Egger, E. & Hofmann, R. (Hrsg.): Diversität und Diversitätsmanagement. Wien: Facultas, S. 203-236.

Weber, M. (1920): Gesammelte Aufsätze zur Religionssoziologie. Tübingen: Mohr.

Weber, M. (1922): Wirtschaft und Gesellschaft. Tübingen: Mohr.

Weber, M. (1934): Die protestantische Ethik und der Geist des Kapitalismus. Tübingen: Mohr.

Weinmann, B. (2006): Alters-Diversity als Unterschiedlichkeit in Wissen und Erfahrung. – In: Becker, M. & Seidel, A. (Hrsg.): Diversity Management: Unternehmens- und Personalpolitik der Vielfalt. Stuttgart: Schäffer-Poeschel, S. 309-329.

Welge, M.K. & Holtbrügge, D. (2003): Organisatorische Bedingungen des interkulturellen Managements. – In: Bergemann, N. & Sourisseaux, A.L.J. (Hrsg.): Interkulturelles Management. Berlin: Springer, S. 3-19.

Welsch, W. (2000): Transkulturalität: Zwischen Globalisierung und Partikularisierung. – In: Wierlacher, A. et al. (Hrsg.): Jahrbuch Deutsch als Fremdsprache (Bd. 26). München: Iudicium, S. 327-351.

Welsch, W. (2005): Auf dem Weg zu transkulturellen Gesellschaften. – In: Allolio-Näcke, L., Kalscheuer, B. & Manzeschke, A. (Hrsg.): Differenzen anders denken: Bausteine zu einer Kulturtheorie der Transdifferenz. Frankfurt am Main: Campus, S. 314-341.

Wengelowski, P. (2000): Entwicklung organisationalen Lernens: Ein Lenkungsmodell. Wiesbaden: Gabler.

Werpers, K. (1999): Konflikte in Organisationen: Eine Feldstudie zur Analyse interpersonaler und intergruppaler Konfliktsituationen. Münster: Waxmann.

Whatmore, S. (2006): Hybrid Geographies: natures, cultures, spaces. London: SAGE.

Wiater, W. (2012): Kulturdifferenz verstehen: Bedingungen – Möglichkeiten – Grenzen. – In: Wiater, W. & Manschke, D. (Hrsg.): Verstehen und Kultur: Mentale Modelle und kulturelle Prägungen. Wiesbaden: Springer VS, S. 15-30.

Wierlacher, A. (1996a): Zur Grundlegung einer interdisziplinären und interkulturellen Toleranzforschung. Zugleich eine Einführung in den vorliegenden Band. – In: Wierlacher, A. (Hrsg.): Kulturthema Toleranz: Zur Grundlegung einer interdisziplinären und interkulturellen Toleranzforschung. München: Iudicium, S. 11-27.

Wierlacher, A. (1996b): Aktive Toleranz. – In: Wierlacher, A. (Hrsg.): Kulturthema Toleranz: Zur Grundlegung einer interdisziplinären und interkulturellen Toleranzforschung. München: Iudicium, S. 51-82.

Wierlacher, A. (2000): Interkulturalität. Zur Konzeptualisierung eines Rahmenbegriffs interkultureller Kommunikation aus der Sicht Interkultureller Germanistik. – In: Wierlacher, A. et al. (Hrsg.): Jahrbuch Deutsch als Fremdsprache (Bd. 26). München: Iudicium, S. 263-287.

Wierlacher, A. & Wang, Z. (1996): Zum Aufbau einer Reiseführerforschung interkultureller Germanistik: Zugleich ein Beitrag zur Themenplanung wissenschaftlicher Weiterbildung. – In: Wierlacher, A. et al. (Hrsg.): Jahrbuch Deutsch als Fremdsprache (Bd. 22). München: Iudicium, S. 277-297.

Wilmot, W.W. & Hocker, J.L. (2011): Interpersonal Conflict. New York: McGraw-Hill.

Wilson, M.S. (2003): Effective cross-cultural leadership: Tips and techniques for developing capacity. – In: Boyacigiller, N.A., Goodman, R.A. & Phillips, M.E. (Hrsg.): Crossing Cultures: Insights from Master Teachers. New York: Routledge, S. 269-280.

Winker, G. & Degele, N. (2009): Intersektionalität: Zur Analyse sozialer Ungleichheiten. Bielefeld: transcript.

Winkler, V.A. (2011): Die Auswirkungen kultureller Diversität in multikulturellen Innovationsteams auf den Innovationsprozess. Lengerich: Pabst.

Wöhler, K. (2004): Fernreisen als postkoloniales Reisen. – In: Luger, K., Baumgartner, C. & Wöhler, K. (Hrsg.): Ferntourismus wohin? Der globale Tourismus erobert den Horizont. Innsbruck: Studien-Verlag, S. 57-72.

Wolter, S. (2005): Die Vermarktung des Fremden: Exotismus und die Anfänge des Massenkonsums. Frankfurt am Main: Campus.

Wulf, C. (1999): Der Andere. – In: Hess, R. & Wulf, C. (Hrsg.): Grenzgänge: Über den Umgang mit dem Eigenen und dem Fremden. Frankfurt am Main: Campus, S. 13-37.

Yousefi, H.R. (2010): Toleranz und Intoleranz in der Religion: Ein kommunikativer Weg zur Verständigung. – In: Yousefi, H.R., Waldenfels, H. & Gantke, W. (Hrsg.): Wege zur Religion: Aspekte – Grundprobleme – Ergänzende Perspektiven. Nordhausen: Bautz, S. 103-121.

Yousefi, H.R. & Braun, I. (2011): Interkulturalität: Eine interdisziplinäre Einführung. Darmstadt: Wissenschaftliche Buchgesellschaft.

Zima, P.V. (2001): Moderne – Postmoderne: Gesellschaft, Philosophie, Literatur. Tübingen: Francke.

Zukrigl, I. (2001): Kulturelle Vielfalt und Identität in einer globalisierten Welt. – In: Wagner, B. (Hrsg.): Kulturelle Globalisierung: Zwischen Weltkultur und kultureller Fragmentierung. Essen: Klartext Verlag, S. 50-61.

Zülch, M. (2005): ‚McWorld' oder ‚Multikulti'? Interkulturelle Kompetenz im Zeitalter der Globalisierung. – In: Vedder, G. (Hrsg.): Diversity Management und Interkulturalität. Mering: Hampp, S. 1-86.

Sozial- und Kulturgeographie

Veronika Selbach, Klaus Zehner (Hg.)
London – Geographien einer Global City

Januar 2016, 246 Seiten, kart., 29,99 €,
ISBN 978-3-8376-2920-0

Antje Schlottmann, Judith Miggelbrink (Hg.)
Visuelle Geographien
Zur Produktion, Aneignung
und Vermittlung von RaumBildern

2015, 300 Seiten,
kart., zahlr. z.T. farb. Abb., 29,99 €,
ISBN 978-3-8376-2720-6

Katharina Winter
Ansichtssache Stadtnatur
Zwischennutzungen und Naturverständnisse

2015, 262 Seiten,
kart., zahlr. z.T. farb. Abb., 29,99 €,
ISBN 978-3-8376-3004-6